应用技术大学系列教材

环境监测

（第二版）

主　编　崔树军
副主编　谢炜平
主　审　刘　娟

中国环境出版社·北京

图书在版编目（CIP）数据

环境监测/崔树军主编. —2版. —北京：中国环境出版社，2014.8（2017.1重印）
应用技术大学系列教材
ISBN 978-7-5111-2046-5

Ⅰ. ①环…　Ⅱ. ①崔…　Ⅲ. ①环境监测—高等学校—教材　Ⅳ. ①X83

中国版本图书馆CIP数据核字（2014）第176501号

出 版 人　王新程
责任编辑　黄晓燕　李兰兰
责任校对　扣志红
封面设计　宋　瑞

出版发行　中国环境出版社
（100062　北京市东城区广渠门内大街16号）
网　　址：http://www.cesp.com.cn
电子邮箱：bjgl@cesp.com.cn
联系电话：010-67112765（编辑管理部）
010-67112735（第一分社）
发行热线：010-67125803，010-67113405（传真）
印　　刷　北京市联华印刷厂
经　　销　各地新华书店
版　　次　2008年2月第1版　2014年8月第2版
印　　次　2017年1月第2次印刷
开　　本　787×960　1/16
印　　张　21.75
字　　数　390千字
定　　价　29.00元

前言

随着我国国民经济的发展对环境污染、生态破坏实施有效控制已变得越来越重要和迫切；落实科学发展观，走可持续发展之路正成为全社会的共识。而可持续发展战略的实施必须紧紧依靠科技创新和环境教育。为适应社会对环境保护和监测人才的需求，为了适应现代环境保护技术的要求，我们编写了本教材。

环境监测是环境保护工作的重要基础和有效手段。环境监测力求及时、准确、全面地反映环境质量现状与发展趋势，为环境规划、环境管理、环境影响评价、环境科学研究和污染控制提供必不可少的依据。掌握从事环境监测工作的基本技能，是环境保护第一线高素质劳动者必须具备的职业能力之一。本书是以应用技术类型高校为办学定位的配套适用教材。

编者在编写过程中按照应用技术大学学生培养目标及教学要求，强调实用性，突出技能性，力求内容全面，反映当前国内外环境监测的发展水平。重点介绍了涉及水和废水、大气和废气、固体废物和土壤生物污染、噪声、地质环境等监测方案的制订、样品采集、保存和预处理新技术，监测分析质量保证与控制技术等。

全书分十章，由崔树军（河南工程学院）担任主编，负责教材整体，构思、统稿工作及教材的第一章、第九章的编写工作。谢炜平（深圳职业技术学院）担任副主编，负责教材第八章的编写工作。姚进一（南通农业职业技术学院）负责第二章的编写工作，刘舸（广东省环境保护职业技术学校）负责第三章的编写工作，王伟（河南工程学院）负责第四章的编写工作，刘春梅（徐州建筑职业技术学院）负责第五章、第六章的编写工作，贾劲松（长沙环境保护职业技术学院）负责第七章的编写工作，苏艳（洛阳理工学院）负责第十章的编写工作。

中国环境出版社黄晓燕、李兰兰编辑对本书编写和出版给予了大力支持和帮助。初稿完成后，经上海市环境监测中心刘娟教授审阅，提出了许多宝贵意见。在编写过程中，河南工程学院陈纳、张庆甫参加了部分文稿的校对工作。在此一并致以深深的谢意。

由于编者水平有限，时间仓促，书中难免有错漏之处，敬请广大读者批评指正。

编　者

2014 年 7 月

目录

第一章 绪 论

【知识目标】

要求了解环境监测的目的和类型；明确环境监测的原则和要求，把握制定环境标准的原则；熟悉污染物的测试技术。

【能力目标】

通过对本章的学习，学生能明确环境监测在环境保护工作中的地位和作用，培养学生具有理论联系实际分析解决问题的能力；培养分析测试技能，具备快速查阅《环境标准手册》的能力。

第一节 环境监测的目的和分类

一、环境监测的概念

环境监测是环境科学和环境工程的一个重要组成部分，是在环境分析的基础上发展起来的一门学科。它是运用各种分析、测试手段，对影响环境质量的代表值进行测定，取得反映环境质量或环境污染程度的各种数据的过程。环境监测的目的是运用监测数据表示环境质量受损程度，探讨污染的起因和变化趋势。因此，可以将环境监测比喻为环境保护工作的“耳目”。环境监测在人类防治环境污染，解决现存的或潜在的环境问题，改善生活环境和生态环境，协调人类与环境的关系，最终在实现人类的可持续发展的活动中起着举足轻重的作用。

众所周知，人类赖以生存的环境随着现代化工业、农业和交通运输业的飞速发展，水资源和矿产资源的不合理开发利用，以及大型工程的兴建，跨大流域的调水等，使其自我调节能力被超过，生态平衡遭到破坏；生成的工业“三废”在环境中积累，土壤被化肥、农药及污水灌溉所污染；水资源特别是淡水资源枯竭；地面沉降，山体崩滑等现象发生，这些都影响了动植物的生长和繁殖，直接或间接地影响着人类的生活质量和健康。为了预防环境污染，治理已经被污染的环境，就必须探求环境质量恶化的根源和演化规律，就必须经过长时间、各方面的工作配合，寻找导致环境质量恶化的主要指标进行连续的、自动的检测和监视。这样人们就可以了解环境恶化的情况，预报恶化趋势，进而采取防治措施、评价治理效果等。由此可见，环境监测是必不可少的一项重要工作。

环境监测技术的发展受两方面因素的影响：① 由于人类社会面临的环境问题日益复杂和严重，对环境监测不断提出新的要求；② 随着科学技术的进步，环境监测技术不断得到迅速发展。这两方面的因素导致环境监测的概念不断深化，监测范围不断扩大。目前，环境监测已从单一的环境分析发展到物理监测，生物监测，生态监测，地质环境监测，遥感、卫星监测；从间断性监测逐步过渡到连续的长期监测；从手动监测发展为在线自动监测；监测范围从一个点、一个面扩展到一个城市、一个区域乃至全球；监测项目也日益增多。环境监测技术已具备了实时性、连续性、完整性等特点，所涉及的学科范围遍及化学、物理、仪器仪表、自动化、传感、计算机、遥感遥测等。可以认为，现在环境监测技术是由多种学科和技术交汇渗透而形成的一门综合性监测技术。

二、环境监测的目的

环境监测是环境保护和环境科学研究的基础。其目的是准确、及时、全面地反映环境质量现状及发展趋势，为环境管理、污染源控制、环境规划提供科学依据，具体归纳为以下几个方面。

（1）对污染物及其浓度（强度）作时间和空间方面的追踪，掌握污染物的来源、扩散、迁移、反应、转化，了解污染物对环境质量的影响程度，并在此基础上，对环境污染作出预测、预报和预防。

（2）了解和评价环境质量的过去、现在和将来，掌握其变化规律。

（3）收集环境背景数据、积累长期监测资料，为制定和修订各类环境标准、实施总量控制、目标管理提供依据。

（4）实施准确可靠的污染监测，为环境执法部门提供执法依据。

（5）在深入广泛开展环境监测的同时，结合环境状况的改变和监测理论及技术的发展，不断改革和更新监测方法与手段，为实现环境保护和可持续发展提供可靠的技术保障。

三、环境监测的分类

环境监测可按监测介质和监测目的进行分类。

（一）按监测介质分类

环境监测以监测介质（环境要素）为对象，分为大气污染监测、水质污染监测、土壤和固体废弃物监测、生物污染监测、生态监测、噪声振动污染监测、放射性污染监测、电磁辐射监测和热污染控制监测等。

1．大气污染监测

大气污染监测是监测和检测大气中的污染物及其含量，目前已认识的大气污染物100多种，这些污染物以分子和粒子两种形式存在于大气中。分子状污染物的监测项目主要有SO_2、NO_x、CO、O_3、总氧化剂、卤化氢以及碳氢化合物等。粒子状污染物的监测项目有TSP（总悬浮颗粒物）、PM_{10}（可吸入颗粒物）、$PM_{2.5}$（可入肺颗粒物）、自然降尘量及尘粒的化学组成（如重金属和多环芳烃）等。此外，局部地区还可根据具体情况增加某些特有的监测项目（如酸雨和氟化物的监测）。

大气污染的浓度与气象条件有着密切的关系，在监测大气污染的同时还需要测定风向、风速、气温、气压等气象参数。

2．水质污染监测

水质污染的监测对象包括未被污染和已受污染的天然水（江、河、湖、海、地下水）、各种各样的工业废水和生活污水等。主要监测项目大体可分为两类：一类是反映水质污染的综合指标，如温度、色度、浊度、pH值、电导率、悬浮物、溶解氧（DO）、化学耗氧量（COD）和生化需氧量（BOD_5）等；另一类是一些有毒物质，如酚、氰、砷、铅、铬、镉、汞、镍和有机农药、苯并芘等。除上述监测项目外，还应测定水体的流速和流量。

3．土壤和固体废弃物监测

土壤污染主要是由两方面因素所引起的，一方面是工业废弃物，主要是废水和废渣浸出液污染；另一方面是化肥和农药污染。土壤污染的主要监测项目是对土壤、作物中有害的重金属如铬、铅、镉、汞及残留的有机农药等。固体废弃物包括工业、农业废物和生活垃圾，主要监测项目是固体废弃物的危险特性监测和生活垃圾特性监测。

4．生物污染监测

地球上的生物，无论是动物或植物，都是从大气、水体、土壤、阳光中直接或间接地吸取各自所需的营养。在它们吸取营养的同时，某些有害的污染物也会进入生物体内，有些毒物在不同的生物体中还会被富集，从而使动植物生长和繁殖受到损害，甚至死亡。环境污染物通过生物的富集和食物链的传递，最终危害人体健康。生物污染监测是对生物体内环境污染物的监测，监测项目有重金属元素、有机农药、有毒的无机化合物和有机化合物等。

5．生态监测

生态监测通过监测生物群落、生物种群的变化，观测与评价生态系统对自然变化及人为变化所作出的反应，是对各类生态系统结构和功能的时空格局的度量。生态监测是比生物监测更复杂、更综合的一种监测技术，是利用生命系统（无论哪一层次）为主进行环境监测的技术。

6．物理污染监测

物理污染监测包括噪声、振动、电磁辐射、放射性、热辐射等物理能量的环境污染监测。噪声、振动、电磁辐射、放射性对人体的损害与化学污染物质不同，当环境中的这些物理量超过其阈值时会直接危害人的身心健康，尤其是放射性物质所放射的α射线和β射线对人体损害更大。所以物理因素的污染监测也是环境监测的重要内容，其监测项目主要是环境中各种物理量的水平。

（二）按监测目的分类

按监测目的分类，可分为监视性监测、特定目的性监测、研究性监测和工程性监测。

1．监视性监测

监视性监测又称常规监测或例行监测。监视性监测是对各环境要素的污染状况及污染物的变化趋势进行长期跟踪监测，从而为污染控制效果的评价、环境标准实施和环境改善情况的判断提供依据。所积累的环境质量监测数据，是确定一定区域内环境污染状况及发展趋势的重要基础。这是监测工作中量最大、面最广的，是纵向指令性任务，是监测站第一位的工作，其工作质量是环境监测水平的重要标志。监视性监测包括两方面的工作：一是对污染源的监督监测（污染物浓度、排放总量、污染趋势等）；二是环境质量监测（所在地区的空气、水质、噪声、固体废物等监督监测）。

2．特定目的性监测

特定目的性监测又叫应急监测或特例监测，是不定期、不定点的监测。这类监测除一般的地面固定监测外，还有流动监测、低空航测、卫星遥感监测等形式。特定目的性监测是为完成某项特种任务而进行的应急性的监测，包括如下几方面：

（1）污染事故监测　对各种污染事故进行现场追踪监测，摸清其事故的污染程度和范围，造成危害的大小等。如油船石油溢出事故造成的海洋污染，核动力厂泄漏事故引发放射性对周围空间的污染，工业污染源各类突发性的污染事故等均属此类。

（2）纠纷仲裁监测　主要是解决执行环境法规过程中所发生的矛盾和纠纷而必须进行的监测，如排污收费、数据仲裁监测、调解处理污染事故纠纷时向司法部门提供的仲裁监测等。

（3）考核验证监测　主要是为环境管理制度和措施实施考核验证方面的各种监测。如排污许可、目标责任制、企业等级的环保指标的考核。建设项目“三同时”竣工验收监测、治理项目竣工验收监测等。

（4）咨询服务监测　向社会各部门、各单位提供科研、生产、技术咨询，环境评价、资源开发保护等所需要进行的监测。

3．研究性监测

研究性监测又叫科研监测，属于高层次、高水平、技术比较复杂的一种监测。通过监测了解污染机理、弄清污染物的迁移变化规律、研究环境受到污染的程度，例如，环境本底的监测及研究、有毒有害物质对从业人员的影响研究、为监测工作本身服务的科研工作的监测（如统一方法和标准分析方法的研究、标准物质研制、预防监测）等。这类研究往往要求多学科合作进行。

4．工程性监测

在大型工程（水利工程、矿山工程、城市工程）设计时，为预防工程建设对环境的不良影响，如山体崩滑、矿坑塌陷、地面沉降、海岸侵蚀以及对整个生态系统的影响等，要按特定的工程环境和特定的环境要素进行监测，为工程设计中的环境影响评价和预防措施选择提供依据。

四、环境监测的原则和要求

（一）环境监测的原则

1．优先污染物

科技进步、工业发展使世界上化学品的数量已达几千万种之多，而且每年以一万多种的速度增加，而进入环境的化学品已达 10 万种以上。人们不可能也没必要对每一种化学品都进行监测，只能有重点地、针对性地对部分污染物进行监测和控制。这就需要对众多有毒污染物进行分级排队，从中筛选出潜在危害性大，在环境中出现频率高的污染物作为监测和控制对象。经过优先选择的污染物称为环境优先污染物，简称优先污染物。

优先污染物是指难以降解、在环境中有一定残留水平、出现频率较高、具有生物积累性、毒性较大以及现代已有检出方法的化学品。对优先污染物进行的监测称为优先监测。环境监测应遵循“优先污染，优先监测”的原则。美国是最早开展优先监测的国家，20 世纪 70 年代中期就规定了水和污水中 129 种优先监测污染物，其后又提出了 43 种空气优先监测污染物。中国环境优先监测研究也已完成并提出了“中国环境优先污染物黑名单”（表 1-1）。

表 1-1　中国环境优先污染物黑名单

化学类别	名　称
1．卤代（烷烯）烃类	二氯甲烷、三氯甲烷Δ、四氯化碳Δ、1,2-二氯乙烷Δ、1,1,1-三氯乙烷、1,1,2-二氯乙烷、1,1,2,2-四氯乙烷、三氯乙烯Δ、四氯乙烯Δ、三溴甲烷Δ
2．苯系物	苯Δ、甲苯Δ、乙苯Δ、邻-二甲苯、间-二甲苯、对-二甲苯
3．氯代苯类	氯苯Δ、邻-二氯苯Δ、对-二氯苯Δ、六氯苯
4．多氯联苯类	多氯联苯Δ

化学类别	名　称
5．酚类	苯酚Δ、间-甲酚Δ、2,4-二氯酚Δ、2,4,6-三氯酚Δ、五氯酚Δ、对-硝基酚Δ
6．硝基苯类	硝基苯Δ、对-硝基甲苯Δ、2,4-二硝基甲苯Δ、三硝基甲苯Δ、对-硝基氯苯Δ、2,4-二硝基氯苯Δ
7．苯胺类	苯胺Δ、二硝基苯胺Δ、对-硝基苯胺Δ、2,6-二氯硝基苯胺
8．多环芳烃	萘、荧蒽、苯并[*b*]荧蒽、苯并[*k*]荧蒽、苯并[*a*]芘Δ、茚并[1,2,3-*c*,*d*]芘、苯并[*g*,*h*,*i*]芘
9．酞酸酯类	酞酸二甲酯、酞酸二丁酯Δ、酞酸二辛酯Δ
10．农药	六六六Δ、滴滴涕Δ、滴滴畏Δ、乐果Δ、对硫磷Δ、甲基对硫磷Δ、除草醚Δ、敌百虫Δ
11．丙烯腈	丙烯腈
12．亚硝胺类	*N*-亚硝基二丙胺、*N*-亚硝基二正丙胺
13．氰化物	氰化物Δ
14．重金属及其化合物	砷及其化合物Δ、铍及其化合物Δ、镉及其化合物Δ、铬及其化合物Δ、铜及其化合物Δ、铅及其化合物Δ、汞及其化合物Δ、镍及其化合物Δ、铊及其化合物Δ

注：包括14种化学类别共68种有毒化学品，其中有机物占58种。Δ——推荐近期实施的优先污染物名单。

2．优先监测原则

对优先污染物进行的监测称为优先监测，环境监测应遵循优先监测的原则。优先监测原则就是对下列污染物实行优先监测：

① 对环境影响大的污染物；

② 已有可靠监测方法并获得准确数据的污染物；

③ 已有环境标准或其他依据的污染物；

④ 在环境中的含量已接近或超过规定的标准浓度的污染物；

⑤ 环境样品有代表性的污染物。

环境监测要遵循符合国情、全面规划、合理布局的方针，其准确性往往取决于监测过程的最薄弱环节。

（二）环境监测的要求

环境监测是为环境保护、评价环境质量，制定环境管理、规划措施，为建立各项环境保护法规、法令、条例提供资料、信息依据。为确保监测结果准确可靠、正确判断并能科学地反映实际，环境监测要满足下面几方面要求。

1．代表性

代表性主要是指取得具有代表性的能够反映总体真实状况的样品，则样品必须按照有关规定的要求、方法采集。

2．完整性

完整性主要是指监测过程中的每一细节，尤其是监测的整体设计方案及实施，监测数据相关信息无一缺漏地按预期计划及时获取。

3．可比性

可比性主要是指在监测方法、环境条件、数据表达方式等相同的前提下，实验室之间对同一样品的监测结果相互可比，以及同一实验室对同一样品的监测结果数据可比，相同项目没有特殊情况时，历年同期的数据也是可比的。

4．准确性

准确性主要指测定值与真实值的符合程度。

5．精密性

精密性主要指多次测定值有良好的重复性和再现性。

准确性和精密性是监测分析结果的固有属性，必须按照所用方法使之正确实现。

第二节　环境监测技术概述

环境监测技术包括采样技术、测试技术和数据处理技术等。本节着重概括一下化学组分的测试技术。

一、监测分析方法

在环境监测中既有物理量的测定，也有污染组分的测试，一般物理量的测定如温度、色度、浊度、噪声等都有比较简便、快速的测定方法，这些方法很容易实现连续自动化测定。但是化学组分的测试则比较复杂。目前用于环境监测的测定方法一般认为可分为化学分析法、仪器分析法和生物监测技术三大类。

1．化学分析法

化学分析法包括容量法（酸碱滴定法、氧化还原滴定法、沉淀滴定法和络合滴定法）和重量法。这种方法的主要特点是：① 准确度高，其相对误差是 0.1%～0.2%；② 所需的仪器设备简单，分析成本低，设备保养维修方便；③ 灵敏度较低，一般仅适用于高浓度组分的测定，对微量组分则不大适用；④ 选择性较差，有时候需要比较复杂的预处理。

2．仪器分析法

仪器分析法种类较多，大体上可以分为光学分析法、电化学分析法和色谱分析法三大类。光学分析法中有分光光度法、紫外分光光度法、红外分光光度法，以及原子吸收分光光度法、荧光分析法、非色散红外吸收法、火焰光度法、化学发光法和发射光谱法；电化学分析法中有电导法、极谱法、库仑滴定法、离子选择性电极法、电解溶出法等；色谱分析法是以色谱分离为基础、配合各种方式测定化合物的方法。如气相色谱法、高效液相色谱法、离子色谱法、纸层析法和薄板层析法等，此外还有质谱和中子活化分析法。

近年来环境监测上已经越来越广泛地采用两种方法联用技术。如色谱—质谱联用（GC-MS），色谱—红外联用（GC-IR）等。

仪器分析方法的共同特点是：① 灵敏度高，适用于微量或痕量组分分析测定；② 选择性好，对样品预处理一般都比较简单；③ 响应速度快，容易实现连续自动化测定；④ 有些仪器可以组合使用，提高了鉴别能力。但是，它与化学方法相比，仪器分析的相对误差较大，一般在 3%～5%（当然个别仪器达 0.1%～1%）。另外，仪器分析中部分仪器的造价很高，进而使分析成本提高，而且大型精密仪器的维护、维修都比较复杂。

3．生物监测技术

生物监测技术是利用生物个体、种群或群落对环境污染及其随时间变化所产生的反应来显示环境污染状况。例如，根据指示植物叶片上出现的伤害症状，可对大气污染作出定性和定量的判断；利用水生生物受到污染物毒害所产生的生理机能（如鱼的血脂活力）变化，测试水质污染状况等。这是一种最直接也是一种综合的方法。生物监测包括生物体内污染物含量的测定、观察生物在环境中受伤害症状、生物的生理生化反应、生物群落结构和种类变化等技术。

二、测定方法选择的原则

随着现代科学技术的不断发展进步，对各种环境因子的测定分析方法有多种选择。这些方法在不同的条件下能满足环境监测的需要。但是，对于同一因子如果采用不同的监测方法或采用不同原理制备的检测仪器进行分析测定，往往会得到不同的结果。因此，为了最大限度地利用环境监测所得到的数据，在选择环境因子的测定方法时，应遵循以下几个基本原则。

1．标准化

测定方法的标准化是目前世界各国都在加强推行的一种做法。我国也早在 20 世纪 80 年代初就由中国环境监测总站组织编写了《环境监测标准分析方法》和《污染源统一监测分析方法》，以后又陆续颁布了各种污染因子的测定标准方法。因此，为使在不同情况下测得的监测结果具有可比性，必须采用标准方法。如果是进行国际合作的环境监测项目研究，还应该采用国际统一的标准方法。有些标准测定的方法中还规定了必须采用的仪器型号。

2．专用化

由于污染因子往往和其他成分混杂在一起，为提高监测工作的效率，只要条件许可，就应该选用专用仪器的测定方法。这是因为，一般来说专用仪器都有很高的选择性。

3．自动连续测定

在经常性的测定工作中，在可能的情况下，都应尽量采用连续自动测定装置。

这样可以获取系统的信息。但在使用连续自动监测系统时，必须注意用标准试样对系统的精度和灵敏度进行定期校核，以保证所测结果的正确性。

第三节 环境标准

环境标准是为了保护环境、保护社会物质财富和维持生态平衡，对水、大气、土壤等环境质量，对污染源、检测方法以及其他需要所制定的标准。

一、环境标准分类

一般来说，环境标准在我国分为五类、三级。五类环境标准为：环境质量标准、污染物排放标准、环境基础标准、环境方法标准和样品标准。三级是指国家级环境标准、地方级环境标准和行业级环境标准。其中环境基础标准和环境方法标准只有国家级环境标准。

环境质量标准主要包括水环境质量标准、大气环境质量标准、城市区域环境噪声标准等。它是为了保护人类身体健康，提高生活质量和维持生态平衡，而对有害物质或有害因素在环境中的允许限量所作的规定。它是环境政策的目标、环境管理部门工作的依据，同时也是制定污染物控制排放标准的依据。

污染物排放标准种类繁多，其主要有大气污染综合排放标准、污水综合排放标准。污染物排放标准是为了实现环境质量目标，结合经济技术条件和环境特点，对排入环境中的有害物质或有害因素所作的控制规定。

环境基础标准是指在环境保护工作范围内，对需统一规定的有关名词、术语、符号、标记方法等所作的具有法律效力的定义。它是制定其他环境标准的基础。

环境方法标准是指在环境保护工作范围内，以试验、检查、分析、取样、保管、统计、作业等方法为对象所制定的各种标准。

环境样品标准是一种确定具有一个或多个特性值的物质和材料，用以在环境保护工作和标准实施过程中标定仪器、检验测试方法，进行量值传递或质量控制的材料或特定物质的实物标准。通过标准样品量值的准确传递和追溯系统，实现国际间、国内行业间，以及各个实验室间数据的一致性和可比性，是实验室分析质量保证的重要手段和工具。我国从 20 世纪 80 年代初开始对环境标准样品进行研究。现已研制出大气、水质、土壤、西红柿叶、牛肝、牡蛎、茶叶、小米粉、桃树叶、煤飞灰等几十种标准样品，其中环境水质标准样品已在全国各领域推广使用。

国家级环境标准是指由国家专门机构批准颁发，在全国范围内适用的标准。地方级环境标准是指由各级地方政府部门批准颁发在特定区域内适用的标准。由于我国地域辽阔，各地自然条件和经济发展水平不同，环境因子各异，又加之国家标准有些项目未作具体规定，所以允许地方环保部门根据自己的地方环境特点和经济技术条件，制定地方环境质量补充标准和污染物排放标准。在颁布了地方环境标准的地区，需要说明的是国家标准中所没有规定的项目，可制定地方标准；地方标准应严于国家标准。地方标准一般严于国家标准。行业级环境标准是针对全国环境保护行业环境工作的规范化、标准化而制定的技术规范，是指没有国家标准而又需要在全国某个行业范围内统一的技术要求，所制定的标准。它是国家标准的补充，是专业性技术性较强的标准。行业标准的制定不得与国家标准相抵触，国家标准公布实施后，相应的行业标准即行废止。

以上可见，国家标准是地方标准、行业标准制定的依据，地方标准、行业标准是国家标准的补充，它们共同构成了完整的环境标准体系。

二、环境标准制定的基本原则

环境标准体现国家技术经济政策和发展水平。所以，它的制定既要有很强的技术性，又要有很强的政策性。因此，环境标准制定时遵循以下几个原则。

1．科学性、先进性

标准中各种指标的确定都要以科学研究结果为依据。如环境质量标准，要以经过反复科学试验的环境质量基准为基础。所谓环境质量基准，是指环境中污染物（或因素）对特定对象（人或其他生物等）不产生不良或有害影响的最大剂量或浓度。制定监测方法标准要求对方法本身的准确度、精密度、干扰因素，以及各种方法的比较进行试验。制定污染物排放标准的技术和指标，要考虑到它们的成熟程度、可行性及预期效果等。

2．政策性和社会性

环境质量基准和环境质量标准是两个概念，环境质量基准是由污染物（或因素）与特定对象之间的剂量——反应关系来确定，而没有考虑经济、技术、社会等人为因素，不具有法律效力。环境质量标准是在环境质量基准的基础上，考虑社会、经济、技术等因素而制定的，由国家管理机关颁发的具有强制性的法规。控制标准的制定中往往发生技术先进和经济合理的相互制约。因此，标准要确定在最佳使用点上，既不能只强调技术先进而使大多数工矿企业难以达到标准，也不能只强调可能，而迁就现有落后的生产技术和陈旧的工艺流程。要定在大多数工矿企业经过努力整改能够达到的技术基础和经济能力的水平上，这样才能使所制定的标准真正起到促进污染控制和发展生产的双重作用。

3．差异性

制定标准还应按照环境功能、工矿企业类型、污染因子的危害性、生产处理技术和水平等不同情况区别对待，有的宽些，有的严格一些，宽严结合，以起到消除污染和促进生产的作用。

4．与国际标准接轨

地球只有一个，环境问题是一个全球性的问题。因此，积极采用国际标准，与国际接轨，是目前我国应采取的技术经济政策。

当然，我国实际情况和技术经济条件与发达国家还有一定差距，因而环境质量标准不可能完全采用国际标准，但是要努力跟进。环境基础标准和环境方法标准是通用的。当前国际环保组织也积极推行环境基础标准和环境方法标准统一，进行国际合作环境保护研究势在必行。

第四节 常用标准

一、环境质量标准

（1）《生活饮用水卫生标准》（GB 5749—2006）。
（2）《地表水环境质量标准》（GB 3838—2002）。
（3）《地下水质量标准》（GB/T 14848—93）。
（4）《农田灌溉水质标准》（GB 5084—2005）。
（5）《环境空气质量标准》（GB 3095—1996）。
（6）《城市区域环境噪声标准》（GB 3096—2008）。
（7）《土壤环境质量标准》（GB 15618—1995）。

二、污染物排放标准

（1）《污水综合排放标准》（GB 8978—1996）。
（2）《大气污染物综合排放标准》（GB 16297—1996）。

复习与思考题

1. 简述环境监测的意义和作用。
2. 环境监测有哪些类型，各有什么特点？
3. 环境监测技术有哪些？
4. 环境标准体系有哪几类？它们之间的关系如何？

第二章 环境监测质量保证

【知识目标】

本章要求了解质量保证的意义和内容，掌握监测实验室的基本要求和质量控制方法，熟练掌握监测数据的统计处理和结果表述的要求和方法；了解环境标准物质及其分类方法。

【能力目标】

通过对本章的学习，学生能独立进行分析结果的统计处理与检验；会进行精密度、准确度、最低检出浓度检验；能够应用质量控制图进行室内分析质量控制；会填写质量保证检查单和绘制环境质量图。

第一节 概 述

一、环境监测质量保证的意义

环境监测对象范围广泛，成分复杂、多变，不易准确测量。特别是在区域性、国际间的大规模环境调查中，常需要在同一时间内，由许多实验室同时参加，同步测定。这就要求各实验室从采样到结果所提供的数据，满足一定的准确性和可比性，以得到正确的结论。如果没有一个完整的、科学的环境监测质量保证程序，由于人员的技术水平、仪器设备、地域等差异，难免出现调查资料互相矛盾，数据不能利用的现象，造成大量人力、物力、财力的浪费。环境监测质量保证就是通过系统的科学有效的手段，使得不同的监测人员具有相同的技术依据和保证程序，使大家的一切工作在一个完整的统一格式下进行，最终保证环境监测中的分析误差降低到最低的程度。它是环境监测工作中的一项十分重要的技术工作和管理工作。

二、质量保证体系和内容

环境监测质量保证是一种保证监测数据准确可靠的重要手段，是科学管理实验室和监测系统的有效措施。

环境监测质量保证是整个环境监测过程全面的质量管理。它包括：制订质量保证的任务和计划；根据计划和可能确定一些监测指标和数据的质量要求；规定相应的分析测量系统；实验室分析质量控制，以及与此有关的标准物质定值和分析方法要求等。其内容包括采样、样品的现场处理、运输和贮存、实验室供应、仪器设备、试剂要求、器皿的选择和校准、试剂、溶剂和基准物质的选用、统一测量方法、质量控制的程序、数据的记录、计算和修约等。

三、环境监测分析质量控制

环境监测分析质量控制是环境监测质量保证体系的一部分，是实验室的质量保证，它包括实验室内部质量控制和实验室外部质量控制两部分。

实验室内部质量控制是实验室自我控制分析质量的常规程序，它能够反映分析质量的稳定性如何，以便让分析人员及时发现分析中存在的异常情况，随时采取相应的校正措施。其内容包括：① 分析空白试样，确定空白值，检查本实验室该分析方法的最低检出限与标准分析方法给定的最低检出限之间的差异；② 制作标准曲线，进行斜率检验、截距检验、相关系数检验；③ 仪器设备的定期标定，消除仪器的系统误差；④ 平行样分析，以检查方法精密度是否符合要求；⑤ 加标样分析及密码样分析，以检查分析方法准确度是否符合要求；⑥ 编制分析质量控制图，对分析过程的精密度和准确度进行严密监控等。

实验室外部质量控制通常是由常规监测以外的中心监测站或其他有经验的人员来执行，以便对分析人员的数据质量进行独立评价，对分析人员及实验室进行实际考核。通过实验室外部控制，各分析人员及实验室可以从中发现自身和实验室是否存在着系统误差，以及误差的大小对分析结果是否产生根本性影响，以便及时纠正或校正某些环节存在的缺陷，提高分析质量。其内容包括：① 实验室质量考核；② 实验室误差测试；③ 实验室标准溶液的比对。

四、环境监测质量保证工作的现状

环境监测质量保证工作是一件十分复杂系统的工作，它要求环境监测人员有完整的监测概念理论，熟悉全部的监测程序，对分析系统有扎实的误差理论知识和实际分析操作能力，这样才能使分析结果产生的误差最小。

目前，人们对实验室内的质量保证研究得比较多，也逐渐形成了一些比较成熟的质量保证程序、措施和方法，而对实验室外的质量保证如采样点布设、采样方式、方法等则研究得还不够，这些原因主要是：一方面，由于环境中各种样品的不均匀性、不稳定性、含量高低及组成的不可预测性等，使得质量保证工作难以做到在一个统一的前提下进行，再加上不同的分析人员对事件的判断存在不同的看法，也可能会使环境监测质量保证局限在一个狭小的范围内进行；另一方面，我们在进行环境监测质量保证时，由于实际工作的限制，一个人不可能在各个监测环节上从一而终，这样不同的人员操作之间就必定存在着系统误差；即使是同一个人从头至尾进行布点、采样、处理、分析，分析中的系统误差仍然会不可避免地产生。这样，我们也就只能将系统误差控制在一定的可接受数值之内，这也给质量保证带来了一定的局限性。当然，在进行环境监测时，我们的观点还是要立足在用最少的投入，获得最大的收益，用现有的分析仪器对环境样品进行分析，能够获得最高的精密度和准确度。

本章中关于采样点的布设、样品的采集、样品的运输和保存、样品的预处理（现场处理和实验室处理）等质量保证内容，我们将在后面各章中分别叙述，这里主要对实验室的质量保证进行分析和说明。

第二节　数据处理的质量保证

环境监测的结果将会得到许多环境质量的代表值，它们是描述和评价环境质量各种标志的基本数据。由于测量系统的条件限制以及操作人员的技术水平，测定值或测量值总是存在着差异，环境污染的流动性、变异性与时间空间因素有很大的关系，以有限次的分析测定怎样才能较好地代表总体，这是环境监测数据处理中十分关注的问题。环境监测数据处理的质量保证，要求监测结果的数据处理必须要保证其真实性、有效性和可操作性。

一、基本概念

（一）总体、样本和平均数

1．总体与个体

环境监测分析是通过对少量试样的分析，取得对一批物料组成和性质的认识。少量试样通常是由大批物料中随机抽取得到的。从统计角度看，研究对象的全体称为总体，而总体中的一个单位称为个体。

2．样本与样本容量

总体中的一部分称为样本，样本中含有个体的数目叫此样本的容量，用 n 表示；当 n 趋于无穷时，则用 N 表示。

3．平均数

平均数代表一组变量的平均水平或集中趋势。样本观测中，大多数的测量值都接近于平均数。

平均数有多种表示方法：

（1）算术平均数　简称均数，它是最常用的平均数。假设对某样品进行 n 次测定，得到 n 个测定结果，分别为：x_1，x_2，…，x_i，…，x_n，则它们的算术平均数的表示方法为：

样本均数
$$\overline{x}=\frac{\sum_{i=1}^{n}x_i}{n} \tag{2-1}$$

总体均数
$$\mu=\frac{\sum_{i=1}^{n}x_i}{N}$$

（2）几何平均数　当变量呈现等比关系时，常用几何均数表示。表示方法为：

$$\overline{x}_{\rm g}=(x_1x_2\cdots x_n)^{\frac{1}{n}}=\lg^{-1}\left(\frac{\sum_{i=1}^{n}\lg x_i}{n}\right) \tag{2-2}$$

例如，计算酸雨 pH 值的均数，采用的是计算雨水中氢（H^+）离子活度的几何均数。

（3）中位数　将各数据按大小顺序排列，位于中间的数据即为中位数，若数据的个数为偶数的话，则取中间两位数据的平均数。中位数适用于一组数据的少数呈“偏态”分散于某一侧，而使均数受个别极数的影响较大的情形。

（4）众数　指一组数据中出现次数最多的一个数据。

因为平均数是表示数据的集中趋势，所以当测定数据严格呈正态分布时，其算术均数、中位数和众数三者表示的是同一个数据。

（二）正态分布

相同的条件下，对同一样品测定的随机误差均服从正态分布。正态分布的概率密度函数可以用下式表示：

$$\varphi(x)=\frac{1}{\sigma\sqrt{2\pi}}{\rm e}^{-\frac{(x-\mu)^2}{2\sigma^2}} \tag{2-3}$$

式中：x—— 此分布中随机抽出的样本测定值；

μ—— 总体均值；

σ—— 总体标准偏差，它反映了数据的离散程度。

从统计学知道，样本落在下列区间内的概率如表 2-1 所示。

表 2-1　正态分布总体的样本落在下列区间的概率

区间	落在区间内的概率/%	区间	落在区间内的概率/%
$\mu\pm1.000\sigma$	68.26	$\mu\pm2.000\sigma$	95.44
$\mu\pm1.645\sigma$	90.00	$\mu\pm2.576\sigma$	99.00
$\mu\pm1.960\sigma$	95.00	$\mu\pm3.000\sigma$	99.73

由正态分布的概率密度函数可以画出正态分布图（图 2-1）。

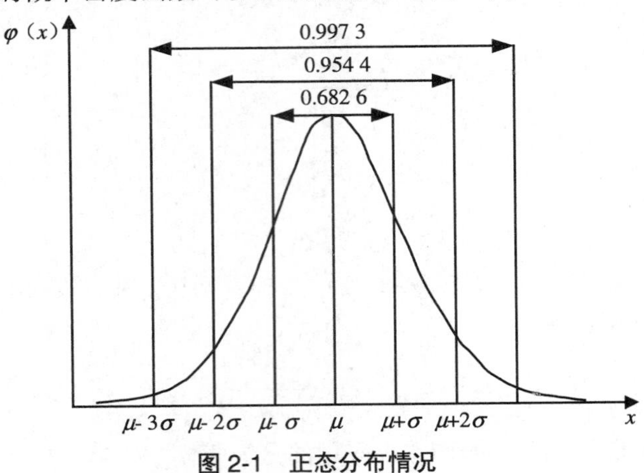

图 2-1　正态分布情况

正态分布曲线说明：

① 小误差出现的概率大于大误差出现的概率，即误差的概率与误差的大小有关；

② 大小相等、符号相反的正负误差出现的数目近于相等，故曲线对称；

③ 出现大误差的概率很小；

④ 多次测定以后的算术均值是可靠的数值。

概率也称置信概率或置信水平，如概率为 95%，即置信水平为 95%，它表示测定结果落在这个之间有 95%的可能性，或者说测定结果落在这个范围之外少于 5%的机会，这个 5%，也叫显著性水平，用α表示（也有用 P 表示的）。环境监测中，显著性水平α通常取 0.05、0.01、0.10 等。

上表 2-1 中的区间，也称置信区间。如$\mu\pm1.960\sigma$，表示有 95%的可能性，测定结果落在$\mu\pm1.960\sigma$范围内，或者说，有 5%的可能性，使测定结果落在$\mu\pm1.960\sigma$的范围之外。

置信区间的一般表达式为：

$$\mu=\overline{x}\pm\frac{t_{(\alpha,f)}\cdot s}{\sqrt{n}}$$

式中：$t_{(\alpha,f)}$ —— 显著性水平为α自由度为f的 t 分布值（t 分布值可从表 2-4 中查得）；

$\overline{x}$ —— 测定均值；

s —— n 平行测定的标准偏差（后面会讲到）。

有些监测数据呈现偏正态分布，偏正态分布曲线是不对称的。如图 2-2 所示。

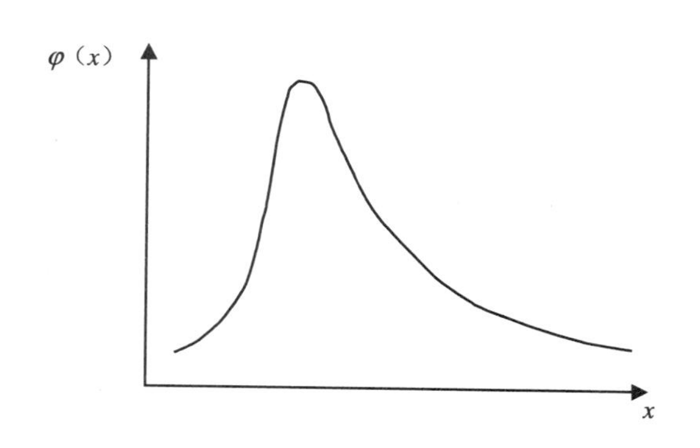

图 2-2　偏正态分布

实际工作中，有些数据本身不呈正态分布，但将数据通过数学转换后可呈现出正态分布，最常用的方法是将数据取对数。若监测数据的对数呈正态分布，称为对数正态分布。例如，大气监测中，当二氧化硫形成颗粒物且在其浓度较低时，实验证明，测定数据一般呈对数的正态分布。有些工厂排放废水的浓度数据也是呈正态分布的。

（三）误差与偏差

1．真值

在某一时刻和某一位置或状态下，某量的效应体现出的客观值或实际值称为真值。真值包括这样几个方面：

（1）理论真值。例如，三角形的内角之和等于 180°。

（2）约定真值。由国际计量大会定义的国际单位制，包括基本单位、辅助单位和导出单位。由国际单位制所定义的真值叫约定真值。例如氢（H）原子量为 1.007 94。

（3）标准器（包括标准物质）的相对真值。高一级标准器的误差为低一级标准器或普通仪器误差的 1/5（或 1/20～1/3）时，则可认为前者是后者的相对真值。

2．误差及其分类

由于科学技术水平的限制，导致测量数据的有效位数不足，以及人们的认识能力有限，总会造成测定值与真值表现为不一致，这种现象称为误差。任何测定结果都会有误差，并存在于一切测量的全过程之中。

误差按其性质和产生原因，可分为系统误差、随机误差和过失误差。按其表示方法可分为绝对误差、相对误差等。

（1）系统误差。也称恒定误差、可测误差或偏倚，反映了分析方法的准确度。它是指测量值的总体均值与真值之间的差别。系统误差由测量过程中的某些恒定因素造成，主要来源于分析方法的缺陷、仪器的恒定误差、标准物浓度不准、操作技术不正确、干扰物的干扰、恒定的操作人员和恒定的操作环境等所造成。系统误差的特征是它在一定的条件下具有重现性，并不会因测定次数的增加而减少，只要分析条件不变，系统误差的大小及正或负的方向都不变；系统误差可以进行检定和校正，如用纯试剂对照、校正测定仪器、采用标准加入法等可以消除系统误差，因此系统误差是可测误差。

（2）随机误差。也称偶然误差，反映了分析方法的精密度。由分析中的各种随机因素引起，如环境气温、气压的波动、电源电压的波动、仪器噪声和人员判断力的波动等。偶然误差的特征是在重复测定中，其大小和符号的变化是随机的，是不可测的；偶然误差虽然不可测，但却服从正态分布的统计规律，即进行大量观察时，正、负偏差出现的机会均等，小偏差出现的机会多，大偏差出现的机会少，因而通过多次测定取其平均值，可以减少偶然误差。

（3）过失误差。也称粗差，是由测定过程中的粗枝大叶犯下了不应有的错误造成的责任事故，一经发现应该立即纠正。

（4）误差的表示方法。可以分为绝对误差和相对误差。

$$\text{绝对误差}=\text{测定值}-\text{真值}=x_i-\mu \tag{2-4}$$

$$\text{相对误差}=\frac{\text{测定值}-\text{真值}}{\text{真值}}\times100\%=\frac{x_i-\mu}{\mu}\times100\% \tag{2-5}$$

【例题】 用某分析天平称取某物质的质量为 1.000 3 g，而该物质的标准质量为 1.000 0 g，则它们的绝对误差与相对误差分别为：

绝对误差=1.000 3−1.000 0=0.000 3 g

$$\text{相对误差}=\frac{0.000\,3}{1.000\,0}\times100\%=0.03\%$$

3．偏差

偏差表示在相同的条件下，对同一种试样进行重复测定时所得结果互相接近的程度，即表示测定的精密度。我们知道某些限度以内的数值，物质的真实值是未知的，不能进行误差的计算，所以除了那些限度以内的数值以外，数据的准确度也是未知的。为了得到比较可信的结果，往往采取在相同的条件下对试样平行测定多次，取其平均值，该平均值就作为测定结果最适当的数值。该平均值与任一数值进行比较，其差值称为偏差。偏差越小，说明该个别测定值的精密度越高。

偏差分为绝对偏差、相对偏差、平均偏差、相对平均偏差、标准偏差、相对标准偏差等。

设平行测定某均匀样品的分析结果为：x_1，x_2，…，x_i，…，x_n，则

平均值
$$\bar{x}=\frac{1}{n}\sum_{i=1}^{n}x_i \quad (2\text{-}6)$$

$$\text{绝对偏差 } d_i=\text{测定值}-\text{平均值}=x_i-\bar{x} \quad (2\text{-}7)$$

$$\text{相对偏差}=\frac{\text{绝对偏差}}{\text{平均值}}\times 100\%=\frac{d_i}{\bar{x}}\times 100\% \quad (2\text{-}8)$$

$$\text{平均偏差 } \bar{d}=\frac{\text{绝对偏差绝对值之和}}{\text{平行测定次数}}=\frac{\sum_{i=1}^{n}|d_i|}{n} \quad (2\text{-}9)$$

$$\text{相对平均偏差}=\frac{\text{平均偏差}}{\text{平均值}}\times 100\%$$

$$=\frac{\bar{d}}{\bar{x}}\times 100\%=\frac{\sum_{i=1}^{n}|d_i|}{n\cdot\bar{x}}\times 100\% \quad (2\text{-}10)$$

4．标准偏差与相对标准偏差

（1）差方和　也称离差平方，是绝对偏差的平方和。

$$\text{差方和}=\sum_{i=1}^{n}(x_i-\bar{x})^2=\sum_{i=1}^{n}d_i^{\,2} \quad (2\text{-}11)$$

（2）样本方差

$$\text{样本方差 } S^2=\frac{1}{n-1}\sum_{i=1}^{n}(x_i-\bar{x})^2 \quad (2\text{-}12)$$

（3）样本标准偏差

$$\text{样本标准偏差 } S=\sqrt{\frac{1}{n-1}\sum_{i=1}^{n}(x_i-\bar{x})^2} \quad (2\text{-}13)$$

（4）样本相对标准偏差　样本相对标准偏差也称变异系数，用 C_V 表示。

$$C_V=\frac{S}{\bar{x}}\times 100\% \quad (2\text{-}14)$$

（5）总体方差和总体标准偏差　总体方差和总体标准偏差分别用 σ^2 和 σ 表示。

$$\sigma^2=\frac{1}{N}\sum_{i=1}^{n}(x_i-\mu)^2 \quad (2\text{-}15)$$

$$\sigma=\sqrt{\sigma^2}=\sqrt{\frac{1}{N}\sum_{i=1}^{n}(x_i-\mu)^2} \quad (2\text{-}16)$$

（6）极差　也称全距或范围误差，是一组测量值中的最大值（x_{max}）与最小值

（x_{min}）之差，它表示了测定值的范围，用 R 表示。

$$R = x_{max} - x_{min} \quad (2\text{-}17)$$

（四）误差的传递

环境监测分析是通过一系列测量步骤来完成的，每一测量步骤都可能包含一定的误差。那么这些测量误差又是如何传递到结果中去的呢？

1．系统误差的累积

（1）系统误差在加减法运算中的传递

若分析结果 R 是由 A、B、C 三个测量值相加减得到的，例如：

$$R = A + B - C \quad (2\text{-}18)$$

如果 α、β、γ 分别代表 A、B、C 三个测定值的绝对误差，ρ 代表 R 中最大的测定误差，则

$$R + \rho = (A + \alpha) + (B + \beta) - (C - \gamma) \quad (2\text{-}19)$$

或

$$R + \rho = (A + B - C) + (\alpha + \beta + \gamma) \quad (2\text{-}20)$$

所以

$$\rho = \alpha + \beta + \gamma \quad (2\text{-}21)$$

由此可见，加法或减法计算时，分析结果所产生的最大可能误差，是各测量步骤的绝对误差之和。

【例题】 求下列计算结果的最大误差，并将其表示于最后结果中（小括号内数字代表绝对误差）：

10.54（0.04）+18.26（0.02）−8.35（0.03）

解：$\rho = \alpha + \beta + \gamma = 0.04 + 0.02 + 0.03 = 0.09$

$R = A + B - C = 10.54 + 18.26 - 8.35 = 20.45$

$R + \rho = (A + B - C) + (\alpha + \beta + \gamma) = 20.45 \pm 0.09$

（2）系统误差在乘除法运算中的传递

若分析结果 R 是由 A、B、C 三个测量值相乘除得到的，例如

$$R = \frac{A \times B}{C} \quad (2\text{-}22)$$

如果 α、β、γ 分别代表 A、B、C 三个测定值的绝对误差，ρ 代表 R 中最大的测定误差，则

$$R + \rho = \frac{(A + \alpha)(B + \beta)}{(C - \gamma)} = \frac{AB + \alpha B + \beta A + \alpha\beta}{(C - \gamma)} \quad (2\text{-}23)$$

由于 α、β 数值很小，所以 $\alpha\beta$ 小，可以忽略不计，于是得：

$$R + \rho = \frac{AB + \alpha B + \beta A}{(C - \gamma)} \quad (2\text{-}24)$$

$$\rho=\frac{AB+\alpha B+\beta A}{(C-\gamma)}-R$$
$$=\frac{AB+\alpha B+\beta A}{(C-\gamma)}-\frac{A\times B}{C}$$
$$=\frac{ABC+\alpha BC+\beta AC-ABC+AB\gamma}{C(C-\gamma)} \tag{2-25}$$

式（2-25）除以$R=\frac{A\times B}{C}$，得到：

$$\frac{\rho}{R}=\frac{(ABC+\alpha BC+\beta AC-ABC+AB\gamma)C}{C(C-\gamma)A\times B}$$

因为$\gamma \ll C$，所以$C-\gamma\approx C$，则上式变为

$$\frac{\rho}{R}=\frac{\alpha}{A}+\frac{\beta}{B}+\frac{\gamma}{C} \tag{2-26}$$

由此可见，乘法或除法计算时，分析结果所产生的最大可能误差，是各测量步骤的相对误差之和。

【例题】 求下列计算结果的最大误差，并将其表示于最后结果中（小括号内数字代表绝对误差）。

$$\frac{12.35(0.02)\times 7.23(0.02)}{2.05(0.01)}$$

解：

$$\frac{\rho}{R}=\frac{\alpha}{A}+\frac{\beta}{B}+\frac{\gamma}{C}=\frac{0.02}{12.35}+\frac{0.02}{7.23}+\frac{0.01}{2.05}=0.01$$
$$R=\frac{A\times B}{C}=\frac{12.35\times 7.23}{2.05}=43.6$$
$$\rho=R\times 0.01=43.6\times 0.01=0.4$$
$$R+\rho=43.6\pm 0.4$$

2．偶然误差的累积

（1）偶然误差在加减法运算中的传递

偶然误差在加减法运算中传递的规律是，运算结果的方差（标准偏差的平方）等于各个测定值的方差之和。

例如：$R=A+B-C$

设S_A、S_B、S_C分别代表A、B、C的标准偏差，S_R代表R的标准偏差，则有：

$$S_R^{\ 2}=S_A^{\ 2}+S_B^{\ 2}+S_C^{\ 2} \tag{2-27}$$

【例题】 求下列运算结果的标准偏差：

21.52（0.06）+12.38（0.02）−16.37（0.03）

解：$S_R{}^2 = S_A{}^2 + S_B{}^2 + S_C{}^2 = (0.06)^2 + (0.02)^2 + (0.03)^2 = 0.004\,9$

$S_R = \pm\sqrt{0.004\,9} = \pm 0.07$

（2）偶然误差在乘除法运算中的传递

偶然误差在乘除法运算中的传递规律是，运算结果的相对标准偏差的平方等于各个测定值的相对标准偏差的平方之和。即：

$$(\frac{S_R}{R})^2 = (\frac{S_A}{A})^2 + (\frac{S_B}{B})^2 + (\frac{S_C}{C})^2 \qquad (2\text{-}28)$$

【例题】 求下列运算结果的相对标准偏差（括号中数字为相对标准偏差值）：

$$\frac{9.82(0.02) \times 15.98(0.02)}{3.76(0.01)}$$

解：$(\frac{S_R}{R})^2 = (\frac{S_A}{A})^2 + (\frac{S_B}{B})^2 + (\frac{S_C}{C})^2 = (\frac{0.04}{9.82})^2 + (\frac{0.02}{15.98})^2 + (\frac{0.01}{3.76})^2 = 0.000\,025$

$\frac{S_R}{R} = \pm\sqrt{0.000\,025} = \pm 0.005$

3．误差传递在分析计算中的应用

（1）重量分析中结果误差的计算

重量分析中，误差的传递方式与读数的累积次数有关。计算结果的相对误差大小，由试样的称重和沉淀称重的相对误差求得。

用重量法测定样品中某组分的质量分数时，计算公式可表示为：

$$W = \frac{\text{沉淀质量} \times \text{换算因素}}{\text{样品质量}} \times 100\% \qquad (2\text{-}29)$$

【例题】 设分析天平的平衡点观察的标准偏差为 0.000 2 g。用重量法测定氯含量时，氯化物试样质量为 0.380 0 g，生成的氯化银沉淀的质量为 0.625 0 g，计算含氯量测定结果的标准偏差为多少？

解：分析中一般都要求消除系统误差，因此这里只考虑偶然误差的影响。显然上式属于乘除计算。试样称重时观察了两次平衡点，而称量氯化银质量时观察了四次平衡点（沉淀质量是由空坩埚质量和沉淀—坩埚质量求得的），所以，含氯量测定的标准偏差（用相对百分偏差表示）为：

$$(\frac{S_R}{R})^2 = (\frac{S_A}{A})^2 + (\frac{S_B}{B})^2$$

$$\frac{S_R}{R} \times 100\% = \pm\sqrt{(\frac{S_A}{A})^2 + (\frac{S_B}{B})^2} \times 100\%$$

$$=\pm\sqrt{2\times(\frac{0.0002}{0.3800})^2+4\times(\frac{0.0002}{0.6250})^2}\times100\%=\pm0.10\%$$

（2）容量分析中结果误差的计算

容量分析中，通常根据消耗的标准溶液体积、浓度及试样的质量来求出其组分含量的，也与读数的次数有关。

用容量分析法测定样品中某组分的质量分数时，分析结果计算公式可以表示为：

$$W=\frac{\text{标准溶液浓度}\times\text{体积}\times\text{摩尔质量}}{\text{试样质量}}\times100\% \qquad (2\text{-}30)$$

【例题】 设容量分析中，标准溶液浓度的相对误差为 0.1%，滴定体积为 25.34 mL，滴定的误差为±0.02 mL；试样的质量为 0.351 2 g，称重误差为±0.000 2 g，求计算结果的相对误差。

解：滴定的相对误差为 $\frac{\pm0.02}{25.34}\times100\%=\pm0.08\%$

称重的相对误差为 $\frac{\pm0.000\,2}{0.351\,2}\times100\%=\pm0.06\%$

标准溶液浓度的相对误差为 0.1%

计算结果的相对误差为：

$$\frac{S_R}{R}\times100\%=\pm\sqrt{(\frac{S_A}{A})^2+(\frac{S_B}{B})^2+(\frac{S_C}{C})^2}\times100\%$$

$$=\pm\sqrt{(0.08\%)2\times2+(0.06\%)2\times2+(0.1\%)\times1}\times100\%$$

$$=\pm\sqrt{0.03\%}\times100\%$$

$$=\pm0.17\%$$

（3）比色分析结果中误差的计算

比色分析中一般都是通过回归方程来进行计算的，因此，结果的误差与方程中的数据波动范围有关。

【例题】 采用盐酸副玫瑰苯胺比色法测定大气中的二氧化硫，制作的标准曲线方程为 y=0.030x+0.025（y 为吸光度，x 为二氧化硫的绝对含量μg）。若测得样品的吸光度为 0.285，吸光度测定误差为 0.002，标准曲线的斜率波动为 0.002，截距波动为 0.005，试估算二氧化硫质量的测定误差。

解：根据题意，二氧化硫质量的表达公式可以表示为：

$$x=\frac{y(0.002)-0.025(0.005)}{0.030(0.002)}=\frac{0.285(0.002)-0.025(0.005)}{0.030(0.002)}$$

先求分子部分的最大误差，明显的它是加减关系。如果我们只考虑偶然误差的影响，则：

$$S_R{}^2 = S_A{}^2 + S_B{}^2$$

$S_R = \sqrt{S_A{}^2 + S_B{}^2} = \sqrt{0.002^2 + 0.005^2}$ =0.005（标准偏差也可以看成一种波动）

而 $A-B$=0.285−0.025=0.260

所以，上式可以写为

$$x = \frac{0.260(0.005)}{0.030(0.002)}$$

再求乘除关系中的最大误差。我们有

$$(\frac{S_R}{R})^2 = (\frac{S_A}{A})^2 + (\frac{S_B}{B})^2$$

$\frac{S_R}{R} = \sqrt{(\frac{S_A}{A})^2 + (\frac{S_B}{B})^2} = \sqrt{(\frac{0.005}{0.260})^2 + (\frac{0.002}{0.030})^2}$ =0.07，即相对标准偏差为 7%。

$$R = \frac{A}{B} = \frac{0.260}{0.030} = 8.7\ \mu g$$

所以，最大波动为 S_R=0.07R=0.07×8.7=0.6 μg。

因此，二氧化硫质量计算结果估计值的范围为 $R \pm S_R = 8.7 \pm 0.6\ \mu g$，测定误差（波动值）为 0.6 μg，近似相对误差为 7%。

上面只是一种估算方法，估算时将误差和标准偏差看成近似相等。实际测定中肯定还包含着系统误差，因此，估算值可能会小于实际值。

二、可疑值的取舍

（一）有效数字的记录、计算和修约

1．有效数字

0，1，2，3，4，5，6，7，8，9 这十个数码称为数字。由单一数字或多个数字可以组成数值，一个数值中各个数字所占的位置称为数位。

测定结果的记录、计算、修约、呈报必须要注意有效数字。由有效数字构成的数值（如测定值）和通常的数学上的数值在概念上是不同的。例如 2.5，2.50，2.500 在数学上都看成同一个数值，但是，如果表示测定值，则其所表示的测量准确度是不同的。

2.5 的测定误差为 $\frac{0.1}{2.5} \times 100\% = 4\%$；

2.50 的测定误差为 $\frac{0.01}{2.50}\times100\%=0.4\%$；

2.500 的测定误差为 $\frac{0.001}{2.500}\times100\%=0.04\%$。

一个数值只能有一个估计数字，即只有倒数第一位上的数字是可疑的或者说是不确定的，而倒数第二位以上的数字应该都是可靠的或者说是确定的。所谓有效数字是由全部确定数字和一位不确定数字构成的数（数据）。因此，我们在记录、计算、修约时，不能对有效数字的位数进行任意的增删。

由有效数字构成的测定值必定是近似值，而有效数字位数的识别对于记录、计算、修约起着很大作用。

数字“0”，当它用于指示小数点的位置而与测量的准确程度无关时，不是有效数字；当它用于表示与测量准确程度有关的数值大小时，则为有效数字。这与“0”在数值中的位置有关。

（1）非零数字左边的“0”不是有效数字，如 0.026 5 是三位有效数字，0.008 是一位有效数字。

（2）非零数字中的“0”是有效数字，如 1.025 为四位有效数字，10.002 为五位有效数字。

（3）小数中最后一个非零数字的“0”是有效数字，如 2.50 是三位有效数字，2.500 为四位有效数字，0.350%是三位有效数字。

（4）以“0”结尾的整数，有效数字的位数难以判断，必须要依靠计量仪器的精度上加以判别。如 150 mg，若用普通的架盘天平称取的话，则为 0.15 g，有效数字只有两位；若用万分之一的分析天平称取的话，则为 0.150 0 g，有效数字为四位。在这种情况下，最好写成指数形式，前者为 1.5×10^{-1} g，后者为 1.500×10^{-1} g。

2．有效数字的记录

（1）记录的有效数字位数要和仪器的测量精度一致，即只能保留一位可疑数字。

（2）表示精密度的数值通常只取一位有效数字，只有当测定次数很多时，才可以取两位，并且最多只能取两位有效数字。

（3）在数值计算中，当有效数字的位数确定之后，其余的数字应按有效数字的修约规则一律舍去。

（4）在数值计算中，常数的有效数字位数是无限的，可以根据需要进行取舍。

（5）来自一个正态分布总体的一组数据（多于 4 个），其平均值的有效数字位数可比原数多增加一位。

根据以上的原则，可以得出这样的结论：

（1）用合格的万分之一天平称量物质时，以 g 为单位，有效数字可以记录到小数点后面第四位；

（2）普通架盘天平称量物质时，以 g 为单位，有效数字可以记录到小数点后面第二位；

（3）用合格的量器（移液管、容量瓶、滴定管等）量取溶液时，以 mL 为单位，100 mL 以下的，体积的有效数字位数可以记录到小数点后面第二位，大于等于 100 mL 的，体积的有效数字位数可以记录到小数点后面第一位；

（4）用 100～500 mL 的量筒量取水样时，有效数字取三位较为合理，即分别记为 100 mL、200 mL、500 mL 等；

（5）光度法中，吸光度一般可以记录到小数点后面第三位，若吸光度无法读取三位有效数字，可以先读取透光率，然后再换算为吸光度值，以防止有效数字的丢失；

（6）稀释的中间标准溶液和标准系列，浓度的有效数字的位数必须根据稀释公式进行计算与修约得出。

3．数字计算规则

有效数字在运算中要注意，确定值与确定值的运算结果才是确定值，而确定值与可疑值的运算结果是可疑值，可疑值与可疑值的运算结果就更是可疑值了。由此我们可以得出以下的计算规则。

（1）加减运算时，得数经修约后，小数点后面有效数字的位数应和参加运算的数中小数点后面有效数字的位数最少者相同。

（2）乘除运算时，得数经修约后，其整个有效数字的位数应和参加运算的数中有效数字位数最少者相同。

（3）进行对数或反对数运算时，得数经修约后，结果小数点后面有效数字的位数应和真数的有效数字的位数相同，如 lg5.0=0.70，lg5.00=0.699。

（4）进行乘方、开方、三角函数等运算时，计算结果有效数字的位数和原数相同。

（5）分析结果有效数字所能够达到的数位，不能超过方法最低检出限的有效数字所能达到的数位。例如，一个方法的最低检出浓度为 0.02 mg/L，那么分析结果呈报 2.065 mg/L 就不合理，应该呈报 2.06 mg/L 才行。

4．数据修约规则

对于环境监测中的数字修约，《环境水质监测质量保证手册》推荐按 GB 8170—87 规定的数字修约规则进行数字的修约。

这个修约规则可以用这样的口诀来概括：四舍六入五待定，五后非零则进一，五后皆零视奇偶，奇进偶不进，修约一次性，分述如下。

（1）在拟舍弃的数字中，若左边的第一个数字小于 5（不包括 5）时，则舍去，即所拟保留的末位数不变。

例如：将 5.134 2 修约到保留一位小数。

（舍弃的数字是 342，3 小于 5）

修约前　　　　　　　　修约后

5.134 2　　　　　　　　5.1

（2）在拟舍弃的数字中，若左边第一个数字大于 5（不包括 5）时，则进一，即所拟保留的末位数字加一。

例如：将 12.484 3 修约到保留一位小数。

（舍弃的数字是 843，8 大于 5）

修约前　　　　　　　　修约后

12.484 3　　　　　　　12.5

（3）在拟舍弃的数字中，若左边第一个数字等于 5，其右边的数字并非全是零时，则进一，即所拟保留的末位数字加一。

例如：将 3.250 2 修约到保留一位小数。

（舍弃的数字是 502，5 右边为 02，不为 0）

修约前　　　　　　　　修约后

3.2502　　　　　　　　3.3

（4）在拟舍弃的数字中，若左边第一个数字等于 5，其右边的数字都是零时，所拟保留的末位数字若为奇数则进一，若为偶数（包括 0）则不进。

例如：将 3.250 0、3.150 0 分别修约到保留一位小数。

（舍弃的数字都是 500，5 后边全部是 0）

修约前　　　　　　　　修约后

3.250 0　　　　　　　　3.2

3.150 0　　　　　　　　3.2

我们在进行数字修约时一定要注意，修约只能一次性修约，不能分步连续修约。例如，将数据 15.454 6 修约到保留整数：

正确的做法是：15.454 6→15　　　（一次性修约）

不正确的做法是：15.454 6→15.455→15.46→15.5→16　　　（多次修约）

有时测试部门与计算部门先将获得的数据按修约位数多一位或多几位报出，而后由其他部门判定，为了避免产生连续修约的结果，最好将那些包含 5 结尾的数据后面以（+）或（−）或不加符号表示，以说明修约前是小于 5 还是大于 5 抑或等于 5。

例如，13.452 写成 13.45（+）（若计算是要达到一位小数，则可修约到 13.5）；1.450 0 写成 1.45；12.449 52 写成 12.450（−）等。

（二）可疑值的取舍

在一定条件下，进行重复测定得到的一系列数据具有一定的分散性，这种分散性反映了随机误差的大小，也就是说这些数据可以认为是来自同一总体的。如果实验条件发生了改变，使实验中出现了系统误差，那么测定的这些数据就有可能不是来自同一总体。我们将与正常数据不是来自同一总体，明显歪曲实验结果的测量数据称为离群数据，而将有可能会歪曲实验结果，尚未经检验断定其是离群数据的测量数据，称为可疑数据。

产生可疑数据的原因有很多，有些是系统误差引起，有些是偶然误差引起，形式多样，不能一概而论。因此对不同原因产生的可疑数据要分别处理。正常数据总有一定的分散性，如果人为地删除一些误差较大的可疑数据，由此得到精密度很高的测量结果，并不符合客观实际。

在数据处理时，对于可疑数据要检验，离群数据要剔除，使测定结果更符合实际。只有经统计检验判断确实属于离群数据的测量数据才可以剔除。所以，对可疑数据的取舍必须要采用统计的方法进行判别。

1．Grubbs 检验法

Grubbs 检验法用于检验多组（组数为 l）测量均值的一致性及剔除多组测量均值中的可疑值，也可用于检验一组测量值（个数为 n）的一致性和剔除一组测量值中的可疑值（检出的可疑值个数不超过 1 个）。一般采用单侧检验，其检验步骤为：

（1）将测定值的均值按照由小到大的顺序排列：$\overline{x}_1$，$\overline{x}_2$，…，$\overline{x}_i$，…，$\overline{x}_n$（$n \geqslant 3$）。其中最小均值为 $\overline{x}_{\min}$，最大均值为 $\overline{x}_n$，它们都是可疑均值，用 $\overline{x}_d$ 表示。

（2）计算样本总均值 $\overline{\overline{x}}$ 和样本标准偏差 $S_{\overline{x}}$：

$$\overline{\overline{x}} = \frac{1}{l}\sum_{i=1}^{n}\overline{x}_i \tag{2-31}$$

$$S_{\overline{x}} = \sqrt{\frac{\sum_{i=1}^{n}(\overline{x}_i - \overline{\overline{x}})^2}{l-1}} \tag{2-32}$$

（3）选取统计量 G_n，并计算出结果。

$$G_n = \frac{\left|\overline{x}_d - \overline{\overline{x}}\right|}{S_{\overline{x}}} \tag{2-33}$$

（4）确定检出显著性水平（α通常取 0.01 和 0.05），由表查出对应的 n、α 的临界值 $G_{\alpha(n)}$。

（5）判断：当 $G_n > G_{0.01(n)}$时，判断可疑均值 $\overline{x}_d$ 为离群均值，应予以剔除；

当 $G_n \leqslant G_{0.05(n)}$时，被检数据 $\overline{x}_d$ 为正常数据，予以保留；

当 $G_{0.05(n)} < G_n \leqslant G_{0.01(n)}$时，则被检数据 $\overline{x}_d$ 为偏离数据。

偏离数据是介于离群和不离群之间的测量数据。对于偏离数据的处理要慎重，只有能够找到原因的偏离数据才能作为离群数据处理，否则就不能作为离群数据考虑。

表 2-2 Grubbs 检验临界值 G

n	α		n	α		n	α	
	0.01	0.05		0.01	0.05		0.01	0.05
3	1.155	1.153	12	2.050	2.285	21	2.912	2.580
4	1.492	1.463	13	2.607	2.331	22	2.939	2.603
5	1.749	1.672	14	2.695	2.371	23	2.963	2.624
6	1.944	1.822	15	2.705	2.409	24	2.987	2.644
7	2.097	1.938	16	2.747	2.443	25	3.009	2.663
8	2.221	2.032	17	2.785	2.475	30	3.103	2.745
9	2.323	2.110	18	2.821	2.504	35	3.178	2.811
10	2.410	2.176	19	2.854	2.532	40	3.240	2.866
11	2.485	2.234	20	2.884	2.557	50	3.336	2.956

2．Dixon 检验法

Dixon 检验法用于一组观测值的单值一致性检验和剔除一组观测值中的离群单值，适用于检出一个或多个离群单值。一般也采用单侧检验。其检验步骤为：

（1）将样本数据从小到大进行排列：x_1，x_2，…，x_i，…，x_n（$3 \leqslant n \leqslant 25$）。其中最小值为 x_1，最大值为 x_n，他们都是等待检验的可疑值。

（2）选取统计量 D，并计算出结果：

当 $3 \leqslant n \leqslant 7$ 时，计算公式为：

$$D=\frac{x_2-x_1}{x_n-x_1} \quad \text{（检验最小值 } x_1\text{）} \tag{2-34}$$

$$D=\frac{x_n-x_{n-1}}{x_n-x_1} \quad \text{（检验最大值 } x_n\text{）} \tag{2-35}$$

当 $8 \leqslant n \leqslant 10$ 时，计算公式为：

$$D=\frac{x_2-x_1}{x_{n-1}-x_1} \quad \text{（检验最小值 } x_1\text{）} \tag{2-36}$$

$$D=\frac{x_n-x_{n-1}}{x_n-x_2} \quad \text{（检验最大值 } x_n\text{）} \tag{2-37}$$

当 $11 \leqslant n \leqslant 13$ 时，计算公式为：

$$D=\frac{x_3-x_1}{x_{n-1}-x_1} \quad \text{（检验最小值 } x_1\text{）} \tag{2-38}$$

$$D=\frac{x_n-x_{n-2}}{x_n-x_2} \quad \text{（检验最大值 } x_n\text{）} \tag{2-39}$$

当$n \geqslant 14$时，计算公式为：

$$D=\frac{x_3-x_1}{x_{n-2}-x_1} \quad （检验最小值 x_1） \tag{2-40}$$

$$D=\frac{x_n-x_{n-2}}{x_n-x_3} \quad （检验最大值 x_n） \tag{2-41}$$

（3）查 Dixon 检验临界值表得D_α，α为显著性水平，通常取 0.01 和 0.05。

（4）判断：若$D > D_{0.01}$时，则被检值为离群值，剔除之。

若$D \leqslant D_{0.05}$时，则被检值为正常数据，予以保留；

当$D_{0.05} < D_n \leqslant D_{0.01}$时，则被检数据为偏离数据。

对于偏离数据的处理同样要慎重，能够找到原因的偏离数据才能作为离群数据考虑，否则就不作为离群数据考虑。

第三节　监测实验室的质量保证

一、名词解释

（一）准确度

准确度是分析方法的综合指标，也是数据可信程度的综合指标。当样本容量足够多时，准确度取决于系统误差。

（1）准确度的概念　准确度是指在规定的条件下，试样的分析结果（单次测定值或重复测定的均值）与真值（假定的或公认的）之间的符合程度。

（2）准确度的表示方法　准确度用绝对误差、相对误差表示。

$$绝对误差=测定值-真值=x_i-\mu \tag{2-42}$$

$$相对误差=\frac{测定值-真值}{真值}\times 100\%=\frac{x_i-\mu}{\mu}\times 100\% \tag{2-43}$$

由于实际工作中样品的真值往往未知，因而用上述方法表示准确度只是限于真值已知的情形。在指定的情况下，百分回收率也能反映准确度的好坏。对于回收率的计算有两种情形：一种是以标准物作为标准控制样，此时的回收率也称标准物测定回收率；另一种是采用加标样分析进行测定，也称为加标测定回收率。

$$标准物测定回收率 P_{标}=\frac{测定值}{保证值}\times 100\%=\frac{x_i}{A}\times 100\% \tag{2-44}$$

$$加标测定回收率 P_{加}=\frac{加标测定量-未加标测定量}{加入标准的量}\times 100\%$$

$$=\frac{x_{加标}-x_{未加标}}{\Delta x_{加标}}\times 100\% \quad (2\text{-}45)$$

（二）精密度

1．精密度的概念

精密度系指在规定的条件下，重复分析某一均匀试样所得分析结果之间的符合程度。

精密度是分析方法的评价指标之一，在消除了系统误差的前提下，精密度主要由分析的随机误差决定，它不仅与偶然因素有关，也与待测物质的含量有关，通常物质的含量越低，分析的精密度越差，它能够反映一个分析人员的分析操作水平。精密度决定了准确度的好坏，因而，要提高分析的准确度，首先要提高分析的精密度。

2．精密度的表示方法

精密度用标准偏差和相对标准偏差表示。

（1）标准偏差

用某一方法对某一均匀样品进行 n 次重复测定时，n 个重复测定结果为 x_1，x_2，x_3，…，x_i，…，x_n，标准偏差的计算公式为：

$$S=\sqrt{\frac{\sum_{i=1}^{n}(x_i-\overline{x})^2}{n-1}}=\sqrt{\frac{\sum_{i=1}^{n}x_i^{\,2}-\frac{1}{n}(\sum_{i=1}^{n}x_i)^2}{n-1}} \quad (2\text{-}46)$$

式中，$\overline{x}=\frac{\sum_{i=1}^{n}x_i}{n}$，标准偏差的单位和 x_i 的单位相同。

（2）相对标准偏差

$$相对标准偏差=\frac{S}{\overline{x}}\times 100\% \quad (2\text{-}47)$$

相对标准偏差也称变异系数，用符号 C_V 表示，相对标准偏差没有单位。当两组变量单位不同，或变量单位虽然相同，但平均值相差较大时，可用变异系数 C_V 表示它们的离散程度。在环境监测分析中，一般说来，C_V<5%，说明精密度很好；C_V=5%～10%，表示精密度较好；C_V=10%～15%，可以接受，但与浓度有关，当浓度≤1 μg/L 时，C_V=25%仍然可以接受。

（3）极差

R 是测定数值中最大值与最小值之差，它说明了数据的伸展情况，也可表示方法的精密度。

$$R=x_{max}-x_{min} \quad (2\text{-}48)$$

R 的单位与 x 单位相同。

3．室内精密度和室间精密度

（1）室内精密度　同一实验室用同一方法对同一样品进行多次分析，所得结果之间的符合程度。用室内标准偏差（S_w）或室内相对标准偏差来表示。

（2）室间精密度　不同实验室（分析人员、分析设备以至分析时间都不相同时），用同一分析方法对同一样品进行多次测定，所得分析结果之间的符合程度。用室间总标准偏差（S_R 或 S_t）或室间总相对标准偏差来表示。

应注意的是，在进行方法之间或实验室精密度比较和评价时，都应该以相同的浓度或相同的含量为前提，若不列出实验数据，而只是提供标准偏差数据时，应注明相应的含量范围及测定次数，使标准偏差具有明显的统计意义。相对标准偏差随浓度或含量的递减而增加，而标准偏差有时却不一定存在着这种关系。标准偏差的统计意义在于，当给出 n 次测定的标准偏差时，我们可以估计出在某个置信水平时真值的置信区间或范围。

4．精密度的其他说法

在讨论精密度时，常常要遇到如下的一些术语。

（1）平行性　系指在同一实验室中，当分析人员、分析设备、分析时间都相同时，用同一分析方法对同一分析样品进行双份或多份平行样测定结果之间的符合程度。

（2）重复性　又称重现性，系指在同一实验室内，当分析人员、分析设备、分析时间三因素中至少有一项不同时，用同一分析方法对同一样品进行两次或两次以上独立测定结果之间的符合程度。重复性用室内标准偏差表示 S_r 或 S_w 表示，可计算如下：

$$S_r(\text{或}S_w)=\sqrt{\frac{\sum_{i=1}^{l}\sum_{j=1}^{n}(x_{ij}-\overline{x}_i)^2}{l(n-1)}} \tag{2-49}$$

式中，x_{ij} 是指第 i 实验室的第 j 次测定值。（i=1，2，…，l，j=1，2，…，n）

重复性的定量表达为：在一个数值，即在上述条件下，两次单独实验结果之间的绝对差值，在规定的概率水平下所低于预期的数值。该绝对差值用 I_r 或 r 表示。即

$$I_r(\text{或}r)=2.83\times S_r \tag{2-50}$$

式 2-49 又称重复性精密度，式 2-50 又称重复度或重复区间。若没有其他说明，则概率水平即指 95%。它说明在重复条件下测定同一个样品，任意两个结果之间的绝对差值超过 I_r 的可能性为 5%。

（3）再现性　系指在不同的实验室（分析人员、分析设备乃至分析时间都不相同），用同一分析方法对同一样品进行多次测定，结果之间的符合程度。

通常室内精密度是平行性和重复性的总和，而室间精密度（即再现性）通常是

以分析标准溶液的方法来了解的。再现性的定量表达式为：

$$S_R(或S_t)=\sqrt{S_b^{\ 2}+S_r^{\ 2}} \tag{2-51}$$

式中：$S_b=\sqrt{S_{\bar{x}}^{\ 2}-\frac{S_r^{\ 2}}{n}}$，$S_{\bar{x}}^{\ 2}=\frac{\sum_{i=1}^{l}(\bar{x}_i-\bar{\bar{x}})^2}{l-1}$，$\bar{\bar{x}}=\frac{\sum_{i=1}^{l}\sum_{j=1}^{n}x_{ij}}{l\times n}$，

x_{ij}是第 i 个实验室测定的第 j 个单值。

再现性的定量表达为：一个数值是不同的操作人员在不同的实验室，按照同一实验方法用相同的实验材料，所获得的两次单独实验结果之间的绝对差值，在规定的概率水平条件下，低于所预期的数值。该值用 I_R 或 R 表示，即再现性的定量表达式为：

$$I_R(或R)=2.83S_R \tag{2-52}$$

若没有其他说明，概率水平为 95%。它说明在不同实验室的再现测定条件下测定同一样品，任意两个结果之间的绝对差值超过 I_R（或 R）的可能性为 5%。

（三）灵敏度

灵敏度也是评价分析方法的指标之一。ISO 定义的灵敏度是指，对于一个给定的检测量数值，灵敏度用观测到的变量增值除以检测量的相应增值。在分析领域中，对“灵敏度”一词常有两种理解：一种是认为灵敏度是表示方法检出最低含量的能力；另一种是更多的学者认为，灵敏度是反映信号的输出量（Y，信号值）和信号的输入量（X，物质含量）的比值，两者的比率越大，则校准曲线的斜率也越大，灵敏度就越高，因而灵敏度可以用校准曲线的斜率来表示，而不用最低检出限来表示灵敏度，这跟 ISO 定义的灵敏度具有一样的含义。

（四）空白试验

通常说的是方法空白试验，是指与试样分析同时进行的分析试验，通常是在不加试样的情况下，用蒸馏水代替试液，按照与试样分析同样的步骤和操作条件进行分析，以校正有关因素对分析结果的影响。还有一种叫试剂空白，通常是对纯试剂（如水等）进行测定，其结果可以衡量纯试剂的质量是否符合分析要求。显然，试剂空白应小于方法空白。空白试验的测定结果（被测量，也可以用指示量表示）也称为空白试验值，简称空白值，由空白值可以计算出分析方法的最低检出限。

由于影响空白值的各种因素经常会发生变化，为了了解这些因素对分析的综合影响，在分析样品的同时，每次均应做空白试验，即空白测定应与样品测定同步进行。

试验用水应该符合分析要求，水中待测物质的浓度应低于所用方法的检出限。否则将会增大空白实验值，增大空白标准偏差，导致检出限超过方法给定值，影响试验结果的精密度和准确度。

（五）校准曲线

在分析工作中，我们一般都要用到标准溶液做相对测量，待测物质的含量是通过作为已知含量的标准溶液进行相对比较得到的，而这种比较又是通过一个中间指示量（如仪器的响应值）来实现的。为此，先要用已知的标准来确定被测量（如浓度）与指示量（如吸光度）之间的关系，如果这种关系可以用一条曲线来表示，那么这条曲线就叫校准曲线。由于测量中存在着随机误差，用同一溶液进行重复测定时，其指示量不是唯一的，会在一定程度范围内波动，因此表示被测量和指示量之间的关系也不是唯一的，而是在一定范围内随机波动。因此，表示被测量和指示量之间关系的校正曲线也不是唯一的。

标准曲线一般绘制在直角坐标纸上。绘制标准曲线时，必须注意以下几点：

- 测量精密度差的浓度段试验点要适当多一些（主要是低浓度段）；
- 横坐标表示被测量，纵坐标表示指示量（注明量值单位）；
- 要对坐标进行合理的分度，使绘制的直线倾角接近于45°角（美观）；
- 坐标上的有效数字位数，要和实际的测量精度一致。

在绘制标准曲线时，还要注意不要描点连线，而是要找一把直尺打出一条直线来。直线打好以后，再将试验测量点点入图中。

（六）检出限与测定限

1. 检出限 *L*

检出限也称检测限，为某特定分析方法在给定的置信度内可从样品中检出待测物质的最小浓度或最小量。这里的“检出”是指定性检出，即判断样品中是否存在着浓度高于空白浓度的待测物质。

在《全球环境监测系统水监测操作指南》中规定：给定置信水平为95%时，样品测定值与零浓度的测定值有显著性差异即为检出限 L。零浓度样品为不含待测物质的样品。当空白测定次数 n 大于20时，

$$L = 4.6\sigma_{wb} \tag{2-53}$$

式中：σ_{wb} —— 空白平行测定（批内）标准偏差。当空白测定次数 n 少于20时，

$$L = 2\sqrt{2} \times t_f \cdot S_{wb} \tag{2-54}$$

式中：S_{wb} —— 空白平行测定（批内）标准偏差；

$$S_{wb}=\sqrt{\frac{\sum_{i=1}^{n}(x_i-\overline{x})^2}{n-1}} \qquad (2\text{-}55)$$

式中：f—— 批内自由度，等于 m（n–1）；m 为重复测定次数，n 为平行测定次数，$n \geqslant 6$，并且不得在同一天测定完毕；

t_f—— 显著性水平为 0.05（单侧），自由度为 f 的 t 值。

分光光度分析中规定，以吸光度等于 0.010 时所对应的待测物质浓度值为检出限值。

原子吸收分析中规定，以产生 3 倍空白吸光度标准偏差时对应的待测元素的浓度或含量来表示其检出限大小。

气相色谱分析中的检出限即指最小检测量，系指监测器恰能产生和噪声相鉴别的信号时，所需进入色谱柱的物质的最小量。一般认为恰能产生和噪声相鉴别的信号最小应为噪声的两倍，而最小检测浓度为最小检测量与进样量的体积之比。

某些离子选择电极测定中规定，当校准曲线的直线部分外延的延长线与通过空白电位且平行于浓度轴的直线相交时，其交点所对应的浓度值即为该离子选择电极法的检出限。

2．测定限

测定限为定量范围的两端，分别为测定下限与测定上限。

（1）测定下限　系指在测定误差能够满足预定要求的前提下，用特定的方法能够准确地定量测定出待测物质的最小浓度或含量。

测定下限是定量分析方法实际可能测定的某组分的下限，是个定量指标。而检出限是指产生一个能可靠地被检出的分析信号所需要的某元素的最小浓度或含量，是个定性指标。测定限不仅受到测定噪声的限制，而且还受到空白背景绝对水平的限制，只有当分析信号比噪声和空白背景大到一定程度时，才能可靠地分辨与检测出待测物质来。噪声和空白背景越高，实际能测定的浓度就越高，说明高的噪声和高的空白背景值会使测定限变坏。测定限在数值上总应高于检出限。

（2）测定上限　系指在限定误差能够满足预定要求的前提下，用特定方法能够准确地定量测定待测物质的最大浓度或含量。

二、实验室内质量控制

实验室内质量控制也称内部分析质量控制，是实验室分析人员对分析质量进行自我控制的过程，一般是通过分析和应用某种质量控制图或其他方法来控制分析质量。通过建立质量控制图，分析人员对自己的分析质量进行系统的经常的核对，以保证分析结果的可重复性和正确性。室内分析质量控制可分为精密度控制和准确度控制两大类，分述如下。

（一）精密度控制

1．平行性控制

定量分析中若只进行一次单独测定是无法判断精密度好坏的。一般都是进行2～3次平行测定取平均值报告数据，这样做既节省了时间，又能够反映一定的精密度。

平行测定的合格标准没有统一规定，可以参照《水和废水监测分析方法》提出的三项标准进行考察。

（1）平行双样结果的相对偏差不大于分析方法所给定的相对偏差的2.83倍。

（2）若分析方法没有给出平行测定的相对偏差，则在分析条件稳定的前提下，可参照下表进行评价（表2-3）。

表2-3　平行双样相对偏差

样品浓度/（g/mL）	10^{-4}	10^{-5}	10^{-6}	10^{-7}	10^{-8}	10^{-9}	10^{-10}
最大相对偏差/%	1	2.5	5	10	20	30	50

绘制平行双样控制图（见质量控制图部分）。除水样外，其他样品也可参照执行。

2．重复（现）性控制

在实际监测分析中，通过重复测定待测样品来控制精密度是不现实的。在重复性控制中，一般都要用到质量控制样品。质量控制样品也简称质控样，是事先制作的一种具有与环境样品组成及性质相似的样品，它们的含量已经过多次测定，真值已知。在环境样品测定的同时测定这些质控样，如果质控样的测定结果与其真值的符合程度在允许误差的范围内，那么可以认为该次实验的重复测定过程受控，则环境样品的分析结果也就与其自身真值的符合程度在其允许误差的范围内。环境监测中每次都要求使用质控样，如果质控样测定不符合要求，则认为环境样品分析也不符合要求。

重复度，即允许差限是用重复性的不确定度来量度的。它们的关系是：

如果质控样经多个实验室协作试验制备，实验室内精密度计算公式为：

$$S_{\mathrm{r}}(\text{或}S_{\mathrm{w}})=\sqrt{\frac{\sum_{i=1}^{l}\sum_{j=1}^{n}(x_{ij}-\overline{x}_i)^2}{l(n-1)}} \tag{2-56}$$

而不确定度为

$$I_{\mathrm{r}}=2\sqrt{2}\times S_{\mathrm{r}} \tag{2-57}$$

测量不确定度是表征被测量的真值所处量值范围的评定。它按某一置信概率给出真值可能落入的区间。它不是具体的测定误差，只是以参数形式定量地表示了无法修正的那部分误差范围。从词义上理解“不确定度”，即怀疑或不肯定，广义上说，测量不确定度意味着对测量结果的可信性、有效性的怀疑程度或不确定程度。虽然客观存在的系统误差是一个相对确定的值，由于测量的不完善或人们认识的不足，实际上我们无法完全认知或掌握它，它只能以某种概率分散在一定的区域内，且这种概率分布本身也具有分散性。测量结果的不确定度正是一个说明被测量值的分散性的参数，反映了人们对测量值准确性认识方面的不足。

因此，控制样测定值的区间为：

$$x_t = \bar{x} \pm I_r \tag{2-58}$$

如果控制样是自己制作的，则重复性用质控样的控制图进行控制。

3．再现性控制

再现性控制一般是通过分发统一质控样来进行控制的。由于再现性是由多个实验室用同一分析方法分析同一样品所得结果之间的符合程度。所以，再现性的控制方法和重复性的控制方法类似，即采用实验室之间的协作试验定值的质量控制样品来进行控制。

由于室间精密度的指标为

$$S_R(\text{或}S_t) = \sqrt{{S_b}^2 + {S_r}^2} \tag{2-59}$$

式中：

$$S_b = \sqrt{{S_{\bar{x}}}^2 - \frac{{S_r}^2}{n}} \tag{2-60}$$

所以：

$$S_R(\text{或}S_t) = \sqrt{{S_b}^2 + {S_r}^2} = \sqrt{{S_{\bar{x}}}^2 - \frac{{S_r}^2}{n} + {S_r}^2} \tag{2-61}$$

式中：

$${S_{\bar{x}}}^2 = \frac{\sum_{i=1}^{l}(\bar{x}_i - \bar{\bar{x}})^2}{l-1} \tag{2-62}$$

再现性的不确定度为： $I_R = 2\sqrt{2}S_R$ （2-63）

式中：l —— 参加协作试验的实验室数目；

n —— 各实验室重复分析质控样的次数。

再现性控制也可以通过样品外检，由其他合格实验室进行分析，由此说明再现分析结果的可比性如何。

（二）准确度控制

准确度即指分析的总误差限，也称总不确定度。对准确度的控制，就是要求将总分析误差限控制在总不确定度内。其总不确定度随着准确度的控制方法而定。

1. 终端控制

（1）分析环境标准物质　分析环境标准物质是控制准确度的最好方法。因为环境标准物质的浓度与组成都和环境样品相似，并且真值已知（均值 $\overline{x}$＋不确定度）（我国标准化名称为“保证值”）。我国公布的《水和废水监测分析方法》中规定的评价标准为：若实验室重复测定的次数为 n，概率水平为 95%，则 n 次重复测定的均值 $\overline{x}$ 与保证值的均值 μ 的临界差为：

$$|\overline{x}-\mu|=\frac{\sqrt{2}}{2}\sqrt{I_R{}^2-I_r{}^2+\frac{1}{n}I_r{}^2}=\frac{\sqrt{2}}{2}\sqrt{I_R{}^2-(\frac{n-1}{n})I_r{}^2} \tag{2-64}$$

式（2-64）是室内和室间不确定度合成的总不确定度。

需要注意的是，目前还没有统一公式合成总不确定度，虽然如此，在选用公式时，应照顾到不确定度所包含的 A、B 两类误差的内涵（A 类评定分量是通过观测一系列数据统计分析作出的不确定度评定；B 类评定分量是依据经验或其他信息进行估计，并假定存在近似的“标准偏差”所表征的不确定度分量），合成一个不确定度数值。如果用于分析质量控制或考核，则用（均值 $\overline{x}$＋不确定度）来对标准物质分析结果进行区间估计，只要测定值落在该区间内，则认为准确度即处于受控状态。

（2）比较实验　对同一样品用不同的分析方法作验证比较，记录下验证方法和标准方法（或准确度高的方法）的测定数据平均值 $\overline{x}_1$ 与 $\overline{x}_2$，检验标准为：

$$\overline{x}_1-\overline{x}_2=t_{\frac{\alpha}{2}}\sqrt{S_c{}^2(\frac{1}{n_1}+\frac{1}{n_2})} \tag{2-65}$$

$$S_c{}^2=\frac{(n_1-1)S_1{}^2+(n_2-1)S_2{}^2}{n_1+n_2-2} \tag{2-66}$$

两种分析方法测定结果的误差限若落在计算值的范围内，则说明验证方法符合要求，可以用于正式分析。

（3）测定加标回收率　如果样品的基体组成简单，目的元素的含量不是很低，可以选用加标回收率来评价准确度。加标量一般是样品含量的 1～2 倍，加标测定率为样品总数的 20%，测定合格率要求达到 90%。合格标准为：

回收率下限：
$$P_{下限}=0.90-t_{\frac{\alpha}{2}(f)}\times\frac{S}{D\sqrt{n}} \tag{2-67}$$

回收率上限：

$$P_{下限}=1.10+t_{\frac{\alpha}{2}(f)}\times\frac{S}{D\sqrt{n}} \tag{2-68}$$

式中，$t_{\frac{\alpha}{2}(f)}$ —— 自由度 $f=n-1$，显著性水平为α（通常取 0.10）的 t 临界值（双侧检验）；

S —— 标准偏差；

n —— 测定次数；

D —— 加标量。

加标回收率也可用质量控制图来进行控制，后面将会讲到。

2．阶段控制

（1）标准曲线的绘制和线性校正　在比较测定中，由测定纯试剂绘制的工作曲线称为标准曲线，对标准曲线进行线性校正，或分析全过程后的工作曲线叫校准曲线。

采用纯物质分析测得的 n 对数据，用最小二乘法处理得到的一条回归直线：

$$y=bx+a \tag{2-69}$$

即是标准曲线。其质量保证的一般要求为：浓度点至少为 6 点（含 0 浓度点）；相关系数满足$\gamma>0.999$；截距α与 0 无显著差异。

（2）标准曲线的全程校正　以标准曲线中的原浓度点做样品点，进行全程分析处理，得到新的校正曲线：

$$y=b_0x+a_0 \tag{2-70}$$

再将它与原有的标准曲线 $y=bx+a$ 作对比检验，如两条回归直线无显著差异，则可用标准曲线作为分析用的工作曲线。

（3）回归直线的精密度检验　一元线性回归的剩余标准偏差 S_E 描述了回归直线的精密度：

$$S_E=\sqrt{\frac{S_{(yy)}-bS_{(xy)}}{n-2}}=\sqrt{\frac{(1-\gamma^2)S_{(yy)}}{n-2}} \tag{2-71}$$

式中：$S_{(yy)}=\sum_{i=1}^{n}(y_i-\overline{y})^2$

$$S_{(xy)}=\sum_{i=1}^{n}(x_i-\overline{x})(y_i-\overline{y})$$

对于测定范围内的每个 x 值，有 95.4%的 y 值落在两条平行直线 $y'=a+bx-2S_E$ 与 $y''=a+bx+2S_E$之间；有 99.7%的 y 值落在两条平行直线 $y'=a+bx-3S_E$ 与 $y''=a+bx+3S_E$ 之间。

（4）标准溶液检验　标准溶液的浓度或含量是否准确，是标准曲线质量好坏的前提。以水为例，检验方法是用标准溶液与标准水样进行对比检验。根据样品的含量水平，在校准曲线上取某个浓度点（低浓度样品应取中下水平点），使标准溶液与标准水样浓度相等，各自平行测定 6 次以上（$n \geqslant 6$），对测定结果进行 t 检验：

假设 H_o：$\mu_1 = \mu_2$；H_1：$\mu_1 \neq \mu_2$

统计量为：

$$t = \frac{|\overline{x}_1 - \overline{x}_2|}{\sqrt{S_c^{\ 2}(\frac{1}{n_1} + \frac{1}{n_2})}} \tag{2-72}$$

$$S_c^{\ 2} = \frac{(n_1 - 1)S_1^{\ 2} + (n_2 - 1)S_2^{\ 2}}{n_1 + n_2 - 2} \tag{2-73}$$

结论：如果 $t < t_{(\frac{\alpha}{2})}$，则接受假设 H_0，标准溶液合格；

如果 $t \geqslant t_{(\frac{\alpha}{2})}$，则否定假设 H_0，接受 H_1，标准溶液需重新定值。

其方法是：改用标准水样代替标准溶液作标准曲线，而将标准溶液作为样品进行分析测定之。

（5）空白值检验　每次测定需平行测定全程空白值。空白值与样品的测定要有一致性。如随即取器皿，所引入的试剂量、溶液 pH、消解温度、消解时间等条件，都要与样品分析一样。空白值的变动范围可用质量控制图来进行控制。

（三）分析质量控制图

分析质量控制图是以样品测定序号（或时间）为横坐标，以某个规定的统计量为纵坐标，图中规定了中心线、上下控制限、上下警告限等，依此来控制分析质量的图。质量控制图中的几条线，有助于我们判断在一定概率条件下，分析质量的偶然变异范围或系统的变化趋势，以便查找原因并采取一些相应对策，使分析系统恢复到受控状态。因而常规分析中，一般都通过制作质量控制图来进行实验室内部分析质量控制。

1．控制图的种类

（1）$\overline{x} - S$ 控制图　又称单值控制图或均数控制图（图 2-3）。$\overline{x} - S$ 控制图的使用前提是测试数据符合正态分布，在此情形下，所有的测定单值在一定的范围内符合一定的概率分布，即测定值出现在（$\overline{x} \pm 2S$）区间的概率为 95.4%，落在区间之外的概率为 4.6%；测定值落在（$\overline{x} \pm 3S$）区间的概率为 99.7%。落在此区间之外的概率为 0.3%。因此，我们就将（$\overline{x} \pm 3S$）作为控制限，（$\overline{x} \pm 2S$）作为警告限，而将（$\overline{x} \pm S$）作为辅助线，由此便得到了质量控制图的基本组成线。

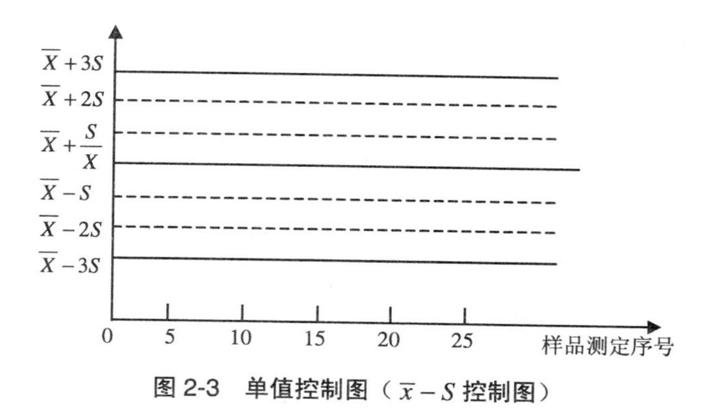

图 2-3 单值控制图（$\overline{x}-S$ 控制图）

$\overline{x}-S$ 控制图是由分析人员用自控样品的重复测定值绘制的，它的控制范围完全由室内精密度确定。如果不对室内精密度加以约束，则精密度高的实验室因控制范围小而容易出现失控情况，而精密度低的实验室因控制范围大，反而容易处于受控状态。为了避免这种不合理的局面发生，《水和废水监测分析方法》中要求对精密度质量控制图作出限制，规定它不能大于标准分析方法或统一分析方法所报告的范围。

在样品分析中，每次都需要重复测定质控样品，将质控样品的分析数据依次点入绘制的控制图中，检验控制范围和重复测定的变化趋势。

（2）$\overline{x}-R$（又名 *Shewhart*）控制图　$\overline{x}-R$ 控制图又称均数极差控制图，它分为均数控制部分和极差控制部分，两者一起实现分析质量的控制。$\overline{x}-R$ 控制图的绘制原理与 $\overline{x}-S$ 控制图相似，即用极差 R 来估计正态总体的标准差，在推断总体均值的置信区间时，要引入 *Shewhart* 计算因子，A_2 为 $\overline{x}$ 图的控制限因子，D_3、D_4 为 R 图控制限的因子。图 2-4 为 $\overline{x}-R$ 控制图。

$\overline{x}$ 图的上、下控制限为 $\overline{\overline{x}}\pm A_2\overline{R}$，上、下警告限为 $\overline{\overline{x}}\pm\frac{2}{3}A_2\overline{R}$，上、下辅助线为 $\overline{\overline{x}}\pm\frac{1}{3}A_2\overline{R}$。其中 $\overline{\overline{x}}=\sum_{i=1}^{n}\overline{x}_i$，$\overline{x}_i$ 为重复测定的均值（表 2-4）。

表 2-4　极差控制图系数表

系数＼测定次数	2	3	4	5	6	7	8
A_2	1.88	1.02	0.73	0.58	0.48	0.42	0.37
D_3	0	0	0	0	0	0.076	0.136
D_4	3.27	2.58	2.28	2.12	2.00	1.92	1.86

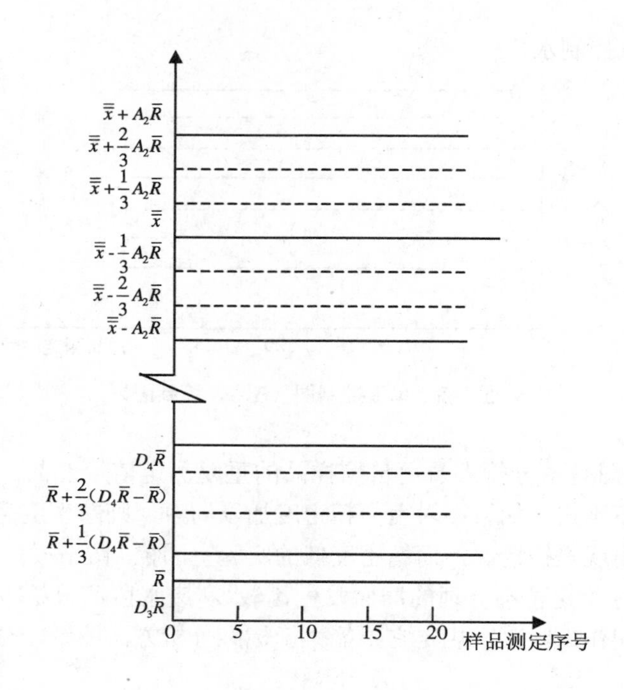

图 2-4　$\bar{x}-R$ 图

（3）R 控制图　在 $\bar{x}-R$ 控制图中，如果不对样本均值进行控制，而只控制极差，则称为极差控制图。使用极差控制图的前提是样品来自同一总体，浓度水平很接近。基于这一点，它很适合于那些通过重复测定同一控制样的方法来控制重复性的场合。不过，实践中用得更多的是用于控制分析测定的平行性。在使用极差控制图控制平行性的过程中，样品并不与控制样来自于同一总体。如果两者相差太大，则控制图就失去了控制作用。为此需要做几种比较有代表性的浓度样品，按照不同的浓度段制作控制图，才能使控制图的使用具有针对性，当然，这样做的结果无疑会增加许多工作量。

R 控制图用于控制空白值的测定范围时，其上控制限为 $D_4\bar{R}$，上警告限为 $\frac{2}{3}(D_4\bar{R}-\bar{R})+\bar{R}$，下控制限为 $D_3\bar{R}$。因为极差越小越好，故极差控制图部分没有下警告限，但仍有下控制限（图 2-5）。在使用中，如果 R 稳定下降，以至于 $R\approx D_3\bar{R}$（亦即空白值接近于下控制限），则表明测定精密度已有所提高，原质量控制图失效，应根据新的测定值重新编制极差控制图。

（4）S 控制图　S 控制图也称多样控制图。如果样本来自同一总体，就不必对均值进行控制，而只需控制数据的波动范围即可，此时可以绘制标准差控制图实现控制。方法是：配制一组浓度不同，却很接近的质量控制水样，在分析环境样品时，随机从这些质量控制水样中抽取一份进行平行测定，至少累积 20 个不同浓度的质量控制水样的平行测定数据，求出其均值（$\overline{x}$）及标准偏差（S），绘制 S 控制图。其基本构成线为：中心线为 0，上、下辅助线为 $\pm S$，上、下警告限为 $\pm 2S$，上、下控制限 $\pm 3S$。如图 2-6 所示。

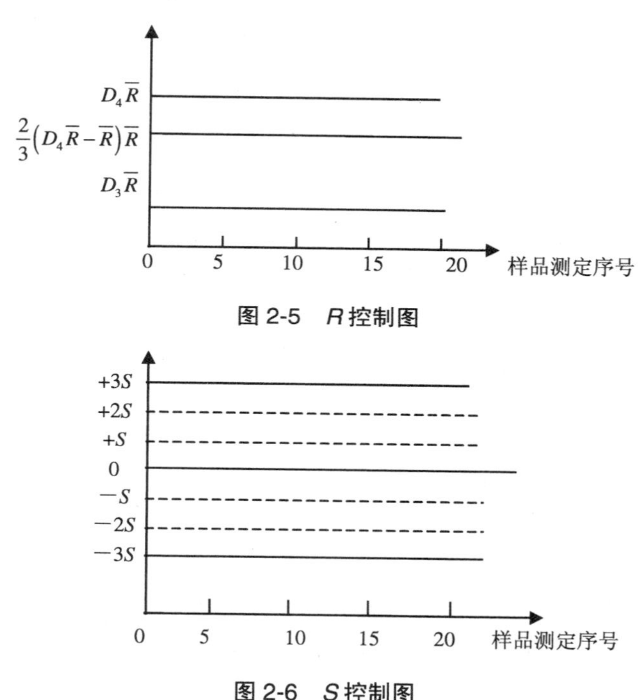

图 2-5　R 控制图

图 2-6　S 控制图

控制方法：分析环境样品时，随机抽取某个浓度的质量控制水样进行测定，用测定值 x_i 与控制图预备数据的均值 $\overline{x}$ 之差（$|x_i-\overline{x}|$），点入 S 控制图中并检验之。

（5）P 控制图　P 控制图也称回收率控制图。环境监测中，由于样品的含量未知，因此，以加标测定法计算回收率制作回收率控制图，以控制分析准确度是常用的方法。采用回收率控制图时，一定要注意无论是加标前还是加标后的测定值，都必须要落在方法的线性范围内。在一个方法的适用浓度范围内，高浓度水平时，回收率与浓度水平关系不大，因而可以采用统一的 P 控制图来实现准确度的控制。但在低浓度段，由于分析的精密度变坏导致准确度变差，必须要另行建立 P 控制图进行控制。

在常规分析中，回收率测定可以直接在环境样品中进行加标测定即可。首先要积累至少 20 个回收率数据，然后求出平均回收率 $\overline{P}$ 和回收率的标准偏差 S_P：

$$\overline{P}=\frac{1}{n}\sum_{i=1}^{n}P_i\text{，}\quad S_P=\sqrt{\frac{\sum_{i=1}^{n}(P_i-\overline{P})}{n-1}} \tag{2-74}$$

求出 $\overline{P}$ 和 S_P 以后，即可得出中心线 $\overline{P}$，上、下控制限为 $\overline{P} \pm 3S_P$，由此可以作图 2-7。

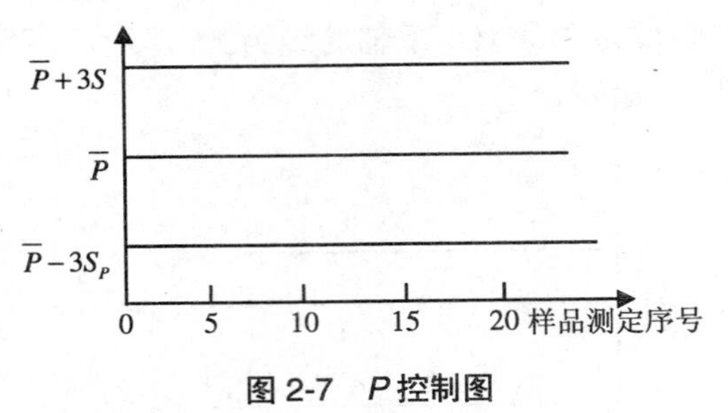

图 2-7　*P* 控制图

常规分析中，控制样的比例约占环境样品总数的 20%。例如，分析 10 个样品时，可以随机抽出两个，然后再从这两个样品中各平行取出 3 份，3 份中 2 份不加标测定精密度，制作精密度 $\overline{x}-R$ 控制图；1 份加标测定，相对于不加标的平均值制作回收率 $\overline{P}$ 控制图。只要其中有一个超过了控制限，我们就可以从中发现问题，找出原因，然后考虑这 10 个样品是否应该重做，以满足分析的精密度和准确度要求。

2．质量控制图的制作和使用

编制质量控制图前，首先要配制一个均匀稳定的控制样品，其浓度和组成应接近常规分析样品，如果常规样品的浓度波动范围较大，则可采用一个中等浓度的标准溶液作为控制样品，如果常规分析样品的组成比较复杂，则可仿其组成配制合成控制样品。控制样品要有足够多的数量及组成与浓度的稳定性，以满足能够在相当长的时间内使用。

初次制作质量控制图时，首先至少要累积 20 个统计量数据，而且这些数据不应该在同一天测定完毕，测定方法应该选用环境样品实际分析用的国家公布的统一监测分析方法。

质量控制图通常都有这样几个控制线，即中心线，上、下辅助线，上、下警告限，上、下控制限。选取适当的统计量作为纵坐标，样品的测定序号作为横坐标，根据统计量计算出组成线以后，即可以画出质量控制图的控制线（限），并将各分析的统计量数值点入图中。

这种图能够使用的前提是：图中的预备实验数据点经过概率判断首先要符合要求，即落在辅助线范围内的点数应占总点数的 68.3%以上，至少不低于 50%；警告限范围内的点数占总点数的 95.4%以上；控制限范围内的点数占总点数的 99.7%以上。其次制作的控制图上预备数据的实验点应随机分布于中心线的两侧，不应出现连续 7 点位于中心线同一侧，也不应出现连续 7 点上升或下降，否则就表示测定失控，此图不可用。

根据日常工作中待测项目的测定频率、分析人员的技术水平、测定数据的稳定性程度等，选择控制样品占环境样品量的 10%～20%进行控制分析，对于技术较低的分析人员和测定频率较低的分析项目，每次都应测定控制样品。即分析环境样品的同时测定控制样，将控制样品的测定结果依次点入原来制作好的图中，序号依次排列。根据这个控制点在图中的位置，用下列判断准则进行判断。

（1）如果此点落在上、下警告限范围内，表示测定过程处于受控状态，同时进行的环境样品的分析结果有效。

（2）如果此点超出上、下警告限，但仍在上、下控制限的范围内，提示分析质量开始变坏，可能存在失控的倾向，应进行初步的检查，并采取相应的校正措施。与此同时进行的环境样品分析结果有效。

（3）若此点落在上、下控制限范围之外，表示测定过程失控，应立即查明原因，予以纠正。与此同时进行的环境样品分析结果无效，必须等查明原因并纠正以后重新分析。

（4）如遇有连续 7 点上升或下降，即使数值仍在控制限范围内，表示测定过程失控，或有失控的倾向，必须查明原因，予以纠正。与此同时进行的环境样品分析的结果无效。

（5）即使分析过程处于受控状态，仍可以根据相邻几次测定值的变化趋势或分布趋势，判断分析质量的变化情况。如数据总是偏向中心线某一边，很可能是由于系统误差引起；数据的分散度变大，预示着分析精密度变差，可能是由于实验参数发生了某种改变引起，也可能是由于其他人为因素引起。

当控制样品测定次数累积到更多以后，可以将新的数据和原有的数据进行重新处理，得到新的控制图。

【例题】 用镉试剂法测定工业废水中的含镉量，每次同时对 5 mL 含镉浓度为 1 mg/L 的质控水样进行双份平行测定，其结果如表 2-5 所示。据此绘制出 $\bar{x}-R$ 图。

表 2-5 镉试剂法平行双样测定镉含量 单位：mg/L

No.	x_i	x_i'	$\bar{x}$	R_i	No.	x_i	x_i'	$\bar{x}$	R_i
1	1.00	0.96	0.98	0.04	11	1.00	0.98	0.99	0.02
2	0.98	1.00	0.99	0.02	12	0.98	0.96	0.97	0.02
3	0.92	1.00	0.96	0.08	13	0.99	0.96	0.975	0.03
4	0.94	1.02	0.98	0.08	14	1.00	0.95	0.975	0.05
5	0.98	1.00	0.99	0.02	15	0.98	0.96	0.97	0.02
6	0.97	1.00	0.985	0.03	16	1.04	0.95	0.995	0.09
7	0.99	1.05	1.02	0.06	17	1.03	1.00	1.015	0.03
8	0.97	0.99	0.98	0.02	18	0.97	0.99	0.98	0.02
9	1.02	1.00	1.01	0.02	19	1.02	0.94	0.98	0.08
10	0.97	0.95	0.96	0.02	20	1.02	0.94	0.98	0.08

总均值 $\overline{\overline{x}} = 0.98$（mg/L，以下单位省略）

标准偏差 S=0.031

变异系数 C_V=3.16%，分析方法中规定镉含量大于 0.1 mg/L 时，$C_V \leqslant 4\%$

平均均值 $\overline{R} = 0.042$

均值质控部分：当平行测定为双份时，n=2，A_2=1.88

上控制限：$\overline{\overline{x}} + A_2\overline{R} = 0.98 + 1.88 \times 0.042 = 1.06$

下控制限：$\overline{\overline{x}} - A_2\overline{R} = 0.98 - 1.88 \times 0.042 = 0.90$

上警告限：$\overline{\overline{x}} + \dfrac{2}{3}A_2\overline{R} = 0.98 + \dfrac{2}{3} \times 1.88 \times 0.042 = 1.03$

下警告限：$\overline{\overline{x}} - \dfrac{2}{3}A_2\overline{R} = 0.98 - \dfrac{2}{3} \times 1.88 \times 0.042 = 0.93$

上辅助线：$\overline{\overline{x}} + \dfrac{1}{3}A_2\overline{R} = 0.98 + \dfrac{1}{3} \times 1.88 \times 0.042 = 1.006$

下辅助线：$\overline{\overline{x}} - \dfrac{1}{3}A_2\overline{R} = 0.98 - \dfrac{1}{3} \times 1.88 \times 0.042 = 0.954$

中心线：$\overline{\overline{x}} = 0.98$

极差质控图部分：当平行测定为双份时，n=2，D_3=0，D_4=3.27

上控制限：$D_4\overline{R} = 3.27 \times 0.042 = 0.14$

上警告限：$\dfrac{2}{3}(D_4\overline{R} - \overline{R}) + \overline{R} = \dfrac{2}{3} \times (3.27 \times 0.042 - 0.042) + 0.042$ =0.11

上辅助线：$\dfrac{1}{3}(D_4\overline{R} - \overline{R}) + \overline{R}$

$= \dfrac{1}{3} \times (3.27 \times 0.042 - 0.042) + 0.042$

=0.074

下警告限：$D_3\overline{R} = 0$

图 2-8 中的上半部分为均值质控图部分，而下半部分为极差质控图部分。只要有一个部分出现问题，即可以判断测定存在问题。因而采用这种控制图，要比单一控制图来得更加严格一些。

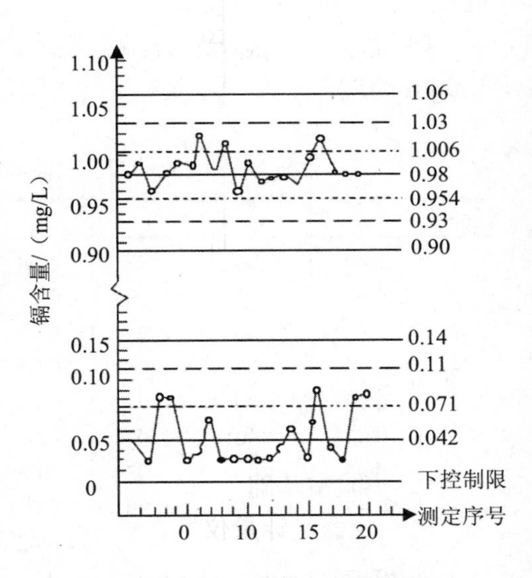

图 2-8　均值—极差控制

【例题】　用双硫腙比色法测定 20 份水样中痕量汞的单个加标回收率，结果如表 2-6 所示，试绘制回收率控制图。

表 2-6 双硫腙比色法测定汞的回收率数据

No.	回收率/%	No.	回收率/%	No.	回收率/%	No.	回收率/%
1	100.3	6	97.5	11	99.2	16	92.5
2	98.2	7	101.0	12	99.2	17	98.1
3	100.8	8	101.0	13	107.4	18	99.4
4	100.8	9	102.5	14	104.5	19	104.0
5	97.5	10	95.0	15	100.0	20	103.0

计算：

平均加标回收率：$\overline{P}=100.1\%$

加标回收率标准偏差：$S_P=3.34\%$

上控制限：$\overline{P}+3S_P=110.1\%$

下控制限：$\overline{P}-3S_P=90.1\%$

上警告限：$\overline{P}+2S_P=106.8\%$

下警告限：$\overline{P}-2S_P=93.4\%$

上辅助线：$\overline{P}+S_P=103.4\%$

下辅助线：$\overline{P}-S_P=96.8\%$

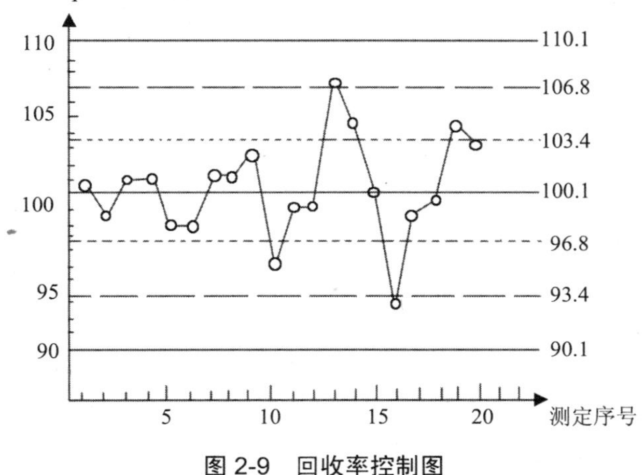

图 2-9 回收率控制图

（四）实验室内质量控制规程

1．实验室基础

（1）仪器 计量仪器在第一次使用前，必须经过校验，不合格的不得使用，即使在使用中也要经常校验与复校。

（2）试剂　实验所用试剂以及实验用水、用气等，必须符合分析方法规定的级别要求。

（3）实验室　室内清洁度必须满足要求；室内须有稳定的电源和良好的接地线；实验室空间能够保证分析人员工作宽松，行动自如；实验室消防设施要齐全。

2．分析方法

分析项目确定后，要对分析方法做出正确的选择。方法是分析测试的核心，也要考虑到条件的适宜性。主要从两方面考虑：

（1）应优先选择国家正式颁布的标准分析方法；

（2）当需要使用统一分析方法以外的其他方法时，必须先做等效实验，写出验证报告，获得上级监测站批准；

（3）对选择的方法，要了解其特性，正确掌握分析条件，通过不断练习，直到熟悉和掌握为止；

（4）做空白试验，重复测定的结果应该在一定的范围内波动，一般要求平行双样的测定值的相对差值不大于 50%。

3．分析人员

分析人员事先要经过严格的培训，符合上岗条件，有比较系统的环境监测理论知识和较丰富的分析测试实践知识。还必须要符合以下两个最基本的条件。

（1）标准曲线。通过测定标准系列，经回归分析计算得到回归方程，并绘制标准曲线或校准曲线，其相关系数应达到 0.999 或 0.99，或符合分析测试方法所要求的范围。

（2）最低检出限。由按规定要求分析空白值算出的最低检出限，其数值应低于分析方法所给定的数值。

4．常规分析质量控制规程

常规监测质量控制的主要目的，是控制测试数据的准确度和精密度，因此，一般从以下几个方面进行。

（1）标准曲线点。在工作浓度范围内，标准曲线必须至少具有 6 个浓度点（含一个 0 浓度点），并且 0 浓度点要参加回归分析。

（2）截距和斜率。每批分析应做两个标准点以检查标准曲线的截距和斜率，看待新的测定点和原来的标准曲线的符合程度有多大。

（3）平行样分析。每批做一份方法空白及一个试剂空白，每 20 个样品至少做一对重复测定，以检查精密度（抽取样品的 10%～20%）。

（4）标准样对比测定。标准物质可以是明码样，也可以是密码样（对分析人员是未知的），每批至少做一份校正标准，以检查准确度。

（5）加标样测定。在测定的样品中，于同一样品中加入一定量的标准物质进行测定，计算加标回收率。每批至少做一份加标测定，以检查回收率（抽取样品的 10%～20%）。

（6）室内互检。处于同一实验室内的分析人员之间，进行互相检查和对比分析，以验证相互之间有没有较大的系统误差存在。

（7）室间互检。将同一样品的子样，交付不同的实验室进行分析，以检验不同的实验室之间是否存在着较大的系统误差。

（8）方法比较分析。对同一样品分别采用具有可比性的不同方法进行测定，将结果进行比较，看待方法之间是否存在着较大的系统误差。

（9）绘制质量控制图。可以直观地得到分析过程中是否存在着分析误差，及时发现分析系统的异常变化，采取相应的措施进行消除。绘制质量控制图一般由专职质量控制人员来执行。

一般来说，操作 10 个以下样品，做 1～3 个质量控制分析；操作 20 个以下样品，做 3～7 个质量控制分析；操作 21～40 个样品，做 8～10 个质量控制分析。依此类推。

总之，在日常质量控制分析中，应以最小的工作量得到最好的结果。如果是用天然水样做控制样品，用每日样品的 10%～20%，做两份平行样品，一份加标样品。用平行样品制作 $\bar{x}-R$ 控制图或计算出极差的上控制限，以核对精密度；用加标样品的测定结果计算百分回收率，制作准确度控制图，以核对方法的准确度。如果是用人工合成的标准样品作控制样品，每次做两份平行控制样品，则既可以检查精密度，又可以检查准确度。

三、实验室间质量控制

实验室间质量控制常用于协作实验（指为了某个特定目的，按照一个预定的程序，组织一定数量的实验室进行合作研究，如分析方法的标准化、标准物质的协作定值、组织协作实验完成某项质量调查或科研任务等）、仲裁实验、分析人员的测试技术评定、实验室的分析质量评价等方面。

实验室间质量控制的目的是检查实验室是否存在着系统误差，以及系统误差的大小是否对分析结果产生根本性影响，以便让实验室人员及时纠正分析中存在的问题。通常包括实验室质量考核、标准溶液的比对、实验室误差测试等方面。实验室间质量控制通常由某一系统的中心实验室、上级机关或权威单位负责，也可由有经验的实验室或分析人员负责主持。

（一）实验室质量考核

1．考核方案

由负责单位根据考核人员和考核项目的具体情况，制订具体的考核方案。考核方案中应该包括如参加人员、测定项目、分析方法、考核程序、考核结果评价等方面。

2．考核内容和评价

（1）分析标准样品或统一样品，检查误差、相对误差，标准偏差和相对标准偏差；

（2）测定加标样品，检查回收率范围；

（3）测定空白平行，检查检测下限；

（4）测定标准系列，检查标准曲线的斜率、截距、相关系数等。

标准样品或统一样品由上级部门分发。一级标准由国家环境监测总站分发给省级环境监测中心站，可作为环境监测质量保证的基准使用。二级标准由省级环境监测中心分发，可作为各实验室进行环境监测质量考核的基准使用；如果标准样品系列不够完备而有特定用途时，各省级环境监测中心站在具备合格实验室和合格分析人员的条件下，可以自行配制统一的质量考核样品，供质量保证活动使用。

各级标准样品或统一样品均应在规定要求的条件下保存。若标准样品超过稳定期、失去保存条件、开封后无法恢复原封装、开封后没有及时密闭保存的，应作为报废处理。

（二）标准溶液的比对

标准溶液是相对分析方法赖以确定测试结果的基准物质，其质量如果不可靠，将使测定结果的准确性受到直接影响。由于我国目前还缺乏标准溶液的商品物质，实验室常用的标准溶液仍然是选用一定级别试剂自行配制出来的。各监测站分析人员采用上级中心监测站（或实验室）的标准溶液（浓度已经与标准物质比对过的，简称标准物质），作为自己配制的标准溶液的比对标准，按照所用的分析方法，对各自标准溶液的浓度同时测定，对测定结果进行比较，以检验和校正各自标准溶液的浓度，并设法使之与上级标准物质的浓度一致。

实验室配制的标准溶液与上级分发的标准参考溶液比对的方法是：将上级站分发的标准参考溶液作为 A，实验室自行配制的等浓度标准溶液作为 B，按照分析方法的浓度范围，用相同的溶剂稀释两种标准溶液至所需的浓度。为了能进行有效的考核，可用接近分析方法的测定上限浓度作为稀释浓度。测定时可以省去某些前处理操作，但必须注意测定顺序的随机化，最好按照 A、B、B、A、…、A、B、B、A 的方式进行。检验方法采用 t 检验法。方法如下：

（1）计算与统计两份溶液测定结果的平均值和标准偏差：$\overline{x}_A$、$\overline{x}_B$、S_A、S_B：

$$\overline{x}_A=\sum_{i=1}^{n_A}x_{Ai}, \qquad \overline{x}_B=\sum_{i=1}^{n_B}x_{Bi} \tag{2-75}$$

$$S_A=\sqrt{\frac{\sum_{i=1}^{n_A}(x_{Ai}-\overline{x}_A)^2}{n_A-1}}, \qquad S_B=\sqrt{\frac{\sum_{i=1}^{n_B}(x_{Bi}-\overline{x}_B)^2}{n_B-1}} \tag{2-76}$$

式中：n_A、n_B 分别为对 A、B 两溶液去除离群值以后的测定次数。

（2）比较两组测定结果的精密度，用 F 检验法：

取统计量 $F=\frac{S_{max}^2}{S_{min}^2}$，若 $F<F_{(0.05,n_{max},n_{min})}$，则两份溶液的测定精密度一致。

（3）当方差检验表明两组测定结果的精密度相同时，计算合并方差 S_c^2：

$$S_c^2=\frac{(n_A-1)S_A^2+(n_B-1)S_B^2}{n_A+n_B-2} \tag{2-77}$$

（4）计算两种测定结果的均值标准偏差 $S_{\bar{x}_A-\bar{x}_B}$

$$S_{\bar{x}_A-\bar{x}_B}=\sqrt{S_c^2(\frac{1}{n_A}+\frac{1}{n_B})}=\sqrt{S_c^2\frac{(n_A+n_B)}{n_An_B}} \tag{2-78}$$

（5）采用 t 检验法检验两均值的差异：

取
$$t=\frac{(\bar{x}_A-\bar{x}_B)}{S_{\bar{x}_A-\bar{x}_B}} \tag{2-79}$$

若 $t<t_{(0.05,f)}$，则两组测定均值没有显著性差异。

式中：f 为自由度，$f=n_A+n_B-2$。

（三）实验室误差测试

在实验室间起支配作用的误差称为系统误差，为了检查实验室间是否存在着系统误差，它的大小和方向以及对分析结果的可比性是否有显著影响，中心实验室可以不定期地对有关实验室进行误差测验，以发现问题，及时纠正。

方法：各实验室在完成了内部质量控制的基础上，由中心实验室（或协调实验室）给各实验室每年分发一两次标准参考样品，各实验室采用标准方法或统一方法对分发的标准样品（标准物质）进行测定，为了说明系统误差是否存在，采用测定两个浓度不同但很接近的标准溶液（标准物质）x 和 y（也可以用上级的标准物质和自己配制的标准溶液进行这样的比对），分别对 x 和 y 进行 n 次测定，并在规定时间内上报测定结果。中心实验室对各实验室上报的数据进行如下处理。

1．双样图分析

设每次的测定单值为 x_i 和 y_i，各次的测定均值为 $\bar{x}$ 和 $\bar{y}$，然后于方格坐标纸上作出 x 轴和 y 轴，建立坐标系（表 2-7）。

表 2-7 对测定溶液的测定结果

测定溶液	对 x 标准溶液进行测定	对 y 标准溶液进行测定
n 次测定结果	x_1，x_2，…，x_i，…x_n	y_1，y_2，…，y_i，…y_n
测得平均值	$\overline{x}$	$\overline{y}$

式中：$\overline{x}=\sum_{i=1}^{n}x_i$，$\overline{y}=\sum_{i=1}^{n}y_i$

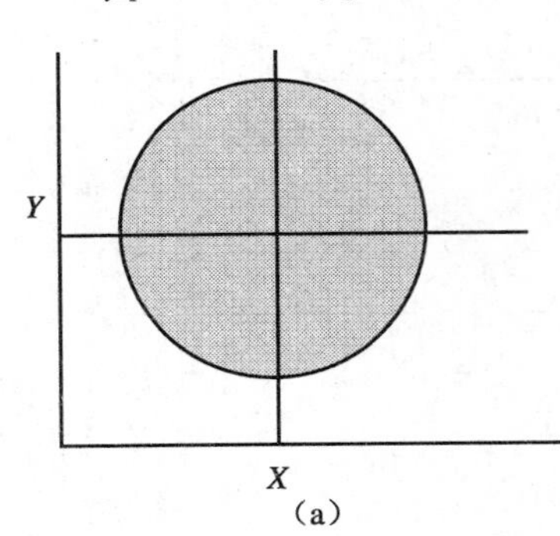

（a）

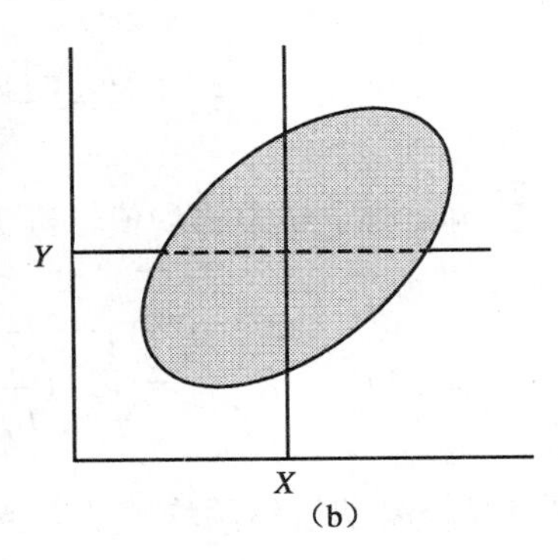

（b）

图 2-10 双样图

在坐标系中，于点（$\overline{x}$、$\overline{y}$）处分别画出平行于 y 轴和平行于 x 轴的直线，并将一系列浓度对应测量点点入图中。若两种标准溶液浓度的测量点都落在以两均值的直线交点（$\overline{x}$、$\overline{y}$）为中心的圆内，则说明实验室间不存在系统误差，如图 2-10（a）所示。如果实验室测量点落在与纵轴成 45°倾斜的椭圆形内，则存在着系统误差，如图 2-10（b）所示。根据椭圆形的长轴与短轴之差及其位置，可以估计实验室间系统误差大小的程度和正负方向，并可根据各点的分散程度，估计各实验室间的精密度和准确度。

2．标准偏差分析

究竟实验室中的系统误差对结果有什么影响，可以通过标准偏差分析进行说明，也可以通过方差分析得到说明。

对各对数据分别求出其和值及差值：

和值 T_i	差值 D_i
$x_1+y_1=T_1$	$\lvert x_1-y_1\rvert=D_1$
$x_2+y_2=T_2$	$\lvert x_2-y_2\rvert=D_2$
……	……
$x_n+y_n=T_n$	$\lvert x_n-y_n\rvert=D_n$

分别求出和值和差值数据的标准偏差 S_T 及 S_D：

$$S_T=\sqrt{\frac{\sum_{i=1}^{n}(T_i-\bar{T}_i)^2}{2(n-1)}}=\sqrt{\frac{\sum_{i=1}^{n}(T_i-\frac{1}{n}\sum_{i=1}^{n}T_i)^2}{2(n-1)}} \quad (2\text{-}80)$$

$$S_D=\sqrt{\frac{\sum_{i=1}^{n}(D_i-\bar{D}_i)^2}{2(n-1)}}=\sqrt{\frac{\sum_{i=1}^{n}(D_i-\frac{1}{n}\sum_{i=1}^{n}D_i)^2}{2(n-1)}} \quad (2\text{-}81)$$

两个结果相减，使得实验的系统误差已经相互抵消；而结果相加，系统误差不仅没有抵消，反而有所增加。因此：

如果 $S_T=S_D$，则分析中只含有随机标准偏差，没有系统误差；

如果 $S_T>S_D$，则分析中就必定存在系统误差。

3．方差分析

在确定分析系统存在着系统误差的前提下，究竟这个系统误差对结果有没有根本性的影响，还需要通过方差检验法进一步检验。

方差检验也称 F 检验法。取统计量 F：

$$F=\frac{{S_T}^2}{{S_D}^2} \quad (2\text{-}82)$$

若 $F\leqslant F_{0.05(f_1,f_2)}$，则两组数据之间的系统误差不会对结果产生根本性影响，即实验室间分析结果具有可比性，或两份溶液的测定精密度是一致的。

式 2-82 中，0.05 给定的概率水平，一般都是用 5%；f_1 与 f_2 和值与差值的自由度，都是 2（n–2）；$F_{0.05(f_1,f_2)}$ 指显著性水平为 5%，自由度分别为 f_1 与 f_2 时的临界值，可查表。

若 $F>F_{0.05(f_1,f_2)}$，则两份溶液浓度之间具有显著差异，两个浓度测定数据之间没有可比性，应寻找原因，并采取相应的校正措施。

第四节　监测分析方法的质量控制

一、标准分析方法

在环境监测分析中，同一个测定项目往往有多种可供选择的分析方法，由于方法的原理不同，使用的仪器种类、型号不同，对操作的要求不同，导致分析结果的灵敏度、精密度、准确度等都不同。这样，就有可能导致测定同一项目时，产生的数据结果之间没有可比性。因此，我们有必要通过某种程序，使这些不同的分析方法在测定同一项目时的数据结果，仍然具有可比性，这种活动就称为分析方法的标准化活动。标准化活动的结果，就使这些分析方法成为测定这一项目的标准分析方法。

（一）标准分析方法

标准分析方法又称为分析方法标准，是技术标准中的一种，它是由权威机构对某分析项目的分析所作的统一规定的技术准则和各方面共同遵守的技术依据。它是一种标准文件。

（二）标准分析方法的要求

标准分析方法的选定要符合这样一些要求：

- 分析方法必须要达到规定要求的检出限；
- 分析方法要能够满足足够小的随机误差和系统误差；
- 分析方法对各种环境样品的分析结果要能够得到相近的精密度和准确度；
- 分析方法必须要考虑到技术能力、现实条件、推广使用的可能性等方面。

（三）标准分析方法的条件

标准分析方法必须要满足下列几个条件：

- 按照规定的程序编制；
- 按照规定的格式编写；
- 方法的成熟性得到公认，并通过协作试验确定方法的误差范围；
- 由权威机构审批，并用文件的形式发布。

编制和推行标准分析方法，是为了保证分析结果的重复性、再现性和准确性，无论采用什么标准分析方法、在什么地方、由什么人、通过什么仪器进行某一项目的分析，不但同一实验室的分析人员分析同一样品的结果一致，而且不同实验室的分析人员分析同一样品的结果也能够达到一致，由此实现了不同分析方法之间或同一分析方法不同人员的分析结果之间，分析结果的数据完全具有可比性。

二、分析方法标准化

使某种分析方法，成为标准分析的论证过程，称为分析方法的标准化。

标准化过程包含标准化试验和标准化组织管理，这项工作具有高度的政策性、经济性、技术性、严密性以及连续性，要有严密的组织机构。由于这些机构所从事工作的特殊性，因而要求它们的职能和权限必须受到标准化条例的约束。

（一）标准化试验

标准化试验是指经人们严密设计，用来评价一种分析方法性能的实验。一个分析方法的性能属性有很多，主要有精密度、准确度、灵敏度、检出限等，此外还有专一性、选择性、依赖性、实用性等方面。当然，不可能做到所有的方法性能都能达到最佳属性。每一种分析方法要根据分析项目、分析目的等，确定哪种属性是最主要的，哪些是次要的，哪些是不可以随便更改的，哪些又是可以折中的。环境监测分析通常以痕量分析为主，并以分析结果描述环境质量好坏，所以分析的精密度、准确度、灵敏度、检出限等都是关键问题。因此，标准化活动的结果必须要给出分析结果的表达方法、分析方法的精密度和准确度指标，对样品的种类、数量、分析次数、分析人员、分析条件等作出一系列的规定，还要明确分析过程的质量保证措施等，并对分析方法的性能作出公正的评价。

（二）标准化组织管理

标准化过程必须由标准化组织管理机构按照一定的程序和方法要求进行推行。

1．我国的标准化组织管理系统

我国的标准化组织管理系统呈现出比较严密的网状结构，各部门与部门之间存在着比较密切的联系，形成了一个比较复杂的结构组织。

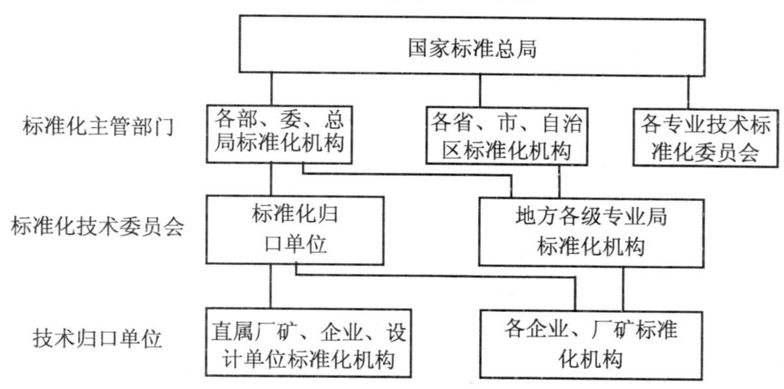

图 2-11　我国标准化工作的组织管理系统

2．国外标准化组织管理系统

国外标准化工作的一般程序是：

（1）由一个专家委员会根据需要选择分析方法，确定方法的精密度、准确度、检测限指标。

（2）专家委员会指定一个任务组（通常是有关的中央实验室负责），任务组负责设计实验方案，编写详尽的实验程序，制备和分发实验样品及标准物质。

（3）任务组负责抽选 6～10 人参加实验，任务是熟悉任务组提供的实验步骤和样品，并按任务组的要求进行测定，将测定结果写出报告交给任务组。

（4）任务组整理各实验室的报告，如果各项指标均达到设计要求，则上报权威机构出版公布；如达不到预定指标，则由任务组修改实验方案，重做实验，直到达到预定指标为止。国外标准化工作机构如图 2-12 所示。

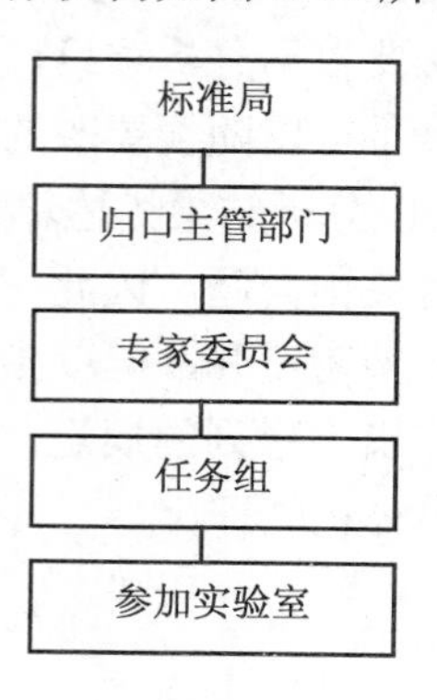

图 2-12　国外方法标准化的一般程序

三、监测实验室间的协作试验

分析工作中的协作试验，就是由足够数目的实验室，为了一个确定的目的，遵循一个已经确定的程序，共同进行的一项研究活动。它广泛地应用于分析方法的标准化、分析方法的研究、标准物质的定值和实验室间的分析质量控制等方面。以下着重介绍分析方法标准化活动中协作试验的应用情形。

（一）目的与要求

1．分析方法标准化协作试验的目的

分析方法标准化协作试验的目的，一般是为了组织有广泛代表性的、具有足够数目的实验室，使用有代表性的试样，按照一个已经确定的程序，共同完成对一个确定的分析方法的精密度和准确度进行估计（也称分析方法的分析），看其是否符合分析要求。如果不能符合要求，还必须要更改方法使之符合要求。

2．分析方法标准化协作试验的要求

设：参加分析的实验室的数目为 l，分析试样的数目为 p，每个实验室对每种试样的测定次数为 n，则总的测定次数为 lpn。一般要求 $l \geqslant 5$，$n \geqslant 2$。其他的要求包括：

（1）分析方法　要采用比较成熟的方法，该方法能够满足一种确定的分析目的，并且已经被写成了较严谨的文件。

（2）实验室　参加的实验室在地区和技术水平上要有代表性，并且具备了参加协作试验的基本条件，如分析人员、分析设备等。

（3）分析人员　具有中等操作水平，对被估价的方法具有实际经验。实验过程中一般不得更换分析人员。

（4）试样　分析试样要满足均匀性、代表性、稳定性。由于精密度往往与被测物质的浓度水平有关，一般要包括高、中、低三种含量的试样，如若不能，至少也要包括高、低两种浓度的试样。如果要确定分析的精密度随浓度之间的变化关系，则至少要使用 5 种不同浓度的试样，并要均匀地分布在方法的适用浓度范围内，两端的浓度要尽可能地接近于分析方法的测定上、下限。

（5）实验设备　使用的量器、衡器、测量仪器等，都要符合分析方法的要求，并按规定的要求进行校准。

（6）质量控制　分发未知样以前，要分发已知样，检查和设法消除实验室的系统误差，检查各实验室的分析精密度是否一致，并设法使之一致。

（二）数据处理步骤

协作试验的数据处理大致分为以下几步：

（1）数据整理和列表。

（2）实验室之间方差一致性检验（应统一检验方法）。

（3）实验室之间平均值一致性检验（应统一检验方法）。

（4）对方差或平均值离群的实验室，则要求其核查数据，重做实验。也可进行实验室内单值一致性检验，如果发现单值离群，则剔除离群单值后，将剩余单值求平均值和方差，再次进行实验室方差和平均值一致性检验。如果最后仍属于离群方差或平均值，则剔除该实验室的分析数据。

（5）计算室内、室间精密度、准确度。

（6）计算室内、室间不确定度。

（三）数据处理方法

设有 l 个实验室，分析某一种浓度的试样，平行测定 n 次，其单个测定数据为 x_{ij}，各实验室测得的平均值为 $\overline{x}_i$，各实验室分析结果的标准偏差为 S_i，结果列表见表 2-8。

表 2-8　各实验室测定数据分析结果

实验室号 l	单个测定值 x_{ij}	平均值 $\overline{x}_i$	标准偏差 S_i
1	$x_{11}, x_{12}, \ldots, x_{1j}, \ldots, x_{1n}$	$\overline{x}_1$	S_1
2	$x_{21}, x_{22}, \ldots, x_{2j}, \ldots, x_{2n}$	$\overline{x}_2$	S_2
……	……	……	……

实验室号 l	单个测定值 x_{ij}	平均值 $\overline{x}_i$	标准偏差 S_i
i	$x_{i1},x_{i2},\ldots,x_{ij},\ldots,x_{in}$	$\overline{x}_i$	S_i
……	……	……	……
l–1	$x_{(l-1)1},x_{(l-1)2},\ldots,x_{(l-1)j},\ldots,x_{(l-1)n}$	$\overline{x}_{l-1}$	S_{l-1}
l	$x_{l1},x_{l2},\ldots,x_{lj},\ldots,x_{ln}$	$\overline{x}_l$	S_l

令 $\overline{\overline{x}}=\dfrac{\sum_{i=1}^{l}\sum_{j=1}^{n}x_{ij}}{l\cdot n}$，即 $\overline{\overline{x}}$ 为全部数据的平均值。

那么，单个测定值 x_{ij} 可以写为：

$$x_{ij}=\overline{\overline{x}}+(\overline{x}_i-\overline{\overline{x}})+(x_{ij}-\overline{x}_i) \tag{2-83}$$

即

$$x_{ij}-\overline{\overline{x}}=(\overline{x}_i-\overline{\overline{x}})+(x_{ij}-\overline{x}_i) \tag{2-84}$$

式（2-84）说明：单个测定值 x_{ij} 对总均值 $\overline{\overline{x}}$ 的偏离即（$x_{ij}-\overline{\overline{x}}$），一部分是第 i 个实验室的测定均值对总均值的偏离，即（$\overline{x}_i-\overline{\overline{x}}$），它包括实验室内的随机误差和该实验室的系统误差；另一部分是第 i 个实验室的测定单值对该实验室的测定均值的偏离，即（$x_{ij}-\overline{x}_i$），它是由实验室的随机误差决定的。

如果 l 个实验室的方差一致，那么实验室内的标准偏差估计值 $S_r(或S_w)$ 可以通过下式求得：

$$S_r(或S_w)=\sqrt{\frac{\sum_{i=1}^{l}S_i^2}{l}} \tag{2-85}$$

而

$$S_i^2=\frac{\sum_{i=1}^{l}\sum_{j=1}^{n}(x_{ij}-\overline{x})^2}{n-1} \tag{2-86}$$

所以，

$$S_r(或S_w)=\sqrt{\frac{\sum_{i=1}^{l}S_i^2}{l}}=\sqrt{\frac{\sum_{i=1}^{l}\sum_{j=1}^{n}(x_{ij}-\overline{x})^2}{l(n-1)}} \tag{2-87}$$

若各实验室平均值一致，各实验室均值的方差 $S_{\overline{x}}^2$ 为

$$S_{\bar{x}}^{2}=\frac{\sum_{i=1}^{l}(\bar{x}_i-\bar{\bar{x}})^2}{l-1} \tag{2-88}$$

根据上面说明，各实验室的均值方差由两部分组成，即

$$\frac{\sum_{i=1}^{l}(\bar{x}_i-\bar{\bar{x}})^2}{l-1}=S_{b}^{2}+\frac{S_{w}^{2}}{n} \tag{2-89}$$

因此各实验室随机系统误差分布的标准偏差 S_b 为

$$S_b=\sqrt{\frac{\sum_{i=1}^{l}(\bar{x}_i-\bar{\bar{x}})^2}{l-1}-\frac{S_{w}^{2}}{n}}=\sqrt{S_{\bar{x}}^{2}-\frac{S_{w}^{2}}{n}} \tag{2-90}$$

实验室间标准偏差（总标准偏差）S_R（或 S_t）为：

$$S_R（或 S_t）=\sqrt{S_{b}^{2}+S_{w}^{2}} \tag{2-91}$$

因此，当 $S_b=0$ 时，$S_w=S_R$（或 S_t），则认为各实验室的数据来自同一总体，实验室间不存在系统误差。

而准确度指标用测定结果的相对误差表示：

$$相对误差=\frac{测定总均值-真值}{真值}\times 100\% \tag{2-92}$$

（四）不确定度估计

室内、室间的不确定度见表 2-9。

表 2-9 不确定度

测定条件（人员、仪器、日期）	名称	符号	不确定度	符号备注
1～2 个不同	重复性	S_r（S_w）	$I_r=2\sqrt{2}S_r$	S_r 为室内标准偏差
三者相同	平行性	W_R	$I_w=\frac{2\sqrt{2}\cdot S_r}{W}$	W_R 为待测物质的浓度（mg/L）极差
三者皆不同	再现性：单次测定离散度 重复测定离散度	S_R $S_{\bar{x}}$	$I_R=2\sqrt{2}S_R$	S_R 为室间标准偏差 $S_{\bar{x}}$ 为实验室均值标准偏差
分析标准物质	准确度	$\lvert\bar{\bar{x}}-\mu\rvert$	$\frac{\sqrt{2}}{2}\cdot\sqrt{I_R^{2}-I_r^{2}\cdot\frac{n-1}{n}}$	真值置信区间为 $\pm\bar{\bar{x}}$ 不确定度

第五节 环境标准物质和环境质量图的绘制

一、环境标准物质

环境标准物质具有按规定的准确度和精密度所确定的某些组分的含量值，并且在相当长的时间内具有可被接受的均匀性和稳定性。我们把在组成和性质上与待测环境样品相似、均匀而稳定、组分的含量已知，并用来做分析测定标准的物质称为环境标准物质。

标准物质的名称尚未统一。国际标准化组织（ISO）建议使用“有证参考物质”，也有称“参比物质”或“标准样品”的。我国国家标准局规定为“标准物质”，代号为BW，与国际标准化组织提出的“有证参考物质”属于同一级别。

与其他标准物质相比，环境标准物质具有这样一些特性，即一般都是环境样品或模拟样品的混合物，其基体组成比较复杂；待测成分的浓度不能过低，以免受分析方法检出限和精密度的影响；具有良好的均匀性、稳定性，制备量足够大；通过协作试验，用绝对测量法或两种以上的测量方法进行了含量定值，且保证值要给出不确定度。

（一）环境标准物质的分类

世界各国的标准物质有上千种，但在分类和等级上尚未统一。

1．按国际纯化学联合会（IUPAC）的分类法分类

（1）原子量标准的参比物质。

（2）基准标准物质。

（3）一级标准物质。

（4）工作标准物质。

（5）二级标准物质。

（6）标准参考物质。

2．按审批权限进行分类

（1）国际标准物质。

（2）国家一级标准物质。

（3）地方（或部级）标准物质。

3．按基体种类与样品的接近程度分类

（1）基体标准物质。基体与样品基本相同。

（2）模拟标准物质。两者基本相近。如水样痕量标准物质，在纯水中加入一定量的天然水成分（Na^+、K^+、Ca^{2+}、Mg^{2+}、Cl^-、SO_4^{2-}、微量元素）和稳定剂。

（3）合成标准物质。此类标准物质不能直接使用，使用之前要先按一定的程序将它转化成所需要的标准。如 SO_2、NO_2 的渗透管是一种标准气源，使用时根据需要选择流量和载气，配制出与被测样品基体及含量相近的标准气体。

（4）代用标准物质。当选择不到类似的基体时，可选择与被测成分含量相近的其他基体物质。

4．我国的分类法及其规定

我国的标准物质，按照从国际单位传递下来的准确度等级，分为二级，即国家一级标准物质，二级（部颁）标准物质。

对这两级标准物质有如下规定。

（1）一级标准物质　指经协作试验，用绝对测量法或其他准确可靠的方法定值，准确度达到国内最高水平并相当于国际水平，经中国计量测试学会标准物质专业委员会技术审查和国家计量局批准而颁布的，并且是附有证书的标准物质。

（2）二级标准物质　指各部委或科研单位，为满足本部门及有关使用单位的需要而研制出的工作标准物质。它需经协作试验并用一级标准物质直接校对，用准确度高的分析方法测试，经有关主管部门审查批准，报国家计量局备案。其中，性能良好、准确度高、具备批量制备条件的二级标准物质，经国家计量局审批后也可上升为一级标准物质。

划分标准物质等级的关键在于定值的准确度水平。因此，对一级标准物质和二级标准物质定值的准确度要求有所不同。一般说来，一级标准物质应具有 0.3%～1%的准确度，而二级标准物质则应具有 1%～3%的准确度。但环境标准物质因基体组成复杂，待测组分含量低，所以其准确度要求并不完全相同。

（二）环境标准物质的制备

标准物质应具备：基体的代表性好，均匀度好，稳定性高，在指定条件下干燥质量损失重复，贮藏量在 50 kg 以上，其组成必须用两种或两种以上相互独立且准确度已知的方法加以测定。理想的标准物质应该直接从环境样品中采集，通过协作试验对其中的各种组分进行定量，对均匀度和稳定性进行测定，然后作为标准物质使用。

由于环境样品组成十分复杂，其中许多组分很不稳定，要对环境样品中的所有组分进行准确定量还有一定困难，因此，环境标准物质一般是用人工合成的办法来制备的。环境标准物质通常按以下几个步骤进行制备。

（1）根据环境监测的需要，确定所要制备的标准物质相对应的环境样品类型，调查这些样品的组成和浓度，据此确定标准物质的组成。

（2）按所确定的组成和浓度范围，制备模拟环境样品，进行均匀度和稳定性试验。固体标准物质的均匀度和液体、气体标准物质的稳定性（特别是痕量成分）是关键性的指标。稳定性试验是在保存条件下对模拟环境样品中待测组分的含量进行定期的持续测定，了解其变化情况，如发生超过规定变化，则需改变保存条件，调整组成含量。

（3）在以上研究基础上，制备相当数量（50 kg 以上）的环境标准物质，分装和包装后，再次进行稳定性试验。

（4）对制备的环境标准物质确定保证值。所谓保证值是通过已经排除了系统误差，用准确度比实际使用方法更高的分析方法测定所得之值，这是最接近于真值的标准物质特征量值。确定保证值是通过一定数量的权威实验室进行协作试验，数据按统计处理所得。最后经国家标准物质专业委员会审查，报国家计量局批准后，方可供用户使用（表 2-10）。

表 2-10　ASTM 的纯水标准

指　标	Ⅰ	Ⅱ	Ⅲ	Ⅳ
可溶性物质/（mg/L）	＜0.1	＜0.1	＜0.1	＜2.0
电导率（25℃）/（μS/cm）	＜0.06	＜1.0	＜1.0	＜5.0
电阻率（25℃）/MΩ·cm	＞16.66	＞1.0	＞1.0	＞0.20
pH（25℃）	6.8～7.2	6.6～7.2	6.5～7.5	5.0～8.0
$KMnO_4$ 呈色持续最小时间/min	＞60	＞60	＞10	＞10

注：$KMnO_4$ 呈色持续最小时间（min），是指用这种水配制 $c_{(1/5KMnO_4)}$ 为 0.01 mol/L 溶液的呈色持续最短时间，它反映了水中还原性杂质含量的多少。

制备标准物质所用试剂的级别、纯度、天平的准确度和精密度，保存容器的性能、测定方法的精密度和准确度，以及操作环境等均有一定的要求。例如，制备痕量元素测定用的标准水样，最好使用相当于美国材料试验学会（ASTM）Ⅰ级的纯水；制备微量元素测定用的标准水样，使用 ASTM-Ⅱ级纯水。即使是洗涤分装瓶或玻璃容器用水，也需使用相当于 ASTM-Ⅲ级以上的纯水。

（三）标准物质的作用

环境标准物质在钢铁、有色冶金、核材料、陶瓷、医学和食品等方面较早就有应用，对生产和科研起了积极作用。标准物质的作用就是要通过标准物质的准确度传递系统和追溯系统，实现国际之间、行业之间、各实验室之间的数据可比性和一致性。如果一个实验室在分析工作中定期使用了环境标准物质，则称该实验室采用了分析质量控制技术。

具体说来环境标准物质有如下一些作用：

（1）直接用环境标准物质与环境样品一起比较分析，作为分析测定的标准依据；

（2）校正并标定分析测定仪器、标准曲线的截距和斜率等；

（3）为新的分析技术与分析方法的研究提供真值依据；

（4）检验和测定分析方法的精密度、准确度、灵敏度以及检出限指标，即进行“分析方法的分析”，以实现分析方法的标准化；

（5）以一级标准物质作为真值，控制二级标准物质及质量控制样品的制备和定值，使之能够符合规定要求，也可以为新的标准物质的研制与生产提供保证；

（6）评价和考核实验室内及实验室之间的分析质量，以及进行监测数据仲裁等。

（四）环境监测的质量控制样品

标准物质由于研制的周期长、工作量大、难度高、价格昂贵，使其得到推广使用有一定的困难。而使用质量控制样品是解决问题的好办法。

质量控制样品对每个实验室的质量控制，能够起到分析质量保证的作用。它可以用来检验分析仪器的稳定性与准确性，检查标准曲线，检查分析的精密度和准确度，还可以用来对分析人员的分析技能进行考核等。

质量控制样品要符合以下一些要求：

- 含有已知浓度的待测物质；
- 组成具有多参数，即可以进行多种项目的分析；
- 样品在组成上具有较大的均匀性，不会挥发损失、氧化还原、发生沉淀和其他任何的化学反应、生化反应、光化反应等；
- 样品在浓度上具有很强的稳定性，稳定期要在六个月甚至一年以上；
- 浓度要处于实际样品的浓度范围，既能够满足低浓度时使用，又能够满足高浓度时使用。

所以，应防止样品从贮存的容器中蒸发和泄漏，样品在贮存中要避开光、高温、电磁辐射等的干扰。

目前，质量控制样品基本是由人工合成得到的，即所谓的人工水样就是属于如此的质量控制样品。它的“真值”是由准确计算得到的，这和环境标准物质的定值、真值是不一样的。合成标准物质的定值是实际测定的结果，而质量控制样品是由委托的一些实验室先检验样品制备的准确性的，如果实测结果与制备值的允许误差范围不能吻合，必须舍弃这批样品，而不能通过修正真值的方法来得到真值。检验真值的方法与常规监测实际样品的方法是一致的。因此，质量控制样品中应指明该样品适用的方法，这一点也是与标准物质使用范围不一致的。

二、质量保证检查单和环境质量图

（一）质量保证检查单

环境监测是一个系统过程，但是这个系统过程通常都不是一个人从一而终完成监测的，从布点、采样、运输、贮存、预处理，到样品的分析测定、数据处理、结果上报等程序，往往由不同的人员分工负责，共同完成这个系统任务。为了保证环境监测全过程中某些环节不会出现质量保证的脱节现象，人们采用填写表格的形式，对环境监测全过程的质量管理进行严格规定，这种要填写的表格就称做质量保证检查单。检查单是针对各个监测步骤需要达到的要求而列出的表格，工作人员在工作中及时填写，可以检查和发现自己的操作是否达到表格所列要求，大家都按照这种表格规定要求去完成各自的工作，最终使测定结果符合环境监测系统要求。

以美国依阿华州环境质量部（DEQ）制定的质量保证检查单为例，空气质量监测中大容量采样器的采样检查单包括四部分：① 采样器的维护与布置；② 过滤介质的鉴定、制备与分析；③ 标定；④ 样品的核实、计算与报告。表 2-11、表 2-12 是其中的两种。

表 2-11　DEQ 大容量采样器采样检查单（滤纸鉴定、制备与分析部分）

调制处理环境的类型____________，干燥柜______________，空调室______________。
1. 平衡时间__________h。
2. 平衡时间的长短是否一致：是______，否_______。
3. 是否规定有允许的最短平衡时间：是_____，否____；若是，规定时间为____h。
4. 分析天平室有无温度、湿度控制：温度：有_____，无_____；湿度：有____，无______。
5. 如果使用空调室，相对湿度：_____，温度范围：____到____，温度：________。
6. 如果使用干燥柜，为进行可能的更换，多长时间检查一次干燥剂____________。
关键因素：颗粒物的吸水性是不同的，美国环境保护局的研究结果表明，相对湿度为 80%时，其质量可增加 15%；相对湿度高于 55%时，质量与湿度之间有指数关系。滤纸应在相对湿度低于 50%的环境内平衡。

表 2-12　DEQ 气体鼓泡采样检查单（样品制备部分）

1. 制备吸收剂所用全部化学试剂是否均为 ACS①试剂纯或更纯的试剂：是_____，否____；所用蒸馏水是否符合制备吸收剂的要求：是_____，否_____；若否，请予以解释：____。
主要因素：这些试剂影响所得吸收剂的质量。
2. 制备吸收剂是否采用了美国《联邦记录》上的参考手续：是____，否____。若否，请予解释有何困难：__________。
主要因素：《联邦记录》规定了制备吸收剂时拟采用的手续，因此偏离这些手续时必须提出充分证据，说明这种偏离是正当的。
3. 吸收剂在使用之前储存了多久：_____个月。
主要因素：吸收剂一般可稳定 6 个月，因此储存时间不应超过 6 个月。
4. 吸收剂制备以后是否检查过 pH 值：是_____，否_____。若是，其可用范围如何：____________________________。
质量控制点：当 pH＜3 或 pH＞5 时，吸收剂是不可用的，这说明制备过程中存在问题。
5. 说明吸收瓶是通过什么途径送到工作人员手中的：______________________________。
主要因素：吸收瓶运输过程中必须防止溢流、破碎或温度过高。

注：① ACS 为美国化学学会。

质量保证检查单上的条目，是按对数据质量的影响程度来区分的，每一条目代表下述一种类型的影响。

关键因素：它总是影响着采样结果，并且是不可补救的。

主要因素：它很可能对采样结果产生不利影响，但并不总是不可补救的。

次要因素：它通常对数据没有影响，只是作为一种好的习惯做法予以推荐。

除了这三项代表影响性质的因素以外，检查单上还有某些细目，例如质量控制点等，特别列出这些细目是要说明，对这些细目要按规定进行质量控制检查。

按规定，分析实验室不仅要负责收集（采集）、处理与分析环境样品，将准确的数据上报给管理部门，而且要负责整个监测过程的质量保证措施，并保证这些措施的有效性和可能性。质量保证检查单不仅可以用来制订质量保证计划，而且能够在实际场合进行质量保证的有效控制，将参加监测的所有野外工作人员、室内分析人员、部门管理人员的注意力集中到监测中可能存在的薄弱环节上。质量保证检查单将对结果的影响因素划分为三大类，即关键因素、主要因素、次要因素，给参加监测的全体人员如何抓住矛盾的主要方面，从一定的程度上提供了很好的操作指南。

美国出版的《美国环境保护局质量保证指南》、美国环境保护局空气污染训练班的《质量保证培训教程》、DEQ 的《大容量和气体鼓泡采样器操作人员工作参考手册》等对此都有系统的和详细的规定。

（二）环境质量图

用不同的符号、线条和颜色等来表示环境质量好坏或趋势变化的图，称做环境质量图。环境质量图是一种科学表示环境质量的报表。它不仅可以表示环境质量的好坏，还可以表示环境质量的变化趋势，甚至可以表示环境要素影响环境质量的内在规律。

环境质量图的最大特点是它的直观性。它不需要大量的文字进行描述，却能够说明、能够量度、能够对比，也能够寻找出影响环境质量的某些因素的影响发生规律，有助于我们进行直观地了解环境质量在空间上、时间上的分布情形、分布特点、发展趋势，对于我们制定环境保护规划，采取环境保护措施具有很强的现实意义。

环境质量图有多种分类法：

1．按环境质量评价项目分类

（1）单项环境质量图；

（2）单要素环境质量图；

（3）综合环境质量图等。

2．按区域分类

（1）点的环境质量图；

（2）城市区域环境质量图；
（3）工矿区环境质量图；
（4）农业区域环境质量图；
（5）旅游区域环境质量图；
（6）自然区域环境质量图等。

3．按时间分类

（1）历史环境质量图；
（2）现状环境质量图；
（3）环境质量变化趋势图等。

4．按编制环境质量图的方法分类

（1）定位图；
（2）等直线图；
（3）分析统计图；
（4）网络图等。

5．按环境污染的因素分类

（1）水域环境质量图；
（2）大气环境质量图；
（3）土壤环境质量图；
（4）噪声环境质量图等。

例如，水域中某污染物的浓度 y（mg/L）随排污口距离 x（km）的变化情形，可用图 2-13 来表示。某污染物浓度的相对频率图可以用图 2-14 来表示。

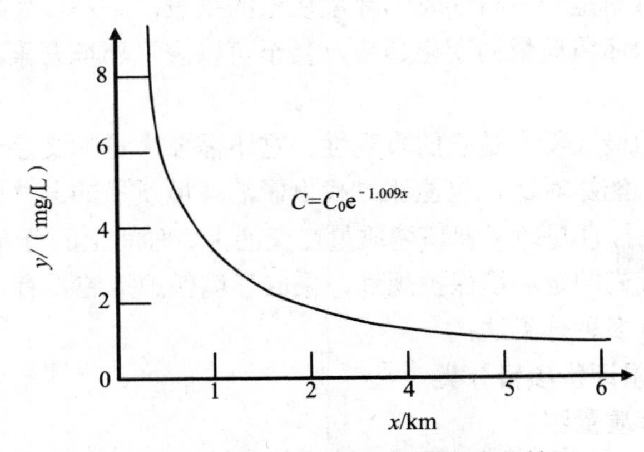

图 2-13　水域中某污染物浓度的变化情形

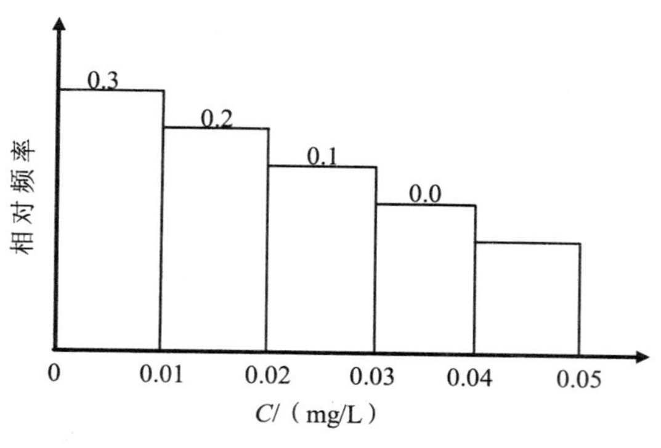

图 2-14　相对频率

某水域中六价铬与总铬含量之间的关系图，如图 2-15 所示。

某河流水质污染的情形，可用图 2-16 表示。

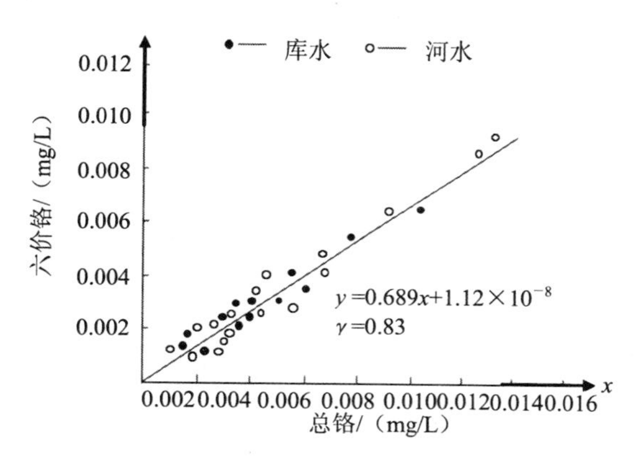

图 2-15　六价铬与总铬含量之间的关系

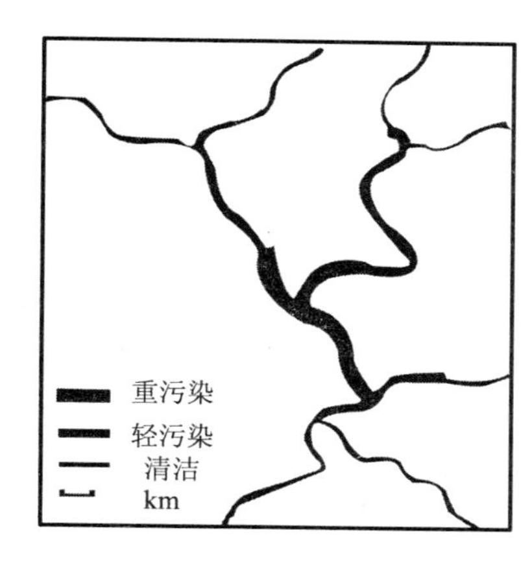

图 2-16　某河流水质污染的图示法

某些环境质量图还可以用网格法来表示，例如城市的噪声污染及水域的环境污染就经常用这种网格法来表示，这里不再详细叙述。

复习与思考题

1. 什么是准确度、精密度、灵敏度？
2. 准确度控制从哪几方面进行？
3. 什么是分析质量控制图？有哪几种类型？
4. 什么是标准分析方法？
5. 将下列数据修约到保留一位小数：

1.445 5，1.554 5，1.490 0，1.450 0，1.450 1，1.350 0，1.350 1，1.360 0

（1.4，1.6，1.5，1.4，1.5，1.4，1.4，1.4）

6. 某同学在测定六价铬时，平行分析 8 次，得到如下数值（Cr^{6+}，mg/L）。试采用 dixon 检验法检验其中是否有离群数值，并求出测定均值、标准偏差及显著性水平分别为 0.05 和 0.10 时六价铬测定的置信区间。

0.098 8，0.100 2，0.099 5，0.096 4，0.101 5，0.102 8，0.099 9，0.099 8

（最小值 0.096 4 为偏离数值，没有离群数值，均值 $\overline{x}$=0.099 9 mg/L，标准偏差为 s=0.001 9 mg/L，α=0.05 时六价铬测定的置信区间为 0.099 9 mg/L ± 0.001 6 mg/L，α=0.10 时六价铬测定的置信区间为 0.099 9 mg/L ± 0.001 3 mg/L）

7. 用比色法测定水中的挥发酚，得到如下一系列数据，试计算出吸光度 y 和苯酚浓度 x（mg/L）对应的回归方程及相关系数，绘制出标准曲线，同时检验该曲线是否符合要求（检验相关系数）。

酚浓度（苯酚，mg/L）	0.000	0.010	0.020	0.030	0.040	0.050
吸光度（A）	0.005	0.046	0.095	0.129	0.172	0.222

（回归方程 $y=4.277x+0.004\ 6$，x 为苯酚浓度 mg/L，y 为吸光度，相关系数γ=0.999 0，相关极显著）

8. 某分析人员对浓度为 0.05 mg/L 的铅标准溶液进行分析，每天分析一次，连续 20 次测定，得到 20 个数据，列表如下所示：

序号	吸光度（A）				序号	吸光度（A）			
	平行样 1[#]	平行样 2[#]	$\overline{x}$	R		平行样 1[#]	平行样 2[#]	$\overline{x}$	R
1	0.117	0.120			11	0.120	0.120		
2	0.118	0.112			12	0.126	0.124		
3	0.117	0.116			13	0.123	0.127		
4	0.122	0.127			14	0.120	0.118		
5	0.125	0.123			15	0.128	0.113		
6	0.126	0.114			16	0.122	0.130		
7	0.120	0.125			17	0.120	0.122		
8	0.120	0.124			18	0.123	0.123		
9	0.125	0.118			19	0.122	0.127		
10	0.112	0.120			20	0.126	0.128		

请作出 $\overline{x}-R$ 控制图，判断该控制图是否可用，并说明其使用方法。

第三章 水和废水监测

【知识目标】

了解水和废水监测的对象和内容；掌握水样采集和保存的一般方法；重点掌握水质的物理测定方法、金属化合物测定方法、非金属化合物测定方法、有机化合物测定方法和底质监测方法。

【能力目标】

具有水环境调查、监测计划设计、采样点布设、样品采集、选择保存、分析测试等能力；初步具有依据测试数据结果进行水环境现状评价的能力。

第一节 概 述

一、水体污染

1．水体污染的定义

当进入水体的污染物含量超过了水体的自净能力，当其浓度超过某种水质标准时，就破坏了水体原有的功能，这种现象称为水体污染。

2．水质指标

反映或衡量水体质量的基本特征和污染状况的指标，主要有以下八个方面的度量指标。

（1）反映水的一般性状的指标，如色度、嗅度、透明度、浊度、悬浮物、电导率、水温、Ca^{2+}、Mg^{2+}、K^{+}、Na^{+}、Cl^{-}、SO_4^{2-}、pH 值等。

（2）有机污染的三氧平衡参数，主要为溶解氧（DO）、生化需氧量（BOD）、化学需氧量（COD）等，BOD 和 COD 主要来源于工业废水、生活污水等人为的排放。

（3）营养盐三氮平衡及磷的参数，如氨氮、亚硝酸盐氮、硝酸盐氮、总氮、磷酸盐、总磷等，主要来源于化肥、粪便和含磷洗涤剂的流失，雨、雪对大气的淋洗和对磷灰石、硝石、鸟粪层的冲刷。

（4）无机毒物污染指标，如氰化物、氟化物、硫化物、石棉等。主要来源于冶金和金属加工酸洗废水、雨水淋洗含 SO_2 烟气后流入水体、碱法造纸、人造纤维、制碱、制革等工业废水。

（5）重金属污染指标，如汞、铬、镉、砷、铜、铅、锌等。主要来源于采矿、冶炼、电镀行业的工业废水及废渣的排放。

（6）有毒有害有机物污染指标，如酚、石油类、多环芳烃、多氯联苯、芳香胺、有机氯农药、有机磷农药、环境激素、持久性有机污染（POPs）等。主要来源于杀虫剂、除莠剂、灭真菌剂、熏剂和灭鼠剂的流失，冶金、煤气、炼焦、石油化工、塑料、电镀等工业排放的废水。

（7）放射性污染指标，如总α、总β、铀、钍、镭、氡等。主要来源于核电站、核武器试验、放射性同位素在化学、冶金、医学及农业部门的应用，随污水排放水体。

（8）病原微生物和致癌物，来源于生活污水、医院废水、畜牧污水、制革、屠宰、洗毛等工业废水。

3．水体的自净作用

水体中污染物经过扩散、稀释沉淀、氧化还原、分解等物理化学过程及微生物的分解，水生生物的吸收作用后，浓度自然降低的过程。

二、水体监测对象和目的

（一）水体监测的对象

水体监测就是用科学的方法监视和检测代表水环境质量及其发展变化趋势的各种标志数据的全过程。

水体是指地表被水覆盖区域的自然综合体，水体的范畴包括水、水中悬浮物、底泥及水生生物等。

区分“水”和“水体”的概念十分重要，因为水环境污染一方面反映在“水”中；另一方面又反映在底质和水生生物中，在某些情况下，底质较“水”更为精确地反映了水环境的污染，特别是一些微量有害的重金属污染物，在“水”中的浓度往往极低，而在底质中则往往有较高的浓度。如果我们仅仅着眼于“水”，似乎水质未被污染，而实际上这些污染物因生成沉淀或被吸附和螯合，由“水”中转移到底质中去了。造成底质的累积性污染，当水环境条件发生变化时，这些有毒有害物质往往又被底质“释放”出来，形成二次污染。因此对底质的监测，应是水体监测系统中不容忽视的一部分，也是水体概念中包含底质的重要原因。水体监测包括环境水体监测及废水监测两部分。水体监测是环境监测的一个重要组成部分。实际工作中，水体监测的具体对象包括各类天然水、工农业废水、饮用水和生活污水等。

（二）水体监测的目的

水体监测的目的可概括为以下几个方面。

（1）对进入江、河、湖泊、水库、海洋等地表水体的污染物及渗透到地下水中的污染物质进行经常性的监测，以掌握水质现状及其发展趋势。

（2）对生产过程、生活设施及其他排放源排放的各类废水进行监视性监测，为污染源管理和排污收费提供依据。

（3）对水环境污染事故进行应急监测，为分析判断事故原因、危害及采取对策提供依据。

（4）为国家政府部门制定环境保护法规、标准和规划，全面开展环境保护管理工作提供有关数据和资料。

（5）为开展水环境质量评价、预测预报及进行环境科学研究提供基础数据和手段。

三、水体监测方法和项目

（一）水体监测方法

1．选择监测方法的原则

在选择监测分析方法时，着重考虑以下因素：

（1）灵敏度　选择的分析方法能满足环境水质质量标准和废水排放标准确定量的要求，也就是说选择的监测方法，能对该项目的标准值进行准确定量，即要求监测方法的检测限至少应小于标准值的 1/3，并力求低于标准值的 1/10，这样就能准确判断是否超标。例如，一级环境水质 Cd、Cu 和 Pb 的标准值分别为 1 μg/L、10 μg/L 和 10 μg/L，显然火焰原子吸收法是达不到要求的，因此可选用富集 100 倍的火焰原子吸收法和石墨炉原子吸收法，以满足一级水质的 Cd、Cu 和 Pb 的监测要求。

（2）选择性　监测方法的选择性要好，抗干扰能力要强。若存在干扰，能采取适当的掩蔽剂和预分离的方法，予以消除。水质监测方法规范中给出了干扰试验的数据及消除干扰的各种方法，可根据样品的组成情况进行灵活运用。

（3）要求方法的稳定性好这样才能保证结果具有良好的重复性、再现性和准确性。

（4）所用试剂和仪器易用，操作方法简单快速。

（5）应优先选用已经验证的统一分析方法。使用统一分析方法之外的其他方法时，必须先做等效试验。

2．监测方法的类别

对于污染物分析监测技术可按使用的方法分为化学法、物理法、物理化学法和生物法。

化学法（主要是滴定分析法）是以化学反应为其工作原理的一类方法。其特点是准确度较高，相对误差一般小于 1%；灵敏度较低，仅适用于样品中常量组分的分析；选择性较差，在测定前常需对样品作反复的前处理；方法简便，操作快速，所需器具简单，分析费用较低。

物理法和物理化学分析法都是使用仪器进行监测的方法，前者如温度、电导率、噪声、放射性、气溶胶粒度等项目的测定需要具备专用的仪器和装置，后者（又通称仪器分析法）适用于定性和定量分析大多数化学物质，这两类方法的优缺点正好与化学法相反：表现在准确度相对较低、灵敏度很高、选择性尚佳，以及仪器成本高、维护保养较复杂等。物理化学分析法种类繁多，大体上可分为光学分析法、电化学分析法和色谱分析法三类。光学分析法是利用光源照射试样，在试样中发生光学的吸收、反射、透射、折射、散射、衍射等效应或在外来能量激发下使试样中被测物发光，最终以仪器监测器接收到的光的强度与试样中待测组分含量间存在对应的定量关系而进行分析。环境分析中常用的有分光光度法、原子吸收分光光度法、化学发光法、非分散红外法。紫外—可见分光光度法是环境监测中最广泛应用的方法。原子吸收分光光度法则是对环境样品中痕量金属分析最常用的方法。

电化学分析法是仪器分析法中的另一个类别，是通过测定试样溶液电化学性质而对其中被测定组分进行定量分析的方法，这些电化学性质系在原电池或电解池内显示出来，包括电导、电位、电流、电量等。环境分析中常用的电化学分析法有电导分析法、离子选择性电极法。色谱法可用于分析多组分混合物试样，系利用混合物中各组分在两相中溶解—挥发、吸附—脱附或其他亲和作用性能的差异，当作为固定相和流动相的两相做相对运动时，使试样中各待测组分在两相中反复受上述作用而得以分离后进行分析。在环境分析中常用的有气相色谱法、高效液相色谱法（包括离子色谱法）、色谱—质谱联用法等。色谱分析法承担着对大多数有机污染物的分析任务，也是对环境试样中未知污染物做结构分析或形态分析的最强力的工具。

为了更好地解决环境监测中繁难的分析技术问题，近来已越来越多地采用仪器联用的方法。例如气相色谱仪是目前最强力的成分分析仪器，质谱仪是目前最强力的结构分析仪器，将二者合在一起再配上电子计算机组成气相色谱—质谱—计算机联用仪（GC-MS-COM），可用于解决环境监测中有关污染物特别是有机污染物分析的大量疑难问题。

此外，还可将监测方法按权威性或成熟程度的高低分为标准法、参考法和试行法等。

3．常见项目的监测分析方法

常见项目的监测分析方法见表 3-1。

表 3-1　常见项目的监测分析方法

序号	监测项目	分析方法	最低检出浓度（量）	有效数字最多位数	小数点后最多位数（5）	备注
1	水温	温度计法	0.1℃	3	1	GB 13195—91
2	色度	1.铂钴比色法	—	—	—	GB 11903—89
		2.稀释倍数法	—	—	—	GB 11903—89
3	透明度	1.铅字法	0.5 cm	2	1	（1）
		2.塞氏圆盘法	0.5 cm		1	（1）
4	pH	玻璃电极法	0.1（pH）	2	2	GB 6920—86
5	悬浮物	重量法	4 mg/L	3	0	GB 11901—89
6	电导率	电导仪法	1 μS/cm（25℃）	3	1	（1）
7	总硬度	1.EDTA 滴定法	0.05 mmol/L	3	2	GB 7477—87
		2.钙镁换算法	—	—	—	—
		3.流动注射法	—	—	—	—
8	溶解氧	1.碘量法	0.2 mg/L	3	1	GB 7489—87
		2.电化学探头法	—		1	GB 11913—89
9	高锰酸盐指数	1.高锰酸盐指数	0.5 mg/L	3	1	GB 11892—89
		2.碱性高锰酸钾法	0.5 mg/L		1	（1）
		3.流动注射连续测定法	0.5 mg/L		1	（1）
10	化学需氧量	1.重铬酸盐法	5 mg/L	3	0	GB 11914—89
		2.库仑法	2 mg/L		0	（1）
		3.快速 COD 法（①催化快速法；②密闭催化消解法；③节能加热法）	2 mg/L		1	需与标准回流 2 h 进行对照（1）
11	生化需氧量	1.稀释与接种法	2 mg/L	3	1	GB 7488—87
		2.微生物传感器快速测定法	—		1	HJ/T 86—2002
12	氨氮	1.纳氏试剂光度法	0.025 mg/L	4	3	GB 7479—87
		2.蒸馏和滴定法	0.2 mg/L	4	2	GB 7478—87
		3.水杨酸分光光度法	0.01 mg/L	4	3	GB 7481—87
		4.电极法	0.03 mg/L	3	3	—
13	挥发酚	1.1,4-氨基安替比林萃取光度法	0.002 mg/L	3	4	GB 7490—87
		2.蒸馏后溴化容量法	—	—	—	GB 7491—87
14	总有机碳	1.燃烧氧化-非分散红外线吸收法	0.5 mg/L	3	1	GB 13193—91
		2.燃烧氧化-非分散红外法	0.5 mg/L		1	HJ/T 71—2001
15	油类	1.重量法	10 mg/L	3	0	（1）
		2.红外分光光度法	0.1 mg/L		2	GB/T 16488—1996

序号	监测项目	分析方法	最低检出浓度（量）	有效数字最多位数	小数点后最多位数（5）	备注
16	总氮	碱性过硫酸钾消解—紫外分光光度法	0.05 mg/L	3	2	GB 11894—89
17	总磷	1.钼酸铵分光光度法 2.氯化亚锡还原光度法	0.01 mg/L 0.025 mg/L	3	3 3	GB 11893—89 （1）
18	氰化物	1.异烟酸—吡唑啉酮比色法	0.004 mg/L	3	2	GB 7486—87
		2.吡啶—巴比妥酸比色法	0.002 mg/L	3	4	GB 7486—87
		3.硝酸银滴定法	0.25 mg/L		2	GB 7486—87
19	硫化物	1.亚甲蓝分光光度法 2.直接显色分光光度法 3.间接原子吸收法 4.碘量法	0.005 mg/L 0.004 mg/L — 0.02 mg/L	3	3 3 2 3	GB/T 16489—1996 GB/T 17133—1997 （1） （1）
20	砷	1.硼氢化钾—硝酸银分光光度法 2.氢化物发生原子吸收法 3.二乙基二硫代氨基甲酸银分光光度法 4.等离子发射光谱法 5.原子荧光法	0.0004 mg/L 0.002 mg/L 0.007 mg/L 0.2 mg/L 0.5 μg/L	3	4 4 3 2 1	GB 11900—89 （1） GB 7485—87 （1） （1）
21	镉	1.流动注射—在线富集火焰原子吸收法 2.火焰原子吸收法 3.双硫腙分光光度法 4.石墨炉原子吸收法 5.阳极溶出伏安法 6.极谱法 7.等离子发射光谱法	2 μg/L 0.05 mg/L（直接法） 1 μg/L（螯合萃取法） 1 μg/L 0.10 μg/L 0.5 μg/L 10^{-6} mol/L 0.006 mg/L	3	1 2 1 1 2 1 1 3	环监测[1995]079号文 GB 7475—87 GB 7475—87 GB/T 7471—87 （1） （1） （1） （1）
22	铬	1.火焰原子吸收法 2.石墨炉原子吸收法 3.高锰酸钾氧化—二苯碳酰二肼分光光度法 4.等离子发射光谱法	0.05 mg/L 0.2 μg/L 0.004 mg/L 0.02 mg/L	3	2 2 3 3	（1） （1） GB 7466—87 （1）
23	六价铬	1.二苯碳酰二肼分光光度法 2.APDC-MIBK 萃取原子吸收法 3.DDTC-MIBK 萃取原子吸收法 4.差示脉冲极谱法	0.004 mg/L 0.001 mg/L 0.001 mg/L 0.001 mg/L	3	3 4 4 4	GB 7467—87 （1） （1） （1）

序号	监测项目	分析方法	最低检出浓度（量）	有效数字最多位数	小数点后最多位数（5）	备注
24	铜	1.火焰原子吸收法	0.05 mg/L （直接法）	3	2	GB 7475—87
			1 μg/L（螯合萃取法）		1	GB 7475—87
		2. 2,9-二甲基-1,10-菲啰啉分光光度法	0.06 mg/L		2	GB 7473—87
		3.二乙氨基二硫代甲酸钠分光光度法	0.01 mg/L		3	GB 7474—87
		4.流动注射—在线富集火焰原子吸收法	2 μg/L		1	（1）
		5.阳极溶出伏安法	0.5 μg/L		1	（1）
		6.示波极谱法	10^{-6} mol/L		1	（1）
		7.等离子发射光谱法	0.02 mg/L		3	（1）
25	汞	1.冷原子吸收法	0.1 μg/L	3	2	GB 7468—87
		2.原子荧光法	0.01 μg/L	3	3	（1）
		3.双硫腙光度法	2 μg/L	3	1	GB 7469—87
26	镍	1.火焰原子吸收法	0.05 mg/L	3	2	GB 11912—89
		2.丁二酮肟分光光度法	0.25 mg/L	3	2	GB 11910—89
		3.等离子发射光谱法	0.02 mg/L	3	3	（1）
27	铅	1.火焰原子吸收法	0.2 mg/L（直接法）	3	2	GB 7475—87
			10 μg/L（螯合萃取法）	3	0	GB 7475—87
		2.流动注射—在线富集火焰原子吸收法	5.0 μg/L	3	1	环监[1995]079 号文
		3.双硫腙分光光度法	0.01 mg/L	3	3	—
28	阴离子洗涤剂	1.电位滴定法	0.12 mg/L	4	2	GB 13199—91
		2.亚甲蓝分光光度法	0.50 mg/L	3	1	GB 7493—87
29	粪大肠菌群	1.发酵法				（1）
		2.滤膜法				—
30	细菌总数	1.培养法				（1）

摘自《水和废水监测分析方法（第四版）》，中国环境科学出版社，2002.

（二）水体监测项目

1. 地表水的监测项目

潮汐河流必测项目增加氯化物。地表水监测项目见表 3-2。

饮用水保护区或饮用水源的江河除监测常规项目外，必须注意剧毒和“三致”有毒化学品的监测。

表 3-2 地表水监测项目

类型	必测项目
河流	水温、pH、溶解氧、高锰酸盐指数、化学需氧量、BOD_5、氨氮、总氮、总磷、铜、锌、氟化物、硒、砷、汞、镉、铬（六价）、铅、氰化物、挥发酚、石油类、阴离子表面活性剂、硫化物和粪大肠菌群
集中式饮用水源地	水温、pH、溶解氧、悬浮物、高锰酸盐指数、化学需氧量、BOD_5、氨氮、总氮、总磷、铜、锌、氟化物、铁、锰、硒、砷、汞、镉、铬（六价）、铅、氰化物、挥发酚、石油类、阴离子表面活性剂、硫化物、硫酸盐、氯化物、硝酸盐和粪大肠菌群
湖泊水库	水温、pH、溶解氧、高锰酸盐指数、化学需氧量、BOD_5、氨氮、总氮、总磷、铜、锌、氟化物、硒、砷、汞、镉、铬（六价）、铅、氰化物、挥发酚、石油类、阴离子表面活性剂、硫化物和粪大肠菌群
排污河（渠）	根据纳污情况，参照表 3-3 工业废水监测项目

2．污水的监测项目

污水的监测项目见表 3-3。

表 3-3 污水监测项目

类　型	必测项目	选测项目
黑色金属矿山（包括磁铁矿、赤铁矿、锰矿等）	pH、悬浮物、重金属	硫化物、锑、铋、锡、氯化物
钢铁工业（包括选矿、烧结、炼焦、炼铁、炼钢、轧钢等）	pH、悬浮物、COD、挥发酚、油类、氰化物、铬（六价）、锌、氨氮	硫化物、氟化物、BOD_5、铬
选矿药剂	COD、BOD_5、悬浮物、氰化物、重金属	
有色金属矿山及冶炼（包括选矿、烧结、电解、精炼等）	pH、COD、氰化物、悬浮物、重金属	硫化物、铍、铝、钒、钴、锑、铋
非金属矿物制品业	pH、悬浮物、COD、BOD_5、	油类
煤气生产和供应业	pH、悬浮物、COD、BOD_5、油类、重金属、挥发酚、硫化物	苯并[a]芘、挥发性卤代烃
火力发电（热电）	pH、悬浮物、硫化物、COD	BOD_5
电力、蒸汽、热水生产和供应业	pH、悬浮物、硫化物、COD、挥发酚、油类	BOD_5
煤炭采造业	pH、悬浮物、硫化物	砷、油类、汞、挥发酚、COD、BOD_5、
焦化	COD、悬浮物、挥发酚、氨氮、氰化物、油类、苯并[a]芘	总有机碳
石油开采	COD、BOD_5、悬浮物、油类、硫化物、挥发性卤代烃、总有机碳	挥发酚、总铬

类型		必测项目	选测项目
石油加工及炼焦业		COD、BOD_5、悬浮物、油类、硫化物、挥发酚、总有机碳、多环芳烃	苯并[a]芘、苯系物、铝、氯化物
化学矿开采	硫铁矿	pH、COD、BOD_5、硫化物、悬浮物、砷	
	磷矿	pH、氟化物、悬浮物、磷酸盐（P）、黄磷、总磷	
	汞矿	pH、悬浮物、汞	硫化物、砷
无机原料	硫酸	pH、硫化物、重金属、悬浮物	氟化物、氯化物、铝
	氯碱	pH、COD、悬浮物	汞
	铬盐	pH、六价铬、总铬、悬浮物	汞
有机原料		COD、挥发酚、氰化物、悬浮物、总有机碳	苯系物、硝基苯类、总有机碳、有机氯类、邻苯二甲酸酯等
塑料		COD、BOD_5、油类、总有机碳、硫化物、	氯化物、铝
化学纤维		pH、COD、BOD_5、悬浮物、总有机碳、油类、色度	氯化物、铝
橡胶		COD、BOD_5、油类、总有机碳、硫化物、六价铬	苯系物、苯并[a]芘、重金属、邻苯二甲酸酯、氯化物等
医药生产		pH、COD、BOD_5、油类、总有机碳、悬浮物、挥发酚	苯胺类、硝基苯类、氯化物、铝
染料		COD、苯胺类、挥发酚、总有机碳、色度、悬浮物	硝基苯类、硫化物、氯化物
颜料		COD、硫化物、悬浮物、总有机碳、汞、六价铬	色度、重金属
油漆		COD、挥发酚、油类、总有机碳、六价铬、铅	苯系物、硝基苯类
合成洗涤剂		COD、阴离子合成洗涤剂、油类、总磷、黄磷、总有机碳	苯系物、氯化物、铝
合成脂肪酸		pH、COD、悬浮物、总有机碳	油类
聚氯乙烯		pH、COD、BOD_5、总有机碳、悬浮物、硫化物、总汞、氯乙烯	挥发酚
感光材料，广播电影电视业		COD、悬浮物、挥发酚、总有机碳、硫化物、银、氰化物	显影剂及其氧化物
其他有机化工		COD、BOD_5、悬浮物、油类、挥发酚、氰化物、总有机碳	pH、硝基苯类、氯化物

第二节　水样的采集

一、水样类型

（一）瞬时水样

从水体中不连续地随机（就时间和地点而言）采集的样品称之瞬时水样。

瞬时水样无论是在水面、规定深度或底层，通常均可手工采集，也可以用自动化方法采集，在一般情况下，所采集样品只代表采样当时和采样点的水质，而自动采集是相当于在预定选择时间或流量间隔为基础的一系列这种瞬时样品。

下列情况适于瞬时水样：

（1）量不固定、所测参数不恒定时（如采用混合样，会因个别样品之间的相互反应而掩盖了它们之间的差别）；

（2）不连续流动的海湾，如分批排放的水；

（3）水和废水特性相对稳定时；

（4）需要考察可能存在的污染物或要确定污染物出现的时间；

（5）需要污染物最高值、最低值或变化的数据时；

（6）需要根据较短一段时间内的数据确定水质的变化规律时；

（7）需要测定参数的空间变化时，例如某一参数在水流或开阔水域的不同断面和深度的变化情况；

（8）在制订较大范围的采样方案前；

（9）测定某些参数，如溶解气体，余氯、可溶性硫化物、微生物、油脂、有机物和 pH 值。

（二）混合水样

混合水样是混合几个单独样品，可减少分析样品、节约时间、降低消耗。

混合水样分等比例混合水样和等时混合水样。等比例混合水样指在某一时段内，在同一采样点位所采水样量随时间或流量成比例的混合水样。等时混合水样指在某一时段内，在同一采样（断面）按等时间间隔所采等体积水样的混合水样。

混合样品提供组分的平均值，因此在样品混合之前，应验证此样品参数的数据，以确保混合后样品数据准确性。样品在混合时，其中待测成分或性质发生明显变化，则不能采用混合水样，要采用单样储存方式。

下列情况适于混合水样：① 需测定平均浓度时；② 计算单位时间的质量负荷

时；③ 为估价特殊的、变化的或不规则的排放和生产运转的影响。

（三）综合水样

为了某种目的，把从不同采样点采得的瞬时水样混合为一个样品（时间应尽可能接近，以便得到所需要的数据），这种混合样品称做综合水样。

下列情况适于综合水样：

（1）为了评价出平均组分或总的负荷，如一条江河或河川上，水的成分沿着江河的宽度和深度而变化时，采用能代表整个横断面上各点和它们的相对流量成比例的混合样品；

（2）几条废水渠道分别进入综合处理厂时。

采什么样的样品，视水体的具体情况和采样目的而定。例如，为几条废水河道的废水建设综合处理厂，从各河道取单样分析就不如取综合样更为合理，因为各股废水相互反应可能对处理性能及其成分产生显著作用，不可能对相互作用进行数学预测，取综合水样可能提供其中有用的资料。相反，有些情况取单样就合理，如湖泊和水库在深度和水平方向常常出现组成成分上的变化；而此时，大多数的平均值或总值变化不显著，局部变化突出。在这种情况下，综合水样就失去了意义。

二、采样前的准备

（一）采样前的准备

1．容器与水样的相互作用

容器材质对于水样在贮存期间的稳定性影响很大。一般说来，容器材质与水样的相互作用有三个方面：

（1）容器材质可溶入水样中，如从塑料容器溶解下来的有机质、填料，以及从玻璃容器溶解下来的钠、硅和硼等。

（2）容器材质可吸附水样中某些组分，如玻璃吸附痕量金属。

（3）水样与容器直接发生化学反应，如水样中氟化物与玻璃容器间的反应等。

为此，对水样容器及其材质应有明确的要求：① 容器材质的化学稳定性好，可保证水样的各组成成分在贮存期间不发生变化；② 抗极端温度性能好，抗震性能好，其大小、形状和重量适宜；③ 能严密封口，且易于开启；④ 材料易得，成本较低；⑤ 容易清洗，并可反复使用。

2．常用的采样容器

（1）无色具塞硬质（硼硅）玻璃瓶。

（2）玻璃瓶由硼硅酸玻璃制成，其主要成分有二氧化硅（70%～80%）、硼（11%～15%）、铝（2%～4%）。因产品种类不同，有的有微量的砷、锌溶出。玻璃瓶无色透明便于观察试样及其变化，还可加热灭菌，但易破裂，不适于运输。通常，样品是保存在酸性条件下，因此在一般情况下不存在样品沾污或待测成分被吸附等现象，但在保存碱性样品时，由于玻璃本身逐渐被腐蚀，容易污染样品。

（3）具塞聚乙烯瓶（即塑料瓶）。塑料瓶耐冲击、轻便，但不如玻璃瓶易清洗、检查和校检体积。有吸附磷酸根离子及有机物的倾向，易受有机溶剂的浸蚀，有时引起藻类繁殖。

（4）特殊成分的试样容器。溶解氧测定要杜绝气泡，使用能添加封口水的溶解氧瓶，油类的测定需要定容采样的广口玻璃瓶，生物及细菌试验需不透明的非活性玻璃容器。

3．容器的洗涤

容器洗涤是处理容器内壁，减少其对样品的污染或其他相互作用。

4．通用的洗涤方法

洗涤剂洗一次，自来水三次，蒸馏水一次。每个监测项目的相应样品容器的洗涤方法见表 3-13 的附注。

（二）采样量

样品采集量与分析方法及水样的性质有关。一般地说，采集量应考虑实际分析用量和复试量。对污染物质浓度较高的水样可适当少取水样，因为超过一定浓度的水样在分析时要经过稀释方可测定。表 3-13 列出了单项样品的取样量，此水量已考虑重复分析和质量控制的需要。

三、地表水的采集

（一）调查研究收集资料

采集的水样要具有代表性首先取决于采样断面及采样点的代表性。为了做好这一工作，必须在布点前认真进行调查研究工作和资料收集。内容有下列六个方面：

（1）水体的水文、气候、地质、地貌特征；

（2）水体沿岸城市分布、排污情况和城市给排水情况；

（3）水体沿岸资源（包括森林、矿产、土壤、耕地、水资源等）现状，特别是植被破坏和水土流失情况；

（4）水体功能区划情况，各类用水功能区的分布，特别是饮用水源分布和重点水源保护区；

（5）实地勘察现场的交通状况、河宽、水深、河床结构、河床比降、岸边标志等，对于湖泊，还需要了解生物、沉积物特点、间温层分布、容积、平均深度、等深线和水更新时间等。

（6）原有的水质监测资料、水文实测资料、水环境研究成果。

（二）监测断面的设置

1．河流

（1）监测断面的分类

① 采样断面：在河流采样中，实施水样采集的整个剖面。分背景断面、对照断面、控制断面、消减断面和管理断面等。

② 背景断面：为评价一完整水系的污染程度，不受人类生活和生产活动影响，提供水环境背景值的断面。

③ 对照断面：具体判断某一区域水环境污染程度时，位于该区域所有污染源上游处提供这一水系本底值的断面。

④ 控制断面：为了解水环境受污染及其变化情况的断面。即受纳某城市或区域的全部工业和生活污水后的断面。

⑤ 消减断面：工业污水或生活污水在水体内流经一定距离而达到最大程度混合，污染物被稀释、降解，其主要污染物浓度有明显降低的断面。

⑥ 管理断面：为特定的环境管理需要而设置的断面。如较常见的有：定量化考核、了解各污染源排污、监视饮用水源、流域污染源限期达标排放和河道整治等。

（2）河流监测断面的设置方法

① 背景断面能反映水系未受污染时的背景值。因此，要求基本上不受人类活动的影响，远离城市居民区、工业区、农药化肥施用区和主要交通路线。原则上应设在水系源头或未受污染的上游河段，如选定断面处于地球化学异常区，则要在异常区的上、下游分别设置。如有较严重的水土流失情况，则设在水土流失区的上游。

② 入境断面，即对照断面，用来反映水系进入某行政区域时的水质状况，因此应设置在水系进入本区域且尚未受到本区域污染源的影响处。

③ 控制断面用来反映某排污区（口）排放的污水对水质的影响。因此应设置在排污区（口）的下游，污水与河水基本混匀处。

控制断面的数量、控制断面与排污区（口）的距离可根据以下因素决定：主要污染区的数量及其间的距离、各污染源的实际情况、主要污染物的迁移转化规律和其他水文特征等。其中，还应考虑对纳污量的控制程度，即由各控制断面所控制的纳污量不得小于该河段总纳污量的 80%。如某河段的各控制断面均有五年以上的监测资料，可用这些资料进行优化，用优化结论来确定控制断面的位置和数量。

④ 出境断面用来反映水系进入下一行政区域前的水质。因此应设置在本区域最后的污水排放口下游，污水与河水基本混匀并尽可能靠近水系出境处。如在此行政区域内，河流有足够长度，则应设消减断面。消减断面主要反映河流对污染物的稀释净化情况，应设置在控制断面下游，主要污染物浓度有显著下降处。

⑤ 省（自治区、直辖市）交界断面：省、自治区和直辖市的主要河流的干流，一级、二级支流的交界断面，这是环保管理的重点断面。

⑥ 还应设置的各类监测断面：

- 水系的较大支流汇入前的河口处，湖泊、水库、主要河流的出、入口应设置监测断面；
- 国际河流出、入国境的交界上应设置出境断面和入境断面；
- 对流程较长的重要河流，为了解水质、水量变化情况，经适当距离后应设置监测断面；
- 水网地区流向一定的河流，应根据常年主导流向设置监测断面；
- 对水网地区应视实际情况设置若干控制断面，其控制的径流量之和不少于总径流量的80%；
- 有水工建筑物并受人工控制的河流，视情况分别在闸（坝、堰）上、下设置断面，如水质无明显变化，可只在闸（坝、堰）上设置监测断面；
- 除管理断面处，要使各监测断面能反映一个水系或行政区域的水环境质量，断面的确定应在详细收集有关资料和监测数据基础上，进行优化处理，将优化结果与布点原则和实际情况结合起来作出决定；
- 对于季节性河流和人工控制河流，由于实际情况差异很大，这些河流监测断面的确定，以及采样的频次与监测项目、监测数据的使用等，由各省（自治区、直辖市）环保行政主管部门自定；
- 监测断面的设置数量，应要根据掌握水环境质量状况的实际需要，考虑对污染物时空分布和规律的了解、优化的基础上，以最少的断面、垂线和测点取得代表性最好的监测数据。

（3）潮汐河流监测断面的布设。

① 潮汐河流监测断面的布设原则与其他河流相同，设有防潮桥闸的潮汐河流，根据需要在桥闸的上、下游分别设置断面。

② 根据潮汐河流的水文特征，潮汐河流的对照断面一般设在潮区界以上。若感潮河段潮波上溯的距离很长，以至远超出城市管辖河段的上游，其对照断面应设在潮区界以上，若潮区界在该城市管辖的区域以外，则在城市河段的上游设置一个对照断面。

③ 潮汐河流的断面位置，尽可能和水文断面一致或靠近，以便取得有关的水文数据。

2．湖泊水库

对于湖泊、水库通常只设监测垂线，如有特殊情况可参照河流的有关规定设置监测断面。

① 湖（库）区的不同水域，如进水区、出水区、深水区、浅水区、湖心区、

岸边区，按水体类别设置监测垂线。

② 湖（库）区若无明显功能区别，可用网络法均匀设置监测垂线。

③ 监测垂线上采样点的布设一般与河流的规定相同，但对有可能出现温度分层现象时，应作水温、溶解氧的探索性试验后再定。湖泊、水库采样点布设见表 3-4。

④ 受污染物影响的重要湖泊、水库，应在污染物主要输送路线上设置控制断面。

表 3-4　湖泊、水库采样点布设

水深	分层情况	采样点数	说明
≤5 m		一点（水面下 0.5 m 处）	① 分层是指湖水温度分层状况
5～10 m	不分层	二点（水面下 0.5 m，水底上 0.5 m）	② 水深不足 1 m，在 1/2 水深处设置测点
5～10 m	分层	三点（水面下 0.5 m，1/2 斜温层，水底上 0.5 m 处）	③ 有充分数据证实垂线水质均匀时，可酌情减少测点
＞10 m		除水面下 0.5 m，水底上 0.5 m 处外，按每一斜温分层 1/2 处设置	

（三）采样点的布设

在一个监测断面上设置的采样垂线数与各垂线上的采样点数应符合表 3-5 和表 3-6 的要求。

表 3-5　采样垂线数的设置

水面宽	垂线	说明
≤50 m	一条（中泓）	① 垂线布设应避开污染带，要测污染带应另加垂线
50～100 m	二条（近左、右岸有明显水流处）	② 确能证明该断面水质均匀时，可只设中泓一条垂线
＞100 m	三条（左、中、右）	③ 凡在该断面要计算污染物通量时，必须按本表设置垂线

表 3-6　采样垂线上的采样点数的设置

水深	采样点数	说明
≤5 m	上层一点	① 上层指水面下 0.5 m 处，水深不到 0.5 m 时，在水深 1/2 处
5～10 m	上、下层两点	② 下层指河底以上 0.5 m 处
	上、下层两点	③ 中层指 1/2 水深处
＞10 m	上、中、下三层三点	④ 封冻时在冰下 0.5 m 处采样，水深不到 0.5 m 处时，在水深 1/2 处采样
		⑤ 凡在该断面要计算污染物通量时，必须按本规定设置采样

（四）采样时间和采样频次

1．确定采样频次的原则

依据不同的水体功能、水文要素和污染源排放等实际情况，力求以最低的采样频次取得最有时间代表性的样品，既要满足能反映水状况的要求，又要切实可行。

2．采样频次与采样时间

（1）饮用水源地、省（自治区、直辖市）交界断面等需要重点控制的监测断面每月至少采样一次。

（2）国控水系、河流、湖、库上的监测断面，逢单月采样一次，全年六次。

（3）水系的背景断面每年采样一次。

（五）采样方法和采样器

1．采样器和采样方法

（1）聚乙烯塑料桶（即水桶）。将水桶浸入要取样的水或废水中，使注满水，取出后倒进合适的样品容器中即可，有时也可直接将样品容器浸入水中取样，应注意不能混入漂浮水面上的物质，正式采样前要用水样冲洗容器 2～3 次，洗涤完的废水不得重新倒入沟渠中，以免搅起水中的悬浮物。

（2）单层采水瓶。这种采水器主要由单层采水瓶架和采水瓶构成的。采样步骤如下：① 在架底固定好铅坠，检查采水瓶（洗涤好晾干的）是否牢固可靠，带软绳的瓶塞是否合适；② 左手抓软绳，右手将单层采水瓶慢慢放入水中；③ 到达预定水层时，提拉软绳，打开瓶塞，待水灌满后迅速提出水面，倒掉上部一层水，便得到所需的水样。

（3）直立式采样器。这种采样器主要由采水桶、采样器架和溶解氧瓶构成。采样时将采水桶和溶解氧瓶分别放入采样器架内的相应位置上，固定好，连好溶解氧的乳胶管，关好侧门；然后换上带软绳的瓶塞，将直立式采样器慢慢放入水中；当到达预定水层时，分别提拉采水桶和溶解氧瓶的软绳，将瓶塞打开，水便从溶解氧瓶灌入，空气从采水桶口排出；待水灌满后迅速提出水面，倒掉采水桶上部一层水。直立式采样器专门用于溶解氧水样的采集。

（4）自动采样器。

2．地表水采样的注意事项

（1）采样时不可搅动水底部的沉积物。

（2）采样时应保证采样点的位置准确。必要时使用定位仪（GPS）定位。

（3）认真填写“水质采样记录表”（表 3-7），用签字笔在现场记录，字迹应端正、清晰，项目完整。

（4）保护采样按时、准确、安全。

（5）采样结束前，应核对采样计划、记录与水样，如有错误或遗漏，应立即补采或重采。

（6）如采样现场水体很不均匀，无法采到有代表性的样品，则应详细记录不均匀的情况和实际采样情况，供使用该数据者参考，并将此现场情况向环境保护行政主管部门反映。

（7）测定油类的水样，应在水面至水的表面下 300 mm 采集柱状水样，并单独采样，全部用于测定。采样瓶（容器）不能用采集的水样冲洗。

表 3-7　水质采样记录表

监测站名　　　　　　　　　　　　　　　　　　　　　　　　　　年　度

编号	河流（湖库）名称	采样月日	采样				气象参数					流速/(m/s)	流量/(m^3/s)	现场测定项目						备注
			断面号	垂线号	点位号	水深/m	气温/℃	气压/kPa	风向	风速/(m/s)	相对湿度/%			水温/℃	pH	溶解氧/(mg/L)	透明度/(cm)	电导率/(μS/cm)	感观指标描述	

采样人员：＿＿＿＿＿＿　　　　　　　　　　　　　　记录人员：＿＿＿＿＿

（8）测溶解氧、生化需氧量和有机污染物等项目时的水样，必须注满容器，不留空，并用水封口。

（9）如果水样中含沉降性固体（如泥沙等），则分离方法为：将所采水样摇匀后倒入筒形玻璃容器（如 1～2 L 量筒），静置 30 min，将已不含沉降性固体但含有悬浮性固体的水样移入盛样容器并加入保存剂。测定总悬浮物和油类的水样除外。

（10）测定湖库水 COD、高锰酸盐指数、叶绿素 a、总氮、总磷时的水样，静置 30 min 后，用吸管一次或几次移取水样，吸管进水尖嘴插至水样表层 50 mm 以下位置，再加保存剂保存。

（11）测定油类、BOD_5、DO、硫化物、余氯、粪大肠菌群、悬浮物、放射性等项目要单独采样。

四、污水采样

(一) 污染源的调查

工业废水包括工艺过程用水、机械设备用水、设备与场地洗涤水、烟气洗涤水。在污染源监督监测中，污水的采样非常重要。

1．调查工业用水情况

工业废水是流量和浓度都随时间变化的非稳态流体，必须先进行充分的调查，才能使采集的样品有代表性，满足总量控制和浓度控制相结合的双轨制管理要求。调查用水情况时，要查清工业用水量、工业用水中的循环用水量、废水排放量、设备蒸发量以及渗漏损失量，可以用水平衡计算法和现场测量法估算各种用水量。

2．调查工业废水类型

工业废水有物理污染废水、化学污染废水、生物和生物化学污染废水三种主要类型，以及混合污染废水。通过对生产工艺和原辅料、产品、副产品及用、排水情况的调查，计算排放水量并确定需要监测的项目。根据物料平衡在原辅材料和产品中的计算，可确定废水中的特征污染物。

3．调查工业废水的排污去向

(1) 调查车间、工厂或地区的排污口数量和位置。

(2) 调查工业废水是直接排入还是通过渠道排入江、河、湖、库或海内，是否有渗坑。

(3) 在进行各项调查的过程中，企业应向地方环境监测部门提供厂区平面图和下水管网图，以及有关工艺参数，双方相互配合，使收集的资料确切详实。

(二) 采样点的布设

1．污水监测点位的布设原则

第一类污染物采样点位一律设在车间或车间处理设施的排放口或专门处理此类污染物设施的排放口。

第二类污染物采样点位一律设在排污单位的总排口。

进入集中污水处理厂和进入城市污水管网的污水应根据地方环境保护行政主管部门的要求确定。

污水处理设施效率监测采样点的布设：

(1) 对整体污水处理设施效率监测时，在各种进入污水处理的入口和污水设施的总排口设置采样点。

(2) 对各污水处理单元效率监测时，在各种污水处理设施的入口和设施单元的排口设置采样点。

2．采样点位的登记

必须在全面掌握与污水排放有关的工艺流程、污水类型、排放规律、污水管网走向等情况的基础上确定采样点位。排污单位需向地方环境监测站提供污水监测基本信息登记表（表 3-8）。由地方环境监测站核实后确定采样点位。

3．采样点位的管理

（1）采样点位应设置明显标志。采样点位一经确定，不得随意改动。

（2）经设置的采样点应建立采样点管理档案，内容包括采样点性质、名称、位置和编号，采样点测流装置，排污规律和排污去向，采样频次及污染因子等。

表 3-8　污水监测基本信息登记表

污染名称			行业类型
地址：			主要产品
（1）总用水量（新鲜水、回用水）/（m^3/a）			
其中生产用水/（m^3/a）；生活用水/（m^3/a）			
（2）主要原材料，生产工艺排污环节			
（3）厂区平面图及排水管网图			
（4）污水处理设施情况			
设计处理量/（m^3/a）			
实际处理量/（m^3/a）			
运行时数/（h/a）			
污水处理基本工艺方框图：			
设施处理的污染物名称及去除率：			
污染项目	原始污水/（mg/L）	处理出水/（mg/L）	去除率/%
污水排放情况：			
污水性质			
排放规律			
排放去向			
备注			

（3）采样点位的日常管理。经确认的采样法确定排污监测点，如因生产工艺或其他原因需变更时，由当地环境保护行政主管部门和环境监测站重新确认。排污单位必须经常进行排污口的清障、疏通工作。

（三）采样时间和采样频率

（1）监督性监测　地方环境监测站对污染源的监督性不少于 1 次/年，如被国家或地方环境保护行政主管部门列为年度监测的重点排污单位，应增加到 2～4 次/年。因管理或需要所进行的抽查性监测或对企业的加密监测由各级环境保护行政主管部门确定。

（2）企业自我监测　废水按生产周期和生产特点确定监测频率。一般每个生产日至少3次。

（3）对于污染治理、环境科研、污染源调查和评价等工作中的污水监测，其采样频次可以根据工作方案的要求另行确定。

（4）排污单位为了确认自行监测的采样频次，应在正常生产条件下的一个生产周期内进行加密监测：周期在8h以内的，每小时采1次样；周期大于8h的，每2h采1次样，但每个生产周期采样次数不少于3次。采样的同时测定流量。根据加密监测结果，绘制污水污染物排放曲线（浓度—时间，流量—时间，总量—时间），并与所掌握资料对照，如基本一致，即可据此确定企业自行监测的采样频次。

根据管理需要进行污染源调查性监测时，也按此频次采样。

（5）排污单位如有污水处理设施并能正常运转使污水能稳定排放，则污染物排放曲线比较平稳，监督监测可以采瞬时样；对于排放曲线有明显变化的不稳定排放污水，要根据曲线情况分时间单元采样，再组成混合样品。正常情况下，混合样品的单元采样不得少于两次。如排放污水的流量、浓度甚至组分都有明显变化，则在各单元采样时采样量应与当时的污水流量比例，以使混合样品更有代表性。

（6）自动采样　用自动采样器进行，有时间比例采样和流量比例采样。当污水排放量较稳定时可采用时间比例采样，否则必须按流量比例采样。

所用的自动采样器必须符合国家环境保护总局颁布的污水采样器技术要求。

（四）采样注意事项

1．污水的监测项目按照行业类型有不同要求

在分时间单元采集样品时，测定pH、COD、BOD_5、DO、硫化物、油类、有机物、余氯、粪大肠菌群、悬浮物、放射性等项目，不能混合，只能单独采样。

2．污水自动采样

自动采样用自动采样器进行，有时间等比例采样和流量等比例采样。当污水排放量较稳定时可采用时间等比例采样，否则必须采用流量等比例采样。

所用的自动采样器必须符合国家环保总局颁布的污水采样品器技术要求。

3．污水采样位置的设置

实际的采样位置应在采样断面的中心。当水深大于1m时，应在表层下1/4深度处采样；水深小于或等于1m时，在水深的1/2处采样。

（五）流量的测量

（1）流量计法：污水流量计的性能指标必须满足污水流量计技术要求。

（2）监测方法：① 容积法；② 流速仪法；③ 量水槽法；④ 溢流堰法。

五、采样记录和水样标签

（一）水质采样记录

1．采样记录

在地表水和污水监测技术规范要求的水质采样现场数据表中（表 3-9），一般包括采样现场描述与现场测定项目两部分内容，均应认真填写。现场测定项目有以下几方面。

（1）水温。

（2）pH 值。

（3）DO。

（4）透明度。

（5）电导率。

（6）氧化还原电位。

（7）浊度。

（8）水样感观的描述。① 颜色：用相同的比色管，分取等体积的水样和蒸馏水作比较，进行定性描述；② 水的气味（嗅）、水面有无油膜等均应作现场记录。

（9）水文参数　水文测定量应按《河流流量测量规范》（GB 50179—93）进行。潮汐河流各点位采样时，还应同时记录潮位。

（10）气象参数。气象参数有气温、气压、风向、风速、相对湿度等。

表 3-9　采样现场数据记录

采样地点	样品编号	采样日期	时间/h		pH	温度	其他参量		
			采样开始	采样结束					

2．污水采样记录表

污水采样记录表见表 3-10。

表 3-10　污水采样记录表

监测站名　　　　　　　　　　　　　　　　　　　　　　　　　　　　　　年　度

序号	企业名称	行业名称	采样口	采样口位置车间或出厂口	采样口流量/(m^3/s)	采样时间 月　日	颜色	嗅	备注

现场情况描述：

治理设施运行状况：

采样人员：___　企业接待人员：______________　记录人员：__________

3．水样送检表

水样送检表见表 3-11。

表 3-11　水样送检表

监测站名　　　　　　　　　　　　　　　　　　　　　　　　　　　　　　年　度

样品编号	采样河流（湖、库）	采样断面及采样点	采样时间（月、日）	添加剂种类	数量	分析项目	备注

送样人员：____________　接样人员：____________　送检时间：____________

4．污水送检表

污水送检表见表 3-12。

表 3-12　污水送检表

监测站名　　　　　　　　　　　　　　　　　　　　　　　　　　　　　　年　度

样品编号	企业名称	行业名称	采样口名称	采样时间（月、日）	备注

送样人员：____________　接样人员：____________　送检时间：__________

（二）水样标签

每个水样瓶均需贴上标签，内容有采样点位编号、采样日期和时间、测定项目、保存方法，并写明用何种保存剂。

第三节　水样的保存和预处理

一、水样的保存

各种水质的水样，从采集到分析这段时间里，由于物理的、化学的和生物的作用发生各种变化。如好氧性微生物的活动会使水样中的有机物发生变化，影响 COD 和 BOD 的测定结果；水样容器或悬浮物的表面上产生胶体吸附现象或溶解性物质被溶出等，都会使水样发生变化。为了使这些变化降低到最低程度，必须在采样时根据水样不同情况和要测定的项目，采取必要的保护措施，并尽可能快地进行分析，特别当被分析的组分浓度低到μg/L 的范围时。

（一）水样保存的基本要求

适当的保护措施虽然能够降低变化程度或减缓变化的速度，但是，并不能完全抑制其变化。有些测定项目特别容易发生变化（如 TOD），必须在采样现场测定，有一部分项目可在采样现场采取一些简单的预处理措施后，能够保存一段时间。水样允许保存的时间，与水样的性质、分析项目、溶液的酸度、贮存容器、存放温度等多种因素有关。

保存水样的基本要求是：① 减缓生物作用；② 减缓组分的水解及氧化还原作用；③ 减少组分的挥发和吸附损失。

（二）水样的保存方法

1．冷藏法

水样在 2～5℃保存，最好在暗处或冰箱中。这样可以抑制微生物的活动，减缓物理作用、化学作用的速度。这种保存方法不会妨碍后续的分析测定。

2．化学法

（1）加杀生物剂法　在水样中加入杀生物剂可以阻止生物的作用。常用的试剂有氯化汞（$HgCl_2$），加入量为水样 20～60 mg/L。对于需要测汞的水样中，每升水样中可加苯或三氯甲烷 0.1～1.0 mL。

（2）加化学试剂法　为防止水样中某些金属元素在保存期间发生变化，可加入某些化学试剂，如加酸调节水样的 pH，使其中的金属元素呈稳定状态，一般可保存数周，但对汞的保存时间要短些，一般为一周。水样保存的具体方法见表 3-13。

表 3-13　水样的保存、采样体积和容器洗涤方法

项目	采样容器	保存剂用量	保存期	采样量/mL	容器洗涤
浊度*	G.P.		12 h	250	I
色度*	G.P.		12 h	250	I
pH*	G.P.		12 h	250	I
电导*	G.P.		12 h	250	I
悬浮物**	G.P.		14 h	500	I
碱度**	G.P.		12 h	500	I
酸度**	G.P.		30 d	500	I
COD	G.	加 H_2SO_4，pH≤2	2 d	500	I
高锰酸盐指数**	G.		2 d	500	I
DO*	溶解氧瓶	加入硫酸锰，碱性 KI 叠氮化钠溶液，现场固定	24 h	250	I
BOD_5**	溶解氧瓶	加 H_2SO_4，pH≤2	12 h	250	I
TOC	G.		7 d	250	I
—F—**	P.		14 d	250	I
—Cl—**	G.P.		30 d	250	I
—Br—**	G.P.		14 h	250	I
L	G.P.	NaOH，pH=12	14 h	250	I
SO_4^{2-}**	G.P.		30 d	250	I
PO_4^{3-}	G.P.	NaOH，H_2SO_4，pH=7，$CHCl_3$0.5%	7 d	250	IV
总磷	G.P.	HCl，H_2SO_4, pH≤2	24 h	250	IV
氨氮	G.P.	H_2SO_4，pH≤2	24 h	250	I
—NO_2—N**	G.P.		24 h	250	I
—NO_3—N**	G.P.		24 h	250	I
凯氏氮**	G.				
总氮	G.P.	H_2SO_4，pH≤2	7 f	250	I
硫化物	G.P.	1 L 水样加 NaOH 至 pH=9，加入 5%抗坏血酸 5 mL，饱和 EDTA3 mL，滴加饱和 Zn（Ac）$_2$，至胶体产生，常温避光	24 h	250	I
总氰	G.P.	NaOH，pH≥9	12 h	250	I
Be	G.P.	HNO_3，1 L 水样中加浓 HNO_3 10 mL	14 d	250	III
B	P.	HNO_3，1 L 水样中加浓 HNO_3 10 mL	14 d	250	I
Na	P.	HNO_3，1 L 水样中加浓 HNO_3 10 mL	14 d	250	II
Mg	G.P.	HNO_3，1 L 水样中加浓 HNO_3 10 mL	14 d	250	II
K	P.	HNO_3，1L 水样中加浓 HNO_3 10 mL	14 d	250	II

项目	采样容器	保存剂用量	保存期	采样量/mL	容器洗涤
Ca	G.P.	HNO_3，1 L 水样中加浓 HNO_3 10 mL	14 d	250	Ⅱ
Cr^{6+}	G.P.	NaOH，pH =8～9	14 d	250	Ⅲ
Mn	G.P.	HNO_3，1 L 水样中加浓 HNO_3 10 mL	14 d	250	Ⅲ
Fe	G.P.	HNO_3，1L 水样中加浓 HNO_3 10 mL	14 d	250	Ⅲ
Ni	G.P.	HNO_3，1 L 水样中加浓 HNO_3 10 mL	14 d	250	Ⅲ
Cu	P.	HNO_3，1 L 水样中加浓 HNO_3 10 mL②	14 d	250	Ⅲ
Zn	P.	HNO_3，1 L 水样中加浓 HNO_3 10 mL②	14 d	250	Ⅲ
As	G.P.	HNO_3，1 L 水样中加浓 HNO_3 10 mL，DDTC 法，HCl 2 mL	14 d	250	Ⅰ
Se	G.P.	HCl，1 L 水样中加浓 HCl 2 mL	14 d	250	Ⅲ
Ag	G.P.	HNO_3，1 L 水样中加浓 HNO_3 2 mL	14 d	250	Ⅲ
Cd	G.P.	HNO_3，1 L 水样中加浓 HNO_3 10 mL②	14 d	250	Ⅲ
Sb	G.P.	HCl，0.2%（氯化物法）	14 d	250	Ⅲ
Hg	G.P.	HCl，1%如水样为中性，1 L 水样中加浓 HCl，10 mL	14 d	250	Ⅲ
Pb	G.	HNO_3，1%如水样为中性，1 L 水样中加浓 $HNO_3$10 mL②	14 d	250	Ⅲ
油类	G.	加入 HCl 至 pH≤2	7 d	250	Ⅱ
农药类**	G.	加入抗坏血酸 0.01～0.02 g 除去残余氯	24 h	1 000	Ⅰ
除草剂类**	G.	加入抗坏血酸 0.01～0.02 g 除去残余氯	24 h	1 000	Ⅰ
邻苯二甲类酯类**	G.	加入抗坏血酸 0.01～0.02 g 除去残余氯	24 h	1 000	Ⅰ
挥发性有机物**	G.	同 1+10HCl 调至 pH≤2，加入 0.01～0.02 g 抗坏血酸除去残余氯	12 h	1 000	Ⅰ
甲醛**	G.	加入 0.2～0.5 g/L 硫代硫酸钠除去残余氯	24 h	250	Ⅰ
酚类**	G.	用 H_3PO_4 调至 pH≤2，用 0.01～0.02 g 抗坏血酸除去残余氯	24 h	1 000	Ⅰ
阴离子表面活性剂	G.P.		24 h	250	Ⅳ
微生物**	G.	加入硫代硫酸钠至 0.2～0.5 g/L 除去残余氯，4℃保存	12 h	250	Ⅰ
生物**	G.P.	当不能现场测定时用甲醛固定	12 h	250	Ⅰ

注：1）*表示应尽量作现场测定：**低温（0～4℃）避光保存。

2）G 为硬质玻璃瓶：P 为聚乙烯瓶（桶）。

3）① 为单项样品的最少采样量；② 如用溶出伏安法测定，可必用 1 L 水样加 19 mL 浓 $HClO_4$。

4）Ⅰ，Ⅱ，Ⅲ，Ⅳ表示四种洗涤方法，如下：

Ⅰ：洗涤剂洗一次，自来水三次，蒸馏水一次。对于采集微生物和生物的采样容器，须经过 160℃干热灭菌 2 h。经灭菌的微生物和生物彩板容器必须的在两周内使用，否则应重新灭菌；经 121℃高压蒸汽灭菌 15 min 的采样容器，不能混合采样，应单独采样后 2 h 内送实验室分析。

Ⅱ：洗涤剂洗一次，自来水二次，1+3 HNO_3荡洗一次，自来水洗三次，蒸馏水一次；

Ⅲ：洗涤剂洗一次，自来水二次，1+3 HNO_3荡洗一次，自来水洗三次，去离子水一次；

Ⅳ：铬酸洗液洗一次，自来水洗三次，蒸馏水洗一次。如果采集污水样品可省去用蒸馏水、去离子水清洗的步骤。

（三）水样保存剂的空白测定

（1）保存剂的空白测定　酸和其他保存剂本身微量，此外，保存剂在现场使用一定时间后，也可能被污染，因此在分析一批水样时，必须做空白实验。把同批的等量保存剂加入到与一个水样同体积的蒸馏水中，充分摇匀制成空白样品，与水样一起送实验分析。在分析数据处理时，应从水样值中扣除空白实验值。

（2）保存剂的添加方法　保存剂可以在实验室中预先加入已洗净晾干的水样容器内，也可在采样后加入水样中。

（3）对保存剂的要求　地表水样品的保存剂，酸应使用高纯的，碱和其他试剂使用分析纯的，最好用优级纯的试剂，保存剂如果含杂质太多，达不到要求，则必须提纯。

二、水样预处理

环境水样的组成是相当复杂的，并且多数污染组分含量低，存在形态各异，所以在分析测定之前，需再进行适当地预处理，以得到待测组分适于测定方法要求的形态、浓度和消除共存组分干扰的试样体系。实际工作中，水样的预处理是样品测定时需要特别重视的一个环节，首先要根据经验和水样来源，以及一些简单方法判断干扰物质的存在，然后选择适用的预处理方法。

（一）水样的消解

当测定含有有机物水样中的无机元素时，需进行消解处理。消解处理的目的是破坏有机物，溶解悬浮性固体，将各种价态的待测元素氧化成单一高价态或转变成易于分离的无机化合物。消解后的水样应清澈、透明、无沉淀。消解水样的方法有湿式消解法和干式分解法（干灰化法）。

1．湿式消解法

（1）硝酸消解法。

（2）硝酸—高氯酸消解法。

（3）硝酸—硫酸消解法。

（4）硫酸—磷酸消解法。

（5）硫酸—高锰酸钾消解法。

（6）多元消解法。

2．干灰化法

干灰化法又称高温分解法，其处理过程是：取适量水样于白瓷或石英蒸发皿中，置于水浴上蒸干，移入马福炉内，于 450～550℃灼烧到残渣呈灰白色，使有机物完全分解除去。取出蒸发皿，冷却，用适量ψ=2%的 HNO_3（或 HCl）溶解样品灰分，过滤，滤液定容后供测定。

本方法不适用于处理测定易挥发组分（如砷、汞、镉、硒、锡等）的水样。

（二）富集与分离

传统的样品分离与富集方法有过滤、挥发、蒸发、蒸馏、溶剂萃取、离子交换、吸附、共沉淀、层析和低温浓缩等，比较先进的方法有固相萃取、微波萃取和超临界流体萃取等技术，应根据具体情况选择使用。

第四节　水的物理性质的监测

一、水温监测

1．测定意义

水温对水的许多物理性质，如密度、黏度、蒸汽压等有直接的影响。同时，水温对水的 pH 值、盐度及碳酸钙饱和度等化学性质也存在着明显影响。

水温影响水中溶解度。以氧为例，随着水温的升高，氧在水中的溶解度逐渐降低。

水温对水中进行的化学和生物化学反应速度有显著影响。一般情况下，化学和生化反应的速度随温度的升高而加快。通常温度每升高 10℃，反应速率约可增加 1 倍。

水温影响水中生物和微生物的活动。温度的变化能引起在水中生存的鱼类品种的改变，稍高的水温还可使一些藻类和污水霉菌的繁殖增加，影响水体的景观。

水温的测定对水体自净、水中的碳酸盐平衡、各种碱度的计算和对水处理过程的运转控制都有重要的意义。

水的温度因水源不同而有很大差异。地下水温度较稳定，一般为 8～12℃。地表水的温度随季节和气候而变化，范围为 0～30℃。工业废水的温度因工业类型、生产工艺的不同而差别较大。

水温是污水处理中的重要指标，曝气池的水温过高活性污泥易老化，过低生物无法生存和繁殖，一般曝气处理，水温适宜范围为 20～30℃。

2．方法选择

温度为现场监测项目之一，常用的测量仪器有水温计（GB 13195—91）和颠倒温度计，前者用于地表水、污水等浅层水温的测量，后者用于湖库等深层水温的测量。

二、色度的测定

1．测定意义

纯水为无色透明。清洁水在水层浅时为无色，深层为浅蓝绿色。天然水中存在腐殖质、泥土、浮游生物和铁、锰等金属离子，均可使水体着色。

纺织、印染、造纸、食品、有机合成工业的废水中，常含有大量的染料、生物色素和有色悬浮微粒等，因此常常是使环境水体着色的主要污染源。有色废水常给人以不愉快感，排入环境后又使天然水着色，减弱水体的透光性，影响水生生物的生长。

水的颜色定义为“改变透射可见光光谱组成的光学性质”，可区分为“表观颜色”和“真实颜色”。

“真实颜色”是指去除悬浮物后水的颜色。没有去除悬浮物的水所具有的颜色，包括溶解性物质及不溶解的悬浮物所产生的颜色，称为“表观颜色”。

水的色度单位是度，即在每升溶液中含有 2 mg 六水合氯化钴（Ⅱ）（相当于 0.5 mg 钴）和 1 mg 铂［以六氯铂（Ⅳ）酸的形式］时产生的颜色为 1 度。

2．方法选择

测定较清洁的、带有黄色色调的天然水和饮用水的色度，用铂钴标准比色法，以度数表示结果。此法操作简单，标准色列的色度稳定，易保存。

对受工业废水污染的地表水和工业废水，可用文字描述颜色的种类和深浅程度，并以稀释倍数法测定颜色的强度。

三、浊度的测定

1．测定意义

浊度是由于水中含有泥沙、黏土、有机物、无机物、浮游生物和微生物等悬浮物质所造成的，可使光散射或吸收。天然水经过混凝、沉淀和过滤等处理，使水变得清澈。

2．方法

测定水样浊度可用分光光度法、目视比浊法或浊度计法。

四、电导率的测定

1．测定意义

电导率是以数字表示溶液传导电流的能力。纯水电导率很小，当水中含无机酸、碱或盐时，电导率增加。电导率常用于间接推测水中离子成分的总浓度。水溶液的电导率取决于离子的性质和浓度、溶液的温度和黏度等。

电导率的标准单位是 S/m（西/米），一般实际使用单位为μS/cm。

2．方法选择

电导率的测定方法是电导率仪法，电导率仪有实验室内使用的仪器和现场测试仪器两种。而现场测试仪器通常可同时测量 pH、溶解氧、浊度、总盐度和电导率5个参数。

五、透明度的测定

1．测定意义

透明度是指水样的澄清程度，洁净的水是透明的。水中存在悬浮物和胶体时，透明度便降低，水中悬浮物越多，其透明度就越低。透明度与浊度相反。

2．方法选择

透明度测定方法见表3-14。

表3-14 透明度测定方法

测定方法	适用范围
铅字法	天然水或处理后的水
塞氏盘法	现场测定透明度的方法

六、臭的测定

1．测定意义

臭是检验原水和处理水的水质必测项目之一。水中臭主要来源于生活污水和工业废水中的污染物、天然物质的分解或与之有关的微生物活动。由于大多数臭太复杂，可检出浓度又太低，故难以分离和鉴定产臭物质。

无臭无味的水虽然不能保证是安全的，但有利于饮用者对水质的信任。检验臭也是评价水处理效果和追踪污染源的一种手段。

2．方法选择

臭测定方法见表3-15。

表3-15 臭测定方法

测定方法	适用范围
文字描述法	天然水、饮用水、生活污水和工业废水
臭阈值法	近无臭的天然水到臭阈值高达数千的工业废水

七、残渣的测定

1．测定意义

残渣分为总残渣、总可滤残渣和总不可滤残渣三种。总残渣是水或污水在一定温度下蒸发，烘干后剩留在器皿中的物质，包括“总不可滤残渣”（即截留在滤器上的全部残渣，也称为悬浮物）和“总可滤残渣”（即通过滤器的全部残渣，也称为溶解性固体）。

烘干温度和时间，对结果有重要影响，由于有机物挥发、吸着水、结晶水的变化和气体逸失等造成减重，也由于氧化而增重。通常有两种烘干温度供选择。103～105℃烘干的残渣，保留结晶水和部分吸着水。重碳酸盐将转化为碳酸盐，而有机物挥发逸失甚少。由于在 105℃不易赶尽吸着水，故达到恒重较慢。而在（180±2）℃烘干时，残渣的吸着水都除去，可能存留某些结晶水，有机物挥发逸失，但不能完全分解。重碳酸盐均转为碳酸盐，部分碳酸盐可能分解为氧化物及碱式盐。某些氯化物和硝酸盐可能损失。

许多江河由于水土流失使水中悬浮物大量增加。地表水中存在悬浮物使水体浑浊，降低透明度，影响水生生物的呼吸和代谢，甚至造成鱼类窒息死亡。悬浮物多时，还可能造成河道阻塞。造纸、皮革、冲渣、选矿、湿法粉碎和喷淋除尘等工业操作中产生大量含无机、有机的悬浮物废水。实际中应用最多的是悬浮物，因此，在水和废水处理中，测定悬浮物具有特定意义。

2．方法选择

下述方法适用于天然水、饮用水、生活污水和工业废水中 20 000 mg/L 以下残渣的测定。测定方法：① 103～105℃烘干的总残渣；② 103～105℃烘干的总可滤残渣；③180℃烘干的总可滤残渣；④103～105℃烘干的总不可滤残渣（悬浮物）。

八、矿化度的测定

1．测定意义

矿化度是水中所含无机矿物成分的总量，经常饮用低矿化度的水会破坏人体内碱金属和碱土金属离子的平衡，产生病变，饮水中矿化度过高又会导致结石症。矿化度是水化学成分测定的重要指标。用于评价水中总含盐量，是农田灌溉用水适用性评价的主要指标之一。常用于天然水分析中主要被测离子总和的质量表示。对于严重污染的水样，由于其组成的复杂，从本项测定中不易明确其含义，因此矿化度一般只用于天然水的测定。对于无污染的水样，测得的矿化度与该水样在 103～105℃烘干的总可滤残渣量相同。

2．方法选择

矿化度的测定方法依目的不同大致有：重量法、电导法、阴阳离子加和法、离子交换法及比重计法等。重量法含义较明确，是较简单通用的方法。

九、pH 值的测定

1．测定意义

pH 值是水氢离子活度的负对数。$pH=-\log_{10}\alpha_{H^+}$。

天然水的 pH 值多在 6～9，这也是我国污水排放标准中的 pH 控制范围；饮用水 pH 值要求在 6.5～8.5；某些工业用水 pH 值必须保持在 7.0～8.5，以防止金属设备和管道被腐蚀。此外，pH 值在废水生化处理，评价有毒物质等方面也具有指导意义。pH 值是水化学中常用的和最重要的检验项目之一。

2．方法选择

常用的方法有玻璃电极法和便携式 pH 计法。

第五节　营养盐及有机污染综合指标

一、溶解氧

1．测定意义

溶解在水中的分子态氧称为溶解氧，用 DO 表示。天然水中溶解氧的饱和含量与空气中氧的分压、大气压力和水温有密切关系。一般大气压力减少，温度升高，都会使水中溶解氧减少。

当水温为 T 时，饱和溶解氧 $S=\dfrac{468}{31.6+T}$

溶解氧测定的意义：

（1）溶解氧的测定对水源自净作用的研究很重要，可以帮助了解该水源自净作用进行的速度，反映水体中耗氧与溶解氧的平衡关系。如 BOD_5＞10 mg/L 时，溶解氧为 0，说明该水体严重污染；BOD_5 在 3～7 mg/L 时，说明该水体是一般污染；BOD_5＜3 mg/L 时，溶解氧接近饱和，说明没有被污染。

（2）与水生动物的生存有密切关系。在水中 DO＜4 mg/L 时，许多鱼类就不能生存，可能发生窒息甚至死亡。

（3）在生化处理过程中观察和控制工艺运转充氧能和监督运转情况。根据溶解氧值的大小来调节空气供应量，了解曝气池内的耗氧情况以及判断在各种水温条件下，曝气池耗氧速率。在运转中，要求曝气池内的溶解氧在 1 mg/L 以上，过低的溶解氧值表明曝气池内缺氧，过高的溶解氧不但浪费能耗，且可能造成污泥松碎、老化。

2．方法选择

溶解氧测定方法见表 3-16。

表 3-16　溶解氧测定方法

	测定方法	适用范围
碘量法及其修正法	碘量法	清洁水
	叠氮化钠修正法	多数污水及生化处理水（亚硝酸盐氮含量高于 0.05 mg/L，二价铁低于 1 mg/L）
	高锰酸钾修正法	水中二价铁高于 1 mg/L
	明矾絮凝修正法	水样有色或有悬浮物
	硫酸铜—氨基磺酸絮凝修正法	含有活性污泥悬浮物的水样
	膜电极法	天然水、污水和盐水，色度高及混浊的水
	便携式溶解氧测定仪法	现场测定

二、化学需氧量

1. 测定意义

化学需氧量（COD），是指在强酸并加热条件下，用重铬酸钾作为氧化剂处理水样时所消耗氧化剂的量，以氧的 mg/L 来表示。化学需氧量反映了水中受还原性物质污染的程度，水中还原性物质包括有机物、亚硝酸盐、亚铁盐、硫化物等。水被有机物污染是很普遍的，因此化学需氧量也作为有机物的相对含量的综合指标之一，但只能反映能被氧化的有机污染，不能反映多环芳烃、PCB，二噁英类等的污染状况。COD 是我国实施排放总量控制的指标之一。

水样的化学需氧量，可由于加入氧化剂的种类及浓度，反应溶液的酸度，反应温度和时间，催化剂的有无而获得不同的结果。因此，化学需氧量亦是一个条件性指标，必须严格按操作步骤进行。

2. 方法选择

COD 测定方法见表 3-17。

表 3-17　COD 测定方法

测定方法	适用范围
重铬酸钾法	用 0.25 mol/L 浓度的重铬酸钾溶液可测定大于 50 mg/L 的 COD 值，未经稀释水样的测定上限是 700 mg/L，用 0.025 mol/L 浓度的重铬酸钾溶液可测定 5～50 mg/L 的 COD 值，但低于 10 mg/L 时测量准确度较差
库仑法	当使用 1 mL 0.05 mol/L 的重铬酸钾溶液进行标定值测定时，本方法的最低检出浓度为 2 mg/L（COD）；当使用 3 mL 0.05 mol/L 的重铬酸钾溶液进行标定值测定时，本方法的最低检出浓度为 3mg/L（COD），测定上限为 100 mg/L
快速密闭催化消解法	地表水、生活污水、工业废水（包括高盐废水）
节能加热法	同重铬酸钾法
氯气校正法（高氯废水）	适用于氯离子含量小于 20 000 mg/L 的高氯废水中 COD 的测定。方法检出限为 30 mg/L。适用于油田、沿海炼油厂、油库、氯碱厂、废水深海排放等废水中 COD 的测定

三、高锰酸盐指数

1．测定意义

高锰酸盐指数是指在酸性或碱性介质中，以高锰酸钾为氧化剂，处理水样时所消耗的量，以氧的 mg/L 来表示。水中的亚硝酸盐、亚铁盐、硫化物等还原性无机物和在此条件下可被氧化的有机物，均可消耗高锰酸钾。因此，高锰酸盐指数常被作为地表水体受有机污染物和还原性无机物质污染程度的综合指标。

为了避免 Cr（Ⅵ）的二次污染，日本、德国等也用高锰酸盐作为氧化剂测定废水中的化学需氧量，但其相应的排放标准也偏严。

2．方法选择

高锰酸盐指数测定方法见表 3-18。

表 3-18 高锰酸盐指数测定方法

测定方法	适用范围
酸性法	适用于氯离子含量不超过 300 mg/L 的水样；当水样的高锰酸盐指数值超过 5 mg/L 时，则酌情分取少量试样，并用水稀释后再行测定
碱性法	当水样中氯离子浓度高于 300 mg/L 时，应采用碱性法

四、生化需氧量

1．测定意义

生活污水与工业废水中含有大量各类有机物。当其污染水域后，这些有机物在水体中分解时要消耗大量溶解氧，从而破坏水体中氧的平衡使水质恶化，因缺氧造成鱼类及其他水生生物的死亡。这样的污染事故在我国时有发生。

水体中所含的有机物很复杂，难以一一测定其成分。人们常常利用水中有机物在一定条件下所消耗的氧来间接表示水体中有机物的含量，生化需氧量即属于这类的重要指标之一。

BOD 并非反映有机物的含量，而是微生物分解有机物消耗了多少氧，因此，它实际上反映了耗氧的实际速度。

BOD 能相对表示微生物可分解的有机物量，比较客观地反映了水体自净状况和利于废水处理的实际利用。

2．方法选择

BOD 测定方法见表 3-19。

表 3-19 BOD 测定方法

测定方法	适用范围
稀释接种法	适用于测定 BOD_5 大于或等于 2 mg/L，最大不超过 6 000 mg/L 的水样。当水样 BOD_5 大于 6 000 mg/L，会因稀释带来一定的误差
微生物传感器快速测定法	适用于测定 BOD 浓度为 2～500 mg/L 的水样，当 BOD 较高时可经适当稀释后测定。适用于测定地表水、生活污水、工业废水中的 BOD
活性污泥曝气降解法	适用于城市污水和组成成分较稳定的工业废水中生化需氧量的测定。取 50 mL 水样不稀释可测定 8～2 000 mg/L 的生化需氧量

五、总有机碳（TOC）

1．测定意义

总有机碳（TOC），是以碳的含量表示水体中有机物质总量的综合指标。由于 TOC 的测定采用燃烧法，因此能将有机物全部氧化，它比 BOD_5 或 COD 更能直接表示有机物的总量，常常被用来评价水体中有机物污染的程度。

2．方法选择

近年来，国内外已研制成各种类型的 TOC 分析仪。按工作原理不同，可分为燃烧氧化—非分散红外吸收法、电导法、气相色谱法、湿法氧化—非分散红外吸收法等。其中燃烧氧化—非分散红外吸收法只需一次性转化，流程简单、重现性好、灵敏度高，因此这种 TOC 分析仪广为国内外所采用。

六、总磷

1．测定意义

在天然水和废水中，磷几乎都以各种磷酸盐的形式存在，它们分为正磷酸盐，缩合磷酸盐（焦磷酸盐、偏磷酸盐和多磷酸盐）和有机结合的磷，它们存在于溶液中，腐殖质粒子或水生生物中。

一般天然水中磷酸盐含量不高。化肥、冶炼、合成洗涤剂等行业的工业废水及生活污水中常含有较大量磷。磷是生物生长必需的元素之一。但水体中磷含量过高（如超过 0.2 mg/L），可造成藻类的过度繁殖，直至数量上达到有害的程度（称为富营养化），造成湖泊、河流透明度降低，水质变坏。磷是评价水质的重要指标。

2．方法选择

水中磷的测定，通常按其存在的形式分别测定总磷、溶解性正磷酸盐和总溶解性磷，如图 3-1 所示。预处理方法转变成正磷酸盐分别测定。正磷酸盐的测定方法有离子色谱法、钼锑抗分光光度法、孔雀绿-磷钼杂多酸分光光度法、罗丹明 6G 荧光分光光度法、气相色谱法等。

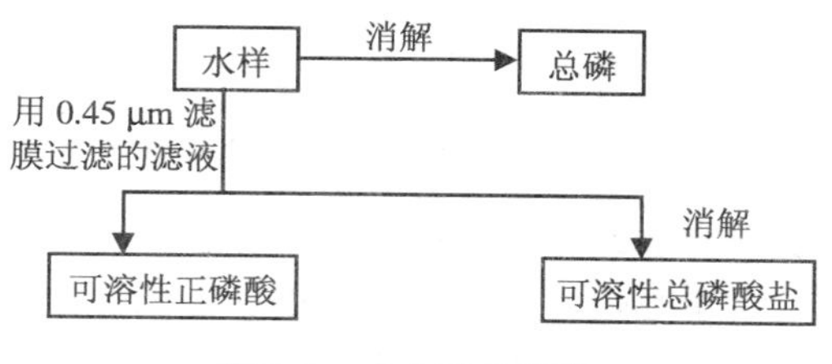

图 3-1 水中磷的测定

3. 水样的预处理

采集的水样立即经 0.45 μm 微孔滤膜过滤，其滤液供可溶性正磷酸盐的测定。滤液经下述强氧化剂分解，测得可溶性总磷，取混合水样（包括悬浮物），也以下述强氧化剂分解，测得水中总磷含量。水样消解的方法包括过硫酸钾消解法、硝酸—硫酸消解法和硝酸—高氯酸消解法。

过硫酸钾消解法具有操作简单、结果稳定的优点，适用于绝大多数的地表水和一部分工业废水。

七、氨氮

1. 测定意义

氨氮（NH_3—N）以游离氨（NH_3）或铵盐（NH_4^+）形式存在于水中，两者的组成比取决于水的 pH 值。当 pH 值偏高时，游离氨的比例较高；反之，则铵盐的比例为高。

水中氨氮的来源主要为生活污水含氮有机物受微生物作用的分解产物，某些工业废水，如焦化废水和合成氨化肥厂废水等，以及农田排水。此外，在无氧环境中，水中存在的亚硝酸盐亦可受微生物作用，还原为氨。在有氧环境中，水中氨亦可转变为亚硝酸盐甚或继续转变为硝酸盐。

测定水中各种形态的氮化合物，有助于评价水体被污染和“自净”状况。氨氮总量较高时，对鱼类则可呈现毒害作用。

2. 方法选择

氨氮的测定方法，通常有纳氏试剂比色法、气相分子吸收法、苯酚—次氯酸盐（或水杨酸—次氯酸盐）比色法和电极法等。纳氏试剂比色法具有操作简便、灵敏等特点，水中钙、镁和铁等金属离子、硫化物、醛和酮类、颜色，以及混浊等均干扰测定，需作相应的预处理。苯酚—次氯酸盐比色法具有灵敏、稳定等优点，干扰情况和消除方法同纳氏试剂比色法。电极法具有通常不需要对水样进行预处理和测量范围宽等优点，但电极的寿命和再现性尚存在一些问题。气相分子吸收法比较简单，使用专用仪器或原子吸收仪都可达到良好的效果。氨氮含量较高时，可采用蒸馏—酸滴定法。

八、总氮

1．测定意义

大量生活污水、农田排水或含氮工业废水排入水体，使水中有机氮和各种无机氮化合物含量增加，生物和微生物种类的大量繁殖，消耗水中溶解氧，使水体质量恶化。湖泊、水库中含有超标的氮类、磷类物质时，造成浮游植物繁殖旺盛，出现富营养化状态。因此，总氮是衡量水质的重要指标之一。

2．方法选择

总氮测定方法通常采用过硫酸钾氧化，使有机氮和无机氮化合物转变为硝酸盐后，再以紫外法、偶氮比色法，离子色谱法或气相分子吸收法进行测定（表3-20）。

表3-20　总氮测定方法

测定方法	适用范围
紫外分光光度法	主要适用于湖泊、水库、江河水中总氮的测定。方法检测下限为0.08 mg/L；测定上限为4 mg/L
气相分子吸收光谱法	主要适用于湖泊、水库、江河水中总氮的测定。方法检测下限为0.005 mg/L；测定上限为10 mg/L

第六节　无机阴离子

一、硫化物

1．测定意义

地下水（特别是温泉水）及生活污水，通常含有硫化物，其中一部分是在厌氧条件下，由于细菌的作用，使硫酸盐还原或由含硫有机物的分解而产生的。某些工矿企业，如焦化、造气、选矿、造纸、印染和制革等工业废水含有硫化物。

水中硫化物包括溶解性的 H_2S、HS^-、S^{2-}，存在于悬浮物中的不溶性硫化物、酸可溶性金属硫化物，以及未电离的有机、无机类硫化物，硫化氢易从水中逸散于空气，产生臭味，且毒性很大。它可与人体内细胞色素、氧化酶等作用，影响细胞氧化过程，造成细胞组织缺氧，危及人的生命。硫化氢除自身能腐蚀金属外，还可被污水中的微生物氧化成硫酸，进而腐蚀下水道等。因此，硫化物是水体污染的一项重要的指标（清洁水中，硫化氢的嗅阈值为0.035 μg/L）。

2．方法选择

硫化物测定方法见表 3-21。

表 3-21 硫化物测定方法

方法	适用范围
对氨基二甲基苯胺光度法（亚甲蓝法）	本法最低检出浓度为 0.02 mg/L（S^{2-}），测定上限为 0.8 mg/L。当采用酸化—吹气法预处理法时，可进一步降低检出浓度。酌情减少取样量，测定浓度可达 4 mg/L
碘量法	本方法适用于含硫化物在 1 mg/L 以上的水和废水的测定。当试样体积为 200 mL，用 0.01 mol/L 硫代硫酸钠溶液滴定时，可用于含硫化物 0.40 mg/L 以上的水和污水测定
间接火焰原子吸收法	适用于水和污水中硫化物的测定
气相分子吸收光谱法	本法最低检出浓度为 0.005 mg/L，测定上限 10 mg/L。可用于各种水样中硫化物的测定

3．水样的预处理

由于还原性物质，例如硫代硫酸盐、亚硫酸盐和各种固体的、溶解的有机物都能与碘反应，并能阻止亚甲蓝和硫离子的显色反应而干扰测定；悬浮物、色度等也对硫化物的测定产生干扰。若水样中存在上述这些干扰物，且用碘量法或亚甲蓝法测定硫化物时，必须根据不同情况，按下述方法进行水样的预处理。

（1）乙酸锌沉淀—过滤法。

（2）酸化—吹气法。

（3）过滤—酸化—吹气分离法。

预处理操作是测定硫化物的一个关键步骤，应注意既消除干扰的影响，又不致造成硫化物的损失。

二、氰化物

1．测定意义

氰化物属于剧毒物质，对人体的毒性主要是与高铁细胞色素氧化酶结合，生成氰化高铁细胞色素氧化酶而失去传氧的作用，引起组织缺氧窒息。水中氰化物可分为简单氰化物和络合氰化物两种。

氰化物的主要污染源是小金矿的开采、冶炼、电镀、有机化工、选矿、炼焦、造气、化肥等工业排入废水。氰化物可能以 HCN、CN^-和络合氰离子的形式存在于水中。由于小金矿的不规范化管理，我国时有发生 NaCN 泄漏污染事故。

2．方法选择

氰化物测定方法见表 3-22。

表 3-22 氰化物测定方法

方法	适用范围
硝酸银滴定法	当水样中氰化物含量在 1 mg/L 以上时，可用硝酸银滴定法进行测定。检测上限为 100 mg/L
异烟酸—吡唑啉酮光度法	最低检出浓度为 0.004 mg/L；测定上限为 0.25 mg/L。本方法适用于饮用水、地表水、生活污水和工业废水
异烟酸—巴比妥酸分光光度法	最低检出浓度为 0.001 mg/L。适用于饮用水、地表水、生活污水和工业废水
催化快速法	突发性氰化钾（钠）污染事故现场的快速定性和定量测定。本法适用于含 CN^- 0.02～0.5 mg/L 的水样测定

三、氟化物

1．测定意义

氟化物（F^-）是人体必需的微量元素之一，缺氟易患龋齿病，饮水中含氟的适宜浓度为 0.5～1.0 mg/L（F^-）。当长期饮用含氟量高于 1～1.5 mg/L 的水时，则易患斑齿病，如水中含氟量高于 4 mg/L 时，则可导致氟骨病。

氟化物广泛存在于天然水体中。有色冶金、钢铁和铝加工、焦炭、玻璃、陶瓷、电子、电镀、化肥、农药厂的废水及含氟矿物的废水中常常都存在氟化物。

2．方法选择

水中氟化物的测定方法主要有：离子色谱法、氟离子选择电极法、氟试剂比色法、茜素磺酸锆目视比色法和硝酸钍滴定法。离子色谱法已被国内外普遍使用，其方法简便、快速、相对干扰较少，测定范围是 0.06～10 mg/L。电极法选择性好，适用范围宽，水样浑浊、有颜色均可测定，测量范围为 0.05～1 900 mg/L。茜素磺酸锆目视比色法可以测定 0.1～2.5 mg/L，由于是比色，误差比较大。氟化物含量大于 50 mg/L 时可以用硝酸钍滴定法。对于污染严重的生活污水和工业废水，以及含氟硼酸盐的水样均要进行预蒸馏。

第七节 有机污染物

一、挥发酚

1．测定意义

酚类是指苯及其稠环的羟基衍生物。根据所含羟基的数目可分为一元酚、二元酚和多元酚。不同的酚类化合物具有不同的沸点。

酚类又由能否与水蒸气一起挥发而分为挥发酚与不挥发酚，通常认为沸点在 230℃

以下的为挥发酚，而沸点在230℃以上的为不挥发酚。

水质标准中的挥发酚即指在蒸馏时能与水蒸气一并挥发的酚类化合物。

煤气发生站、焦化厂、石油化工厂、炼油厂、酚醛树脂厂及化学制药厂等废水中都含有酚。含酚废水的处理与利用是亟待解决的问题。

2．方法选择

挥发酚测定方法见表3-23。

表3-23　挥发酚测定方法

测定方法	适用范围
4-氨基安替比林直接光度法（A）	20 mm比色皿测量时，最低检出浓度为0.1 mg/L
4-氨基安替比林萃取光度法（A）	适用于饮用水、地表水、地下水和工业废水中挥发酚的测定。其最低检出浓度为0.002 mg/L；测定上限为0.12 mg/L
溴化滴定法	适用于测定含高浓度挥发酚的工业废水

二、油类

1．测定意义

环境水中石油类来自工业废水和生活污水的污染。工业废水中石油类（各种烃类的混合物）污染物主要来自原油的开采、加工、运输，以及各种炼制油的使用等行业。石油类碳氢化合物漂浮于水体表面，将影响空气与水体界面氧的交换；分散于水中，以及吸附于悬浮微粒上或以乳化态存在于水中的油，它们被微生物氧化分解，将消耗水中的溶解氧，使水质恶化。

石油类中所含的芳烃类虽较烃类少，但其毒性要大得多。

在《地表水和污水监测技术规范》（HT/T 91—2002）中，油类的定义是指矿物油和动植物油脂，即在pH≤2能够用规定的萃取剂萃取并测定的物质。

2．方法选择

重量法是常用的分析方法，它不受油品种限制。但操作繁杂，灵敏度低，只适于测定10 mg/L以上的含油水样。方法的精密度随操作条件和熟练程度的不同差别很大。

红外分光光度法适用于0.1 mg/L以上的含油水样，该方法不受油品种的影响，能比较准确地反映水中石油类的污染程度。

非分散红外法适用于测定0.02 mg/L以上的含油水样，当油品的吸光系数较为接近时，测定结果的可比性较好；但当油品相差较大，测定的误差也较大，尤其当油样中含芳烃时误差要大些。

3．水样的采集

测定油类的水样，应在水面至300 mm采集柱状水样，并单独采样，全部用于测定。并且采样瓶（容器）不能用采集的水样冲洗。

4．红外分光光度法

（1）石油类　在规定的条件下，经四氯化碳萃取而不被硅酸镁吸附，在波数为 2 930 cm^{-1}、2 960 cm^{-1} 和 3 030 cm^{-1} 全部或部分谱带处有特征吸收的物质。

（2）动植物油　在规定的条件下，用四氯化碳萃取，并且被硅酸镁吸附的物质。当萃取物中含有非动、植物油的极性物质时，应在测试报告中加以说明。

三、阴离子表面活性剂

1．测定意义

阴离子表面活性剂是普通合成洗涤剂的主要活性成分，使用最广泛的阴离子表面活性剂是直链烷基苯磺酸钠（LAS）。本方法采用 LAS 作为标准物，其烷基碳链在 C_{10}～C_{13}，平均碳数为 12，平均分子量为 344.4。

2．原理

阳离子染料亚甲蓝与阴离子表面活性剂作用生成蓝色的盐类，统称亚甲蓝活性物质。该生成物可被氯仿萃取，其色度与浓度成正比，用分光光度计在波长 652 nm 长测定氯仿层的吸度。

第八节　金属及其化合物

一、铬

1．测定意义

铬（Cr）的化合物常见的价态有三价和六价。在水体中，六价铬一般以 CrO_4^{2-}、$Cr_2O_7^{2-}$、$HCr_2O_7^{-}$三种阴离子形式存在，受水中 pH 值、有机物、氧化还原物质、温度及硬度等条件影响，三价铬和六价铬的化合物可以互相转化。

铬是生物体所必需的微量元素之一。铬的毒性与其存在价态有关，通常认为六价铬的毒性比三价铬高 100 倍，六价铬更易为人体吸收而且在体内蓄积，导致肝癌。因此我国把水中六价铬规定为实施总量控制的指标之一。但即使是六价铬，不同化合物的毒性也不相同。当水中六价铬浓度为 1 mg/L 时，水呈黄色并有涩味；三价铬浓度为 1 mg/L 时，水的浊度明显增加，三价铬化合物对鱼的毒性比六价铬大。

铬的污染来源主要是含铬矿石的加工、金属表面处理、皮革鞣制、印染等行业。

2．方法选择

铬的测定方法见表 3-24。

表 3-24 铬测定方法

测定方法	适用范围
二苯碳酰二肼分光光度法	本方法适用于地表水和工业废水中六价铬的测定。当取样体积为 50 mL，使用 30 mm 比色皿，方法的最小检出量为 0.2 μg 铬，方法的最低检出浓度为 0.004 mg/L；使用 10 mm 比色皿，测定上限浓度为 1 mg/L
火焰原子吸收法（总铬）	本方法可用于地表水和废水中总铬的测定，用空气—乙炔法的最佳定量范围是 0.1～5 mg/L。最低检测限是 0.03 mg/L
硫酸亚铁铵滴定法（总铬）	本方法适用于废水中高浓度（＞1 mg/L）总铬的测定

二、砷

1．测定意义

砷（As）是人体非必需元素，元素砷的毒性较低而砷的化合物均有剧毒，三价砷化合物比五价砷化合物毒性更强，且有机砷对人体和生物都有剧毒。砷通过呼吸道、消化道和皮肤接触进入人体。如摄入量超过排泄量，砷就会在人体的肝、肾、肺、脾、子宫、胎盘、骨骼、肌肉等部位，特别是在毛发、指（趾）甲中蓄积，从而引起慢性中毒，潜伏期可长达几年甚至几十年。慢性砷中毒有消化系统症状、神经系统症状和皮肤病变等。砷还有致癌作用，能引起皮肤癌。在一般情况下，土壤、水、空气、植物和人体都含有微量的砷，对人体不会构成危害。砷是我国实施排放总量控制的指标之一。

地表水中含砷量因水源和地理条件不同而有很大差异。淡水为 0.2～230 μg/L，平均为 0.5 μg/L，海水为 3.7 μg/L。砷的污染主要来源于采矿、冶金、化工、化学制药、农药生产、纺织、玻璃、制革等部门的工业废水。

2．方法选择

砷的测定方法见表 3-25。

表 3-25 砷测定方法

测定方法	适用的范围
新银盐分光光度法	本方法测定快速、灵敏度高，适合于水和废水中砷的测定，特别对天然水样
二乙氨基二硫化甲酸银光光度法	本方法适合分析水和废水，但使用三氯甲烷，会污染环境。最低检出浓度为 0.007 mg/L 砷，测定上限浓度为 0.50 mg/L 砷
氢化物发生原子吸收法	本方法适合用于测定地下水、地表水和基体不复杂的废水样品中的痕量砷。适用浓度范围与仪器特性有关，一般装置检出限为 0.25 μg/L。适用的浓度范围为 1.0～12 μg/L
原子荧光法	方法每测定一次所需溶液为 2～5 mL。方法检出限砷、锑、铋为 0.000 1～0.000 2 mg/L；硒为 0.000 2～0.000 5 mg/L。本方法适用于地表水和地下水中痕量砷、锑、铋和硒的测定

三、汞

1．测定意义

汞（Hg）及其化合物属于剧毒物质，可在体内蓄积。进入水体的无机汞离子可转变为毒性更大的有机汞，经食物链进入人体，引起全身中毒。天然水中含汞极少，一般不超过 0.1 μg/L。仪表厂、食盐电解、贵金属冶炼、温度计及军工厂等工业废水中可能存在汞。汞是我国实施排放总量控制的指标之一。

2．方法选择

汞的测定方法见表 3-26。

表 3-26　汞测定方法

测定方法	适用范围
冷原子吸收法	本方法最低检出浓度为 0.1～0.5 μg/L 汞；在最佳条件下（测汞仪灵敏度高，基线噪声极小及空白试验值稳定），当试样体积为 200 mL 时，最低检出浓度可达 0.05 μg/L 汞。适用地表水、地下水、饮用水、生活污水及工业废水
冷原子荧光法	本方法检出限为 0.05 μg/L，测定上限为 1 μg/L，适用于地表水、地下水和含氯离子较低的其他水样
双硫腙光光度法	本方法适用于生活污水、工业废水和受污染的地表水测定。取 250 mL 水样测定，汞的最低检出浓度为 2 μg/L，测定上限为 40 μg/L

四、其他金属化合物

1．测定意义

水体中金属元素有些是健康必需的常量和微量元素，如 K、Na、Ca、Mg 等；而有些是对人体健康有害的，如 Hg、Cd、Cr、Ni、Pb、As 等。受“三废”污染的地表水和工业废水中有害金属化合物的含量往往明显增加。

许多金属不仅有毒而且有致癌作用。表 3-27 列出了一些金属的危害。

表 3-27　常见重金属的危害性

重金属	危　害
汞及其化合物	汞及其化合物均有毒性，尤其以有机汞毒性最大。进入人体后，由肠吸收很快随血液进入人体器官和组织中。具有强烈的原生质毒性，能凝固蛋白，且有累积性，危害肝、肾、脑，使体内的血清、红血球等破坏，进而引起剧烈的全身毒性作用。如日本的“水俣病”就是典型的甲基汞中毒例证
铅及其化合物	铅通过消化道进入人体后，蓄积在大脑、骨髓、肝、肾、脾处，以后再慢慢释放出来，通过血液扩散到全身并进入骨骼，引起严重的累积性中毒
铬及其化合物	铬的化合物有毒，尤其六价铬的毒性很大，有致癌作用。铬化合物通过消化道、呼吸道、皮肤和黏膜侵入人体，蓄积在肝、肾、内分泌腺和肺中引起恶心、呕吐、腹痛、肺气肿等疾病
镉及其化合物	镉进入人体后，主要积聚在肝、肾、胰和骨骼中，影响生物酶的正常活动，造成贫血、高血压、骨痛病等病症
砷及其化合物	元素砷的毒性极低，而砷的化合物均有剧毒，三价砷的毒性比其他砷化物毒性更强。砷化物容易在人体内积累，造成急性或慢性中毒

2．方法选择

在金属化合物测定中，应用较广泛的是原子吸收分光光度法。环境水样中较高浓度的金属一般用火焰原子吸收法测定；低浓度水样可用石墨炉原子吸收法测定。表 3-28 列举了我国国家标准法中采用的有关原子吸收法在水环境监测中应用的实例。对于被测物浓度很低或基体复杂的试样，常取螯合萃取法作为样品前处理的方法。

表 3-28　原子吸收法在水环境监测中的应用

序号	分析元素	方法	分析线波长	方法来源	适用范围
1	铜	直接法 螯合萃取法	324.7 324.7	GB/T 7475—87 GB/T 7476—87	0.05～5 1～50（μg/L）
2	锌	直接法	213.8	GB/T 7476—87	0.05～1
3	铅	直接法 螯合萃取法	283.3 283.3	GB/T 7476—87 GB/T 7476—87	0.2～10 10～200
4	镉	直接法 螯合萃取法	228.8 228.8	GB/T 7476—87 GB/T 7476—87	0.05～5 1～50（μg/L）
5	钾	直接法	766.5	GB/T 11904—89	0.05～4
6	钠	直接法	589.0	GB/T 11904—89	0.01～2
7	钙	直接法	422.7	GB/T 11905—89	0.1～6
8	镁	直接法	285.2	GB/T 11905—89	0.01～0.6
9	银	直接法	328.1	GB/T 11907—89	0.03～5
10	铁	直接法	248.3	GB/T 11911—89	0.03～5
11	锰	直接法	279.5	GB/T 11911—89	0.01～3
12	镍	直接法	232.0	GB/T 11912—89	0.05～5
13	汞	冷原子吸收	253.7	GB/T 7476—87	0.1（μg/L）以上
14	铍	石墨炉法	234.9	HJ/T 59—2000	0.04～4

（1）直接吸入火焰原子吸收分光光度法测定　将样品消解处理好的试剂样直接吸入火焰，火焰中形成的原子蒸汽对光源发射的特征电磁辐射产生吸收。将测得的样品吸光度和标准溶液的吸光度进行比较，确定样品中被测元素的含量。

清洁水样可不经预处理直接测定，污染的地表水和废水须用硝酸或硝酸—高氯酸钾消解，并进行过滤、定容。

（2）萃取火焰原子吸收分光光度法测定　本法适用于含量较低、需进行富集后测定的水样。

清洁水样或经消解的水样中待测金属离子在酸性介质中与吡咯烷二硫代氨基甲酸铵（APDC）生成配合物，用甲基异丁基甲酮（MIBK）萃取后吸入火焰进行原子分光光度测定。

（3）离子交换火焰原子吸收分光光度法测定　用强酸型阳离子交换树脂吸附富集水样中的镉、铜、铅离子，再用酸作为洗脱液洗脱后吸入火焰进行原子吸收测定。

该方法适合于较清洁地表水的监测。

（4）石墨炉原子吸收分光光度法测定痕量镉（铜和铅） 该法是将清洁水样和标准溶液直接注入石墨炉内进行测定。

第九节 底质污染物的测定

一、底质监测的意义、目的与任务

本节所指“底质”系指江、河、湖、库、海等水体底部表层沉积物质。

由于我国部分流域水土流失较为严重，水中的悬浮物和胶态物质往往吸附或包藏一些污染物质，如辽河中游悬浮物中吸附的COD值达水样的70%以上，此外还有许多重金属类污染物。由于底质中所含的腐殖质、微生物、泥沙及土壤微孔表面的作用，在底质表面发生一系列的沉淀、吸附、释放、化合、络合等物理化学和生物转化作用，对水中污染物的自净、降解、迁移、转化等过程起着重要作用。因此，水体底部沉积物即底质是水环境中的重要组成部分。

1．底质监测的意义

底质监测是水环境监测的一部分，作为水环境监测的补充，在水环境监测中占据着特别重要的地位。

（1）通过底质监测，不仅可以了解水系污染现状，还可以追溯水系的污染历史，研究污染物的沉积规律、污染物归宿及其变化规律。

（2）根据各水文因素，能研究并预测水质变化趋势及沉积污染物质对水体的潜在危害。

（3）从底质中可检测出因浓度过低而在水中不易被检测出的污染物质，特别是能检测出因形态、价态及微生物转化而生成的某些新的污染物质，为发现、解释和研究某些特殊的污染现象提供科学依据。

因此，底质监测对于研究水系中各种污染物的沉积转化规律，确定水系的纳污能力，研究水体污染对水生生物特别是底栖生物的影响，制定污染物排放标准及环境预测等均具有重要意义。

2．底质监测的目的与任务

（1）通过采集并研究表层样品中污染物含量，查明底质中污染物质的种类、形态、含量水平、分布范围及状况，为评价水体质量提供依据。

（2）通过特别采集的柱状底质样品并分层测定其中的污染物质含量，查明污染物质浓度的垂直分布状况，追溯水域污染历史，研究随年代变化的污染梯度及规律。

（3）为一些特殊研究目的进行底质监测，为水环境保护的科研和管理工作提供基础资料。

3．底质监测的范围

本节底质监测不包括工厂废水沉积物及污水处理厂污泥的监测，但包括工业废水排污河（沟）道的底部表层沉积物。

二、样品采集

1．采样点位

（1）底质采样点位通常为水质采样点位垂线的正下方。当正下方无法采样时，可略作移动，移动的情况应在采样记录表上详细注明。

（2）底质采样点应避开河床冲刷、底质沉积不稳定、水草茂盛、表层及底质易受搅动之处。

（3）湖（库）底质采样点一般应设在主要河流及污染源排放口与湖（库）水混合均匀处。

2．采样量及容器

底质采样量通常为 1～2 kg，一次的采样量不够时，可在周围采集几次，并将样品混匀。样品中的砾石、贝壳、动植物残体等杂物应予以剔除。在较深水域一般常用掘式采泥器采样。在浅水区或干涸河段用塑料勺或金属铲等即可采样。样品在尽量沥干水分后，用塑料袋或玻璃瓶盛装；供测定有机物的样品，用金属器具采样，置于棕色磨口玻璃瓶中，瓶口不要沾污，以保证磨口能塞紧。所采底质样品的外观性状，如泥质状态、颜色、嗅味、生物现象等，均应填入采样记录表，一并送交实验室，亦应有交接手续。

3．底质采样

（1）底质采样点应尽量与水质采样点一致。

（2）水浅时，因船体或采泥器冲击搅动底质或河床为沙卵石时，应另选采样点重采。采样点不能偏移原设置的断面（点）太远。采样后应对偏移位置做好记录。

（3）采样时应装满抓斗。采样器向上提升时，如发现样品流失过多，必须重采。

4．采样记录

样品采集后，及时将样品编号，并贴上标签。将底质的外观、性状等情况填入采样记录表，并将样品和记录表一并交实验室，亦应有交接手续（表 3-29～表 3-31）。

表 3-29　底质样品采样记录表

	河流		断面		水深			采样工具		
层次	样品瓶号		底质类型	颜色	底质厚度	嗅味	生物现象	其他物征	监测项目	备注
		采样日期			采样者			记录者		

5．样品的保存及运输

底质采样一般与水质采样同时进行，当在同一点位采集完水样后再采集底质样品，其保存与运输方法同水样。

表 3-30　底质样品送样单

河流		送样单位			送样人		送样日期
序号	断面	层次	瓶号	箱号	采样日期	监测项目	备注
1							
2							
3							
4							
收样单位			收样人		收样日期		

表 3-31　柱状底层样品采样记录表及送样单

河流				断面				采样点			水深	
采样工具				采样管入泥深度				样品长度			采样日期	
层次	柱状剖面	厚度		样品类型	颜色	嗅味	其他特征	样品处理情况				备注
			分段					监测项目	瓶号	箱号	保存情况	
采样者						记录者						

三、底质样品的预处理

底质样品送交实验室后，应在低温冷冻条件下保存，并尽快进行处理和分析。如放置时间较长，则应在约-20℃冷冻柜中保存。处理方法应视待测污染物组分性质而定，处理过程应尽量避免沾污和污染物损失。

1．底质的脱水

底质中含大量的水分应采用下列方法之一去除，不可直接置于日光下暴晒或高温烘干。

（1）自然风干　待测组分较稳定，样品可置于阴凉、通风处晾干。

（2）离心分离　待测组分如为易挥发或易发生各种变化的污染物（如硫化物、农药及其他有机污染物），可用离心分离脱水后立即取样进行分析，同时另取一份烘干测定水分，对结果加以校正。

（3）真空冷冻干燥　适用于各种类型样品，特别适用于含有对光、热、空气不稳定的污染物的样品。

（4）无水硫酸钠脱水　适用于油类等有机污染物的测定。

2．底质样品的筛分制备

将脱水干燥后的底质样品平铺于硬质白纸板上，用玻璃棒等压散。剔除大小砾石及动植物残体等杂物（必要时取此样品作泥沙颗粒粒径分布分析）。样品过 20 目筛，直至筛上物不含泥土，弃去筛上物，筛下物用四分法缩分，至获得所需量样品（四分法弃去的那部分样品，也应在另一瓶分装备查）。用玛瑙研钵（或玛瑙粉碎机）研磨至样品全部通过 80～200 目筛（粒度要求按项目分析方法确定，但对 Ag、As 等易挥发元素和需要测低价铁、硫化物等时，样品不可用粉碎机粉碎），装入棕色广口瓶中，贴上标签后取样分析或冷冻保存待用。

所用筛网材质在测定金属时应使用尼龙制品，测定有机污染物时使用不锈钢制品。

3．柱状样品处理

柱状样品从管式泥芯采样器中小心挤出时，尽量不要使其分层状态破坏，按表 3-31 要求填写好记录，经干燥后，用不锈钢小刀刮去样品表层，然后按上述表层底质方法处理。如为了了解各沉积阶段污染物质的成分及含量变化，可将柱状样品用不锈钢制小刀沿横断面截取不同部位（如泥质性状分层明显，按性状相同段截取；分层不明显，可分段截取。一般上部段间距小，下部段间距大）样品分别进行预处理及测定。

4．底质样品含水量的测定与监测结果的表示

底质样品脱水后，都需要测定其含水量，以便获得计算底质中各种成分时按烘干样为基准的校正值。底质样品含水量测定方法如下：

从风干后的底质样品称出 5.00～30.00 g 样品 2～3 份，于已恒重的称量瓶或铝盒中，放入（105±2）℃烘箱中烘 4 h 后取出，置于干燥器中冷却 0.5 h 后称重。重复烘干 0.5 h，干燥至恒重。按式 3-1 计算含水量。

$$含水量\% = \frac{风干样重 - 烘干样重}{风干样重} \tag{3-1}$$

除 pH、温度（℃）、氧化还原电位（mV）以及颗粒粒径（mm）等外，其余项目均以 mg/kg 表示。

底质监测项目包括必测项目和选测项目。

必测项目：砷、汞、铬、六价铬、铅、镉、锌、硫化物和有机质。

选测项目：有机氯农药、有机磷农药、除草剂、PCBs、烷基汞、苯系物、多环芳烃和邻苯二甲酸酯类。

第十节　水环境监测方案实例

水环境监测方案的制订是实施水环境监测的重要保障，本节将以案例的形式给出地表水环境监测方案、废水监测方案的制订方法及内容。

一、监测方案的制订

根据水环境监测对象的不同，常见的是对地表水监测与废水监测，下面分别给出地表水及废水监测方案制订的方法及内容。

（一）地表水环境监测方案的制订

1．明确监测的目的和要求

制订地表水环境监测方案，首先应明确监测任务的目的和要求。一般而言，地表水监测可以分为常规监测（监视性）监测、特定目的监测（如一些委托性监测）和研究性监测（为科学研究服务的监测）。不同类型的监测，其要求的内容、深度不同，制订方案时应充分考虑。

2．现场踏勘及资料收集

制订方案前应对监测水体周围环境状况进行现场踏勘，包括监测水体的基本情况、周围污染源状况、水体排污口分布情况、水体的基本水文情况等。另外，还应收集监测水体周围相关的资料，主要是水环境功能区划等。通过现场踏勘及资料收集应对监测水体的基本情况有清晰的了解，为制订具体的监测方案打好基础。

3．监测计划

在进行必要调查、资料分析的基础上，制订采样计划是监测方案的重点之一，采样计划应包括以下内容：

（1）采样断面（点位）的布设。包括断面（采样点）的位置、采样垂线的设置、具体的采样点的确定。

（2）监测项目的确定。包括具体的监测项目及建议采用的分析测试方法。

（3）采样时间、周期和频率的确定。采样时间指采样的具体日期、采样周期指的是每周期采样的次数及每次采样的天数，采样频率指的是每天采样的次数。

（4）采样方法及水样保存的要求。监测计划中应针对不同的监测项目，明确指出采样的方法、是否必须现场测定，如需送样回实验室分析必须指出样品保存的方法。

（5）监测计划实施的保证措施，具体应涵盖以下内容：

① 监测人员安排：确定完成监测工作必需的人员配备情况，包括需要多少人、每个人在监测工作中的分工、责任等。

② 监测物资保障：确定采样仪器设备的种类、数量、型号。分析仪器的种类、数量、型号；监测过程中用到的试剂药品种类及数量。

③ 监测工作的交通保障：明确采样路线、交通工具的种类、数量。

④ 监测工作的质量保障：除了上述保障措施外，为了获取准确可靠的监测数据，还需要涉及质量保证的问题，除了前面采样、分析方法方面的保障措施外，还

包括数据统计处理方面的要求也应在监测方案中有体现。

（二）废水监测方案

废水监测的监测对象与地表水监测不同，目的也不一样，主要用在环保设施竣工验收监测、污染源监测等方面。因此，其监测方案的制订要求也不尽相同，其与地表水监测方案的不同之处主要体现在以下几个方面。

1．现场调查及资料收集

（1）一般性了解的内容　废水监测方案制订前的现场调查及资料收集主要是对污染源情况的调查，包括污染源名称、行业类型、联系方式、主要产品产量、生产制度、主要原辅材料和设备使用情况等。

（2）重点了解的内容　包括相关的工艺流程、污水类型、排放规律、污水管线设置、污水中主要污染物的种类（区分出Ⅰ类、Ⅱ类污染物）、排放去向、废水处理设施情况、用水情况（总用水量、新鲜水量、回用水量、生活用水、水平衡分析）等。

2．监测计划中重点应考虑的问题

废水监测计划的内容许多与地表水监测计划雷同，但也有自己特殊的地方，具体体现在：

（1）采样点的确定：主要依据是项目排污口、排污管线的位置；

（2）采样时间、周期及频率的确定主要依据是生产周期及废水排放规律；

（3）根据排污去向确定废水排放的标准。

二、监测方案实例

监测目的、要求不同，监测方案的要求也不相同，监测方案的编写也各有差异，为了便于直观理解同时又考虑篇幅所限，下面给出某河流的监测方案实例，以及合旺电镀厂废水监测方案。

三、江河监测方案

1．监测目的

因开展大兴纺织印染厂建设项目的环境影响评价工作，需要对该项目的纳污水体三江河的水质现状进行调查。

2．三江河的基本情况

三江河自西向东贯穿项目所在城市，建设项目大兴纺织印染厂在三江河的北岸，三江河河宽 250 m，水深 5 m，平均流速为 2 m/s，三江河流经项目附近没有排污口。

3．采样断面（点）的布设

根据三江河的水文情况以及建设项目的位置，本次监测拟在三江河流经项目附近布设三个水质监测断面。具体位置为 1#断面在项目拟设排污口上游 500 m 处，用于反映上游来水水质状况；2#断面位于项目排污口附近，3#断面位于排污口下游 2 000 m 处反映混合后水质状况。

由于三江河河宽大于 50 m，需在每个断面布设左、中、右三条垂线，每条垂线下 50 cm 作为采样点。

4．监测项目及分析方法

根据大兴纺织印染厂建成后外排废水的特点，选取水温、pH 值、悬浮物、色度、BOD_5、COD、氨氮、DO、总磷、LAS、硫化物、Cr^{6+}12 项指标作为监测项目，其分析方法如表 3-32 所示。

表 3-32　各项目的分析方法及最低检出限表

序号	项目	分析方法	检出限/（mg/L）
1	水温	温度计法	
2	pH	玻璃电极法	
3	悬浮物	重量法	
4	色度	比色法、感观法	5
5	BOD_5	稀释与接种法	2
6	COD	重铬酸盐法	10
7	氨氮	纳氏试剂比色法	0.05
8	DO	碘量法	0.2
9	总磷	钼酸铵分光光度法	0.01
10	LAS	亚甲蓝分光光度法	0.05
11	硫化物	直接显色分光光度法	0.004
12	Cr^{6+}	二苯碳酰二肼分光光度法	0.004

5．采样时间、周期和频率

根据评价工作的需要，本次监测拟于 2006 年 8 月 30～31 日进行为期两天的监测，每天监测一次。

6．样品保存的要求

本次监测过程中水温、pH 需要现场进行测定，其余项目的水样保存应按照国家环保总局发布的《地表水和污水监测技术规划》（HJ/T 91—2002）及《水和废水监测分析方法》（第四版）中的有关规定进行。

7．监测结果统计要求

根据本次监测的目的，监测结果统计按国家环保总局相关要求进行，除统计监测结果外，还应按照单因子评价法计算出各项目的浓度指数。

8．监测工作的保障措施

为了使本次监测工作顺利进行，提出如下保障措施：

（1）人员安排　完成本次监测共需要 7 人（具体名单及安排附后），其中 2 人负责室内分析，质量控制1人、3人负责现场采样（每个采样断面1人）、司机1人。

（2）物资安排　本次监测需要使用的设备包括采样桶、pH计、水银温度计、722分光光度计、分析天平、生化培养箱等仪器设备。

处理仪器设备外，本次监测还需要硫酸、氢氧化钠溶液等化学试剂。

（3）交通保障　本次监测需用12座面包车1辆，专职司机1名，主要采样使用，采样时按照断面位置从1#～3#断面按顺序接送采样人员。

四、合旺电镀厂废水监测方案

1．监测目的

本次监测是对合旺电镀厂废水处理设施的竣工验收监测。

2．该厂废水产生环节及废水处理设施基本情况

该厂的废水主要来自生产中除油、清洗工序，其特征污染物是酸碱物质、COD、重金属离子（镍、铜），其中镍属于Ⅰ类污染物。项目产生的废水经配套的治理设施处理达标后（综合污水排放标准第二时段一级标准）外排进入三江河。

3．采样点（采样位置）

采样点共四个，1#采样点在车间废水处理设施入水处、2#采样点在车间废水处理设施排口（主要反映镍的排放情况）、3#采样点在厂内废水处理设施入水处、4#采样点在厂区的总排口。

4．采样时间、周期及频率

本次监测拟于2006年8月30日进行，其采样周期及频率与生产周期同步，至少监测一个生产周期内的废水状况。

5．监测项目及分析方法

根据合旺电镀厂废水的特点，本次监测项目为pH、COD、铜和镍，具体方法见表3-33。

表3-33　各项目的分析方法及最低检出限

项目	分析方法	最低检出限
pH	玻璃电极法	—
COD_{Cr}	重铬酸盐法	10
Cu	原子吸收分光光度法	0.001
Ni	火焰原子吸收分光光度法	0.001

6．监测工作的保障

为了使本次监测工作顺利进行，提出如下保障措施：

（1）人员安排　完成本次监测共需要6人（具体名单及安排附后），其中负责室内分析2人、质量控制1人、负责现场采样2人、司机1人。

（2）物资安排　本次监测需要使用的设备包括采样桶、pH 计、722 分光光度计、分析天平、原子吸收等仪器设备。

（3）交通保障　本次监测需用 7 座小型车 1 辆，专职司机 1 名，主要采样使用。

复习与思考题

1. 列出以下行业的废水需要监测的项目：医院、电镀、造纸、酒店、发廊、印染和水泥。

2. 制订你的学校附近的一条河流或湖泊的水质监测方案。

3. 假设现在你要制订某纺织印染厂（或其他当地主要行业的工厂）废水监测方案，请列出现场调查要点和需要收集的资料清单。

4. 溶解氧、油类、细菌总数和悬浮物等项目的定义和采样方法。

5. 硫化物、油、悬浮物、pH、COD、BOD_5、DO、余氯、粪大肠菌群、六价铬、有机磷农药、挥发酚等项目的水样保存方法？

6. 测定溶解氧所需要试剂硫代硫酸钠的溶液应该怎样配制与标定？

7. 说明化学需氧量测定时，加热回流的注意事项。

8. 五日生化需氧量测定时，哪些水样需要稀释？哪些水样需要接种？并列出稀释和接种操作的要点。

9. 使用纳氏试剂光度法测定水中氨氮，取水样 50.0 mL，测得吸光度为 1.02，校准曲线的回归方程为 $y=0.1378x$（x 指 50 mL 溶液中含氨氮的微克数）。应如何处理才能得到准确的测定结果？

10. 温度对 pH 值的测定有何影响？如何消除？误差在多少为宜？

11. 使用二苯碳酰二肼分光光度法测定水中六价铬，写出加标水样的测定步骤。

12. 使用 4-氨基安替比林分光光度法测定水中挥发酚，写出全程序空白测定步骤。

13. 使用亚甲蓝分光光度法测定水中硫化物，写出试剂仪器清单。

14. 冷原子吸收法和冷原子荧光法测定水中汞，在原理方面有何相同和不同之处？

15. 测定底质有何意义？采样后怎样进行制备？

16. 非分散红外光度法和红外分光光度法测定油类的区别是什么？

17. 如何确定水样的稀释倍数？谈谈你的体会。

18. 总磷测定如下：

校准曲线（标准溶液浓度为 2 μg/mL）：

标液体积	0	0.25	0.5	3.0	5.0	8.0	15.0
吸光度	0.000	0.014 0	0.039 5	0.162	0.238	0.382	0.715

水样：

采样断面	1#	1`#	2#	3#
采样体积/mL	2.5	2.5	2.5	2.5
吸光度	0.238	0.225	0.260	0.010

另外，向2#断面水样中加入10 μg总磷，测得吸光度为0.510。

求：① 水样测定结果。

② 断面1#平行样相对偏差是否合格？

③ 断面2#加标回收率是否合格？

第四章 大气和废气监测

【知识目标】

了解大气监测的目的、分类及特点；熟悉大气环境质量标准；掌握大气监测技术，即采样技术、测试技术和数据处理技术；熟练掌握大气监测方案的制订原则与方法、大气样品的采集方法、几种优先监测（IP、TSP、硫酸盐化速率、二氧化硫以及氮氧化物等）污染物的测定方法。

【能力目标】

具有对现场环境调查、监测计划设计、优化布点、样品采集、运送保存的能力；具有对样品测试、数据处理的能力；初步具有依据测试数据结果进行环境现状评价的能力。

第一节 概 述

一、大气和大气污染

（一）大气的组成和垂直分布

1. 大气的组成

大气是由多种气体组成的机械混合物。低层大气是由干洁空气、水汽和固体杂质三部分组成的。

（1）干洁空气主要由氮 78.6%、氧 20.95%、氩 0.93%组成，它们的体积和约占总体积的 99.94%，此外还有二氧化碳、氖、氦、氪、氢、氙、臭氧等其他气体，占不到 0.1%。其中氧、氮、二氧化碳、臭氧对生命活动具有重要意义。

氧：人类和一切生物维持生命活动所必需的物质。

氮：地球上生物体的基本成分。

二氧化碳：绿色植物进行光合作用的基本原料，并对地面起保温作用。

臭氧：大量吸收太阳紫外线，保护地球上的生物免受过多的紫外线的伤害。

（2）水汽和固体杂质　含量虽少，却是天气变化的重要角色。

水汽的相变，产生了云、雨、雪、雾等一系列天气现象。

固体杂质作为凝结核，是成云致雨的必要条件。

2．大气的垂直分布

根据温度、密度和大气运动状况，可将大气划分为以下几个层次。

（1）对流层　贴近地面的大气最低层，其平均厚度为 12 km。该层是大气中最活跃、与人类关系最密切的一层。因为对流层内大气的重要热源是来自地面长波辐射，故离地面越近气温越高。特点如下：① 气温随高度增加而降低。在不同地区、不同季节和不同高度，降低的数值并不相同。每升高 1 km 气温平均下降 6℃。② 空气具有强烈的对流运动。③ 气体密度随高度增高而减小。④ 风、雪、雨、霜、雾、雷电都发生在这一层，大气污染主要发生在这一层，特别是近地层。

（2）平流层　平流层高度在 17～50 km。该层内气体状态稳定。在 25 km 以下，随高度增加气温保持不变或稍有上升。从 25 km 开始，气温随高度增加而增高，到平流层顶时，气温接近 0℃。在 15～35 km 高度存在一臭氧层，其浓度在 25 km 处最大。臭氧能吸收来自太阳的紫外线，氟利昂、氮氧化物等可与臭氧作用破坏臭氧层。特点如下：① 大气稳定，污染物不易排出，臭氧空洞就出现在这一层；② 平流层内垂直对流运动很小；③ 大气透明度高，利于高空飞行。

（3）中间层　从平流层顶到 80～85 km 的一层称为中间层。其显著特点是气温随高度增加而降低，顶部可达−92℃左右，垂直温度分布和对流层相似，层内热源靠其下部的平流层提供，因而下热上冷，气体垂直运动相当强烈。

（4）热层　从 80～500 km 称为热层。该层内空气极稀薄，在太阳紫外线和宇宙射线的辐射下，空气处于高度电离状态，因而也称电离层。特点如下：① 气温随高度增高而普遍上升，温度最高可升至 1 200℃；② 空气处于高度电离状态。

（二）大气污染

1．大气污染

大气中有害物质浓度超过环境所能允许的极限并持续一定时间后，会改变大气特别是空气的正常组成，破坏自然的物理、化学和生态平衡体系，从而危害人们的生活、工作和健康，损害自然资源及财产、器物等，这种情况称为大气污染。大气污染是随着产业革命的兴起、现代工业的发展、城市人口的密集、煤炭和石油燃料使用量的迅猛增长而产生的。

2．大气污染事件

近百年来，西欧、美国、日本等工业发达国家大气污染事件日趋增多，20 世纪 50—60 年代成为公害的泛滥时期，世界上由大气污染引起的公害事件接连发生。例如英国伦敦烟雾事件、日本四日市哮喘事件、美国洛杉矶烟雾事件、印度博帕尔毒气泄漏事件等，不仅严重危害居民健康，甚至造成数百人、数千人的死亡（表 4-1）。

表 4-1 大气污染事件

事件名称	时间地点	污染源及现象	主要危害
伦敦烟雾事件	1952 年 12 月英国伦敦	二氧化硫、烟尘在一定气象条件下形成刺激性烟雾	诱发呼吸道疾病，死亡 4 000 多人
马斯河谷烟雾	1930 年 12 月比利时马斯河谷工业区	二氧化硫、粉尘蓄积与空气	约 60 人死亡，数千人患呼吸道病症
多诺拉烟雾	1948 年美国宾夕法尼亚州多诺拉镇	炼锌、钢铁、硫酸等工厂的废气蓄积于深谷空气中	死亡 10 多人，患病 6 000 多人
四日市哮喘事件	1955 年日本四日市	炼油厂排放的废气，二氧化硫是致喘的原因	500 多人患哮喘病，死亡 30 多人
洛杉矶烟雾事件	1943 年美国洛杉矶	晴朗天空出现蓝色刺激性烟雾，主要是由汽车尾气经光化学反应所造成的烟雾	眼红、喉痛、咳嗽等呼吸道疾病
博帕尔毒气泄漏	1984 年 12 月印度博帕尔市	美国联合碳化物公司所属农药厂 45 t 液态剧毒性异氰酸甲酯泄漏	死亡 2 万多人，近 20 万人致残

二、大气污染物和大气污染源

（一）大气污染物

大气污染物的种类不下数千种，已发现有危害作用而被人们注意到的有 100 多种，其中大部分是有机物。具体划分如下述。

1．依据大气污染物的形成过程

（1）一次污染物　直接从各种污染源排放到大气中的有害物质。

特点：组分单一。

常见的主要有：二氧化硫、氮氧化物、一氧化碳、碳氢化合物、颗粒性物质等。颗粒性物质中包含苯并[a]芘等强致癌物质、有毒重金属、多种有机化合物和无机化合物等。

（2）二次污染物　指一次污染物在大气中相互作用或它们与大气中的正常组分发生反应所产生的新污染物。

特点：多为气溶胶、颗粒小；毒性一般比一次污染物大。

常见的主要有：硫酸盐、硝酸盐、臭氧、醛类（乙醛和丙烯醛）、过氧乙酰硝酸酯（PAN）等。

二次污染物常出现在下列两种烟雾中：伦敦型烟雾和光化学烟雾（洛杉矶烟雾）。

2．依据大气污染物的存在状态

大气中的污染物质的存在状态是由其自身的理化性质及形成过程决定的；气象

条件也起到一定的作用。根据存在状态一般将它们分为两类。

（1）分子状态污染物　指常温常压下以气体或蒸汽形式（苯、苯酚）分散在大气中的污染物质。根据化学形态，可将其分为五类：

- 含硫化合物：SO_2、H_2S、SO_3、硫酸、硫酸盐；
- 含氮化合物：NO、NO_2、NH_3、硝酸、硝酸盐；
- 碳氢化合物：C_1～C_5化合物、醛、酮、PAN；
- 碳氧化合物：CO、CO_2；
- 卤素化合物：HF、HCl。

特点：运动速度较大、扩散快、在大气中分布比较均匀。

（2）粒子状态污染物　指分散在大气中的微小液体和固体颗粒，粒径多在0.01～100 μm，是一个复杂的非均匀体系。通常根据颗粒物在重力作用下的沉降特性将其分为降尘和飘尘。

① 降尘：粒径大于 10 μm 的颗粒物能较快地沉降到地面上，称为降尘。如水泥粉尘、金属粉尘、飞灰等，一般颗粒大，密度也大，在重力作用下，易沉降，危害范围较小。

② 飘尘：粒径小于 10 μm 的粒子，粒径小，密度也小，可长期飘浮在大气中，具有胶体性质，称为漂尘，又称气溶胶。易随呼吸进入人体，危害健康，因此也称可吸入颗粒物（IP 或 PM_{10}、$PM_{2.5}$）。通常所说的烟、雾、灰尘均是用来描述飘尘存在形式的。

烟：某些固体物质在高温下由于蒸发或升华作用变成气体逸散于大气中，遇冷后又凝聚成微小的固体颗粒悬浮于大气中构成烟。烟的粒径一般为 0.01～1 μm。

雾：雾是由悬浮在大气中微小液滴构成的气溶胶，按其形成方式可分为分散型气溶胶和凝聚型气溶胶。常温状态下的液体，由于飞溅、喷射等原因被雾化而形成微小雾滴分散在大气中，构成分散型气溶胶。液体因加热变成蒸汽逸散到大气中，遇冷后又凝集成微小液滴形成凝聚型气溶胶。雾的粒径一般在 10 μm 以下。

通常所说的烟雾是烟和雾同时构成的固、液混合态气溶胶，如硫酸烟雾、光化学烟雾等。

硫酸烟雾　由燃煤产生的高浓度二氧化硫和煤烟形成的，而二氧化硫经氧化剂、紫外光等因素的作用被氧化成三氧化硫，三氧化硫与水蒸气结合形成硫酸烟雾。

光化学烟雾　当汽车污染源排放到大气中的氮氧化物、一氧化碳、碳氢化合物达到一定浓度后，在强烈阳光照射下，经发生一系列光化学反应，形成臭氧、 PAN和醛类等物质悬浮于大气中而构成光化学烟雾。

（二）大气污染源

1. 自然污染源

自然污染源是由于自然原因造成的。如火山爆发时喷射出大量粉尘、二氧化硫气体等；森林发生火灾时会产生大量二氧化碳、碳氢化合物、热辐射等。

2．人为污染源

人为污染源是由于人类的生产和生活活动形成的，是大气污染的主要来源。

（1）工业企业排气　SO_2，NO_x，TSP，HF 等（表 4-2）。

表 4-2　各类工业企业向大气排放的主要污染物

部门	企业类别	排出主要污染物
电力	火力发电厂	烟尘、SO_2、NO_x、CO、苯并[a]芘等
冶金	钢铁厂	烟尘、SO_2、CO、氧化铁尘、氧化锰尘、锰尘等
	有色金属冶炼厂	烟尘（Cu、Cd、Pb、Zn 等重金属）、SO_2 等
	焦化厂	烟尘、SO_2、CO、H_2S、酚、苯、萘、烃类等
化工	石油化工厂	SO_2、H_2S、NO_x、氰化物、氯化物、烃类等
	氮肥厂	烟尘、NO_x、CO、NH_3、硫酸气溶胶等
	磷肥厂	烟尘、氟化氢、硫酸气溶胶等
	氯碱厂	氯气、氯化氢、汞蒸气等
	化学纤维厂	烟尘、H_2S、NH_3、CS_2、甲醇、丙酮等
	硫酸厂	SO_2、NO_x、砷化物等
	合成橡胶厂	烯烃类、丙烯腈、二氯乙烷、二氯乙醚、乙硫醇、氯化甲烷
	农药厂	砷化物、汞蒸气、氯气、农药等
	冰晶石厂	氟化氢等
机械	机械加工厂	烟尘等
	仪表厂	汞蒸气、氰化物等
轻工	灯泡厂	烟尘、汞蒸汽等
	造纸厂	烟尘、硫醇、H_2S 等
建材	水泥厂	水泥尘、烟尘等

（2）交通运输工具排放的废气　主要有氮氧化合物、一氧化碳、碳氢化合物等。汽车减速时比定速时排出的废气更多，所以城市交通拥堵加速了空气污染。

（3）室内空气污染源　包括物理、化学、生物和放射性污染源，主要有消费品和化学品的使用、建筑和装饰材料以及个人活动。如各种燃料燃烧、烹调、油烟机吸烟产生的 SO_2、NO_x 等各种有害气体；建筑、装饰材料及家具和家用化学品释放的甲醛、氨、苯、氡和挥发性有机化合物等；家用电器和某些用具导致的电磁辐射等物理污染；室内用具和宠物产生的生物性污染；人体生理代谢排出的内源性和外源性污染；通过咳嗽、打喷嚏等喷出的流感病毒、结核杆菌、链球菌等生物污染物；通过门窗进入、人为活动带入的污染物，如干洗过的衣物释放出三氯乙烯、四氯乙烯等。

三、大气污染物的特点

大气污染物的时空分布及其浓度与污染物排放源的分布、排放量及地形、地貌、气象等条件密切相关。

同一污染源对同一地点在不同时间所造成的地面空气污染浓度往往相差数倍至数十倍；同一时间不同地点也相差甚大。

一次污染物和二次污染物在大气中的浓度由于受气象条件的影响，它们在一天内的变化也不同。一次污染物因受逆温层、气温、气压等的限制，在清晨和黄昏时浓度较高，中午即降低；而二次污染物如光化学烟雾等由于是靠太阳光能形成的，故在中午时浓度增加，清晨和夜晚时降低（图 4-1）。

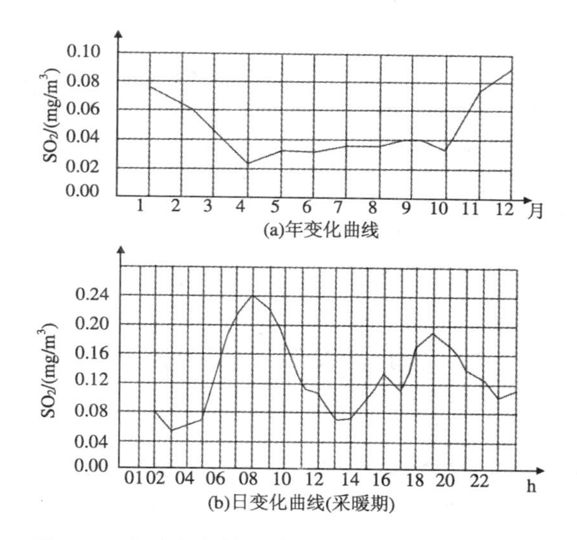

图 4-1　我国北方某城市 SO_2 浓度的时间变化曲线

四、大气监测项目及监测目的

（一）监测项目

科学家发现，至少有 100 种大气污染物对环境产生危害，我们不可能逐项测定。因此我们把污染物分级排队，从中筛选出潜在危害性大，在环境中出现频率高，难以降解，具有生物积累性、“三致”物质及现在已有检出方法的污染物（即优先监测原则）（表 4-3）。

连续监测实验室与自动监测实验室不同监测项目略有不同，详见本章第二节。

（二）监测目的

（1）通过对大气环境中主要污染物质进行定期或连续的监测，判断大气环境质量是否符合国家制定的环境空气质量标准，并为编写大气环境质量状况评价报告提供数据。

（2）为研究大气环境质量的变化规律和发展趋势，开展大气污染的预测预报工作提供依据。

（3）为政府部门执行有关环境保护法规，开展环境质量管理、环境科学研究及修订大气环境质量标准提供基础数据和依据（表 4-3）。

表 4-3　空气污染常规监测项目

类别	必测项目	按地方情况增加的必测项目	选测项目
空气污染物监测	SO_2、NO_x、TSP、PM_{10}、硫酸盐化速率、灰尘自然沉降量	CO、总氧化剂、总烃、F_2、HF、B（a）P、Pb、H_2S、光化学氧化剂	CS_2、Cl_2、氯化氢、硫酸雾、HCN、NH_3、Hg、Be、铬酸雾、非甲烷烃、芳香烃、苯乙烯、酚、甲醛、甲基对硫磷、异氰酸甲酯
空气降水监测	pH、电导率	K^+、Na^+、Ca^{2+}、Mg^{2+}、NH_4^+、SO_4^{2-}、NO_3^-、Cl^-	

第二节　大气样品的采集

与其他环境要素中的污染物质相比较，大气污染物流动性大，其浓度与污染物排放源的分布、排放量及地形、地貌、气象等条件密切相关，而且浓度一般都比较低［ppm（10^{-6}）—ppb（10^{-9}）数量级］，这就使得大气污染监测与水质监测略有不同。它们的相似点是程序相似。不同点是采样方法和仪器不同。

一、监测方案的制订

制订大气污染监测方案的程序，首先要根据监测目的进行调查研究，收集必要的基础资料，然后经过综合分析，确定监测项目，设计布点网络，选定采样频率、采样方法和监测技术，建立质量保证程序和措施，提出监测结果报告要求及进度计划等。

我国制定的《环境监测技术规范》（大气和废气部分）中，规定了大气环境污染监测与污染源监测的目的、布点原则、监测项目、采样方法和监测技术等。

（一）基础资料的收集

1．污染源分布及排放情况

通过调查，将监测区域内的污染源类型、数量、位置、排放的主要污染物及排放量一一弄清楚，同时还应了解所用原料、燃料及消耗量。注意将由高烟囱排放的较大污染源与由低烟囱排放的小污染源区别开来。因为小污染源的排放高度低，对周围地区地面大气中污染物浓度影响比大型工业污染源大。另外，对于交通运输污染较重和有石油化工企业的地区，应区别一次污染物和由于光化学反应产生的二次污染物。因为二次污染物是在大气中形成的，其高浓度可能在远离污染源的地方，在布设监测点时应加以考虑。

2．气象资料

污染物在大气中的扩散、输送和一系列的物理、化学变化在很大程度上取决于当时当地的气象条件。因此，要收集监测区域的风向、风速、气温、气压、降水量、日照时间、相对湿度、温度的垂直梯度和逆温层底部高度等资料。

3．地形资料

地形对当地的风向、风速和大气稳定情况等有影响，因此，是设置监测网点应当考虑的重要因素。例如，工业区建在河谷地区时，出现逆温层的可能性大；位于丘陵地区的城市，市区内大气污染物的浓度梯度会相当大；位于海边的城市会受海、陆风的影响，而位于山区的城市会受山谷风的影响等。为掌握污染物的实际分布状况，监测区域的地形越复杂，要求布设监测点越多。

4．土地利用和功能分区情况

监测区域内土地利用情况及功能区划分也是设置监测网点应考虑的重要因素之一。不同功能区的污染状况是不同的，如工业区、商业区、混合区、居民区等。还可以按照建筑物的密度、有无绿化地带等作进一步分类。

5．人口分布及人群健康状况

环境保护的目的是维护自然环境的生态平衡，保护人群的健康。因此，掌握监测区域的人口分布、居民和动植物受大气污染危害情况及流行性疾病等资料，对制订监测方案、分析判断监测结果是有益的。

6．监测区域以往的大气监测数据

供参考。

（二）监测项目的确定

存在于大气中的污染物质多种多样，应根据优先监测的原则，选择那些危害大、涉及范围广、已建立成熟的测定方法，并有标准可比的项目进行监测。我国在《居住区大气中有害物质最高容许浓度》中规定了 34 种有害物质的限值。对于大气环境污染例行监测项目，各国大同小异，为《环境监测技术规范》中规定的例行监测项目有以下两种。

1．连续采样实验室分析项目

（1）必测项目：SO_2、NO_x、总悬浮颗粒物、飘尘、硫酸盐化速率、灰尘自然降尘量；

（2）选测项目：CO、光化学氧化剂、氟化物、Pb、Hg、苯并[a]芘、总烃及非甲烷烃。

2．大气环境自动监测系统监测项目

（1）必测项目：SO_2、NO_x、总悬浮颗粒物或飘尘 PM_{10}、CO。

（2）选测项目：臭氧、总碳氢化合物。

（三）采样点的布设

1．布设采样点的原则和要求

（1）采样点应设在整个监测区域的高、中、低三种不同污染物浓度的地方。

（2）在污染源比较集中，主导风向比较明显的情况下，应将污染源的下风向作为主要监测范围，布设较多的采样点；上风向布设少量点作为对照。

（3）工业较密集的城区和工矿区，人口密度及污染物超标地区，适当增设采样点；城郊和农村，人口密度小及污染物浓度低的地区，可少设点。

（4）采样点周围应开阔，采样口水平线与周围建筑物高度的夹角应不大于30℃。测点周围无局地污染源，并避开树木及吸附能力较强的建筑物。

（5）各采样点的设置条件应尽可能一致或标准化，使获得的监测数据具有可比性。

（6）采样高度根据监测目的而定。如研究大气污染对人体的危害，采样口高度为 1.5～2 m；如研究大气污染对植物或器物的影响，采样口高度应与植物或器物高度相近。连续采样例行监测采样口高度应距地面 3～15 m。

2．采样点数目

一般都是按城市人口多少设置城市大气地面自动监测站（点）的数目（表 4-4）。

表 4-4　中国国家环保总局推荐的监测点数

市区人口/人	SO_2、NO_x、TSP	灰尘自然降尘量	硫酸盐化速率
＜50 万	3	≥3	≥6
50 万～100 万	4	4～8	6～12
100 万～200 万	5	8～11	12～18
200 万～400 万	6	12～20	18～30
＞400 万	7	20～30	30～40

在实际应用中，还应根据以下因素进行校正：

（1）在工业密集区，测量飘尘和 SO_2 的监测点要增加；

（2）在燃烧大量重油和煤的地区，SO_2 测点数要增加；反之，则可减少；

（3）在地形不规则的地区，监测点数往往要增加；

（4）在交通运输极为繁忙的城市，测定 NO_x 和 CO 的点数要增加。

3．布点方法

（1）功能区布点法　多用于区域性常规监测。先将监测区域划分为工业区、商业区、居住区、工业和居住混合区、交通稠密区、清洁区等，再根据具体污染情况和人力、物力条件，在各功能区分别设置相应数量的采样点。

（2）网格布点法　适用于污染源较分散的情况如调查面源和线源（图 4-2）。对城市环境规划和管理有重要意义。网格的大小视污染源强度、地区功能等因素而定（排放量大、源密集的城市，每平方千米设一个；对排放量低的地区，可每 4 km^2 设一个）。

（3）同心圆布点法　适用于多个污染源组成的污染群，且大污染源较集中的地区（图 4-3）。对调查点源较合适。以污染源或污染源群为中心，沿放射线方向向外扩散，采样点布在同心圆上。采样时要注意主导风向，主轴与主导风向要一致，应该布点于下风向。

（4）扇形布点法　适用于孤立的高架点源，且主导风向明显的地区。上风向应设对照点（图 4-4）。以点源所在位置为顶点，主导风向为轴线，在下风向地面上划出一个扇形区作为布点范围。扇形的角度一般为 45°，也可更大些，但不能超过 90°。采样点设在扇形平面内距点源不同距离的若干弧线上。

（5）叶脉形布点法　要严格选择主导风向与主方向一致，并在污染源上风向布设 1～2 个对照点。

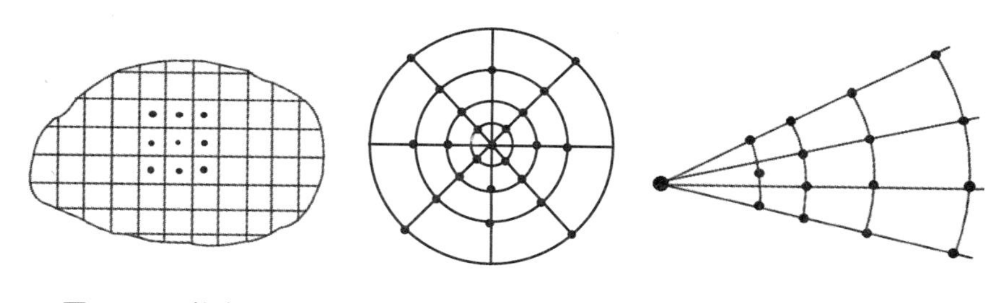

图 4-2　网格布点法　　图 4-3　同心圆布点法　　图 4-4　扇形布点法

（四）采样时间和采样频率

采样时间系指每次采样从开始到结束所经历的时间。

采样频率：在一定时间范围内的采样次数。

采样时间和采样频率取决于监测目的、污染物分布特点及人力、物力等因素。

我国监测技术规范对大气污染例行监测规定的采样时间和采样频率列于表 4-5。

《环境空气质量标准》（GB 3095—1996）及其修订，对污染物监测数据的统计有效性作了如下规定：

（1）应在采样点受污染最严重的时期采样测定。

（2）对于 SO_2、NO_x 每年至少有分布均匀的 144 个日均值，每日至少有分布均匀的 12 个月均值。对于 TSP、PM_{10} 每年至少有 60 个日均值，每月至少有分布均匀的 5 个月均值。

（3）对于 SO_2、NO_x 每日至少有 18 h 的采样时间。

表 4-5　采样时间和采样频率

监测项目	采样时间和频率
二氧化硫	隔日采样，每天连续采（24±0.5）h，每月 14～16 d，每年 12 个月
氮氧化物	同二氧化硫
总悬浮颗粒物	隔双日采样，每天连续采（24±0.5）h，每月 5～6 d，每年 12 个月
灰尘自然降尘量	每月采样（30±2）d，每年 12 个月
硫速盐化速率	每月采样（30±2）d，每年 12 个月

二、采样方法和采样仪器

（一）采样方法

选择采样方法的根据是：污染物在大气中的存在状态、浓度、理化性质，以及分析方法的灵敏度。采集大气的方法可归纳为直接采样法和富集（浓缩）采样法两类。

1．直接采样法及其采样器

适用于大气中被测组分浓度较高或监测方法灵敏度高的情况，这时不必浓缩，只需用仪器直接采集少量样品进行分析测定即可。此法测得的结果为瞬时浓度或短时间内的平均浓度。

常用容器有注射器、塑料袋、采气管、真空瓶等。

（1）注射器采样　注射器有 10 mL、50 mL 和 100 mL 等，可根据需要选取。常用 100 mL 注射器采集有机蒸汽样品。采样时，先用现场气体抽洗 2～3 次，然后抽取 100 mL，密封进气口，带回实验室分析。样品存放时间不宜长，一般当天分析完。气相色谱分析法常采用此法取样。取样后，应将注射器进气口朝下，垂直放置，以使注射器内压略大于外压。

（2）塑料袋采样　应选不吸附、不渗漏，也不与样气中污染组分发生化学反应的塑料袋，如聚四氟乙烯袋、聚乙烯袋、聚氯乙烯袋和聚酯袋等，还有用金属薄膜做衬里（如衬银、衬铝）的塑料袋。

采样时，先用二联球打进现场气体冲洗 2～3 次，再充满样气，夹封进气口，带回实验室尽快分析。

（3）采气管采样　采气管容积一般为 100～1 000 mL。采样时，打开两端旋塞，用二联球或抽气泵接在管的一端，迅速抽进比采气管容积大 6～10 倍的欲采气体，使采气管中原有气体被完全置换出来，关上旋塞，采气管体积即为采气体积。

（4）真空瓶采样　真空瓶是一种具有活塞的耐压玻璃瓶，容积一般为 500～1 000 mL。采样前，先用抽真空装置把采气瓶内气体抽走，使瓶内真空度达到 1.33 kPa，之后，便可打开旋塞采样，采完即关闭旋塞，则采样体积即为真空瓶体积（图 4-5，图 4-6）。

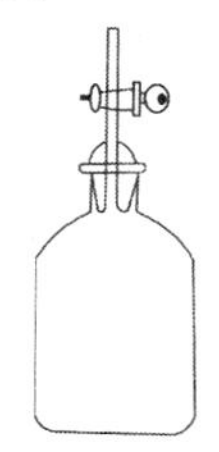

图 4-5　真空采气瓶

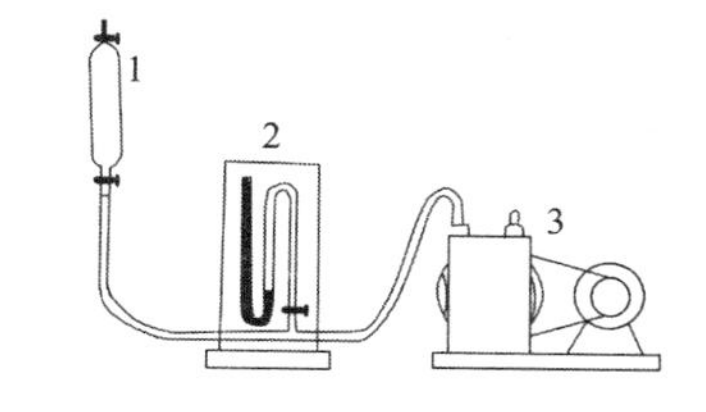

1—真空采气瓶；2—闭管压力计；3—真空泵

图 4-6　真空采气瓶的抽真空装置

2．富集（浓缩）采样法及其采样器

富集（浓缩）采样法：使大量的样气通过吸收液或固体吸收剂得到吸收或阻留，使原来浓度较小的污染物质得到浓缩，以利于分析测定。

适用于大气中污染物质体积分数浓度较低［ppm（10^{-6}）—ppb（10^{-9}）］的情况。采样时间一般较长，测得结果可代表采样时段的平均浓度，更能反映大气污染的真实情况。

具体采样方法包括溶液吸收法、固体阻留法、低温冷凝法、自然积集法等。

（1）溶液吸收法　是采集大气中气态、蒸汽态及某些气溶胶态污染物质的常用方法。一般使采样温度保持在 15～25℃为宜。

采样时，用抽气装置将欲测空气以一定流量抽入装有吸收液的吸收管（瓶），使被测物质的分子阻留在吸收液中，以达到浓缩的目的。采样结束后，倒出吸收液进行测定，根据测得的结果及采样体积计算大气中污染物的浓度。

吸收效率主要决定于吸收速度和样气与吸收液的接触面积。

吸收液的选择原则是：与被采集的物质发生化学反应快或对其溶解度大；污染物质被吸收液吸收后，要有足够的稳定时间，以满足分析测定所需时间的要求；污染物质被吸收后，应有利于下一步分析测定，最好能直接用于测定；吸收液毒性小、价格低、易于购买，且尽可能回收利用。

常用吸收管有气泡吸收管、冲击式吸收管、多孔筛板吸收管（表 4-6，图 4-7）。

（2）填充柱阻留法　填充柱是用一根长为 6～10 cm、内径为 3～5 mm 的玻璃管或塑料管，内装颗粒状填充剂制成。采样时，让气样以一定流速通过填充柱，则欲测组分因吸附、溶解或化学反应等作用被阻留在填充剂上，达到浓缩采样的目的。采样后，通过加热解吸，吹气或溶剂洗脱，使被测组分从填充剂上释放出来进行测定。

根据填充剂阻留作用的原理，可分为吸附型、分配型和反应型三种类型。

表 4-6　气体吸收管

吸收管性能	吸收溶液体积/ mL	采样流量/(L/min)	备　注
气泡吸收管	5～10	0.1～1	简单，气流接触时间短
多孔玻板吸收管	5～10	0.2～1	易使用，气流接触好
冲击式吸收管	5～10	1～3	适于采气溶胶态物质

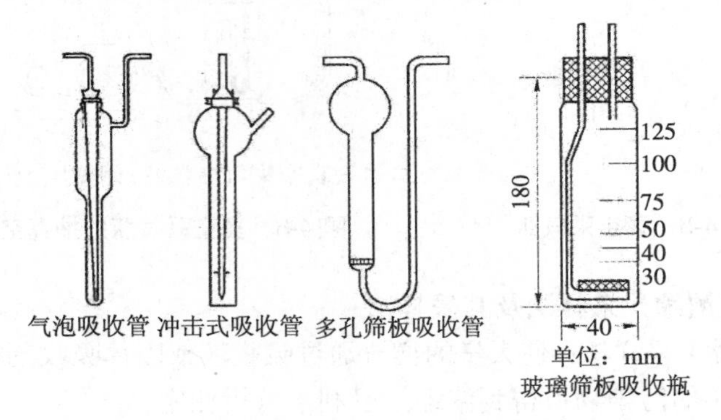

图 4-7　气体吸收管

吸附型填充柱的填充剂是颗粒状固体吸附剂，如活性炭、硅胶、分子筛、高分子多孔微球等。对气体和蒸汽吸附力强。

分配型填充柱所用填充剂为表面涂有高沸点有机溶剂（如甘油异十三烷）的惰性多孔颗粒物（如硅藻土、耐火砖等），适于对蒸汽和气溶胶态物质（如六六六、DDT、多氯联苯等）的采集。气样通过采样管时，分配系数大的或溶解度大的组分阻留在填充柱表面的固定液上。

反应型填充柱的填充剂是由惰性多孔颗粒物（如石英砂、玻璃微球等）或纤维状物（如滤纸、玻璃棉等）表面涂渍能与被测组分发生化学反应的试剂制成。

固体阻留法优点：① 用固体采样管可以长时间采样，测得大气中日平均或一段时间内的平均浓度值；溶液吸收法则由于液体在采样过程中会蒸发，采样时间不宜过长；② 只要选择合适的固体填充剂，对气态、蒸汽态和气溶胶态物质都有较高的富集效率，而溶液吸收法一般对气溶胶吸收效率要差些；③ 浓缩在固体填充柱上的待测物质比在吸收液中稳定时间要长，有时可放置几天或几周也不发生变化。所以，固体阻留法是大气污染监测中具有广阔发展前景的富集方法。

（3）滤料阻留法　将过滤材料（滤纸、滤膜等）放在采样夹上，用抽气装置抽气，则空气中的颗粒物被阻留在过滤材料上，称量过滤材料上富集的颗粒物质量，根据采样体积，即可计算出空气中颗粒物的浓度（图 4-8、图 4-9）。

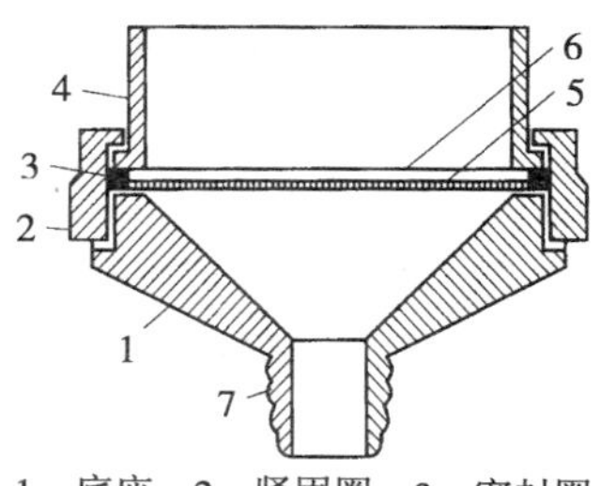

1—底座；2—紧固圈；3—密封圈；
4—接座圈；5—支撑网；6—滤膜；
7—抽气接口

图 4-8　颗粒物采样夹

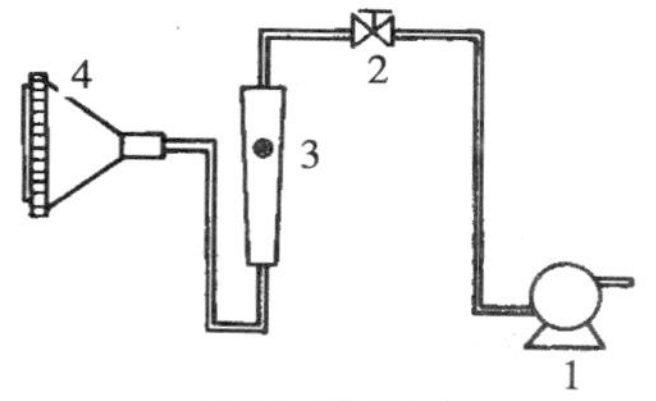

滤料采样装置
1—抽气装置；2—流量调节阀；
3—流量计；4—采样夹

图 4-9　滤料采样装置

常用滤料：纤维状滤料：如定量滤纸、玻璃纤维滤膜（纸）、氯乙烯滤膜等；筛孔状滤料：如微孔滤膜、核孔滤膜、银薄膜等。各种滤料由不同的材料制成，性能不同，适用的气体范围也不同。

（4）低温冷凝法　借致冷剂的制冷作用使空气中某些低沸点气态物质被冷凝成液态物质，以达到浓缩的目的（图 4-10）。适用于大气中某些沸点较低的气态污染物质，如烯烃类、醛类等。

常用制冷剂：冰、干冰、冰—食盐、液氯—甲醇、干冰—二氯乙烯、干冰—乙醇等。优点：效果好、采样量大、利于组分稳定。

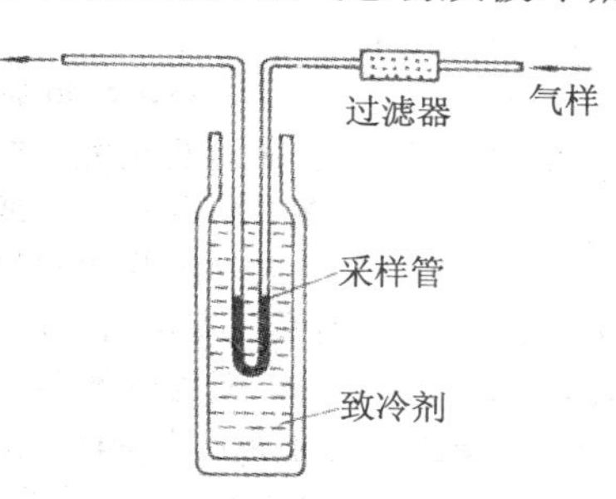

图 4-10　低温冷凝采样

（5）自然积集法　利用物质的自然重力、空气动力和浓差扩散作用采集大气中的被测物质，如自然降尘量、硫酸盐化速率、氟化物等大气样品的采集。采集降尘的方法分为湿法和干法两种。干法采样一般使用标准集尘器（图 4-11，图 4-12）。夏季也需加除藻剂。

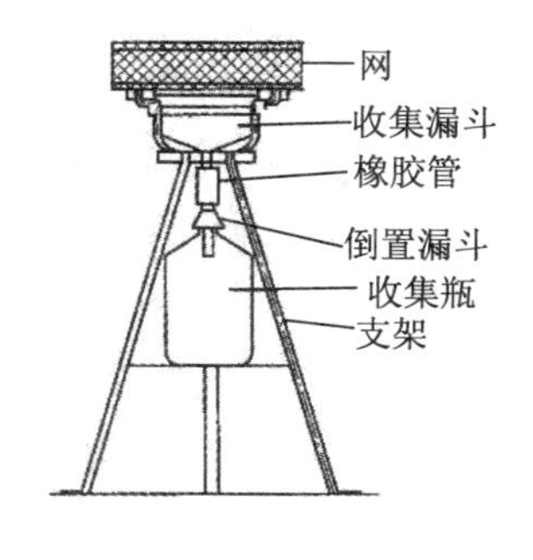

图 4-11　标准集尘器

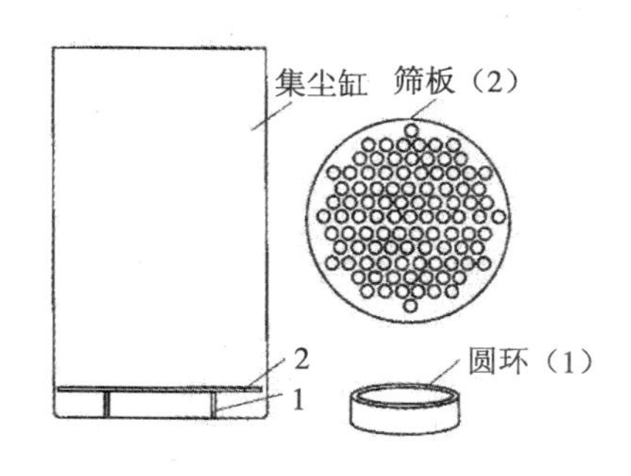

1—圆环；2—筛板

图 4-12　干法采样集尘器

优点：不需动力设备，简单易行，且采样时间长，测定结果能较好反映大气污染情况。

（二）采样仪器

用于大气污染监测的采样仪器主要由收集器、流量计和采样动力三部分组成。

1．气态污染物采样器

便携式采样器（图 4-13）及恒温恒流采样器（图 4-14）都是用于采集 SO_2、NO_2 等气态污染物，采样流量为 0.5～2.0 L/min。

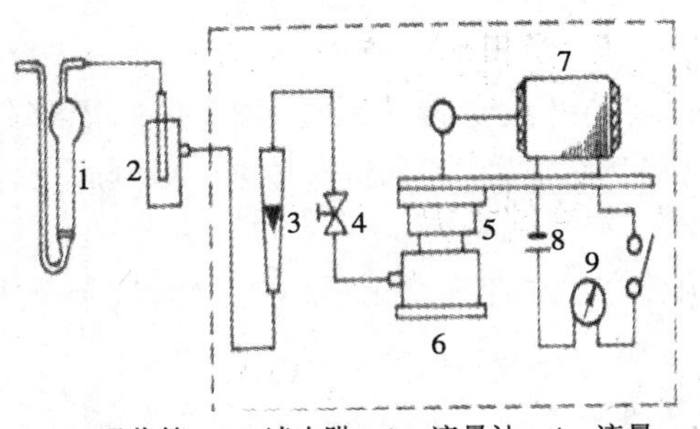

1—吸收管；2—滤水阱；3—流量计；4—流量调节阀；5—抽气泵；6—稳流器；7—电动机；8—电源；9—定时器

图 4-13　便携式采样器

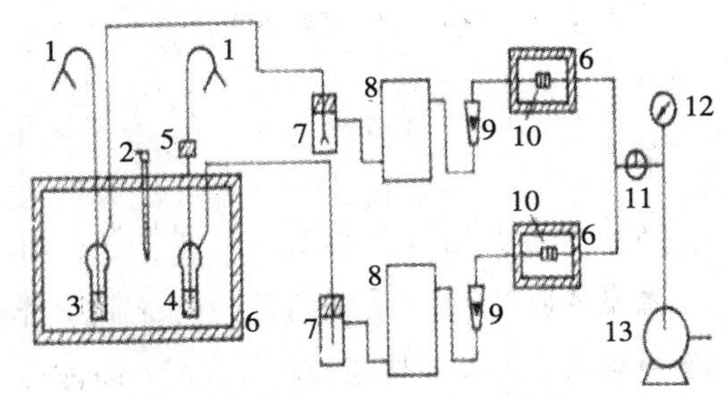

1—进气口；2—温度计；3—SO_2 吸收瓶；4—NO_2 吸收瓶；5—CrO_3 氧化管；6—恒温装置；7—滤水阱；8—干燥器；9—流量计；10—限流孔；11—三通阀；12—真空表；13—泵

图 4-14　恒温恒流采样器

2．颗粒物采样器

颗粒物采样器有总悬浮颗粒物采样器和飘尘采样器。总悬浮颗粒物采样器按其流量分为大流量和中流量（图 4-15）两种类型。飘尘采样器是装有分离大于 10 μm 颗粒物的分尘器的采样器。二级旋风分尘器的工作原理如图 4-16 所示。在离心力作用下，粗颗粒被甩到桶壁上并最终落入大粒子收集器内，细颗粒随气流沿气体排出管上升，被过滤器的滤膜捕集，从而测定飘尘的浓度。

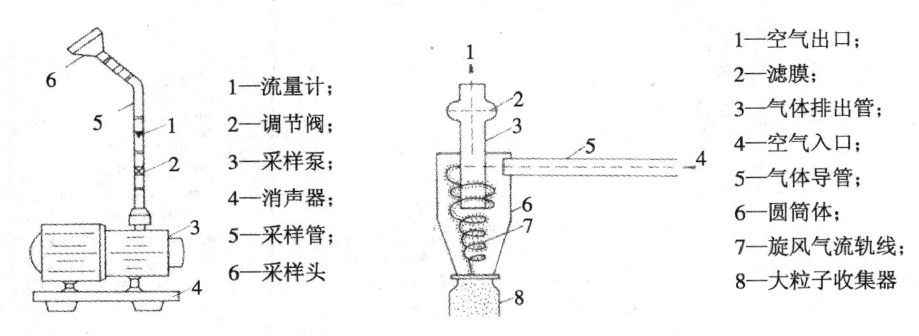

1—流量计；
2—调节阀；
3—采样泵；
4—消声器；
5—采样管；
6—采样头

图 4-15　中流量 TSP 采样器

1—空气出口；
2—滤膜；
3—气体排出管；
4—空气入口；
5—气体导管；
6—圆筒体；
7—旋风气流轨线；
8—大粒子收集器

图 4-16　旋风分尘器原理

（三）采样效率及评价

采样效率是指在规定的采样条件（如采样流量、污染物浓度范围、采样时间等）下所采集到的污染物量占其总量的百分数。

评价方法一般与污染物在空气中的状态有很大关系，不同的存在状态有不同的评价方法。

1．采集气态和蒸汽态污染物质效率的评价方法

（1）绝对比较法

精确配制一个已知浓度为 c_0 的标准气体，用所选用的采样方法采集，测定被采集的污染物浓度（c_1），其采样效率（K）为：

$$K=\frac{c_1}{c_0}\times100\% \tag{4-1}$$

（2）相对比较法

配制一个恒定的但不要求知道待测污染物准确浓度的气体样品，用 2～3 个采样管串联起来采集所配制的样品。采样结束后，分别测定各采样管中污染物的浓度，其采样效率（K）为：

$$K=\frac{c_1}{c_1+c_2+c_3}\times100\% \tag{4-2}$$

式中：c_1，c_2，c_3——分别为第一采样管、第二采样管和第三采样管中污染物的实测浓度。

2．采集颗粒物效率的评价方法

（1）采集颗粒数效率　即所采集到的颗粒物粒数占总颗粒数的百分数。

（2）质量采样效率　即所采集到的颗粒物质量占颗粒物总质量的百分数。

由于小颗粒物的数量总是占大部分，而按质量计算却只占很小部分，故质量采样效率总是大于颗粒数采样效率。由于微米以下颗粒对人体健康影响较大，颗粒采样效率有着重要作用；在大气监测评价中，评价采集颗粒物方法的采样效率多用质量采样效率表示。

（四）采样记录

采样记录与实验室记录同等重要，在实际工作中，若对采样记录不重视，不认真填写采样记录，会导致由于采样记录不全而使一大批监测资料无法统计而作废。

内容有：所采集样品被测污染物的名称及编号；采样地点和采样时间；采样流量；采样体积及采样时的温度和大气压力；采样仪器、吸收液及采样时天气状况及周围情况；采样者、审核者姓名等。

（五）大气中污染物浓度表示方法与气体体积换算

1．污染物浓度表示方法

（1）质量浓度 C：单位体积内所包含污染物的质量数。

单位：mg/m^3 或 $\mu g/m^3$，对任何状态的污染物都适用。

（2）体积分数浓度 C_p：污染物体积与气样总体积的比值，不受空气温度及压力的影响。

单位：ppm 或 ppb，仅适于气态或蒸汽态物质，不适用于颗粒态物质。ppm 系指在 100 万体积空气中含有害气体或蒸汽的体积数；ppb 是 ppm 的 1/1 000。

（3）两种单位换算关系：

$$C_p = 22.4 \times C/M \tag{4-3}$$

式中：M —— 污染物的摩尔质量，g/mol；

22.4 —— 标准状况下气体的摩尔体积，L/mol。

2．气体体积换算

把现场状态下的体积换算成标准状态下的体积：

根据气体状态方程，换算式如下：

$$V_0 = V_t \times \frac{273}{273+t} \times \frac{P}{101.325} \tag{4-4}$$

式中：V_0 —— 标准状态下的采样体积，L 或 m^3；

V_t —— 现场状态下的采样体积，L 或 m^3；

t —— 采样时的温度，℃；

P —— 采样时的大气压力，kPa。

第三节　大气污染物的测定

大气污染物有颗粒态污染物和气态污染物，根据优先监测原则，本节主要介绍自然降尘、总悬浮颗粒物、可吸入颗粒物、二氧化硫、氮氧化物等优先监测项目的测定，简单介绍一下一氧化碳、硫酸盐化速率、飘尘中苯并[*a*]芘、总烃、臭氧、氟化物、铅的测定。

一、颗粒态污染物的测定

大气中颗粒物质的测定项目有：自然降尘量、总悬浮颗粒物、可吸入颗粒物（飘尘）、颗粒物中化学组分的测定。

（一）自然降尘量的测定

自然降尘简称降尘，系指大气中自然降落于地面上的颗粒物，其粒径多在 10 μm 以上。虽然灰尘在地面上的自然沉降能力主要决定于其自身重量及粒度大小，但风力、降水、地形等自然因素也起着一定的作用，因此，要把自然降尘和非自然降尘区分开是很困难的。

降尘是大气污染的参考性指标，通过其测定结果，可观察大气污染的范围和污染程度。降尘的单位：t/km^2·月。近年来北方地区冬季常发生沙尘暴，这与空气中降尘量高有关系。如大连市区月均自然降尘均值是 43 t/km^2·月。

1．测定原理

测定大气中降尘量最常用的方法是重量法。将一个一定规格的容器（集尘缸）放置在户外空旷的地方，加入 1 500～3 000 mL 水，夏季可加入适量硫酸铜溶液（抑制微生物及藻类生长），大气中的灰尘自然沉降在集尘缸内，按月收集起来。剔除里面的树叶、小虫等异物，其余部分定量转移到 1 000 mL 烧杯中，加热蒸发浓缩至 10～20 mL 后，再转移到已恒重的瓷坩埚中，在电热板上蒸干后，于（105±5）℃烘箱内烘至恒重。根据采样前后重量之差及采样体积，即可计算降尘的质量浓度。试样经处理后，可进行化学组分测定。

2．采样

降尘的采样有湿法采集和干法采集两种。

（1）湿法采集降尘试样　湿法采样是在一定大小的圆筒形玻璃（或塑料、瓷、不锈钢）缸中加入一定量的水，放置在距地面 5～15 m 高，附近无高大建筑物及局部污染源的地方（如空旷的屋顶上），采样口距基础面 1.5 m 以上，以避免顶面扬尘的影响。我国集尘缸的尺寸为内径 15 cm、高 30 cm，一般加水 1 500～3 000 mL（视蒸发量和降雨量而定），夏季需加入少量硫酸铜溶液，以抑制微生物及藻类的生长；冰冻季节需加入适量乙醇或乙二醇，以免结冰。每月采样（30±2）d，每年 12 个月，多雨季节注意及时更换集尘缸，防止水满溢出。

（2）干法采集降尘试样　干法采样一般使用标准集尘器，集尘缸内放入塑料圆环，圆环上再放置塑料筛板，夏季也需加除藻剂。

3．测定步骤

采样后大气中的灰尘自然沉降在集尘缸内，按月收集起来。剔除里面的树叶、小虫等异物，其余部分定量转移到 1 000 mL 烧杯中，加热蒸发浓缩至 10～20 mL 后，再转移到已恒重的瓷坩埚中，用水冲洗黏附在烧杯壁上的尘粒，并入瓷坩埚中，在电热板上蒸干后，于（105±5）℃烘箱内烘至恒重。称量两次重量差即为降尘量。

4．计算

自然降尘的计算公式：

$$降尘量（t/km^2·月）=〔（W_1-W_0-W_a）/S·n〕×30×10^4 \quad (4-5)$$

式中：W_1—— 降尘和瓷坩埚的重量，g；

W_0—— 瓷坩埚的重量，g；

W_a—— 加入的硫酸铜溶液经蒸发和烘干后的重量，g；

S—— 集尘缸口的面积，cm^2；

n—— 采样天数，精确到 0.1 d。

5．降尘中其他物质的测定

在降尘的测定中，除测定降尘量外，有时还须测定降尘中的可燃性物质、水溶性物质、非水溶性物质、灰分及某些化学组分如硫酸盐、硝酸盐、氯化物、焦油等（图 4-17）。

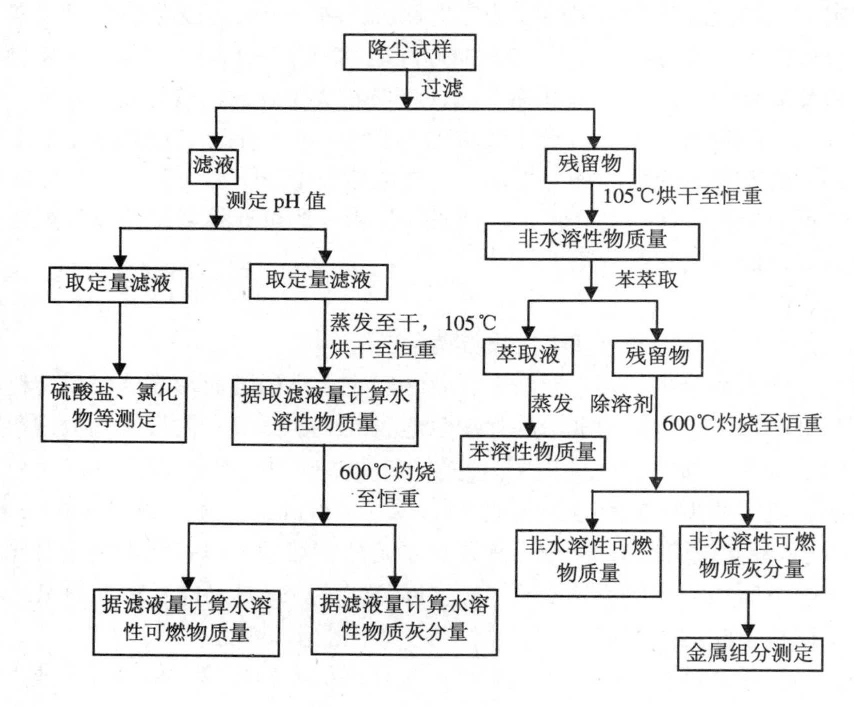

图 4-17 降尘组分的测定

（二）总悬浮颗粒物（TSP）的测定

1．测定原理

总悬浮颗粒物（TSP）的测定常采用重量法。首先按一定原则布点，通过具有一定切割特性的采样器，以恒速抽取一定体积的空气，则空气中粒径小于 100 μm 的悬浮颗粒物被截留在已恒重的滤膜上，根据采样前后滤膜重量之差及采样体积，可计算总悬浮颗粒物的质量浓度。滤膜经处理后，可进行组分分析。

根据采样流量不同，分为大流量采样法（1.1～1.7 m^3/min）大流量采样器（High Volume Air Sampler）和中流量采样法（50～150 L/min）低噪声中流量 TSP 采样器（Middle Volume Air Sampler）、智能中流量 TSP 采样器。一般连续采样 24 h。

2．采样

（1）每张滤膜（20 cm×25 cm 超细玻璃纤维滤膜）使用前均需用光照检查，不得使用有针孔或有任何缺陷的滤膜采样。

（2）采样滤膜在称重前需在平衡室内平衡 24 h，然后在规定条件下迅速称重，读数准确至 0.1 mg，记下滤膜的编号和重量，将滤膜平展地放在光滑洁净的纸袋内，然后贮于盒内备用。采样前，滤膜不能弯曲或折叠。

平衡室放置在天平室内，平衡温度在 20～25℃，温度变化小于±3℃，相对温度小于 55%，变化小于 5%，天平室温度应维持在 15～30℃，相对湿度 50%。

（3）采样时，滤膜"毛"面向上，将其放在网托上（网托事先用纸擦净），放上滤膜夹，拧紧螺丝。盖好采样器顶盖。将电机电压调节在 180～200 V，然后开机采样，调节采样流量在 1.13 m^3/min。

（4）采样开始后 5 min 和采样结束前 5 min 各记录一次流量。

（5）用一张滤膜连续采样 24 h。

（6）采样后，用镊子小心取下滤膜，使滤膜"毛"面朝内，以采样有效面积长边为中线对叠。

（7）将折叠好的滤膜放回表面光滑的纸袋并贮于盒内，取采样后的滤膜时应注意滤膜是否出现物理性损伤及采样过程中是否有穿孔漏气现象，若发现有损伤，穿孔漏气现象，应作废，重新取样。

（8）记录采样期的温度、压力。

（9）隔双日采样，每天连续采 24±0.5 h，每月采样 5～6 d，每年 12 个月。

3．计算

$$\text{总悬浮颗粒物（TSP）} = W/Q_n \cdot t \qquad (4\text{-}6)$$

式中：W —— 采集在滤膜上的总悬浮颗粒物质量，mg；

t —— 采样时间，min；

Q_n —— 标准状态下的采样流量，m^3/min。

总悬浮颗粒物中主要组分的测定：

（1）某些金属元素和非金属化合物的测定　颗粒物中常需测定的金属元素和非金属化合物有铬、铅、铁、铜、锌、镍、钴、锑、锰、砷、硒、硫酸根、硝酸根、氯化物等。

（2）有机化合物的测定　颗粒物中的有机组分很复杂，但受到普遍重视的是多环芳烃，如蒽、菲、芘等，其中不少物质具有致癌作用。

（三）可吸入尘（飘尘，IP）的测定

粒径小于 10 μm 的颗粒物称为飘尘。测定飘尘的方法有：重量法；压晶体管振荡法；β 射线吸收法；光散射法等。

1．重量法

根据采样流量不同，分为大流量采样重量法和小流量采样重量法。大流量法使用带有 10 μm 以上颗粒物切割器的大流量采样器采样。使一定体积的大气通过采样器，先将粒径大于 10 μm 的颗粒物分离出去，小于 10 μm 的颗粒物被收集在预先恒重的滤膜上，根据采样前后滤膜重量之差及采样体积，即可计算出飘尘的浓度。

使用时，应注意定期清扫切割器内的颗粒物；采样时必须将采样头及入口各部件旋紧，以免空气从旁侧进入采样器造成测定误差（图 4-18）。

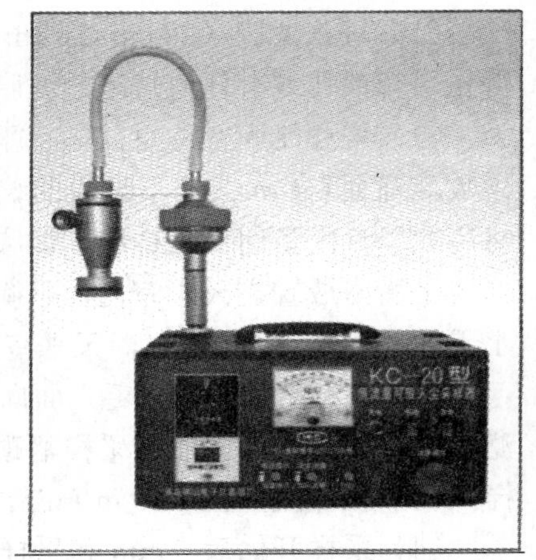

图 4-18　可吸入颗粒物采样器

2．压晶体管振荡法

这种方法以石英谐振器为测定飘尘的传感器。气样经粒子切割器剔除粒径大于 10 μm 的颗粒物，小于 10 μm 的飘尘进入测量气室。测量气室内有高压放电针、石英谐振器及电极构成的静电采样器，气样中的飘尘因高压电晕放电作用而带上负电荷，继之在带正电的石英谐振器电极表面放电并沉积，除尘后的气样流经参比室内的石英谐振器排出。因参比石英谐振器没有集尘作用，当没有气样进入仪器时，两谐振器固有振荡频率相同（$f_1=f_2$），其差值$\Delta f=f_1-f_2=0$，无信号送入电子处理系统，数显屏幕上显示零。当有气样进入仪器时，则测量石英谐振器因集尘而质量增加，使其振荡频率（f_1）降低，两振荡器频率之差（Δf）经信号处理系统转换成飘尘浓度并在数显屏幕上显示（图 4-19）。

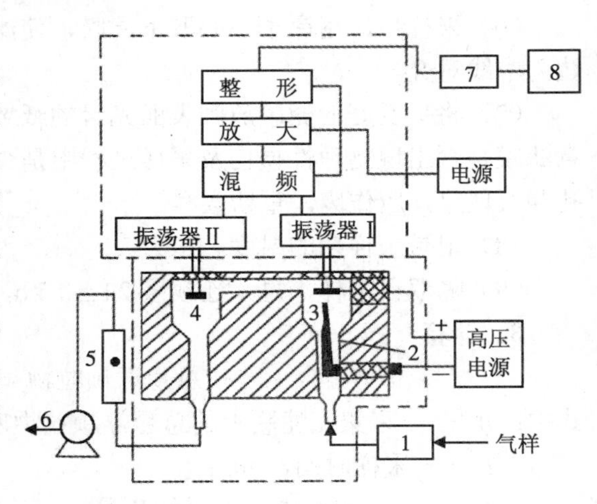

1—大粒子切割器；2—放电针；3—测量石英谐振器；4—参比石英谐振器；5—流量计；6—抽气泵；7—浓度计算器；8—显示器

图 4-19　石英晶体飘尘测定仪工作原理

二、气态污染物质的测定

（一）二氧化硫的测定

SO_2 是主要大气污染物之一，为大气环境污染例行监测的必测项目。它来源于煤和石油等燃料的燃烧、含硫矿石的冶炼、硫酸等化工产品生产排放的废气。

SO_2 是一种无色、易溶于水、有刺激性气味的气体，能通过呼吸进入气管，对局部组织产生刺激和腐蚀作用，是诱发支气管炎等疾病的原因之一，特别是当它与烟尘等气溶胶共存时，可加重对呼吸道黏膜的损害。二氧化硫及其衍生物不仅对人的呼吸系统产生危害，还会引起脑、肝、脾、肾病变，甚至对生殖系统也有危害。二氧化硫实际成为人体健康的最大“杀手”。SO_2 的嗅阈值是 0.3×10^{-6}，达 30×10^{-6}～40×10^{-6} 时，人呼吸感到困难。

国家制定了两个标准方法，一是 GB 8970—88 四氯汞盐—盐酸副玫瑰苯胺比色法；另一是 GB/T 15262—94 甲醛吸收—盐酸副玫瑰苯胺分光光度法。

方法一、四氯汞钾溶液吸收—盐酸副玫瑰苯胺分光光度法

该方法是国内外广泛采用的测定环境空气中 SO_2 的方法，具有灵敏度高、选择性好等优点，但吸收液毒性较大。

$$HgCl_2+2KCl = K_2[HgCl_4]$$

$$[HgCl_4]^{2-}+SO_2+H_2O = [HgCl_2SO_3]^{2-}+2H^++Cl_2$$

$$[HgCl_2SO_3]^{2-}+HCHO+2H^+ = HgCl_2+HOCH_2SO_3H$$

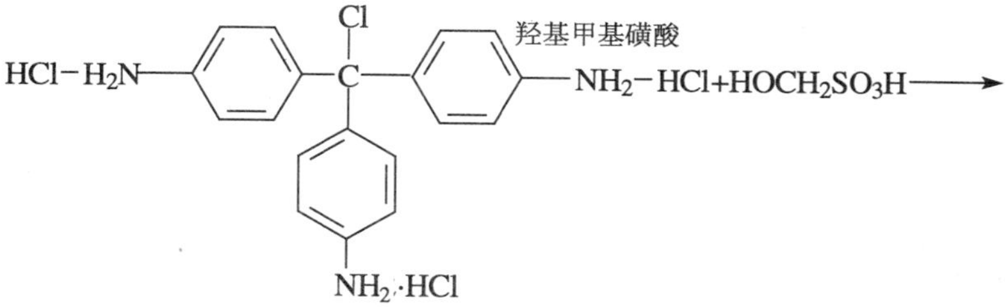

HCl－H2N—C(Cl)(—C6H4—NH2·HCl)—NH2－HCl + HOCH2SO3H ⟶

羟基甲基磺酸

（盐酸副玫瑰苯胺，俗称品红）

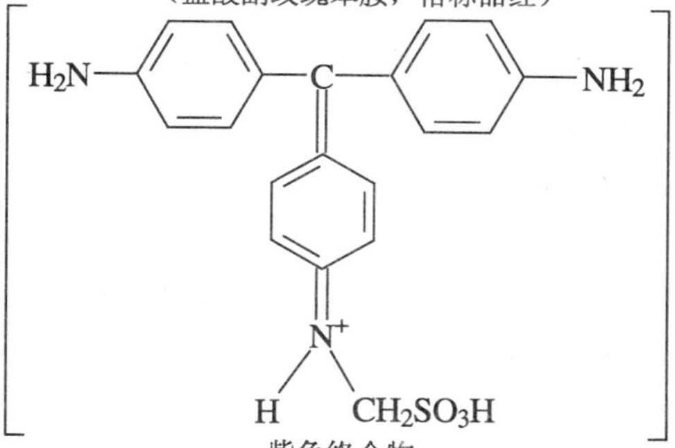

[H2N—C(=C6H4=N+(H)CH2SO3H)—NH2]

紫色络合物

用氯化钾和氯化汞配制成四氯汞钾吸收液，气样中的二氧化硫用该溶液吸收，生成稳定的二氯亚硫酸盐络合物，该络合物再与甲醛和盐酸副玫瑰苯胺作用，生成紫色络合物，其颜色深浅与 SO_2 含量成正比，用分光光度法测定。

最终显色 pH 值为 1.6±0.1，显色后溶液呈红紫色，最大吸收波长在 548 nm 处，最低检出限为 0.75 μg/25 mL；当采样体积为 30 L 时，最低检出浓度为 0.025 mg/m^3。

方法二、甲醛缓冲溶液吸收—盐酸副玫瑰苯胺分光光度法

1．测定原理

二氧化硫被甲醛缓冲溶液吸收后，生成稳定的羟基甲磺酸加成化合物。加成化合物与盐酸副玫瑰苯胺作用，生成紫色化合物。根据颜色深浅，在 577 nm 处进行分光光度测定。

主要干扰物为氮氧化物，臭氧及某些重金属元素。加入氨磺酸钠溶液可消除氮氧化物的干扰，采样后放置一段时间可使臭氧自行分解；加入磷酸及环己二胺四乙酸二钠盐可以消除或减少某些金属离子的干扰。10 mL 样品溶液中含 50 μg 钙、镁、铁、镍、镉、锌等离子时，不干扰测定。10 mL 样品溶液中含 5 μg 二价锰离子时，使吸光度降低 2.7%；含 10 μg 时降低 4.1%，空气中锰含量一般不会超过 0.09 mg/m^3（相当于 5 μg/10 mL），不致影响二氧化硫的测定。

本法检出限为 0.2 μg/10 mL（按与吸光度 0.01 相对应的浓度计）。当用 10 mL 吸收液采样 10 L 时，最低检出浓度为 0.020 mg/m^3；用 50 mL 吸收液，24 h 采气样 300 L，取出 10 mL 样品测定时，最低检出浓度为 0.003 mg/m^3。

2．仪器

（1）多孔玻板吸收管。

（2）具塞比色管 10 mL。

（3）恒温水浴。

（4）大气采样器，流量范围为 0～1 L/min。

（5）分光光度计。

3．试剂

（1）蒸馏水　25℃时电导率小于 1.0 μΩ/cm。pH 值为 6.0～7.2。检验方法为在具塞锥形瓶中加 500 mL 蒸馏水，加 1 mL 浓硫酸和 0.2 mL 高锰酸钾溶液（0.316 g/L），室温下放置 1 h，若高锰酸钾不褪色，则蒸馏水符合要求，否则应重新蒸馏（1 000 mL 蒸馏水中加 1 g $KMnO_4$ 及 1 g $Ba(OH)_2$，在全玻璃蒸馏器中蒸馏）。

（2）甲醛吸收液（甲醛缓冲溶液）：

① 环己二胺四乙酸二钠溶液 c（CDTA-2Na）=0.050 mol/L：称取 1.82 g 反应 1,2-环己二胺四乙酸[（trans-1，2-Cyclohexylenedinitrilo）tetracetic acid，CDTA]，溶解于 1.50mol/L NaOH 溶液 6.5 mL，用水稀释至 100 mL。

② 吸收储备液。量取 36%～38%甲醛溶液 5.5 mL，加入 2.0 g 邻苯二甲酸氢钾及

0.050 mol/L CDTA-2Na 20.0 mL 溶液，用水稀释至 100 mL，贮于冰箱中，可保存一年。

③ 甲醛吸收液。使用时，将吸收贮备液用水稀释 100 倍。此溶液含 0.2 mg/mL 甲醛。

(3)0.60%(m/V)氨磺酸钠溶液。称取 0.60 g 氨磺酸(H_2NSO_3H)，加入 1.50mol/L 氢氧化钠溶液 4.0 mL，用水稀释至 100 mL 密封保存，可使用 10 d。

(4) 氢氧化钠溶液，c（NaOH）=1.50 mol/L 称取 6 g 氢氧化钠溶于 100 mL 水中。

(5) 碘贮备液。c（1/2 I_2）=0.1 mol/L，称取 12.7 g 碘化钾（KI）于烧杯中，加入 40 g 碘化钾和 25 mL 水，搅拌至完全溶解后，用水稀释至 1 000 mL，贮于棕色细口瓶中。

(6) 碘溶液。c（1/2 I_2）=0.05 mol/L，量取碘贮备液 250 mL，用水稀释至 500 mL，贮于棕色细口瓶中。

(7) 淀粉指示剂。称取 0.5 g 可溶性淀粉，用少量水调成糊状（可加 0.2 g 二氯化锌防腐），慢慢倒入 100 mL 沸水中，继续煮沸至溶液澄清，冷却后贮于细口瓶中。

(8) 碘酸钾溶液 c（1/6KIO_3）=0.100 0 mol/L。称取 3.567 g 碘酸钾（KIO_3 优极纯，105～110℃干燥 2 h，溶解于水，移入 1 000 mL 容量瓶中，用水稀释至标线，摇匀。

(9) 硫代硫酸钠贮备液。c（$Na_2S_2O_3$）=0.10 mol/L，称取 25.0 g 硫代硫酸钠（$Na_2S_2O_3 \cdot 5H_2O$），溶解于 1 000 mL 新煮沸并已冷却的水中，加 0.20 g 无水碳酸钠，贮于棕色细口瓶中，放置一周后标定其浓度。若溶液呈现浑浊时，应该过滤。

标定方法：吸取 0.100 0 mol/L 碘酸钾溶液 10.00 mL，置于 250 mL 碘量瓶中，加 80 mL 新煮沸并已冷却的水，和 1.2 g 碘化钾，振摇至完全溶解后，加（1+9）盐酸溶液 10 mL [或（1+9）磷酸溶液 5～7 mL]，立即盖好瓶塞，摇匀于暗处放置 5 min 后，用 0.10 mol/L 硫代硫酸钠贮备溶液滴定至淡黄色，加淀粉溶液 2 mL，继续滴定蓝色刚好褪去。记录消耗体积（V），按下式计算浓度：

$$c(Na_2S_2O_3)=0.1000\times10.00/V \tag{4-7}$$

式中：c（$Na_2S_2O_3$）—— 硫代硫酸钠贮备溶液的浓度，mol/L；

V —— 滴定消耗硫代硫酸钠溶液体积，mL。

平行滴定所用去的硫代硫酸钠溶液体积之差不超过 0.05 mL。

(10) 硫代硫酸钠标准溶液（c=0.05 mol/L）。取标定后的 0.10 mol/L 硫代硫酸钠贮备溶液 250.0 mL，置于 500 mL 容量瓶中，用新煮沸并已冷却的水稀释至标线摇匀，贮于棕色细口瓶中。临用现配。

(11)二氧化硫标准溶液。称取 0.200 g 亚硫酸钠(Na_2SO_3)，溶解于 0.05%EDTA-2 Na 溶液 200 mL（用新煮沸并已冷却的水配制），缓缓摇匀使其溶解。放置 2～3 h 后标定浓度，此溶液相当于含 320～400 μg/mL 的二氧化硫。

标定方法：吸取上述亚硫酸钠和 EDTA 溶液各 20.00 mL，分别置于 250 mL 碘量瓶中，加入新煮沸并已冷却的水 50 mL、0.05 mol/L 碘溶液 20.00 mL 及冰乙酸 1.0 mL 盖塞，摇匀。于暗处放置 5 min，用 0.05 mol/L 硫代硫酸钠标准溶液滴定至淡黄色，加入 0.5%淀粉溶液 2 mL，继续滴定至蓝色刚好褪去，记录消耗体积（V 和 V_0）。

平行滴定所用硫代硫酸钠标准溶液体积之差应不大于 0.04 mL，取平均值计算浓度：

$$c（SO_2，\mu g/ mL）=（V_0-V）\times c\times 32.02\times 1\,000/20.00 \tag{4-8}$$

式中：V_0 —— 滴定空白溶液所消耗的硫代硫酸钠标准溶液体积，mL；

V —— 滴定亚硫酸钠溶液所消耗的硫代硫酸钠标准溶液体积，mL；

c —— 硫代硫酸钠（$Na_2S_2O_3$）标准溶液浓度，mol/L；

32.02 —— 二氧化硫（1/2 SO_2）的摩尔质量，g/mol。

标定出准确浓度后，立即用吸收液稀释成每毫升含 10.00 μg 二氧化硫的标准贮备液（贮于冰箱，可保存 3 个月）。使用前，再用吸收液稀释为每毫升含 1.00 μg 二氧化硫的标准使用溶液。贮于冰箱，可保存 1 个月。此溶液供绘制标准曲线及进行分析质量控制时使用。

（12）0.25%盐酸副玫瑰苯胺贮备溶液的配制及提纯。取正丁醇和 1.0 mol/L 盐酸溶液各 500 mL，放入 1 000 mL 分液漏斗中，盖塞，振摇 3 min，使其互溶达到平衡，静置 15 min，待完全分层后，将下层水相（盐酸溶液）和上层有机相（正丁醇）分别移入细口瓶中备用，称取 0.125 g 盐酸副玫瑰苯胺（Pararosaniline Hydrochloride，$C_{19}H_{19}N_3Cl\cdot 3HCl$ 又名对品红，副品红，简称 PRA）放入小烧杯中，加平衡过的 1.0 mol/L 盐酸溶液 40 mL，用玻棒搅拌至完全溶解后，移入 250 mL 分液漏斗中，再用 80 mL 平衡过的正丁醇洗涤小烧杯数次，洗涤液并入同一分液漏斗中，盖塞，振摇 3 min，静置 15 min 待完全分层后，将下层水相移入另一 250 mL 分液漏斗中，再加 80 mL 平衡过的下丁醇，依上法提取，将水相称入另一分液漏斗中，加 40 mL 平衡过的正丁醇，依上法反复取 8～10 次后，将水相滤入 50 mL 容量瓶中，用 1.0 mol/L 盐酸溶液稀释至标线，摇匀，此 PRA 贮备液为橙黄色，应符合以下条件：

① PRA 溶液在乙酸—乙酸钠缓冲溶液中，于波长 540 nm 处有最大吸收峰，吸取 0.25%PRA 贮备液 1.00 mL，置于 100 mL 容量瓶中，用水稀释至标线，摇匀，吸取此稀释液 5.00 mL，置于 50 mL 容量瓶中，加 1.0 mol/L 乙酸—乙酸钠缓冲溶液 5.00 mL［称取 13.6 g 乙酸钠（$CH_3COONa\cdot 3H_2O$），溶解于水，移入 100 mL 容量瓶中，加 5.7 mL 冰乙酸，用水稀释至标线，摇匀，此溶液 pH 为 4.7］，用水稀释至标线，摇匀 1 h 后，测定吸收峰。

② 用 0.25%PRA 贮备溶液配制的 0.05%PRA 使用溶液，按本操作方法绘制标准曲线，于波长 577 nm 处，用 1 cm 比色皿，测得的试剂空白液吸光度不超过以下数值：

10℃　　　　0.03

20℃　　0.04

25℃　　0.05

30℃　　0.06

标准曲线的斜率为 0.044±0.003（吸光度/μgSO_2·12 mL）。

（13）0.05%盐酸副玫瑰苯胺使用液。吸取经提纯的 0.25%PRA 贮备溶液 20.00 mL（或 0.2%PRA 贮备溶液 25.00 mL），移入 100 mL 容量瓶中，加 85%浓磷酸 30 mL，浓盐酸 10 mL，用水稀释至标线，摇匀放置过夜后使用。此溶液避光密封保存，可使用 9 个月。

（14）1 mol/L 盐酸溶液。量取 86 mL 浓盐酸（比重 1.19）用水稀释至 1 000 mL。

（15）（1+9）盐酸溶液。

4．测定步骤

（1）采样

用多孔玻璃吸收管。内装 10 mL 吸收液。以 0.5 L/min 流量采样 1 h。采样时吸收液温度应保持在 23～29℃，并应避免阳光直接照射样品溶液。

（2）标准曲线的绘制

亚硫酸钠标准色列见表 4-7。

表 4-7　亚硫酸钠标准色列

管号	0	1	2	3	4	5	6
标准使用液/ mL	0	0.5	1.00	2.00	4.00	6.00	8.00
吸收液/mL	10.00	9.50	9.00	8.00	6.00	4.00	2.00
二氧化硫含量	0	0.50	1.00	2.00	4.00	6.00	8.00

取 14 支 10 mL（具塞比色管，分 A、B 两组，每组各 7 支分别对应编号。A 组按表 4-7 配制标准色列。

A 组各管再分别加入 0.60%氨磺酸钠溶液 0.50 mL 和 1.50 mol/L 氢氧化钠溶液 0.50 mL 混匀；B 组各管加入 0.05%盐酸副玫瑰苯胺使用溶液 1.00 mL。

将 A 组各管逐个倒入对应的 B 管中，立即混匀放入恒温水浴中显色。在（20±2）℃显色 20 min。于波长 577 nm 处用 1 cm 比色皿，以水为参比测定吸光度。

用最小二乘法计算标准回归方程式：

$$y=bx+a \tag{4-9}$$

式中：y——（$A-A_0$），标准溶液的吸光度（A）与试剂空白液吸光度（A_0）之差；

x——二氧化硫含量，μg；

b——回归方程式的斜率，吸光度/μg SO_2·12 mL；

a——回归方程式的截距。

相关系数应大于 0.999。

（3）样品测定

① 样品溶液中浑浊物，应离心分离除去。

② 将样品溶液移入 10 mL 比色管中，用吸收溶液稀释至 10 mL 标线，摇匀，放置 20 min 使臭氧分解。加入 0.60%氨磺酸钠溶液 0.50 mL，混匀，放置 10 min 以除去氮氧化物的干扰，以下步骤同标准曲线的绘制。

③ 样品测定时与绘制标准曲线时温度之差应不超过 2℃。

④ 与样品溶液测定同时，进行试剂空白测定，标准控制样品或加标回收样品各 1～2 个以检查试剂空白值和校正因子，检查试剂的可靠性和操作的准确性，进行分析质量控制。

5．计算

$$二氧化硫（SO_2mg/m^3）=[（A-A_0）-a]/b\times V_n \quad (4-10)$$

式中：A —— 样品溶液的吸光度；

A_0 —— 试剂空白溶液的吸光度；

b —— 回归方程式的斜率，吸光度μgSO_2·12 mL；

a —— 回归方程式的截距；

V_n —— 标准状态下的采样体积，L。

6．注意事项

（1）温度对显色影响较大，温度越高，空白值越大，温度高时显色快，褪色亦快。因此在实验中要注意观察和控制温度，一般需要用恒温水浴法进行控制，并注意使水浴水面高度超过比色管中溶液的液面高度，否则会影响测定准确度。表 4-8 为显色温度与时间的关系。

表 4-8　显色温度与时间的关系

显色温度/℃	10	15	20	25	30
显色时间/min	40	25	20	15	5
稳定时间/min	35	25	20	15	10

（2）对品红的提纯很重要，因提纯后可降低试剂空白值和提高方法的灵敏度。提高酸度虽可降低空白值，但灵敏度也有所下降。

（3）六价铬能使紫红色络合物褪色，产生负干扰，所以应尽量避免用硫酸铬酸洗液洗涤玻璃器皿，若已洗，则要用（1+1）盐酸浸泡 1 h，用水充分洗涤，除去六价铬。

（4）用过的比色管及比色皿应及时用酸洗涤，否则红色难以洗净。比色管用（1+1）盐酸溶液洗涤，比色皿用（1+4）盐酸加 1/3 体积乙醇的混合液洗涤。

（5）加兑品红使用液时，每加 3 份溶液，需间歇 3 min，依次进行，以使每个比色管中溶液显色时间尽量接近。

（6）采样时吸收液应保持在23～29℃。用二氧化硫标准气进行吸收试验，23～29℃时，吸收效率为100%。

（7）二氧化硫气体易溶于水，空气中水蒸气冷凝在进气导管处会吸附，故应内壁光滑，吸附性小，宜采用聚四氟乙烯管，并且管应尽量地短，最长不得超过6 cm。

方法三、钍试剂分光光度法

该方法所用吸收液无毒，样品采集后相当稳定，但灵敏度较低，所需采样体积大，适合于测定SO_2日平均浓度。

大气中的二氧化硫用过氧化氢溶液吸收并氧化为硫酸。硫酸根离子与过量的高氯酸钡反应，生成硫酸钡沉淀，剩余钡离子与钍试剂作用生成钍试剂—钡络合物（紫红色）。根据颜色深浅，间接进行定量测定。

有色络合物最大吸收波长为520 nm。该方法最低检出限为0.4 μg/ mL；当用50 mL吸收液采样2 m^3时，最低检出浓度为0.01 mg/m^3。

$$SO_2+H_2O_2=H_2SO_4$$

$$Ba^{2+}+SO_4^{2-}=BaSO_4$$

$$Ba^{2+}\text{（剩余）}+\text{钍试剂}\rightarrow\text{钍试剂—钡络合物}$$

（二）氮氧化物（NO_x）的测定

氮的氧化物有一氧化氮、二氧化氮、三氧化二氮、四氧化三氮和五氧化二氮等多种形式。大气中的氮氧化物主要以一氧化氮（NO）和二氧化氮（NO_2）形式存在。它们主要来源于石化燃料高温燃烧和硝酸、化肥等生产排放的废气，以及汽车排气。

一氧化氮为无色、无臭、微溶于水的气体，在大气中易被氧化为NO_2。NO_2为棕红色气体，具有强刺激性臭味，是引起支气管炎等呼吸道疾病的有害物质。

GB 8969—88 中氮氧化物的测定使用盐酸萘乙二胺比色法（空气质量标准）。该方法采样和显色同时进行，操作简便，灵敏度高。

根据采样时间不同分为两种情况：

一是吸收液用量少，适于短时间采样，检出限为0.05 μg/5 mL（按与吸光度0.01相对应的亚硝酸根含量计）；当采样体积为6 L时，最低检出浓度（以NO_2计）为0.01 mg/m^3。

二是吸收液用量大，适于24 h连续采样，测定大气中NO_x的日平均浓度，其检出限为0.25 μg/25 mL；当24 h采气量为288 L时，最低检出浓度（以NO_2计）为0.002 mg/m^3。

用冰乙酸、对氨基苯磺酸和盐酸萘乙二胺配成吸收液采样，大气中的NO_2被吸收转变成亚硝酸和硝酸，在冰乙酸存在条件下，亚硝酸与对氨基苯磺酸发生重氮化反应，然后再与盐酸萘乙二胺偶合，生成玫瑰红色偶氮染料，其颜色深浅与气样中NO_2浓度成正比，因此，可用分光光度法进行测定。吸收及显色反应如下：

$$2NO_2+H_2O=HNO_2+HNO_3$$

$$HO_3S-C_6H_4-NH_2+HNO_2+CH_3COOH \longrightarrow [HO_3S-C_6H_4-N^+\equiv N]CH_3COO^-+2H_2O$$

$$[HO_3S-C_6H_4-N^+\equiv N]CH_3COO^- + C_{10}H_7-\overset{H}{N}-CH_2-CH_2-NH_2 2HCl \longrightarrow$$

$$HO_3S-C_6H_4-N=N-C_{10}H_6-\overset{H}{N}-CH_2-CH_2-NH_2+CH_3COOH+2HCl$$

（玫瑰红色偶氮染料）

NO 不与吸收液发生反应，测定 NO_x 总量时，必须先使气样通过三氧化铬—沙子氧化管，将 NO 氧化成 NO_2 后，再通入吸收液进行吸收和显色。由此可见，不通过三氧化铬—沙子氧化管测得的是 NO_2 含量；通过氧化管，测得的是 NO_x 总量，二者之差为 NO 的含量。显色化合物的最大吸收波长为 540 nm。

方法一、盐酸萘乙二胺分光光度法

1．实验原理

测定大气中的氮氧化物主要是其中一氧化氮、二氧化氮，如果测定二氧化氮的浓度，可直接用溶液吸收法采集大气样品，若测定一氧化氮和二氧化氮的总量，则应先用三氧化铬将一氧化氮氧化成二氧化氮后，进入溶液吸收瓶。

二氧化氮被吸收液吸收后，生成亚硝酸和硝酸，其中，亚硝酸与对氨基苯磺酸发生重氮化反应，再与盐酸萘乙二胺偶合，生成玫瑰红色偶氮染料，据其颜色深浅，用分光光度法定量。因为 NO_2（气）转变 NO_2^-（液）的转换系数为 0.76，故在计算结果时应除以 0.76。

2．仪器设备

（1）综合采样器或 KC—6D 型大气采样器；

（2）多孔玻板吸收管；

（3）双球玻璃管（内装三氧化铬—沙子）；

（4）具塞比色管；

（5）可见分光光度计。

3．试剂

所有试剂均用不含亚硝酸根的重蒸馏水配置。其检验方法是：所配制的吸收液对 540 nm 光的吸光度不超过 0.005（10 nm 比色皿）。

（1）吸收液称取 5.0g 对氨基苯磺酸，置于 1 000 mL 容量瓶中，加入 50 mL 冰醋酸和 900 mL 水的混合溶液，盖塞振摇，使其完全溶解。加入 0.050 g 盐酸萘乙二胺，溶解后，用水稀释至标线，此为吸收原液，贮于棕色瓶中，在冰箱内可保存 2

个月。保存时应密封瓶口，防止空气与吸收液接触。

采样时，按 4 份吸收原液与 1 份水的比例混合配成采样用吸收液。

（2）三氧化铬—沙子氧化管筛取 20～40 目海沙（或河沙），用（1+2）的盐酸浸泡 1 夜，用水洗至中性，烘干。将三氧化铬与沙子按质量比（1+20）混合，加少量水调匀，放在红外灯下或烘箱内于 105℃烘干，烘干过程中应搅拌几次。制备好的三氧化铬—沙子应是松散的，若黏在一起，说明三氧化铬比例太大，可适当增加一些沙子，重新制备。称取约 8 g 三氧化铬—沙子装入双球玻璃管内，两端用少量脱脂棉塞好，用乳胶管或塑料管制的小帽将氧化管两端密封，备用。采样时将氧化管与吸收管用一小段乳胶管相连。

（3）亚硝酸钠标准贮备液：称取 0.150 0 g 粒状亚硝酸钠（$NaNO_2$），预先在干燥器内放置 24 h 以上，溶解于水，移入 1 000 mL 容量瓶中，用水稀释至标线。此溶液每毫升含 100.0 μg NO_2^-，贮于棕色瓶内，冰箱中保存，可稳定 3 个月。

（4）亚硝酸钠标准溶液：吸取贮备液 5.00 mL 于 100 mL 容量瓶中，用水稀释至标线。此溶液每毫升含 5.0 μg NO_2^-。

4．测定步骤

（1）标准曲线的绘制

取 7 支 10 mL 干的具塞比色管，按表 4-9 所列数据配制标准色列。

表 4-9　亚硝酸钠标准色列

	色列管编号						
加入溶液	0	1	2	3	4	5	6
亚硝酸钠标准溶液/ mL	0	0.1	0.2	0.3	0.4	0.5	0.6
吸收原液/ mL	4.00	4.00	4.00	4.00	4.00	4.00	4.00
水/ mL	1.0	0.9	0.8	0.7	0.6	0.5	0.4
NO_2^-含量/μg	0	0.5	1	1.5	2.0	2.5	3.0

以上溶液摇匀，避开阳光直射放置 15 min，在 540 nm 波长处，用 1 cm 比色皿，以水为参比，测定吸光度。以吸光度为纵坐标，相应的标准溶液中 NO_2^-含量（μg）为横坐标，绘制标准曲线。

（2）采样

将一支内装 5.00 mL 吸收液的多孔玻板吸收管进气口接三氧化铬—沙子氧化管，并使管口略微向下倾斜，以免当湿空气将三氧化铬弄湿时污染后面的吸收液。将吸气管的出气口与空气采样器相连接。以 0.2～0.3 L/min 的流量避光采样至吸收液呈微红色为止，记下采样时间，密封好采样管，带回实验室，当日测定。若吸收液不变色，应延长采样时间，采样量应不少于 6 L。在采样的同时，应测定采样现场的温度和大气压力，并做好记录。

（3）样品的测定

采样后，放置 15 min，将样品溶液移入 1 cm 比色皿中，按绘制标准曲线的方法和条件测定试剂空白溶液和样品溶液的吸光度。若样品溶液的吸光度超过标准曲线的测定上限，可用吸收液稀释后再测定吸光度。计算结果时应乘以稀释倍数。

（4）数据处理

$$\text{氮氧化物}（NO_2，mg/m^3）=（A-A_0）\times B_s\times V_t/0.76V_n\times V_a \quad (4\text{-}11)$$

式中：A —— 样品溶液的吸光度；

A_0—— 试剂空白溶液的吸光度；

B_s—— 标准曲线斜率的倒数，即单位吸光度对应的 NO_2 的质量，mg；

V_n—— 标准状态下的采样体积，L；

0.76 —— NO_2（气）转换为 NO^{2-}（液）的系数。

方法二、化学发光法

1．特点

灵敏度高、可达 ppb 级，甚至更低；选择性好；线性范围宽，通常可达 5～6 个数量级。

2．原理

某些化合物分子吸收化学能后，被激发到激发态，再由激发态返回基态时，以光量子的形式释放出能量，这种化学反应称化学发光反应。利用测量化学发光强度对物质进行分析测定的方法，称为化学发光分析法。

化学发光反应可在液相、气相或固相中进行。液相化学发光多用于天然水、工业废水中有害物质的测定；而气相化学发光反应主要用于大气中 NO_x、SO_2、H_2、O_3 等气态有害物质的测定。

利用化学发光法测定 NO_x，即是根据 NO 和臭氧气发生反应的原理制成的。把被测气体连续抽入仪器，其中的 NO_x 经过 NO_2—NO 转化器后，都变成 NO 进入反应室，在反应室内与臭氧反应生成激发态 NO_2（NO_2*），当 NO_2*回到基态时，就会放出光子，光子通过滤光片和光电倍增管后转变为电流，电流的大小与 NO 的浓度成正比。记录器上可以直接显示出 NO_x 的含量。如果气样不经过转化器而经旁路直接进入反应室，则测得的是 NO 量，将 NO_x 量减去 NO 量就可得到 NO_2 量。

这种化学发光法 NO_x 监测仪的测量为 0～8 mg/m^3，检出下限为 0.02 mg/m^3。

方法三、原电池库仑滴定法

库仑池中有两个电极，一是活性炭阳极，二是铂网阴极，池内充 0.1 mol/L 磷酸盐缓冲溶液（pH=7）和 0.3 mol/L 碘化钾溶液。当进入库仑池的气样中含有 NO_2 时，则与电解液中的 I^- 反应，将其氧化成 I_2，而生成的 I_2 又立即在铂网阴极上还原为 I^- 便产生微小电流。如果电流效率达 100%，则在一定条件下，微电流大小与气样中 NO_2 浓度成正比，故可根据法拉第电解定律将产生的电流换算成 NO_2 的浓度，直接进行显示和记录（图 4-20）。

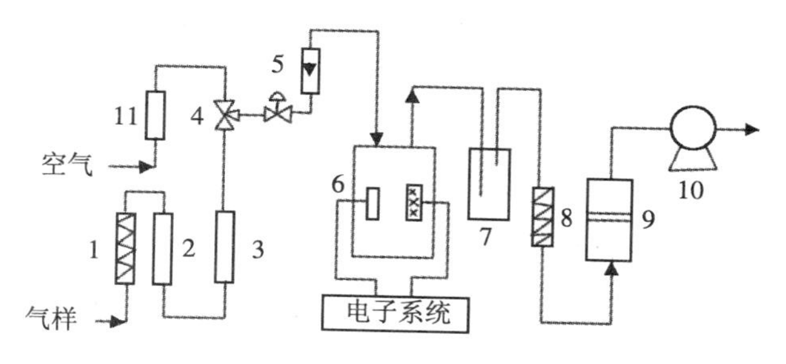

1，8—加热器；2—氧化银过滤器；3—三氧化铬氧化管；4—三通阀；5—流量计；6—库仑池；7—缓冲瓶；9—稳流室；10—抽气泵；11—活性炭过滤器

图 4-20　原电池库仑滴定法 NO_x 监测仪气路

测定总氮氧化物时，需先让气样通过三氧化铬氧化管，将 NO 氧化成 NO_2。

（三）一氧化碳的测定

一氧化碳（CO）是大气中主要污染物之一，它主要来自石油、煤炭燃烧不充分的产物和汽车排气；一些自然灾害如火山爆发、森林火灾等也是来源之一。

一氧化碳（CO），即“煤气”的主要成分，是一种无色、无臭、无味、无刺激性、对血液和神经有害的毒性气体。一氧化碳是在燃烧不充分条件下产生的。民用炉灶、采暖锅炉和工业窑炉，特别是机动车辆是大气中一氧化碳的主要排放源。

一氧化碳在大气中的存在寿命很长，一般可存留 2～3 a。因此这是一种数量大、积累性强的大气污染物。一氧化碳随空气进入人体后，经肺泡进入血液循环，能与血液中红细胞里的血红蛋白、血液外的肌红蛋白和含二价铁的细胞呼吸酶等形成可逆性结合。高浓度一氧化碳可引起急性中毒，中毒者常出现脉弱、呼吸变慢等反应，最后衰竭致死。慢性一氧化碳中毒会出现头痛、头晕、记忆力降低等神经衰弱症状。

CO 的测定方法有非色散红外吸收法、气相色谱法、定电位电解法、间接冷原子吸收法和检气管法等。

非色散红外吸收法

1．特点

测定简便、快速，不破坏被测物质，能连续自动监测。

2．原理

当 CO、CO_2 等气态分子受到红外辐射（1～25 μm）照射时，将吸收各自特征波长的红外光，引起分子振动能级和转动能级的跃迁，产生振动—转动吸收光谱，在一定浓度范围内，吸收光谱的峰值（吸光度）与气态物质浓度成比例关系（图 4-21）。

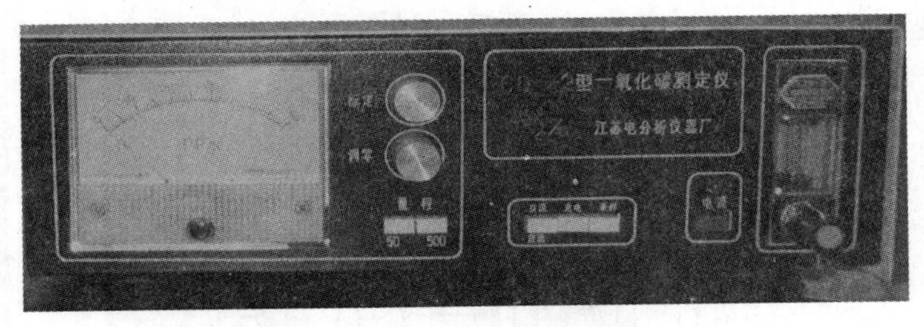

图 4-21　一氧化碳测定仪

3．注意事项

（1）注意消除 CO_2 和水蒸气的干扰；

（2）测量时，先通入纯氮气进行零点校正，再用标准 CO 气体校正，最后通入气样，便可直接显示、记录气样中 CO 浓度（c），以 ppm 计，然后换算成标准状态下的质量浓度（mg/m^3）：

$$CO\ (mg/m^3) = 1.25 \times c \tag{4-12}$$

（四）硫酸盐化速率的测定

硫酸盐化速率是指大气中含硫污染物演变为硫酸雾和硫酸盐雾的速度，其测定方法有二氧化铅—重量法（lead dioxide method）、碱片—重量法、碱片—铬酸钡分光光度法、碱片—离子色谱法等。

1．原理

大气中的 SO_2、硫酸雾、硫化氢等与二氧化铅反应生成硫酸铅，用碳酸钠溶液处理，使硫酸铅转化为碳酸铅，释放出硫酸根离子，再加入氯化钡溶液，生成硫酸钡沉淀，用重量法测定，结果以每日在 100 cm^2 二氧化铅面积上所含 SO_3 的毫克数表示。最低检出浓度为 0.05[SO_3 mg/（100cm^2 PbO_2·d）]。

$$SO_2 + PbO_2 = PbSO_4$$

$$H_2S + PbO_2 = PbO + H_2O + S$$

$$S + O_2 + PbO_2 = PbSO_4$$

2．测定方法

（1）PbO_2 采样管制备。在素瓷管上涂一层黄蓍胶（bassora gum）乙醇溶液，将适当大小的湿纱布平整地绕贴在素瓷管上，再均匀地刷上一层黄蓍胶乙醇溶液，除去气泡，自然晾至近干后，将 PbO_2 与黄蓍胶乙醇溶液研磨制成的糊状物均匀地涂在纱布上，涂布面积约 100 cm^2，晾干，移入干燥器存放。

（2）采样。将 PbO_2 采样管固定在百叶箱中，在采样点上放置（30±2）d。注意不要靠近烟囱等污染源；收样时，将 PbO_2 采样管放入密闭容器中。每月采样（30±2）d，每年 12 个月。

（3）测定。准确测量 PbO_2 涂层的面积，将采样管放入烧杯中，用碳酸钠溶液淋湿涂层，用镊子取下纱布，并用碳酸钠溶液冲净瓷管，取出。搅拌洗涤液、盖好、放置 2～3 h 或过夜。将烧杯在沸水浴上加热至近沸，保持 30 min，稍冷，用倾斜法过滤并洗涤，获得样品滤液。

在滤液中加甲基橙指示剂，滴加盐酸至呈红色并稍过量。在沸水浴上加热，驱尽 CO_2，滴加 $BaCl_2$ 溶液至沉淀完全，再加热 30 min，冷却、放置 2 h 后，用恒重的 G_4 玻璃砂芯坩埚抽气过滤，洗涤至滤液中无氯离子为止。将坩埚于 105～110℃烘箱中烘至恒重。同时，将两支保存在干燥器内的空白采样管按同法操作，测其空白值。

（4）计算。

$$\text{硫酸盐化速率}[SO_3\text{mg}/(100\ \text{cm}^2PbO_2\cdot \text{d})]=\frac{W_s-W_0}{S\cdot n}\cdot\frac{SO_3}{BaSO_4}\times 100 \tag{4-13}$$

式中：W_s—— 样品管测得 $BaSO_4$ 的质量，mg；

W_0—— 空白管测得 $BaSO_4$ 的质量，mg；

S—— 采样管上 PbO_2 涂层面积，cm^2；

n—— 采样天数，准确至 0.1 d；

$SO_3/BaSO_4$——SO_3 与 $BaSO_4$ 分子量之比值（0.343）。

3．影响测定结果的因素

（1）PbO_2 的粒度、纯度和表面活性度；

（2）PbO_2 涂层厚度和表面湿度；

（3）含硫污染物的浓度及种类；

（4）采样期间的风速、风向及空气温度、湿度等。

（五）飘尘中苯并[a]芘的测定

飘尘中的有机组分很复杂，但受到普遍重视的是多环芳烃，如蒽、菲、芘等，其中不少物质具有致癌作用。

例如，3,4-苯并芘（简称苯并[a]芘或 BaP）就是环境中普遍存在的一种强致癌物质，为目前颗粒物中主要测定的有机化合物。这里以它为例，介绍测定方法。

BaP 主要来自含碳燃料及有机物热解过程。煤炭、石油等在无氧加热裂解过程中，产生的烷烃、烯烃等经过脱氢、聚合，可产生一定数量的苯并[a]芘，并吸附在烟气飘尘上散布于大气中；香烟烟雾中也含 3,4-苯并芘。

测定苯并[a]芘的主要方法有荧光分光光度法、高压液相色谱法、紫外分光光度法等。在测定之前，需要先进行提取和分离。

1．提取

用环已烷为提取剂，将索式提取器置于（98±1）℃的水浴锅中连续回流提取 8 h，之后，浓缩至近干。

2．分离（纸层析法）

先将苯、乙酸酐和浓硫酸按一定比例配成混合溶液，用其浸渍纸条后，将纸条用水漂洗、晾干，再用无水乙醇浸渍、晾干、压平，制成乙酰化滤纸。将提取浓缩后的样品溶液点在离滤纸下沿 3 cm 处，用冷风吹干，挂在层析缸中，沿插至缸底的玻璃棒加入甲醇、乙醚和蒸馏水（体积比为 4∶4∶1）配制的展开剂，至滤纸下沿浸入 1 cm 为止。加盖密封层析缸，放于暗室中进行层析。

在此，乙酰化试剂为固定相，展开剂为流动相，试样中的各组分经在两相中进行反复多次分配，按其分配系数大小依次被分开，在滤纸条的不同高度处留下不同组分的斑点，取出滤纸条，晾干，将各斑点剪下，分别用适当溶剂溶解各组分，即得到样品溶液。

3．测定

经层析分离所得到的 BaP 斑点，用丙酮洗脱，以荧光分光光度法测定。当采气体积为 40 m^3 时，该方法最低检出浓度为 0.002 μg/100 m^3。

（六）总烃及非甲烷烃的测定（光电离检测法）

总碳氢化合物常以两种方法表示，一种是包括甲烷在内的碳氢化合物，称为总烃（THC）；另一种是除甲烷以外的碳氢化合物，称为非甲烷烃（NMHC）。

大气中的碳氢化合物主要是甲烷，其浓度范围为 1.5～6 mg/m^3。但当大气严重污染时，会大量增加甲烷以外的碳氢化合物，甲烷不参与光化学反应。所以，测定不包括甲烷的碳氢化合物对判断和评价大气污染具有实际意义。

测定总烃和非甲烷烃的主要方法有：气相色谱法、光电离检测法等。

测定总烃和非甲烷烃的标准方法为气相色谱法。其原理基于以氢火焰离子化检测器分别测定气样中的总烃和甲烷烃的含量，两者之差即为非甲烷烃含量。

光电离检测法原理：有机化合物分子在紫外光照射下可产生光电离现象，用离子监测器（PID）收集产生的离子流，其大小与进入电离室的有机化合物的质量成正比。凡是电离能小于 PID 紫外辐射能（多用 10.2 eV）的物质（至少低 0.3 eV）均可被电离测定。

特点：方法简单，可进行连续监测，所检测的非甲烷烃是指四碳以上的烃。

（七）臭氧的测定

光化学氧化剂是总氧化剂的主要组成部分，是与形成光化学烟雾有关的污染物质。

总氧化剂是指大气中能氧化碘化钾析出碘的物质，主要包括臭氧、过氧乙酰硝酸酯和氮氧化物等。

光化学氧化剂是指除去 NO_x 以外的能氧化碘化钾的氧化剂，二者的关系为：

$$光化学氧化剂=总氧化剂-0.269\times 氮氧化物 \quad (4-14)$$

式中，0.269 为 NO_2 的校正系数，即在采样后 4～6 h 内，有 26.9%的 NO_2 与碘化钾反应。因为采样时在吸收管前安装了三氧化铬—石英砂氧化管，将 NO 等低价氮氧化物氧化成 NO_2，所以式中使用大气中 NO_x 总浓度。

臭氧是最强的氧化剂之一，它是大气中的氧在太阳紫外线的照射下或受雷击形成的。臭氧有强烈的氧化作用，可以起消毒作用。臭氧是高空大气的正常组分，能强烈吸收紫外光，保护人和生物免受太阳紫外光的辐射。目前由于碳氢化合物污染大气破坏了臭氧层，紫外线直接照射地球表面增大，皮肤病人增多。另外臭氧在紫外线的作用下，与烃类和氮氧化物发生光化学反应形成光化学烟雾，当量大时又会刺激黏膜和损害中枢神经系统，引起支气管炎和头痛等症状。

臭氧的测定方法有硼酸碘化钾分光光度法、化学发光法、紫外线吸收法等。国家标准中测定臭氧含量有两个标准：一个是 GB/T 15437 的靛蓝二磺酸钠分光光度法；另一个是 GB/T 15438—1995 的紫外光度法。

硼酸碘化钾分光光度法。用含有硫代硫酸钠的硼酸碘化钾溶液作吸收液采样，大气中的 O_3 等氧化剂氧化碘离子为碘分子，而碘分子又立即被硫代硫酸钠还原，剩余硫代硫酸钠加入过量碘标准溶液氧化，剩余碘于 352 nm 处以水为参比测定吸光度。同时采集零气（除去 O_3 的空气），并准确加入与采集大气样品相同量的碘标准溶液，氧化剩余的硫代硫酸钠，于 352 nm 处测定剩余碘的吸光度，则气样中剩余碘的吸光度减去零气样剩余碘的吸光度即为气样中 O_3 氧化碘化钾生成碘的吸光度。根据标准曲线建立回归方程式。

$$O_3 + 2I^- + 2H^+ = I_2 + O_2 + H_2O$$

$$KIO_3 + 5KI + 3H_2SO_4 = 3I_2 + 3K_2SO_4 + 3H_2O$$

注意事项。SO_2、H_2S 等还原性气体干扰测定，采样时应串接三氧化铬管以消除；采样效率受温度影响，25℃时可达 100%，30℃时达 96.8%；样品吸收液和试剂溶液均应放在暗处保存。

（八）氟化物的测定（滤膜采样—氟离子选择电极法）

大气中的气态氟化物主要是 HF，也可能有少量的 SiF_4 和 CF_4，含氟的粉尘主要是冰晶石（Na_3AlF_6）、萤石（CaF_2）、氟化铝（AlF_3）、氟化钠（NaF）及磷灰石[$3Ca_3(PO_4)_2\cdot CaF_2$]等。氟化物属高毒类物质，由呼吸道进入人体，会引起黏膜刺激、中毒等症状，并能影响各组织和器官的正常生理功能，对植物的生长、发育也会产生危害。

测定大气中氟化物的方法有吸光光度法、滤膜（或滤纸）采样—氟离子选择电极法等。目前广泛采用后一种方法。

滤膜采样—氟离子选择电极法原理：用磷酸氢二钾溶液浸渍的玻璃纤维滤膜或碳酸氢钠—甘油溶液浸渍的玻璃纤维滤膜采样，则大气中的气态氟化物被吸收固定，尘态氟化物同时被阻留在滤膜上，采样后的滤膜用水或酸浸取后，用氟离子选择电极法测定。

如需要分别测定气态、尘态氟化物时，第一层采样膜用孔径 0.8 μm 经柠檬酸溶液浸渍的纤维素酯微孔膜先阻留尘态氟化物，第二、三层用磷酸氢二钾浸渍过的玻璃纤维滤膜采集气态氟化物。用水浸取滤膜，测定水溶性氟化物；用盐酸溶液浸取，测定酸溶性氟化物；用水蒸气热解法处理采样膜，可测定总氟化物（图 4-22）。

图 4-22　氟离子选择电极

（九）铅的测定

铅的主要污染源是蓄电池、冶炼、五金、机械、涂料和电镀，另外含铅汽油的汽车尾气中含有铅，扩散到大气中能随呼吸道进入人体影响身体健康。

铅是一种有毒有害的可在人体和动植物组织中蓄积的有毒金属，其主要毒性效应是导致贫血、神经机能失调和肾损伤等。多年来的大量研究表明，铅对人体的影响是全身性的，多系统的。对神经、血液和造血、消化、泌尿、生殖、心血管、内分泌、免疫等系统，以及儿童的身体发育均有毒性作用，其中神经系统、血液和造血系统对铅最敏感。随着我国经济发展和城市化加速，机动车辆高倍数增加，环境铅污染已成为影响儿童生长发育的重要因素。铅能够影响儿童的智力发育，有人估计血铅每升高 10 mg/L，智商平均下降 0.25。同时幼年时低水平的铅接触与儿童及青少年时期的神经行为方面的缺陷有关，应引起全社会和家长的高度重视。

用火焰原子吸收分光光度法测定铅的含量，该方法的检出限为 0.015 mg/m^3，线性方程 A=0.012 6C+0.005，相关系数 r=0.999 9，回收率为 96%～99%，该法简便、快速、灵敏，适合于汽车尾气中 Pb 的测定。

阳极溶出伏安法：在适当的预电解条件下将铅离子电解并富集在悬汞电极或汞膜电极上，然后改变电极的电位从负向正扫描使富集在阳极上的铅分步溶出。由于该方法采取的是先富集后测定，所以灵敏度很高。所得的电流呈峰形，峰电流的大小在不同的电极条件下有不同的描述，在一定条件下峰电流与溶液中的铅离子的浓度成正比。

双硫腙分光光度法基于在 pH 为 8.5～9.5 的氨性柠檬酸盐—氰化物的还原介质中，铅与双硫腙反应生成红色螯合物，用三氯甲烷（或四氯化碳）萃取后于 510 nm

波长处比色测定。

测时要特别注意器皿、试剂及去离子水是否含痕量铅，对某些金属离子如 Bi^{3+}、Sn^{2+}、Fe^{3+}的干扰，应事先予以处理。

（十）其他污染物质的测定

由于不同地区污染类型和排放污染物种类不尽相同，评价环境空气质量时，往往还需要测定其他大气污染物质的含量。表 4-10 列出部分其他污染物质的监测方法。

表 4-10 其他污染物质监测方法

污染物质	来源	监测方法	最低检出浓度/（mg/m^3）
氨	化肥、焦化等工业生产、氮肥使用等排放和逸散气体；含氮有机物腐败、分解	（1）钠氏试剂分光光度法 （2）次氯酸钠—水杨酸分光光度法	采样 20 L，0.03 采样 20 L，0.007
硫化氢	石油化工、焦化、合成纤维及煤气生产中排放和逸散气体；氨基酸腐败分解；火山气等	亚甲基蓝分光光度法	采样 60 L，0.001
硫酸雾	硫酸生产、磷肥、冶金、炼油、化工等大量使用硫酸等工业排放废气及烟气	乙二胺分光光度法	采样 4 000 L，5×10^{-4}
二硫化碳	二硫化碳、人造纤维及某些化工产品生产等逸散和排放气体	（1）乙二胺分光光度法 （2）气相色谱法	采样 30 L，0.03，0.033
五氧化二磷	火药、磷肥、染料等工业生产排放和逸散气体	抗坏血酸—钼蓝分光光度法	采样 75 L，0.01
氯	食盐电解、制药、农药、塑料、氯碱、造纸等工业生产中排放和逸散气体	甲基橙分光光度法	采样 20 L，0.025
氢化氢	盐酸、漂白粉、农药、染料、塑料、橡胶等工业生产中排放和逸散气体	（1）硫氰酸汞分光光度法 （2）离子色谱法	采样 250 L，0.006 采样 60 L，0.003
芳香烃（苯系物）	苯系物、树脂、油漆、橡胶、农药、洗涤剂、纤维素等工业生产中排放和逸散气体	气相色谱法	采样 100 L，苯 0.005 甲苯 0.004；二甲苯及乙苯均为 0.010
酚类化合物	炼油、焦化、石油化工、有机合成等工业生产中排放和逸散气体、汽车排放	（1）4-氨基安替比林分光光度法 （2）气相色谱法	采样 300 L，0.001 采样 840 L，样品溶液 10 mL，进样 1 μL，0.012
甲基对硫磷（甲基 E605）	甲基对硫磷生产及用作杀虫剂过程中排放和逸散气体	（1）气相色谱法 （2）盐酸萘乙二胺分光光度法	采样 60 L，解吸液 5.00 mL，进样 5.00 μL，1.7×10^{-3}；采样 60 L，0.008
敌百虫	敌百虫生产及用作杀虫剂过程中排放和逸散气体	硫氰酸汞分光光度法	采样体积 60 L，吸收液 5.00 mL，取 2.00 mL 测定，0.067

第四节　大气降水监测

大气降水监测的目的：了解在降雨（雪）过程中从大气中沉降到地球表面的沉降物的主要组成、性质及有关组分的含量；为分析大气污染状况和提出控制污染途径、方法提供基础数据和依据。

一、采样点的布设

（一）采样点数目

降水采样点的设置数目应视区域具体情况确定。我国《环境监测技术规范》中规定，人口 50 万以上的城市布 3 个采样点，50 万以下的城市布 2 个点。采样点位置要兼顾城市、农村或清洁对照区。

（二）采样地点的选择

采样点设置位置应考虑区域的环境特点，如地形、气象、工农业分布等。采样点应尽可能避开排放酸、碱物质和粉尘的局地污染源、主要街道交通污染源的影响，四周应无遮挡雨、雪的高大树木或建筑物。

二、采样

（一）采样器

采集雨水使用聚乙烯塑料桶或玻璃缸，其上口直径为 20 cm，高为 20 cm。也可采用自动采样器（图 4-23）。

图 4-23　APSA-1 降水自动监测仪

APSA-1降水自动监测仪仪器机壳采用不锈钢喷塑；滑板平移开关（门）结构，能适用于露天的各种恶劣环境；独特的梳状雨水传感器，感雨灵敏可靠；PC机数据处理，仪器单片机现场监测；具有降水采集过滤装置及冰箱低温保存样品等特点，保证仪器工作的可靠性，样品监测的实时性及准确性。

现场能显示出年、月、日、星期、时、分、降水日期、每场降水起止时间、实时监测pH值、电导率值、降雨量。

仪器有三种独立的工作模式:

F0——逢雨必测模式，每场降水测量一组相应数据；

F1——连续监测模式，每两分钟测量一组相应数据；

F2——收集混合样模式，当需要收集混合样品进行离子测量时，用户可任意设置当月的采样日期，收集当日样品，仪器同时对混样进行一次pH、电导率等数据测量；

（二）采样方法

（1）每次降雨（雪）开始，立即将清洁的采样器放置在预定的采样点支架上，采集全过程（开始到结束）雨（雪）样。如遇连续几天降雨（雪），每天上午8时开始，连续采集24 h为一次样。

（2）采样器应高于基础面1.2 m以上。

（3）样品采集后，应贴上标签，编好号，记录采样地点、日期、采样起止时间、雨量等。

降雨起止时间、降雨量、降雨强度等可使用自动雨量计测量。这类仪器由降雨量或降雨强度传感器、变换器（变为脉冲信号）、记录仪等组成。

（三）水样的保存

降水中的化学组分含量一般都很低，易发生物理变化、化学变化和生物作用，故采样后应尽快测定，如需要保存，一般不主张添加保存剂，而是密封后放于冰箱中。

三、降水中组分的测定

（一）测定项目

监测项目应根据监测目的确定。我国《环境监测技术规范》中对大气降水例行监测要求测定项目如下：

Ⅰ级测点为：pH值、电导率、硫酸根离子SO_4^{2-}、硝酸根离子NO_3^-、氯离子Cl^-、铵离子NH_4^+、钾离子K^+、钠离子Na^+、钙离子Ca^{2+}、镁离子Mg^{2+}。每月选一个或几个随机降水样品分析上述十个项目。

省、市监测网络中的Ⅱ、Ⅲ级测点视实际需要和可能决定测定项目。

（二）测定方法

十个项目的测定方法与“水和废水监测”中这些项目的测定方法相同。

（1）pH值的测定：这是酸雨调查最重要的项目，常用pH玻璃电极法测定。

（2）电导率的测定：用电导率仪或电导仪测定。通过电导率的测定，能快速推测雨水中溶解物质总量。（成正比）

（3）硫酸根 SO_4^{2-}的测定：可用铬酸钡—二苯碳酰二肼分光光度法、硫酸钡比浊法、离子色谱法等。

（4）硝酸根NO_3^-的测定：可反映大气被NO_x污染状况，也是导致降水pH值降低的因素之一。测定方法有：镉柱还原—偶氯染料分光光度法、紫外分光光度法及离子色谱法等。

（5）氯离子Cl^-的测定：氯离子是衡量大气中氯化氢（HCl）导致降水pH值降低的标志，也是判断海盐粒子影响的标志。可用硫氰酸汞—高铁分光光度法、离子色谱法等测定。

（6）铵离子 NH_4^+的测定：铵离子的存在，可抑制酸雨，但可能会导致水体富营养化。可用钠氏试剂分光光度法或次氯酸钠—水杨酸分光光度法测定。

（7）钾离子K^+、钠离子Na^+、钙离子Ca^{2+}、镁离子Mg^{2+}的测定：降水中K^+、Na^+浓度多在几毫克每升以下，常用空气—乙炔（贫焰）原子吸收分光光度法测定。Ca^{2+}是降水中主要的阳离子之一，其浓度多在几至数十毫克每升，可用原子吸收分光光度法、络合滴定法、偶氮氯膦Ⅲ分光光度法等测定。Mg^{2+}在降水中的含量一般在几毫克每升以下，常用原子吸收分光光度法测定。

第五节　大气污染源监测

污染源包括固定污染源和流动污染源。

固定污染源系指烟道、烟囱及排气筒等。它们排放的废气中既包含固态的烟尘和粉尘，也包含气态和气溶胶态的多种有害物质。

流动污染源系指汽车、柴油机车、船舶、飞机、火车等交通运输工具。其排放废气中也含有烟尘和某些有害物质。两种污染源都是大气污染物的主要来源。

一、固定污染源监测

（一）监测的内容和要求

1. 污染源监测的内容

排放废气中有害物质的浓度（mg/m^3）、有害物质的排放量（kg/h）、废气排放量（m^3/h）。

在有害物质排放浓度和废气排放量的计算中，都采用现行监测方法中推荐的标准状态（温度为 0℃，大气压力为 101.3 kPa 或 760 mmHg 柱）下的干气体表示。

2. 对污染源进行监测时的要求

（1）生产设备处于正常运转状态下进行；对因生产过程而引起排放情况变化的污染源，应根据其变化的特点和周期进行系统监测。

（2）当测定工业锅炉烟尘浓度时，锅炉应在稳定的负荷下运转，不能低于额定负荷的 85%。对于手烧炉，测定时间不得少于两个加煤周期。

（二）采样位置

正确地选择采样位置，是决定能否获得代表性的废气样品和尽可能地节约人力、物力的一项很重要的工作。

采样位置应选在气流分布均匀稳定的平直管段上，避开弯头、变径管、三通管及阀门等易产生涡流的阻力构件。

一般原则是按照废气流向，将采样断面设在阻力构件下游方向大于 6 倍管道直径处或上游方向大于 3 倍管道直径处。即使客观条件难于满足要求，采样断面与阻力构件的距离也不应小于管道直径的 1.5 倍，并适当增加测点数目。采样断面气流流速最好在 5 m/s 以下。

此外，由于水平管道中的气流速度与污染物的浓度分布不如垂直管道中均匀，所以应优先考虑垂直管道。

还要考虑方便、安全等因素。高位测定时，应设置带拉杆的工作平台。

（三）采样点位置和数目

因烟道内同一断面上各点的气流速度和烟尘浓度分布通常是不均匀的，因此，需按一定原则进行多点采样。

采样点的位置和数目主要依据烟道断面的形状、尺寸大小和流速分布情况确定。

（1）圆形烟道。如图 4-24 所示。

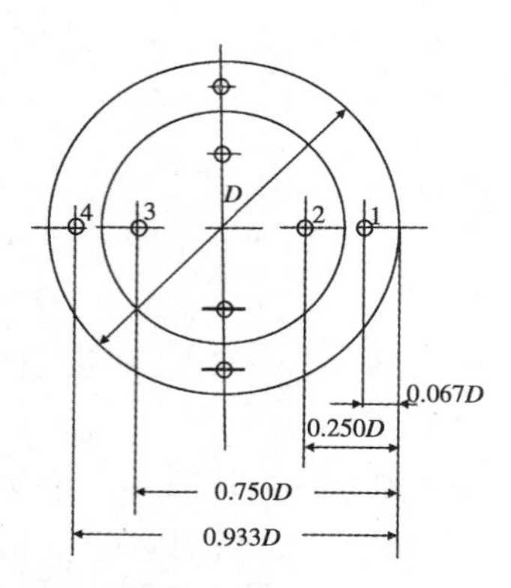

图 4-24　圆形烟道采样点的设置

不同直径圆形烟道的等面积环数、采样点数及采样点距离烟道内壁的距离（表 4-11）。

表 4-11　圆形烟道采样点设置

烟道直径/m	分环数/个	采样点距烟道内壁的距离（以烟道直径为单位）/m									
		1	2	3	4	5	6	7	8	9	10
<0.5	1	0.146	0.853								
0.5～1	2	0.067	0.250	0.750	0.933						
1～2	3	0.044	0.146	0.294	0.706	0.853	0.956				
2～3	4	0.033	0.105	0.195	0.321	0.679	0.805	0.895	0.967		
3～5	5	0.022	0.082	0.145	0.227	0.344	0.656	0.773	0.855	0.918	0.978

（2）矩形烟道如图 4-25 所示。

将烟道断面分成一定数目的等面积矩形小块，各小块中心即为采样点位置，小矩形数目可根据烟道断面面积大小确定（表 4-12）。

表 4-12　矩形烟道的分块和测定数

烟道断面积/m^2	等面积小块数	测点数
0～1	2×2	4
1～3	3×3	9
3～7	4×4	16
7～16	5×5	25
16～28	6×6	36

（3）拱形烟道。图 4-26 可分别按圆形和矩形烟道的布点方法确定采样点的位置及数目。

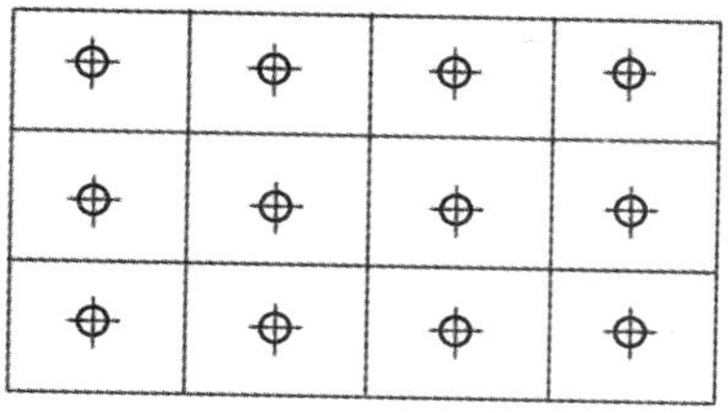

图 4-25 矩形烟道采样点布设

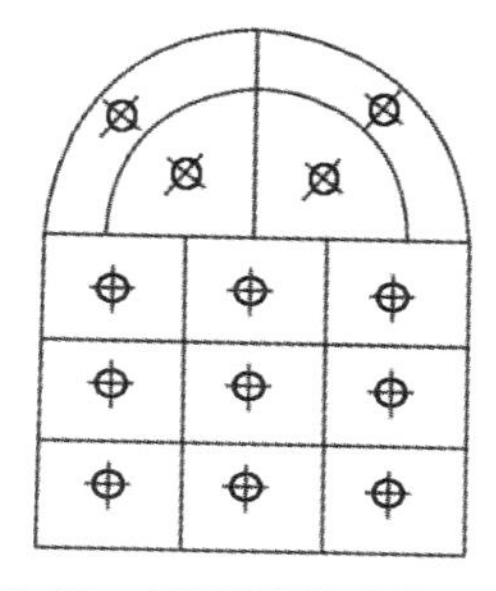

图 4-26 拱形烟道采样点布设

（四）基本状态参数的测定

烟气的基本状态参数：烟气的体积、温度、压力。

通过这几个基本状态参数，可计算出烟气流速、烟尘及有害物质浓度。

其中，

$$烟气体积\ V = 采样流量\ Q \times 采样时间\ t \tag{4-14}$$

$$采样流量\ Q = 测点烟道断面\ S \times 烟气流速\ v \tag{4-15}$$

而烟气流速又由烟气温度和压力决定。

所以，只要计算出烟气温度和压力，即可计算出其他参数。

1．烟道烟尘温度的测量

（1）对直径小、温度不高的烟道，可使用长杆水银温度计。测量时，应将温度计球部放在靠近烟道中心位置，读数时不要将温度计抽出烟道外。

（2）对直径大、温度高的烟道，要用热电偶测温毫伏计［或电阻温度计（图 4-27）］测量。

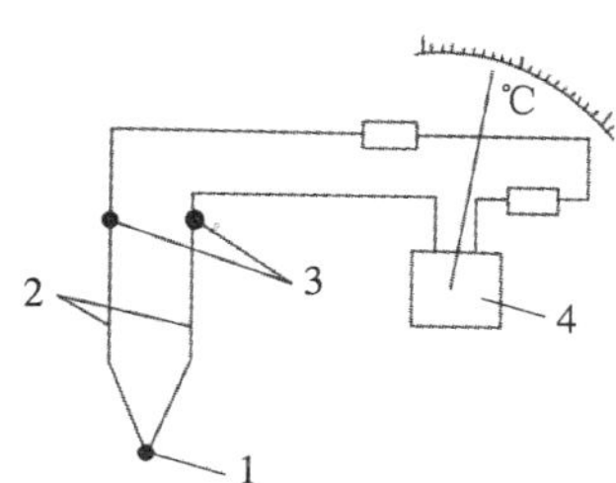

1—工作端；2—热电偶；3—自由端；4—测温毫伏计

图 4-27 热电偶测温原理

热电偶测温计测温原理：将两根不同的金属导线连成闭合回路，当两接点处于不同温度环境时，便产生热电势，两接点温差越大，热电势越大，如果使热电偶一个接点温度保持恒定（称自由端），则热电偶的热电势大小便完全决定于另一个接点的温度（称工作端），用毫伏计测出热电偶的热电势，便可知工作端所处的环境温度。

2．压力的测量

烟气的压力分为全压（P_t）、静压（P_s）和动压（P_v）。

静压是单位体积气体所具有的势能，表现为气体在各个方向上作用于器壁的压力。动压是单位体积气体具有的动能，是使气体流动的压力。全压是气体在管道中流动具有的总能量。全压＝静压＋动压，$P_t= P_s+ P_v$，所以只要测出三项中任意两项，即可求出第三项。

（1）测压管。常用的有两种，即标准皮托管和 S 形皮托管，它们都可以同时测出全压和静压。

（2）① 标准皮托管具有较高的精度，其校正系数近似等于 1，但由于测孔小，如果烟气中烟尘浓度大，易被堵塞，因此只适用于含尘量少的烟气（图 4-28）；② S 形皮托管适用于测烟尘含量较高的烟气。特点：由两根相同的金属管并联组成，其测量端有两个大小相等、方向相反开口，测量烟气压力时，一个开口面向气流，接受气流的全压；另一个开口背向气流，接受气流静压。由于气体绕流的影响，测得的静压比实际值小，因此，在使用前必须用标准皮托管进行校正（图 4-29）。

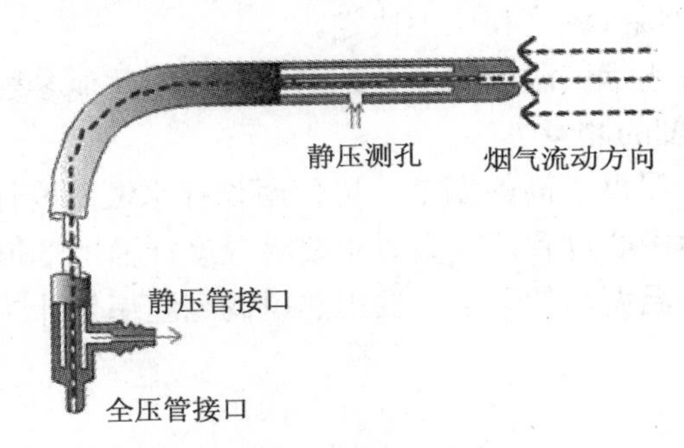

图 4-28　标准皮托管

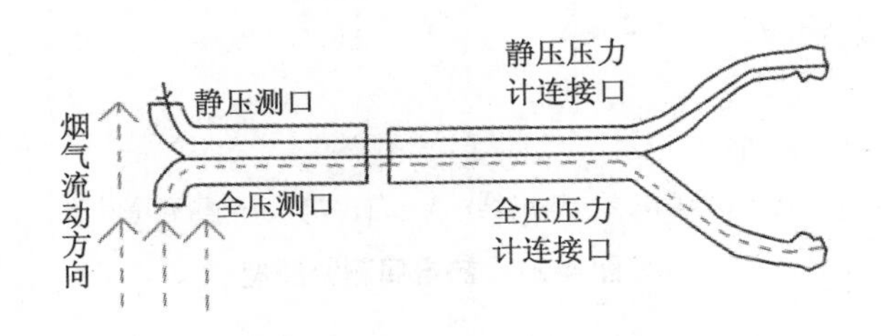

图 4-29　S 形皮托管

（3）压力计。常用的压力计有 U 形压力计和斜管式微压计。U 形压力计可同时测全压和静压，但误差较大，不适宜测量微小压力，其最小分压值不得大于 10 Pa，管内常装水、酒精或汞，根据被测压力范围而定；斜管式微压计只能测动压，精度不低于2%，管内常装酒精或汞。

（4）测定方法。先把仪器调整到水平状态，检查液柱内是否有气泡，并将液面调至零点。然后，将皮托管与压力计连接，把测压管的测压口伸进烟道内测点上，并对准气流方向，从 U 形压力计上读出液面差或从微压计上读出斜管液柱长度，按相应公式计算测得压力（图 4-30）。

（5）流速和流量的计算。把测得的温度和压力等参数，代入相应公式计算各测点的烟气流速和流量。

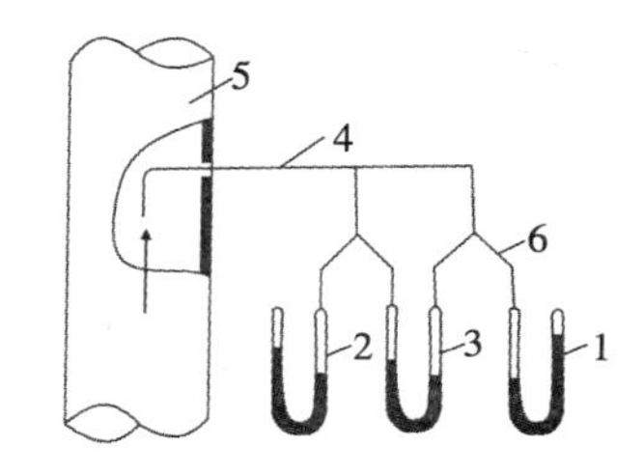

1—测全压；2—测静压；3—测动压；4—皮托管；5—烟道；6—橡皮管

图 4-30 标准皮托管与 U 形压力计连接方法

（五）含湿量的测定

与大气相比，烟气中的水蒸气含量较高，变化范围较大，为便于比较，监测方法规定以除去水蒸气后标准状态下的干烟气为基准表示烟气中有害物质的测定结果。

含湿量的测定方法有重量法、冷凝法、干湿球法等。

1．重量法

从烟道采样点抽取一定体积的烟气，使之通过装有吸收剂的吸收管，则烟气中的水蒸气被吸收剂吸收，吸收管的增重即为所采烟气中的水蒸气质量，然后代入公式计算含湿量。

吸湿管有两种，U 形吸湿管和雪菲尔德吸湿管；

重量法测定烟气中含湿量装置如图 4-31 所示。

常用吸湿剂有：$CaCl_2$、CaO、Al_2O_3、P_2O_5、硅胶、过氯酸镁等。

2．冷凝法

由烟道中抽出一定量的气体，通过冷凝器，根据冷凝出的水量，加上从冷凝器排出的饱和气体含有的水蒸气量，计算排气中的水分。

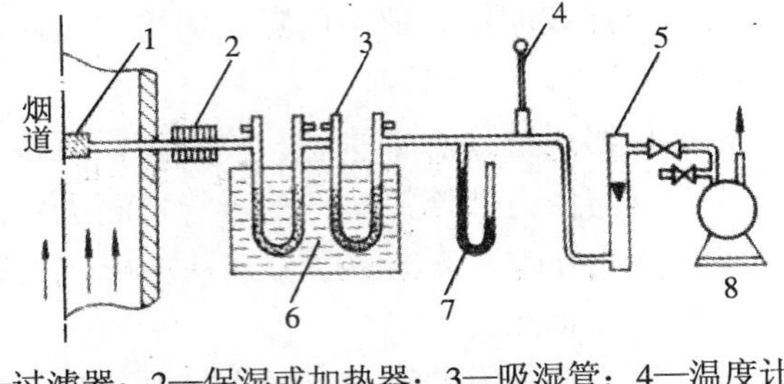

1—过滤器；2—保湿或加热器；3—吸湿管；4—温度计；
5—流量计；6—冷却器；7—压力计；8—抽气泵

图 4-31 重量法测定烟气含湿量装置

3．干湿球法

气体在一定流速下经干湿球温度计，根据干、湿球温度计读数及有关压力，计算排气中水分含量。

(六)烟尘浓度的测定

原理：抽取一定体积烟气通过已知质量的捕尘装置（如滤筒），根据捕尘装置采样前后的质量差和采样体积计算烟尘的浓度。

1．等速采样法

测定烟气、烟尘浓度必须采用等速采样法，即烟气进入采样嘴的速度应与采样点烟气流速相等；否则，过大、过小均会造成测定误差（图 4-32）。

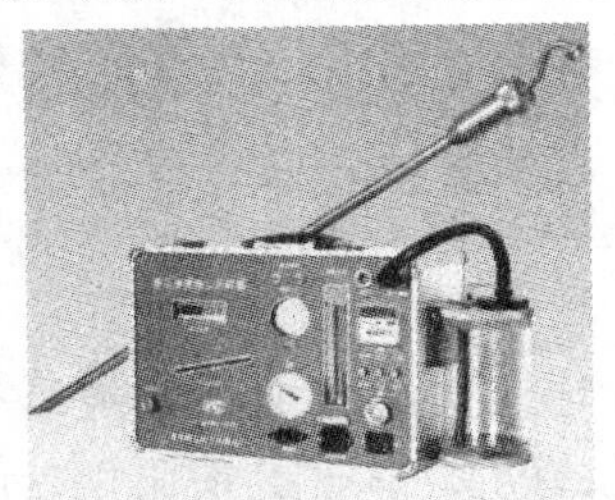

图 4-32 JT-2 型静压等速烟尘采样器

具体做法：将烟尘采样管由采样孔插入烟道中，使采样嘴置于测点上，正对气流，在采样嘴的吸气速度与测点处气流速度相等（误差不超过 10%）时，抽取气样。

预测流速法（等速采样法之一）：如图 4-33 所示。

原理：在采样前先测出采样点的烟气温度、压力、含湿量，计算出烟气流速，再结合采样嘴直径计算出等速采样条件下各采样点的采样流量。采样时，通过调节流量调节阀按照计算出的流量采样。

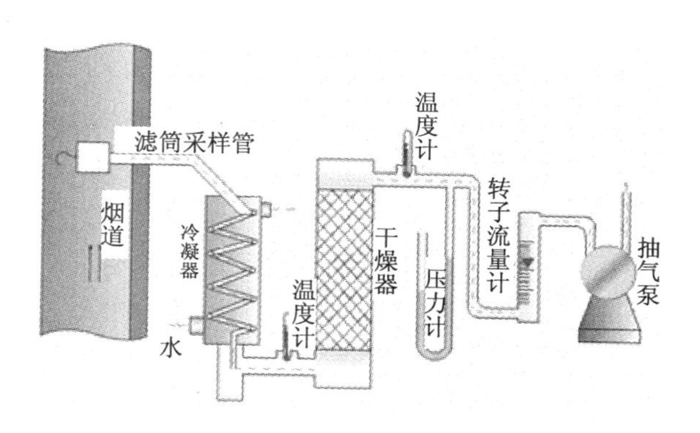

图 4-33 预测流速法烟尘采样装置

适用对象：适用烟气流速比较稳定的污染源。由于预测流量法测定烟气流速与采样不是同时进行。

2．移动采样和定点采样

移动采样：为测定烟道断面上烟气中烟尘的平均浓度，用同一个尘粒捕集器在已确定的各采样点上移动采样，在各点的采样时间相同，这是目前普遍使用的方法。

定点采样：为了解烟道内烟尘的分布状况和确定烟尘的平均浓度，分别在断面上每个采样点采样，即每个采样点采集一个样品。

3．采样装置

由采样管、捕集器、流量计、抽气泵等组成。常见的采样管有超细玻璃纤维滤筒采样管和刚玉滤筒采样管。它们由采样嘴、滤筒夹和滤筒、连接管组成。超细玻璃纤维滤筒适用于 500℃以下烟气，而刚玉滤筒适用于 850℃以下的烟气，二者对 0.5 μm 以上的尘粒捕集效率均在 99.99%以上。

4．含尘浓度计算

（1）计算滤筒采样前后重量之差 G（烟尘质量）。

（2）计算标准状态下的采样体积 V_n。

（3）烟尘浓度的计算：等于烟尘质量 G 除以采样体积 V_n。

（七）烟气组分的测定

烟气组分包括主要气体组分和微量有害气体组分。

烟气气体组分为氮、氧、二氧化碳和水蒸气等。测定这些组分的目的是考察燃料燃烧情况和为烟尘测定提供计算烟气气体常数的数据。有害组分为一氧化碳、氮氧化物、硫氧化物和硫化氢等。

1．烟气样品的采集

可用烟气采样器采样（图 4-34）。不需多点采样，只要在靠近烟道中心的任何一点采样即可。可利用吸收法采样装置采样，也可利用注射器采烟气装置采样（图4-35，图4-36）。

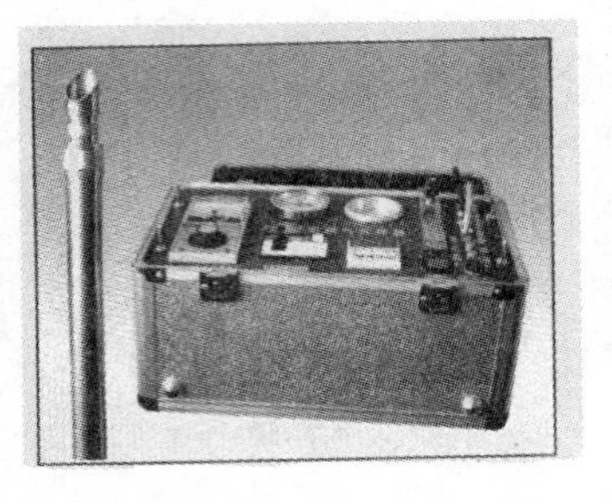

图 4-34　YQ-2 型烟气采样器

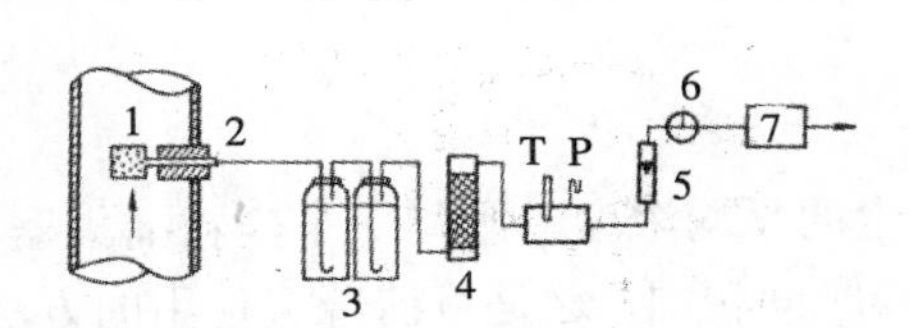

1—滤料；2—加热管；3—吸收瓶；4—干燥器；
5—流量计；6—三通阀；7—抽气泵

图 4-35　吸收法采样装置

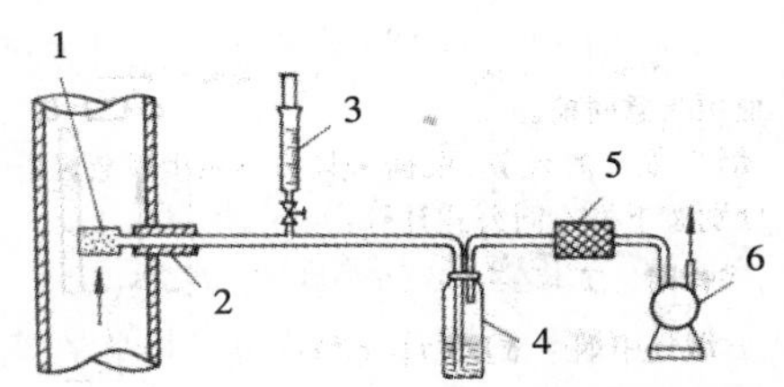

1—滤料；2—加热管；3—采样注射器；
4—吸收瓶；5—干燥器；6—抽气泵

图 4-36　注射器采烟气装置

2．烟气中有害组分的测定

可采用奥氏气体分析器吸收法（图 4-37）和仪器分析法测定。

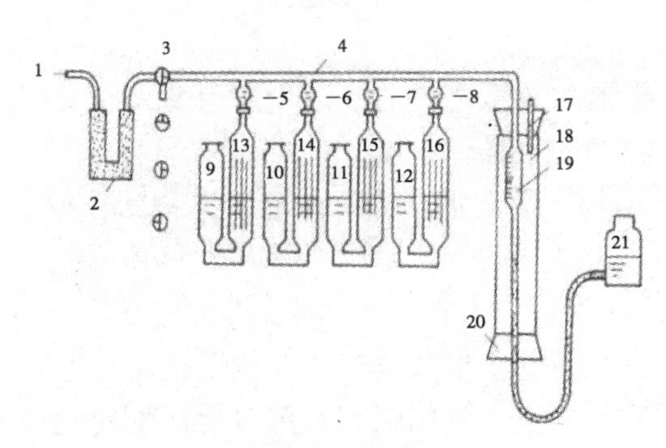

1—透气管；2—干燥器；3—三通阀；4—梳形管；5～8—旋塞；9～12—缓冲瓶；
13～16—吸收瓶；17—温度计；18—水套管；19—量气管；20—胶塞；21—水准瓶

图 4-37　奥氏气体分析器

用不同吸收液逐一吸收烟气中的欲测组分，通过测定吸收前后气样的体积变化，计算欲测组分占排气中各被测组分的体积的百分数。

例如，用 KOH 溶液吸收 CO_2；用焦性没食子酸溶液吸收 O_2；用氯化亚铜氨溶液吸收 CO 等，依次吸收 CO_2、O_2和 CO 后，剩余气体主要是 N_2。

仪器分析法：表 4-13 可分别测定烟气中的组分，其准确度比奥氏气体吸收法高。例如，用红外线气体分析仪或热导分析仪测定 CO_2；用磁氧分析仪或氧化锆氧量分析仪（测高温烟气）测定 O_2等。

表 4-13　仪器分析法测定烟气组分

组分	测定方法	测定范围
一氧化碳	奥氏气体分析器吸收法 红外线气体分析法 检气管法	>0.5%（体积比） 0～1 000 ppm >20 mg/m³
二氧化硫	碘量法 甲醛缓冲溶液吸收—盐酸副玫瑰苯胺分光光度法 定电位电解法	140～5 700 mg/m³ 2.5～500 mg/m³ 5～2 000 ppm
氮氧化物	中和滴定法 二磺酸酚分光光度法 盐酸萘乙二胺分光光度法	>2 000 mg/m³ 20～2 000 mg/m³ 2～500 mg/m³
硫化氢	碘量法（用于仅含 H_2S 的废气） 亚甲基蓝分光光度法	>3 mg/m³ 0.01～10 mg/m³
二硫化碳	碘量法 乙二胺分光光度法	>30 mg/m³ 3～60 mg/m³
汞	冷原子吸收分光光度法 双硫腙分光光度法	0.01～30 mg/m³ 0.01～100 mg/m³
氯	碘量法 甲基橙分光光度法	>35 mg/m³ 3～200 mg/m³
氯化氢	硝酸银容量法 硫氰酸汞分光光度法 离子色谱法	>40 mg/m³ 0.5～65 mg/m³ 25～1 000 mg/m³
氰化氢	异烟酸—吡唑啉酮分光光度法	0.05～100 mg/m³
光气	碘量法 紫外分光光度法	50～2 500 mg/m³ 0.5～50 mg/m³
苯（苯系物等）	气相色谱法	4～1 000 mg/m³
挥发酚	4-氨基安替比林分光光度法	0.5～50 mg/m³
有机硫化物（硫醇、硫醚）	气相色谱法	硫醇类：2～300 mg/m³ 硫醚类：1～200 mg/m³
氟化物	硝酸钍容量法 离子选择电极法 氟试剂分光光度法	>1% 1～1 000 mg/m³ 0.1～50 mg/m³
沥青烟	紫外分光光度法	5～700 mg/m³

组分	测定方法	测定范围
硫酸雾	偶氮胂Ⅲ容量法 铬酸钡分光光度法 离子色谱法	＞60 mg/m^3 5～120 mg/m^3 0.3～500 mg/m^3
铬酸雾	二苯碳酰二肼分光光度法	2～100 mg/m^3
铅	原子吸收分光光度法 双硫腙分光光度法 络合滴定法	0.05～50 mg/m^3 0.01～25 mg/m^3 ＞20 mg/m^3
铍	羊毛铬花菁 R 分光光度法 铍试剂Ⅲ分光光度法 原子吸收分光光度法（石墨炉法）	0.01～20 mg/m^3 0.01～10 mg/m^3 0.003～3 μg/m^3

二、流动污染源监测

汽车排气是石油体系燃料在内燃机内燃烧后的产物，含有 NO_x、碳氢化合物、CO 等有害组分，是污染大气环境的主要流动污染源。

汽车尾气中各种污染物的含量与其行驶状态有关，空挡、加速、减速、匀速等行驶状态下排气中的污染物含量均不相同，应分别测定。

汽车尾气的采样一般分高浓度采样和低浓度采样两种情况。低浓度采样是指尾气排放经大气扩散后采样分析，这种采样分析受环境条件影响大，结果稳定性差，且时间性强；高浓度采样是指发生源在高浓度状况的采样。目前，常以汽车怠速状态、高浓度采样监测尾气中的 CO 和 HC。

（一）汽车尾气中 NO_x 的测定

在汽车尾气排气管处用取样管将废气引出（用采样泵），经冰浴（冷凝除水）、玻璃棉过滤器（除油污、烟尘），抽取到 100 mL 注射器中，然后将抽取的气样经氧化管注入冰乙酸-对氨基苯磺酸-盐酸萘乙二胺溶液吸收和显色，显色后用分光光度法测定，测定方法同大气中 NO_x 的测定。也可用化学发光 NO_x 监测仪测定。

（二）汽车怠速 CO、碳氢化合物的测定

（1）怠速工况的条件。发动机以最低空转转速（≤600 r/min）旋转，即处于无负荷运转状态；离合器处于结合位置；油门（脚踏板和手油门）位于松开位置；安装机械式或半自动式变速器时，变速杆应位于空挡位置；当安装自动变速器时，选择器应在停车或空挡位置；阻风门全开。

（2）测定方法。用组合式非色（分）散红外吸收监测仪进行测定。测定时，先将汽车发动机由怠速加速至 0.7 额定转速，维持 30 s 后降至怠速状态，将取样探头插入排气管中，维持 10 s 后，在 30 s 内读取最高值和最低值，其平均值即为测定结果。如为多个排气管，应取各排气管测定值的算术平均值。

测定结果 CO 以体积百分含量表示，HC 以 ppm（体积比）表示。

（3）计算 CO、HC 的相对含量（体积比）。

（4）排放标准（GB 3842—83，GB 14761.5—93）。

第六节　室内环境污染物监测

一、一般规定（GB/T 18883—2002）

民用建筑工程验收时，必须进行室内环境污染物浓度检测。检测结果应符合表 4-14 的规定。

表 4-14　民用建筑工程室内环境污染物浓度限量

污染物	Ⅰ类民用建筑	Ⅱ类民用建筑
氡	≤200	≤400
游离甲醛	≤0.08	≤0.12
苯	≤0.09	≤0.09
氨	≤0.2	≤0.5
TVOC	≤0.5	≤0.6

注：表中污染物浓度限量，除氡外均应以同步测定的室外空气响应值为空白值。

当被抽检房间室内环境污染物浓度的全部检测结果符合表 4-14 的规定时，可判定该工程室内环境质量合格。

当被抽检的房间中有一项以上（含一项）污染物浓度检测结果不符合表 4-14 的规定时，应查找原因并采取措施进行处理，并再次对不合格项进行检测。再次检测时，抽检房间数量应为不合格房间数量的两倍，且包含原不合格房间。再次检测结果全部符合表 4-14 的规定时，判定为室内环境质量合格。

室内环境质量验收不合格的民用建筑工程，严禁投入使用。

二、采样

1. 采样仪器准备

空气采样器：检查所用的空气采样器的性能和规格，应符合 GB/T 17061 的要求。流量范围 0～2 L/min，流量稳定。

大型气泡吸收管。

气压表。

温湿度计。

活性炭管及 Tanex-TA 吸附管：用硬质玻璃或不锈钢制造，内外径应均匀；内径为 3.5～4.0 mm，外径为 5.5～6.0 mm；在 200 mL/min 流量下，吸附管的通气阻力应为 2～4 kPa。活性炭采样管采样前，吸附管在 350℃下通氮气活化 20～60 min；Tenax-TA 采样管采样前，吸附管在 300℃下通氮气活化 20～60 min。

（1）采样仪器设备的准备情况、运行完好检查。

气密性检查：有动力采样器在采样前应对采样系统气密性进行检查，不得漏气。

流量校准：采样系统流量要求保持恒定，在校正时，必须串联与采样相同的吸收管或吸附管。使用定时装置控制采样时间的采样，应校正定时装置。

（2）须采集样品的环境准备情况检查。

抽样时间应在民用建筑工程及室内装修工程完工至少 7 d 以后、工程交付使用前进行。

对采用集中空调的民用建筑工程，应在空调正常运转条件下进行。

对采用自然通风的民用建筑工程，游离甲醛、氨、苯、TVOC 检测应在对外门窗关闭 1 h 后进行；氡检测应在对外门窗关闭 24 h 后进行。

（3）采集室内环境样品时，须同时在室外的上风向处采集室外环境空气样品。

（4）对不合格情况，应加采平行样，测定之差与平均值比较的相对偏差不超过 20%。

2．采样点设置要求

（1）环境污染物现场检测点应视房间面积设置：

房间面积小于 50 m^2 时，设 1 个检测点；

房间面积等于 50～100 m^2 时，设 2 个检测点；

房间面积大于 100 m^2 时，设 3 个检测点；

房间面积大于 500 m^2 时，设 5 个检测点。

（2）环境污染物浓度现场检测点应距内墙面不小于 0.5 m、距楼地面高度 0.8～1.5 m。

（3）检测点应在对角线上或梅花式均匀分布设置，避开通风道和通风口。

3．采样记录内容

标明采样点的设置位置。

采样仪器的型号、编号、采样流量。

采样时间，流速。

采样温度、湿度、气压等气象参数。

采样者姓名。

采样单上的其他相关内容。

采样位置封闭时间。

4．采样体积计算

将采样体积按下式换算成标准状态下的采样体积

$$V_0=V_t\frac{T_0}{273+t}\cdot\frac{P}{P_0} \tag{4-16}$$

式中：V_0——标准状态下的采样体积，L；

V_t——体积，为采样流量与采样时间乘积；

t——采样点的气温，℃；

T_0——标准状态下的绝对温度，273 K；

P——采样点的大气压，kPa；

P_0——标准状态下的大气压，101 kPa。

三、检测方法

根据优先监测原则选择甲醛、苯、氨、总挥发性有机物、氡五大室内空气污染物为监测对象。

（一）甲醛—酚试剂分光光度

本方法是《公共场所空气中甲醛测定方法—酚试剂分光光度》（GB/T 18204.26—2000）的规定。

1．原理

空气中的甲醛与酚试剂反应生成嗪，嗪在酸性溶液中被高铁离子氧化形成蓝绿色化合物。根据颜色深浅，比色定量。

2．试剂

本法中所用水均为重蒸馏水或去离子交换水：所用的试剂纯度一般为分析纯。

（1）吸收液原液：称量 0.10 g 酚试剂［$C_6H_4SN(CH_3)C:NNH_2\cdot HCl$，NBTH］，加水溶解，倾于 100 mL 具塞量筒中，加水到刻度。放冰箱中保存，可稳定 3 d。

（2）吸收液：量取吸收原液 5 mL，加 95 mL 水，即为吸收液。采样时，临用现配。

（3）1%硫酸铁铵溶液：称量 1.0 g 硫酸铁铵[$NH_4Fe(SO_4)_2\cdot 12H_2O$]用 0.1 mol/L 盐酸溶解，并稀释至 100 mL。

（4）碘溶液［$c(1/2I_2)$=0.100 0 mol/L］：称量 30 g 碘化钾，溶于 25 mL 水中，加入 127 g 碘。待碘完全溶解后，用水定容至 1 000 mL。移入棕色瓶中，暗处贮存。

（5）1 mol/L 氢氧化钠溶液：称量 40 g 氢氧化钠，溶于水中，并稀释至 1 000 mL。

（6）0.5 mol/L 硫酸溶液：取 28 mL 浓硫酸缓慢加入水中，冷却后，稀释至 1 000 mL。

（7）硫代硫酸钠标准溶液［$c(Na_2S_2O_3)$=0.100 0 mol/L］。

（8）0.5%淀粉溶液：将 0.5 g 可溶性淀粉，用少量水调成糊状后，再加入 100 mL

沸水，并煮沸 2～3 min 至溶液透明。冷却后，加入 0.1 g 水杨酸或 0.4 g 氯化锌保存。

（9）甲醛标准贮备溶液：取 2.8 mL 含量为 36%～38%的甲醛溶液，放入 1 L 容量瓶中，加水稀释至刻度。此溶液 1 mL 约相当于 1 mg 甲醛。

（10）甲醛标准溶液：临用时，将甲醛标准贮备溶液用水稀释成 1.00 mL 含 10 μg 甲醛，立即再取此溶液 10.00 mL，加入 100 mL 容量瓶中，加入 5 mL 吸收原液，用水定容至 100 mL，此液 1.00 mL 含 1.00 μg 甲醛，放置 30 min 后，用于配制标准色列管。此标准溶液可稳定 24 h。

3．仪器和设备

（1）大型气泡吸收管：出气口内径为 1 mm，出气口至管底距离等于或小于 5 mm。

（2）恒流采样器：流量范围 0～1 L/min。流量稳定可调，恒流误差小于 2%，采样前和采样后应用皂膜流量计校准采样系列流量，误差小于 5%。

（3）具塞比色管：10 mL。

（4）分光光度计：在 630 nm 测定吸光度。

4．采样

用一个内装 5 mL 吸收液的大型气泡吸收管，以 0.5 L/min 流量，采气 10 L。并记录采样点的温度和大气压力。采样后样品在室温下应在 24 h 内分析。

5．分析步骤

（1）标准曲线的绘制

取 10 mL 具塞比色管，用甲醛标准溶液按表 4-15 制备标准系列。

表 4-15　甲醛标准系列

管号	0	1	2	3	4	5	6	7	8
标准溶液/ mL	0.00	0.10	0.20	0.40	0.60	0.80	1.00	1.50	2.00
吸收液/ mL	5.00	4.90	4.80	4.60	4.40	4.20	4.00	3.50	3.00
甲醛含量/μg	0	0.10	0.20	0.40	0.60	0.80	1.00	1.50	2.00

各管中，加入 0.4 mL 1%硫酸铁铵溶液，摇匀。放置 15 min。用 1 cm 比色皿，以在波长 630 μm 下，以水参比，测定各管溶液的吸光度。以甲醛含量为横坐标，吸光度为纵坐标，绘制曲线，并计算回归斜率，以斜率倒数作为样品测定的计算因子 B_g（μg/吸光度）。

（2）样品测定

采样后，将样品溶液全部转入比色管中，用少量吸收液洗吸收管，合并使总体积为 5 mL。按绘制标准曲线的操作步骤测定吸光度（A）；在每批样品测定的同时，用 5 mL 未采样的吸收液作试剂空白，测定试剂空白的吸光度（A_0）。

6．结果计算

空气中甲醛浓度按式4-17计算

$$c=[(A-A_0)\times B_g]/V_0 \quad (4\text{-}17)$$

式中：c ——空气中甲醛，mg/m^3；

A ——样品溶液的吸光度；

A_0 ——空白溶液的吸光度；

B_g ——计算因子，μg/吸光度；

V_0 ——换算成标准状态下的采样体积，L。

（二）苯—毛细管气相色谱法

本方法是GB/T 11737—1989《居住区大气中苯、甲苯和二甲苯卫生检验标准方法——气相色谱法》的规定。

1. 适用范围

本标准适用居住区大气中苯、甲苯和二甲苯浓度的测定，也适用于室内空气中苯、甲苯和二甲苯浓度的测定。

2. 原理

空气中苯用活性炭管采集，然后用二硫化碳提取出来。用氢火焰离子化监测器的气相色谱仪分析，以保留时间定性，峰高定量。

3. 测定范围

（1）测定范围：采样量为20 L时，用1 mL二硫化碳提取，进样1 μL，测定范围为0.05～10 mg/m^3 。

（2）适用场所：本法适用于室内空气和居住区大气中苯浓度的测定。

4. 试剂和材料

（1）苯：色谱纯。

（2）二硫化碳：分析纯，需经纯化处理，保证色谱分析无杂峰。

（3）椰子壳活性炭：20～40目，用于装活性炭采样管。

（4）高纯氮：99.999%。

5. 仪器和设备

（1）活性炭采样管：用长150 mm、内径3.5～4.0 mm、外径6 mm的玻璃管，装入100 mg椰子壳活性炭，两端用少量玻璃棉固定。装好管后再用纯氮气于300～350℃温度条件下吹5～10 min，然后套上塑料帽封紧管的两端。此管放于干燥器中可保存5 d。若将玻璃管熔封，此管可稳定三个月。

（2）空气采样器：流量范围0.2～1 L/min，流量稳定。使用时用皂膜流量计校准采样系统在采样前和采样后的流量。流量误差应小于5%。

（3）注射器：1 mL。体积刻度误差应校正。

（4）微量注射器：1 μL，10 μL。体积刻度误差应校正。

（5）具塞刻度试管：2 mL。

（6）气相色谱仪：附氢火焰离子化监测器。

（7）色谱柱：0.53 mm×30 m 宽径非极性石英毛细管柱。

6．采样和样品保存

在采样地点打开活性炭管，两端孔径至少 2 mm，与空气采样器入气口垂直连接，以 0.5 L/min 的速度，抽取 20 L 空气。采样后，将管的两端套上塑料帽，并记录采样时的温度和大气压力。样品可保存 5 d。

7．分析步骤

（1）色谱分析条件：由于色谱分析条件常因实验条件不同而有所差异，所以应根据所用气相色谱仪的型号和性能，制定能分析苯的最佳的色谱分析条件。

（2）绘制标准曲线和测定计算因子：在与样品分析的相同条件下，绘制标准曲线和测定计算因子。

（3）样品分析：将采样管中的活性炭倒入具塞刻度试管中，加 1.0 mL 二硫化碳，塞紧管塞，放置 1 h，并不时振摇。取 1 μL 进样，用保留时间定性，峰高（mm）定量。每个样品做三次分析，求峰高的平均值。同时，取一个未经采样的活性炭管按样品管同时操作，测量空白管的平均峰高（mm）。

8．计算结果

（1）将采样体积按式 4-18 换算成标准状态下的采样体积：

$$V_0=V_t\times T_0/(273+t)\times p/p_0 \qquad (4\text{-}18)$$

（2）用热解吸法时，空气中苯浓度按下式计算：

$$C=(h-h_0)\times B_g/V_0\times E_g\times 100 \qquad (4\text{-}19)$$

（三）氨—靛酚蓝分光光度法

本法是《公共场所空气中氨测定方法》（GB/T 18204.25—2000）中“靛酚蓝分光光度法”的规定。

1．原理

空气中氨吸收在稀硫酸中，在亚硝基铁氰化钠及次氯酸钠存在下，与水杨酸生成蓝绿色的靛酚蓝染料，根据着色深浅，比色定量。

2．试剂和材料

本法所用的试剂均为分析纯，水为无氨蒸馏水。

（1）吸收液[$c(H_2SO_4)$=0.005 mol/L]：量取 2.8 mL 浓硫酸加入水中，并稀释至 1 L。临用时再稀释 10 倍。

（2）水杨酸溶液（50 g/L）：称取 10.0 g 水杨酸[$C_6H_4(OH)COOH$]和 10.0 g 柠檬酸钠（$Na_3C_6O_7\cdot 2H_2O$），加水约 50 mL，再加 55 mL 氢氧化钠溶液[c（NaOH）

=2 mol/L]，用水稀释至 200 mL。此试剂稍有黄色，室温下可稳定一个月。

（3）亚硝基铁氰化钠溶液（10 g/L）：称取 1.0 g 亚硝基铁氰化钠[$Na_2Fe(CN)_5 \cdot NO \cdot 2H_2O$]，溶于 100 mL 水中，贮于冰箱中可稳定一个月。

（4）次氯酸钠溶液[c（NaClO）=0.05 mol/L]：取 1 mL 次氯酸钠试剂原液，用碘量法标准定其浓度。然后用氢氧化钠溶液[c（NaOH）=2 mol/L]稀释成 0.05 mol/L 的溶液。贮于冰箱中可保存两个月。

（5）氨标准溶液

① 标准贮备液：称取 0.314 2 g 经 105℃干燥 1 h 的氯化铵（NH_4Cl），用少量水溶解，移入 100 mL 容量瓶中，用吸收液[见 2.（1）]稀释至刻度，此液 1.00 mL 含 1.00 mg 氨。

② 标准工作液：临用时，将标准贮备液用吸收液稀释成 1.00 mL 含 1.00 μg 氨。

3．仪器、设备

（1）大型气泡吸收管：有 10 mL 刻度线，出气口内径为 1 mm，与管底距离应为 3～5 mm。

（2）空气采样器：流量范围 0～2 L/min，流量稳定。使用前后，用皂膜流量计校准采样系统的流量，误差应小于±5%。

（3）具塞比色管：10 mL。

（4）分光光度计：可测波长为 697.5 nm，狭缝小于 20 nm。

4．采样

用一个内装 10 mL 吸收液的大型气泡吸收管，以 0.5 L/min 流量，采气 5 L，及时记录采样点的温度及大气压力。采样后，样品在室温下保存，于 24 h 内分析。

5．分析步骤

（1）标准曲线的绘制

取 10 mL 具塞比色管 7 支，按表 4-16 制备标准系列管。

表 4-16　氨的标准系列

管号	0	1	2	3	4	5	6
标准溶液/ mL	0	0.5	1.00	3.00	5.00	7.00	10.00
吸收液/ mL	10.00	9.50	9.00	7.00	5.00	3.00	0
甲醛含量/ μg	0	0.50	1.00	3.00	5.00	7.00	10.00

在各管中加入 0.50 mL 水杨酸溶液[见 2.（2）]，再加入 0.10 mL 亚硝基铁氰化钠溶液[见 2.（3）]和 0.10 mL 次氯酸钠溶液[见 2.（4）]，混匀，室温下放置 1 h。用 1 cm 比色皿，于波长 697.5 nm 处，以水作参比，测定各管溶液的吸光度。以氨含量（μg）作横坐标，吸光度为纵坐标，绘制标准曲线，并用最小二乘法计算校准曲线的斜率、截距及回归方程（4-20）。

$$Y=bX+a \quad (4-20)$$

式中：Y—— 标准溶液的吸光度；

X—— 氨含量，μg；

a—— 回归方程式的截距；

b—— 回归方程式斜率，吸光度/μg。

标准曲线斜率 b 应为 0.081±0.003 吸光度/μg 氨。以斜率的倒数作为样品测定时的计算因子（Bs）。

（2）样品测定

将样品溶液转入具塞比色管中，用少量的水洗吸收管，合并，使总体积为 10 mL。再按制备标准曲线的操作步骤［见 5.（1）］测定样品的吸光度。在每批样品测定的同时，用 10 mL 未采样的吸收液作试剂空白测定。如果样品溶液吸光度超过标准曲线范围，则可用试剂空白稀释样品显色液后再分析。计算样品浓度时，要考虑样品溶液的稀释倍数。

6．结果计算

（1）将采样体积按式（4-21）换算成标准状态下的采样体积：

$$V_0=V_t \times T_0/(273+t) \times P/P_0 \quad (4-21)$$

式中：V_0—— 标准状态下的采样体积，L；

V_t—— 采样体积，由采样流量乘以采样时间而得，L；

T_0—— 标准状态下的绝对温度，273 K；

P_0—— 标准状态下的大气压力，101.3 kPa；

P—— 采样时的大气压力，kPa；

t—— 采样时的空气温度，℃。

（2）空气中氨浓度按式（4-22）计算：

$$c(NH_3)=(A-A_0)Bs/V_0 \quad (4-22)$$

式中：c—— 空气中氨浓度，mg/m^3；

A—— 样品溶液的吸光度；

A_0—— 空白溶液的吸光度；

Bs—— 计算因子，μg/吸光度；

V_0—— 标准状态下的采样体积，L。

7．测定范围、精密度和准确度

（1）测定范围

测定范围为 10 mL 样品溶液中含 0.5～10 μg 氨。按本法规定的条件采样 10 min，样品可测浓度范围为 0.01～2 mg/m^3。

（2）灵敏度

10 mL 吸收液中含有 1 μg 的氨应有 0.081±0.003 吸光度。

（3）检测下限

检测下限为 0.5 μg/10 mL，若采样体积为 5 L 时，最低检出浓度为 0.01 mg/m³。

（4）干扰和排除

对已知的各种干扰物，本法已采取有效措施进行排除，常见的 Ca^{2+}、Mg^{2+}、Fe^{3+}、Mn^{2+}、Al^{3+}等多种阳离子已被柠檬酸络合；2 μg 以上的苯胺有干扰，H_2S 允许量为 30 μg。

（5）方法的精密度

当样品中氨含量为 1.0 μg/10 mL，5.0 μg/10 mL，10.0 μg/10 mL，其变异系数分别为 3.1%，2.9%，1.0%，平均相对偏差为 2.5%。

（6）方法的准确度

样品溶液加入 1.0 μg，3.0 μg，5.0 μg，7.0 μg 的氨时，其回收率为 95%～109%，平均回收率为 100.0%。

（四）总挥发性有机物（TVOC）—热解吸/毛细管气相色谱法

本方法符合《民用建筑工程室内环境污染控制规范》（GB 50325—2001）中附录 E 的规定。

1．原理

（1）原理

选择合适的吸附剂（Tenax-GC 或 Tenax-TA），用吸附管采集一定体积的空气样品，空气流中的挥发性有机化合物保留在吸附管中。采样后，将吸附管加热，解吸挥发性有机化合物，待测样品随惰性载气进入毛细管气相色谱仪。用保留时间定性，峰高或峰面积定量。

（2）干扰和排除

采样前处理和活化采样管和吸附剂，使干扰减到最小；选择合适的色谱柱和分析条件，本法能将多种挥发性有机物分离，使共存物干扰问题得以解决。

2．适用范围

（1）测定范围：本法适用于浓度范围为 0.5～100 mg/m³ 的空气中 VOCS 的测定。

（2）适用场所：本法适用于室内、环境和工作场所空气，也适用于评价小型或大型测试舱室内材料的释放。

3．试剂和材料

分析过程中使用的试剂应为色谱纯；如果为分析纯，需经纯化处理，保证色谱分析无杂峰。

（1）VOCS：为了校正浓度，需用 VOCS 作为基准试剂，配成所需浓度的标准溶液或标准气体，然后采用液体外标法或气体外标法将其定量注入吸附管。

（2）稀释溶剂：液体外标法所用的稀释溶剂应为色谱纯，在色谱流出曲线中应与待测化合物分离。

（3）吸附剂：使用的吸附剂粒径为 0.18～0.25 mm（60～80 目），吸附剂在装管前都应在其最高使用温度下，用惰性气流加热活化处理过夜。为了防止二次污染，吸附剂应在清洁空气中冷却至室温，储存和装管。解吸温度应低于活化温度。由制造商装好的吸附管使用前也需活化处理。

（4）高纯氮：99.999%。

4．仪器和设备

（1）吸附管：外径为 6.3 mm、内径为 5 mm、长为 90 mm 内壁抛光的不锈钢管，吸附管的采样入口一端有标记。吸附管可以装填一种或多种吸附剂，应使吸附层处于解吸仪的加热区。根据吸附剂的密度，吸附管中可装填 200～1 000 mg 的吸附剂，管的两端用不锈钢网或玻璃纤维毛堵住。如果在一支吸附管中使用多种吸附剂，吸附剂应按吸附能力增加的顺序排列，并用玻璃纤维毛隔开，吸附能力最弱的装填在吸附管的采样入口端。

（2）注射器：10 mL 液体注射器；10 mL 气体注射器；1 mL 气体注射器。

（3）采样泵：恒流空气个体采样泵，流量范围 0.02～0.5 L/min，流量稳定。使用时用皂膜流量计校准采样系统在采样前和采样后的流量。流量误差应小于 5%。

（4）气相色谱仪：配备氢火焰离子化监测器、质谱监测器或其他合适的监测器。

色谱柱：非极性（极性指数小于 10）石英毛细管柱。

（5）热解吸仪：能对吸附管进行二次热解吸，并将解吸气用惰性气体载带进入气相色谱仪。解吸温度、时间和载气流速是可调的。冷阱可将解吸样品进行浓缩。

（6）液体外标法制备标准系列的注射装置：常规气相色谱进样口，可以在线使用也可以独立装配，保留进样口载气联机，进样口下端可与吸附管相连。

5．采样和样品保存

将吸附管与采样泵用塑料或硅橡胶管连接。个体采样时，采样管垂直安装在呼吸带；固定位置采样时，选择合适的采样位置。打开采样泵，调节流量，以保证在适当的时间内获得所需的采样体积（1～10 L）。如果总样品量超过 1 mg，采样体积应相应减少。记录采样开始和结束时的时间、采样流量、温度和大气压力。

采样后将管取下，密封管的两端或将其放入可密封的金属或玻璃管中。样品可保存 14 d。

6．分析步骤

（1）样品的解吸和浓缩

将吸附管安装在热解吸仪上，加热，使有机蒸汽从吸附剂上解吸下来，并被载气流带入冷阱，进行预浓缩，载气流的方向与采样时的方向相反。然后再以低流速快速解吸，经传输线进入毛细管气相色谱仪。传输线的温度应足够高，以防止待测成分凝结。

（2）色谱分析条件

可选择膜厚度为 1～5 mm、柱长为 50 m、内径为 0.22 mm 的石英柱，固定相可以是二甲基硅氧烷或 7%的氰基丙烷、7%的苯基、86%的甲基硅氧烷。柱操作条件为程序升温，初始温度 50℃保持 10 min，以 5℃/min 的速率升温至 250℃。

（3）标准曲线的绘制

气体外标法：用泵准确抽取 100 mg/m^3 的标准气体 100 mL、200 mL、400 mL、1 L、2 L、4 L、10 L，通过吸附管，制备标准系列。

液体外标法：利用 4.（6）的进样装置取 1～5 mL 含液体组分 100 mg/ mL 和 10 mg/ mL 的标准溶液注入吸附管，同时用 100 mL/min 的惰性气体通过吸附管，5 min 后取下吸附管密封，制备标准系列。

用热解吸气相色谱法分析吸附管标准系列，以扣除空白后峰面积的对数为纵坐标，以待测物质量的对数为横坐标，绘制标准曲线。

（4）样品分析

每支样品吸附管按绘制标准曲线的操作步骤（即相同的解吸和浓缩条件及色谱分析条件）进行分析，用保留时间定性，峰面积定量。

7. 结果计算

（1）将采样体积按式 4-23 换算成标准状态下的采样体积

$$V_0=V_t \times T_0/（273+T）\times P/P_0 \tag{4-23}$$

式中：V_0 —— 换算成标准状态下的采样体积，L；

V_t —— 采样体积，L；

T_0 —— 标准状态的绝对温度，273 K；

T —— 采样时采样点现场的温度（t）与标准状态的绝对温度之和，（t+273）K；

P_0 —— 标准状态下的大气压力，101.3 kPa；

P —— 采样时采样点的大气压力，kPa。

（2）TVOC 的计算

① 应对保留时间在正己烷和正十六烷之间所有化合物进行分析。

② 计算 TVOC，包括色谱图中从正己烷到正十六烷之间的所有化合物。

③ 根据单一的校正曲线，对尽可能多的 VOCS 定量，至少应对十个最高峰进行定量，最后与 TVOC 一起列出这些化合物的名称和浓度。

④ 计算已鉴定和定量的挥发性有机化合物的浓度 *Sid*。

⑤ 用甲苯的回应系数计算未鉴定的挥发性有机化合物的浓度 *Sun*。

⑥ *Sid* 与 *Sun* 之和为 TVOC 的浓度或 TVOC 的值。

⑦ 如果检测到的化合物超出了②中 TVOC 定义的范围，那么这些信息应该添加到 TVOC 值中。

（3）空气样品中待测组分的浓度按②式计算

由回归方程计算出各组分的量，再按式4-24计算所采空气样品中各组分的含量：

$$C_i = \frac{m_i}{V_0} \tag{4-24}$$

式中：C_i——所采空气样品中i组分含量，mg/m³；

m_i——被测样品中i组分的量，μg；

V_0——空气标准状态采样体积，L。

应按式4-25计算所采空气样品中总挥发性有机化合物（TVOC）的含量：

$$\text{TVOC} = \sum_{i=1}^{n} C_i - \sum_{i=1}^{n} C_{i\text{空白}} \tag{4-25}$$

式中：TVOC——标准状态下所采空气样品中总挥发性有机化合物（TVOC）的含量；

C_i——所采空气样品中i组分含量，mg/m³；

$C_{i\text{空白}}$——所采空白样品中i组分含量，mg/m³。

（五）氡

本方法符合《环境空气中氡的标准测量方法》（GB/T 14582—1993）的规定。

1．原理

活性炭盒法是被动式采样，能测量出采样期间内平均氡浓度，暴露 3 d，探测下限可达到 6 Bq/m³。空气扩散进炭床内，其中的氡被活性炭吸附，同时衰变，新生的子体便沉积在活性炭内。用γ谱仪测量活性炭盒的氡子体特征γ射线峰（或峰群）强度。根据特征峰面积可计算出氡浓度。

2．检测仪器及设备

现场测氡仪：不确定度应小于25%（k=2），检测下限应小于 10 Bq/m³。

γ谱仪：NaI（T_1）或半导体探头配多道脉冲分析器。

天平：感量 0.1 mg，量程 200 g。

3．试剂和材料

采样盒；滤膜；活性炭，椰壳炭 8～16 目。

4．测定

（1）样品制备

将选定的活性炭放入烘箱内，在 120℃下烘烤 5～6 h。存入磨口瓶中。称取一定量烘烤的活性炭装入采样盒中，并盖上滤膜或金属筛网和盒盖，用胶带密封，称量样品盒的总重量，把活性炭盒密封存放。

（2）采样

在采样地点去掉活性炭盒密封包装，敞开面朝上放在采样点上，其上面 20 cm 内不得有其他物体。放置 2～7 d 后用原胶带将活性炭盒再封闭起来，并记录采样时的温度、湿度和大气压，迅速送回实验室。

（3）检测

采样停止 3 h 后，再称量样品盒的总重量，计算水分吸收量。将活性炭盒在γ谱仪上计数，测出氡子体特征γ射线峰（或峰群）面积，检测条件与刻度时要一致。

（4）结果计算

空气中氡浓度按式 4-26 计算。

$$C_{Rn}=\frac{an_r}{t_1^b\times e^{-\lambda_{Rn}t_2}} \tag{4-26}$$

式中：C_{Rn} —— 氡浓度，mg/m^3；

a —— Bq/m^3/计数/min；

n_r —— 特征峰（峰群）对应的净计数率，计数/min；

t_1 —— 采样时间，h；

b —— 累积指数，为 0.49；

λ_{Rn} —— 氡衰变常数，7.55×10^{-3}/h；

t_2 —— 采样时间中点至测量开始时刻之间的时间间隔，h。

第七节　大气环境监测方案实例

某发电公司电厂发电机组在生产过程中，产生废气污染。对其主要污染及治理情况分析如下。

1. **主要废气污染物及治理措施**

一期工程废气排放主要为 440 t/h 循环流化床锅炉燃煤燃烧过程中产生的烟气，其主要污染物为烟尘、SO_2、NO_x 等。锅炉配置双室四电场静电除尘器，锅炉燃煤产生的烟气经静电除尘器除尘后，经一座高 150 m、出口直径 5.0 m 的烟囱排入大气。锅炉通过炉内喷烧石灰石达到脱硫的目的，并采用低氮燃烧技术，控制和减少 NO_x 的生成。

无组织排放源主要是堆煤场及煤装卸、输送过程中产生的煤粉和灰场产生的扬尘，目前堆煤场设有喷淋抑尘装置，灰场进行洒水碾压，以降低无组织排放粉尘。废气治理设施设计指标详见表 4-17。

表 4-17　主要污染源、污染物及其治理设施

类别	来源	主要污染物	治理设施	投资
锅炉烟气	锅炉	烟尘、SO_2、NO_x 等	双室四电场静电除尘器，设计效率大于 99.6%；炉内喷钙脱硫；安装烟气在线监测仪器；150 m 烟囱	3 850.9 万元

一期工程安装了一套烟气在线监测系统，在线监测烟气中烟尘、SO_2和NO_x浓度及烟气排放量。

2．废气污染物排放监测

（1）废气污染物有组织排放监测（表4-18）。

表4-18　废气污染物有组织排放监测内容

污染治理设施	数量/台	监测点位	监测项目	监测频次
双室四电场静电除尘器	1	出口	烟气流量、烟尘排放浓度及排放量、SO_2排放浓度及排放量、NO_x排放浓度及排放量、过量空气系数	3次/周期 2个周期
150 m烟囱	1	出口	烟气黑度	1次/周期 2个周期

在验收监测期间，采集入炉煤煤样，分析煤中硫分。

（2）粉尘无组织排放监测

该公司颗粒物无组织排放源主要是堆煤场及装卸、输送过程中产生的煤粉扬尘。根据现场实际情况，在煤场周围布设颗粒物无组织排放监测点位（表4-19）。

表4-19　煤场颗粒物无组织排放监测内容

监测点位	厂区上风向设1个参照点，下风向设3个监控点，共4个监测点位
监测因子	颗粒物（小时值）
监测频次	2次/d，连续2 d

注：同时详细记录天气状况、风向、风速、环境温度、大气压力等气象参数。

3．案例分析

（1）产业政策

① 火电行业

在2002年国家环保总局下发的《两控区酸雨和二氧化硫污染防治“十五”计划》中曾经明确指出要关停污染严重的小火电。计划2002年年底前，关停单机容量5万kW及以下中压、低压常规燃煤、燃油机组；2003年年底以前，关停单机容量5万kW及以下的高压常规燃煤、燃油机组。之所以未能完全关停小火电和电力供需有很大的关系，另外也和环保的相关配套措施还不够完善、环保执法力度不足有关。尽管目前小火电的关停未能按计划实施，但随着“十一五”期间建设节约型社会和环境保护被提升到新的高度，国家也将下大力气治理小火电的污染问题。根据2005年修订的《火电厂大气污染物排放标准》，目前已有的小火电企业如果不进行脱硫改造基本无法通过二氧化硫允许排放总量和排放浓度指标，未来还有可能出台更为严格的二氧化硫排放标准，直接导致小火电企业得不到二氧化硫排污许可证。

② 煤矸石发电

目前国家的电力行业产业政策中指出，煤矸石发电应推广利用煤矸石、煤矸石与煤泥、煤矸石与焦炉煤气、矿井瓦斯等低热值燃料发电。低热值燃料综合利用电厂的建设要靠近燃料产地，避免燃料长途运输；凡有稳定热负荷的地方，经技术经济论证，应实行热电联产联供；推广适合燃烧煤矸石的（其应用基低位发热量不大于 12 550 kJ/kg）75 t/h 及以上循环流化床锅炉。在有条件的地方积极推广热、电、冷联产技术和热、电、煤气联供技术；推广炉内石灰脱硫和静电除尘技术。对燃用高硫煤矸石的电厂，必须采取脱硫措施实现二氧化硫、烟尘等污染物的达标排放。对灰渣要进行综合利用，不应造成二次污染；推广煤矸石沸腾炉床下风室点火技术和红渣直接点火技术，推广利用发热量较高的煤矸石生产成型燃料技术；研究开发煤矸石等低热值燃料电厂锅炉高效除尘、脱硫设备，灰渣干法输送、存贮及利用技术和设备；研究开发燃煤泥锅炉煤泥输送、给料、成型技术和设备；研究开发煤矸石电厂锅炉的耐磨材料及制造工艺，解决磨损问题，提高锅炉连续运行时间和可靠性；研究开发高效、可靠的冷渣设备和大容量循环流化床锅炉制造技术。

（2）特征污染物

火力发电的特征污染物在污水中有 pH、COD、悬浮物、硫化物、石油类、水温、氟化物，废气中有烟尘、二氧化硫、氮氧化物。

复习与思考题

1. 什么是大气？什么是空气？
2. 大气温度层是怎么划分的？大气温度是如何分布的？
3. 大气的密度垂直分布如何？
4. 清洁干燥的空气的重要组分是什么？
5. 什么是空气污染？
6. 什么是一次性污染物？什么是二次性污染物？
7. 什么是降尘和飘尘？什么是烟和雾？
8. 什么是硫酸烟雾？什么是光化学烟雾？
9. 简述大气监测的目的。
10. 在大气污染监测方案制订前，需要收集哪些有关资料？
11. 布设大气样品采样点的要求和原则是什么？
12. 大气样品采集有哪些布点方法？什么是功能区布点法？
13. 什么是大气样品的浓缩采样法？浓缩采样都有哪些方法？
14. 溶液吸收法浓缩采集大气样品时，选择吸收液的原则是什么？
15. 什么是采样效率？怎么评价采样效率？
16. 大气污染物浓度的表示方法有哪些？

17. 大气中氮氧化物都有哪些存在形式？主要的存在形式是哪些？
18. 怎样分别测定大气中 NO 和 NO_2 的浓度？
19. 简述原电池库仑滴定法测定大气氮氧化物的原理和方法。
20. 什么是总氧化剂？什么是光化学氧化剂？
21. 什么是硫酸盐化速率？怎样测定（二氧化铅—重量法）？
22. 监测固定污染源的目的和要求是什么？
23. 污染源监测内容包括哪些？
24. 什么是大气污染生物监测法？

第五章 固体废物监测

【知识目标】

本章要求了解工业有害固体废物的概念和分类；掌握固体废物样品的采集和制备方法，以及固体废物中有害物质的测定方法。

【能力目标】

通过对本章的学习，学生能熟练掌握样品的采集和制备；能应用监测分析方法对样品进行准确的测定。

第一节 概 述

一、固体废物的概念

固体废物是指在生产建设、日常生活和其他活动中产生，在一定时间和地点无法利用而被丢弃的污染环境的固态、半固态废弃物质。这里所指的生产建设，不是具体的某个建设工程和项目的建设，而是指对国民经济建设而言的生产及建设活动，是一个大范围的概念，包括工厂、矿山、建筑、交通运输、邮电等各行业的生产和建设活动；这里所指的日常生活是人们居家过日子，吃、住、行等活动，亦包括为保障人们居家生活提供各种社会服务及保障的活动；这里所指的其他活动，主要是商业活动及医院、科研单位、大专院校等非生产性的，又不属于日常生活活动范畴的正常活动。

在《中华人民共和国固体废物污染环境防治法》中，固体废物还包括置于容器中的气态物品、物质；不能排入水体的液态物质。它们也纳入固体废物管理体系。本章内容主要是固态、半固态废弃物质的监测。

固体废物是相对某一过程或某一方面没有使用价值，而并非在一切过程或一切方面都没有使用价值。另外，由于各种产品本身具有使用寿命，超过了寿命期限，也会成为废物。因此，固体废物的概念具有时间性和空间性，一种过程的废物随着时空条件的变化，往往可以成为另一过程的原料，所以废物又有“放在错误地点的原料”之称。

二、固体废物的来源

固体废物主要来源于人类的生产和生活消费活动。所以固体废物的来源大体上可分为两类：一类是生产过程中所产生的废物，称为生产废物；另一类是产品进入市场后在流动过程中或使用消费后产生的固体废物，称生活废物。人们在资源开发和产品制造过程中，必然产生废物，任何产品经过使用和消费后也会变成废物。

三、固体废物的分类

固体废物来源广泛，种类繁多，组成复杂。从不同的角度出发，可进行不同的分类。按其化学组成可分为有机废物和无机废物；按其危害性可分为一般固体废物和危险性固体废物；按其形状可分为固体废物（粉状、粒状、块状）和泥状废物（污泥）；通常按其产生来源的不同分为工业固体废物、城市垃圾、农业固体废物、矿业固体废物和放射性固体废物五类。

（一）工业固体废物

工业固体废物是指来自各工业生产部门的生产和加工过程及流通中所产生的废渣、粉尘、废屑、污泥等。例如，冶金工业中的高炉渣、钢渣、铁合金渣、铜渣、锌渣、铅渣、镍渣、铬渣、汞渣等；电力工业中的粉煤灰、炉渣、烟道灰；石油工业中的油泥、焦油、油页岩渣；化学工业中产生的硫铁矿烧渣、铬渣、碱渣、电石渣、磷石膏等；食品工业排弃的谷屑、下脚料、渣滓；其他工业产生的碎屑、边角料等。

（二）城市垃圾

城市垃圾是指在城市日常生活中或者为城市日常生活提供服务的活动中产生的固体废物，以及法律、行政法规规定视为城市垃圾的固体废物，如生活垃圾、城市居民粪便、建筑垃圾、废纸、废家具、废塑料等。

（三）农业固体废物

农业固体废物主要指农林生产和禽畜饲养过程所产生的废物，包括植物秸秆、人和牲畜的粪便等。

（四）矿业固体废物

矿业固体废物主要指来自矿业开采和矿石洗选过程中所产生的废物，主要包括煤矸石、采矿废石和尾矿。

（五）放射性固体废物

放射性固体废物包括核燃料生产、加工产生的废物，以及同位素应用、核研究机构、医院单位、放射性废物处理设施产生的废物，如尾矿、污染的废旧设备、仪器、防护用品、废树脂等。

其中，对环境影响较大的是工业危险固体废物和城市生活垃圾。

第二节　固体废物样品的采集和制备

固体废物的监测包括采样计划的设计和实施、分析方法和质量保证等方面。各国都有相关的具体规定。例如，美国环境保护局固体废弃物办公室编写的《固体废物试验分析评价手册》（U.S.EPA，Test Methods for Evaluating Solid Waste）中较为全面地论述了采样计划的设计和实施；质量控制；方法的选择；金属分析方法；有机物分析方法；综合指标实验方法；物理性质测定方法；有害废物的特性、定义和可燃性、腐蚀性、反应性、浸出毒性的试验方法；地下水、土地处理监测和废物焚烧监测等。我国于 1986 年颁布了《工业固体废物有害特性试验与监测分析方法》（试行）。

为了采集具有代表性的样品，在采样之前要调查研究生产工艺过程、废物类型、排放数量、堆积历史、危害程度和综合利用情况。如采集的样品属于危险废物，那么就应该根据其危险特性采取相应的安全措施。

一、样品的采集

（一）采样工具

固体废物的采样工具有：尖头钢锹、钢尖镐（腰斧）、采样钻、气动和真空探针、采样铲、具盖采样桶或内衬塑料薄膜的采样袋等。

（二）采样程序

（1）根据固体废物批量大小确定应采的份样（由一批废物中的一个点或一个部位，按规定量取出的样品）个数。

（2）根据固体废物的最大粒度（95%以上能通过的最小筛孔尺寸）确定份样量。

（3）根据采样方法，在每个采样点上，随机采集份样，组成总样（图 5-1），并认真填写采样记录表。

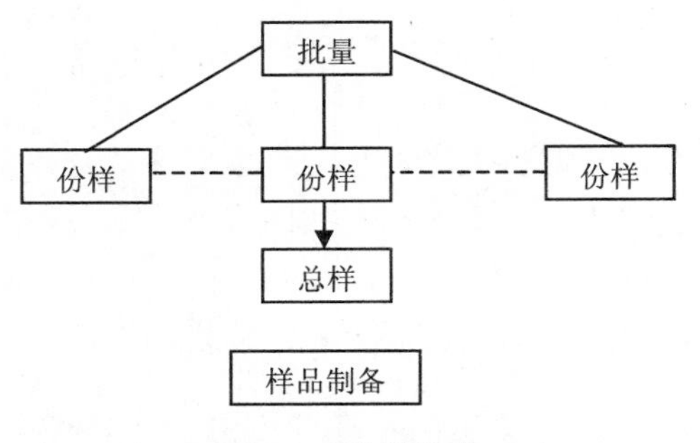

图 5-1　采样示意

（三）采样数目

采样数目的多少按表 5-1 规定来确定。

（四）采样量

按照表 5-2 确定每个份样应采集的最小质量。在各个采样点采集的样品质量应大致相当，其相对误差不大于 20%。表中所要求的采样铲容量为保证一次在一个采样点能取到的足够数量的份样量。

表 5-1　批量大小与最少份样数

最大粒度/mm	最小份样量/kg	采样铲容量/ mL
＞150	30	
100～150	15	16 000
50～100	5	7 000
40～50	3	1 700
20～40	2	800
10～20	1	300
＜10	0.5	125

表 5-2　份样量和采样铲容量

批量大小①	最少份样/个
＜5	5
5～10	10
50～100	15
100～500	20
500～1 000	25
1 000～5 000	30
＞5 000	35

①批量单位：固体为 t；液体为 m^3。

液态废物的份样量以不小于 100 mL 的采样瓶（或采样器）所盛的量为准。

（五）采样方法

1．现场采样

现场采样指的是在生产现场采样，当废物以运送带、管道等形式连续排出时，应按一定的间隔采样，采样间隔按式 5-1 计算：

采样间隔≤批量（t）/规定的份样数 （5-1）

注意事项：采第一个份样的时候，不能在第一间隔的起点开始，可在第一间隔内随机确定。

2．运输车及容器采样

在运输第一批固体废物时，当车数不多于该批废物规定的份样数时，每车应采份样数按式 5-2 计算：

每车应采份样数（小数应进为整数）＝规定份样数/车数 （5-2）

当车数多于规定的份样数时，按表 5-3 选出所需的最少的采样车数，然后从所选车中各随机采集一个份样。在车中，采样点应均匀分布在车厢的对角线上（图 5-2），端点距离车角应大于 0.5 m，表层去掉 30 cm。

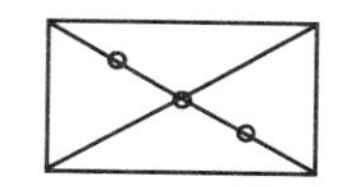

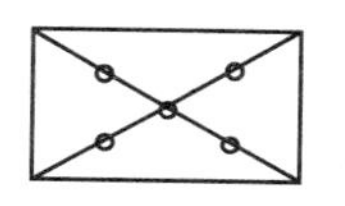

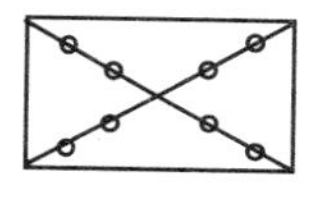

图 5-2 车厢中的采样布点

对于一批若干容器盛装的废物，按表 5-3 选取最少容器数，并且每个容器均随机采两个样品。

表 5-3 所需最少的采样车数

车数（容器）	所需最少的采样车数（容器）
＜10	5
10～25	10
25～50	20
50～100	30
＞100	50

注意事项：当把一个容器作为一个批量时，应按表 5-1 中规定的最少的份样数的 1/2 确定；当把 2～10 个容器作为一个批量时，应按下式确定最少容器数：最少容器数＝表 5-1 中规定的最少份样数/容器数

3．废渣堆采样

在渣堆的两侧距堆底 0.5 m 处画第一条横线，然后每隔 0.5 m 画一条横线，再每隔 2 m 画一条横线的垂线，其交点作为采样点。按表 5-3 确定的份样数，确定采样点数，在每点上从 0.5～1.0 m 深处各随机采样一份（图 5-3）。

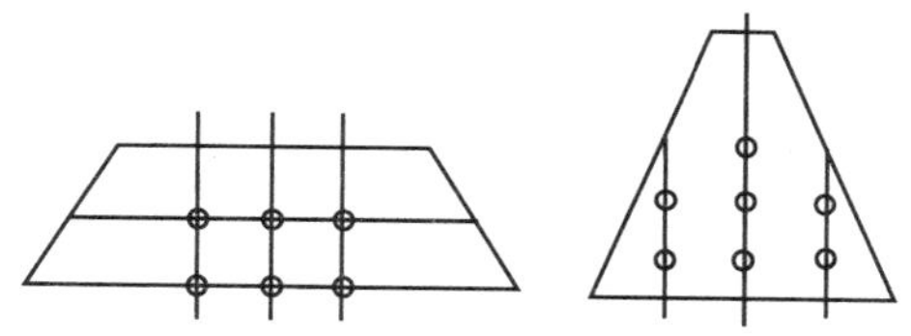

图 5-3 废渣堆中采样点的分布

二、样品的制备

由于根据以上采样方法采得的原始固体样品，往往数量很大、颗粒大小悬殊、组成不均匀，使实验分析很难进行，所以在实验分析之前，需要对原始固体样品进行适当的加工处理，称为制样。制样的目的是将原始的样品制成能满足实验分析要求的试样，即数量缩减到几百克、组成均匀（没有失去代表性）、粒度细（易于分解）。制样的程序有：粉碎、过筛、混匀、缩分。这个程序反复进行，直至达到满足实验分析要求为止。

（一）制样工具

制样工具包括粉碎机、药碾、研钵、钢锤、标准套筛、十字分样板、机械缩分器等。

（二）制样要求

（1）在制样的全过程中，应防止样品产生任何化学变化，防止样品被污染。若制样过程中可能会对样品的性质产生明显的影响，则应尽量保持原来的状态。

（2）湿样品应在室温下自然干燥，使其达到适于制样的程度。

（3）制备的样品应过筛后（5 mm 的筛孔），装瓶备用。

（三）制样程序

1．粉碎

把全部的样品用机械或手工方法逐级破碎，直至所要求的粒度。粉碎过程中，不可随意丢弃难以破碎的粗粒。

2．过筛

粉碎后的样品要保证95%以上处于某一粒度范围。

3．混匀

将过筛的样品充分混合，使样品达到均匀，便于缩分。

4．缩分

将样品缩分的目的，在于减少样品的质量，便于实验分析。

缩分的方法是将样品放置在清洁、平整不吸水的板面（聚乙烯板、木板）上，堆成圆锥形，将圆锥顶端压平，摊开物料后，用十字板自上压下，分成四等份，取两个对角的等份，重复操作至达到所需分析试样的质量为止。在进行各项有害特性鉴别试验前，可根据要求的样品量进一步进行缩分。

三、样品保存

样品应密封于容器中保存，贴上标签备用。标签上应注明编号、废物名称、采样地点、批量、采样人、制样人、时间。特殊样品，可以采用冷冻或充惰性气体等方法保存。制备好的样品，一般有效保存期为三个月，易变质的试样不受此限制。最后，填好采样登记表（表 5-4）一式三份，分别存于有关部门。

表 5-4 采样记录

样品登记号		样品名称	
采样地点		采样数量	
采样时间		废物所属单位名称	
采样现场简述			
废物产生过程简述			
样品可能含有的主要有害成分			
样品的保存方式及注意事项			
备 注		负责人签字	

第三节 固体废物监测

一、有害物质的测定

1. 水分测定

测定无机物时，可称取样品 20 g 左右，在 105℃下干燥，恒重至± 0.1 g，测定水分含量。

测定样品中的有机物时，应称取样品 20 g 左右，于 60℃下干燥 24 h，确定水分含量。

固体废物测定结果以干样品计算，当污染物含量小于 0.1%时以 mg/kg 表示，含量大于 0.1%时则以百分含量表示，并说明是水溶性或总量。

2. pH 值测定

见腐蚀性试验方法。由于固体废物的不均匀性，测定时应对各点分别进行测定，测定结果以实际测定 pH 范围表示，而不是通过计算混合样品平均值表示。另外由于样品中的二氧化碳含量影响 pH 值，并且二氧化碳达到平衡非常迅速，所以采样后应立即测定。

3．金属元素的测定

对于固体废物中的金属元素的分析测定，可以按照表 5-5 中注明的标准进行测定。

表 5-5　测定方法

序号	项　　目	方　　法	来　　源
1	有机汞	气相色谱法	GB/T 14204
2	汞及其化合物（以总汞计）	冷原子吸收分光光度法	GB/T 15555.1
3	铅（以总铅计）	原子吸收分光光度法	GB/T 15555.2
4	镉（以总镉计）	原子吸收分光光度法	GB/T 15555.2
5	总铬	（1）二苯碳酰二肼分光光度法	GB/T 15555.5
		（2）直接吸入火焰原子吸收分光光度法	GB/T 15555.6
		（3）硫酸亚铁铵滴定法	GB/T 15555.8
6	六价铬	（1）二苯碳酰二肼分光光度法	GB/T 15555.4
		（2）硫酸亚铁铵滴定法	GB/T 15555.7
7	铜及其化合物（以总铜计）	原子吸收分光光度法	GB/T 15555.2
8	锌及其化合物（以总锌计）	原子吸收分光光度法	GB/T 15555.2
9	铍及其化合物（以总铍计）	铍试剂Ⅱ光度法	
10	钡及其化合物（以总钡计）	电位滴定法	GB/T 14671
11	镍及其化合物（以总镍计）	（1）直接吸入火焰原子吸入法	GB/T 15555.9
		（2）丁二酮分光光度法	GB/T 15555.10

二、有害特性的鉴别

1．急性毒性的鉴别

有害废物中有多种有害成分，组分分析难度较大，急性毒性的初筛试验可以简便地鉴别并表达其综合急性毒性。

鉴别方法是以一定体重的小白鼠或大白鼠为实验动物，利用有害废物的浸出液对小白鼠或大白鼠进行一次性灌胃，之后观察其中毒症状，记录 48 h 内的死亡数。具体的鉴别方法如下。

（1）称取制备好的样品 100 g，置于 500 mL 具塞磨口锥形瓶中，加入 100 mL 蒸馏水（固液比为 1∶1），振摇 30 min 并于室温下静置浸泡 24 h 后，用中速定量滤纸过滤，滤液留待灌胃用。

（2）实验动物可以是 10 只体重为 18～24 g 的小白鼠（或体重为 200～300 g 的大白鼠）。若是外购鼠，必须在本单位饲养条件下饲养 7～10 d 后，仍然健康活泼方可使用。实验前 8～12 h 和观察期间应对小白鼠禁食。

（3）灌胃采用 1（或 5） mL 注射器，注射针采用 9（或 12）号，去针头，磨光，弯曲呈新月形，对所有小白鼠（或大白鼠）进行经口一次性灌胃，小白鼠灌胃量为 0.50 mL，大白鼠灌胃量为 4.80 mL。

（4）然后对灌胃后的小白鼠（或大白鼠）进行中毒症状的观察，记录 48 h 内小白鼠（或大白鼠）的死亡数目。

（5）根据实验结果，如出现半数以上的小白鼠（或大白鼠）死亡，则可判断该废物是具有急性毒性的危险废物。

2．易燃性试验

固体废物的易燃性是指闪点低于 60℃的液态状废物和燃烧剧烈而持续的非液态废物，由于摩擦、吸湿、点燃等自发的化学变化会发热、着火或可能由于它的燃烧引起对人体或环境的危害的特性。故可以通过测定闪点鉴别其易燃性。

（1）仪器

采用闭口闪点测定仪，常用的配套仪器有温度计和防护屏。

① 温度计。温度计采用 1 号温度计（−30～＋170℃）或 2 号温度计（100～300℃）。

② 防护屏。防护屏用镀锌铁皮制成，高度为 550～650 mm，宽度以适用为度，屏身内壁漆成黑色。

（2）测定步骤

按标准要求加热试样至一定温度，停止搅拌，每升高 1℃点火一次，至试样上方刚出现蓝色火焰时，立即读出温度计上的温度值，该值即为测定结果。

操作过程的细节可参阅 GB 261—77[石油产品闪点测定法（闭口杯法）]。

3．腐蚀性试验

腐蚀性是指通过接触能损伤生物细胞组织，或腐蚀物体而引起危害的性能。测定方法有两种，一种是测 pH 值；另一种是测在 55.7℃以下对钢制品的腐蚀率。现介绍一下 pH 值的测定。

（1）仪器

采用 pH 计或酸度计，最小刻度单位在 0.1 pH 单位以下。

（2）测定方法

用与待测样品 pH 值相近的标准溶液校正 pH 计，并加以温度补偿。对含水量高、呈流态状的稀泥或浆状物料，可将电极直接插入进行测量。对黏稠状物料可以离心或过滤后，再测定其液体的 pH 值。对粉、粒、块状物料，可称取制备好的样品 50 g（干基），置于 1 L 塑料瓶中，加入新鲜蒸馏水 250 mL（固液比为 1∶5），加盖密封后，放在振荡机上（振荡频率为 110±10 次/min，振幅为 40 mm）于室温下连续振荡 30 min，静置 30 min 后，测定上清液的 pH 值。每种废物取 2～3 个平行样进行测定，差值不得大于 0.15 个 pH 单位，否则应再取 1～2 个样品重复进行试验，取中位值报告结果。对于高 pH 值（10 以上）或低 pH 值（2 以下）的样品，平行样品的 pH 值测定结果允许差值不能超过 0.2 pH 单位，同时还应测定并记录环境温度、样品来源、粒度级配、试验过程的异常现象、特殊情况下试验条件的改变及原因等。

4．反应性试验

废物的反应性是指在常温、常压下的不稳定性或外界条件发生变化时发生剧烈变化，以致产生爆炸或放出有毒有害气体的现象。

试验方法有五种：① 撞击感度测定；② 摩擦感度测定；③ 差热分析测定；④ 爆炸点测定；⑤ 火焰感度测定。具体测定方法见标准。

5．遇水反应性试验

遇水反应性包括：一是固体废物与水发生剧烈反应而放出热量，使体系温度升高，可以用温升实验测定；二是与水反应释放出有害气体，如乙炔、硫化氢、砷化氢、氰化氢等。现介绍第二种情况，也就是测定释放有害气体的方法。

（1）反应装置

① 250 mL 高压聚乙烯塑料瓶，另配橡皮塞（将橡皮塞打一个 6 mm 的孔），插入玻璃管，装置如图 5-4 所示。

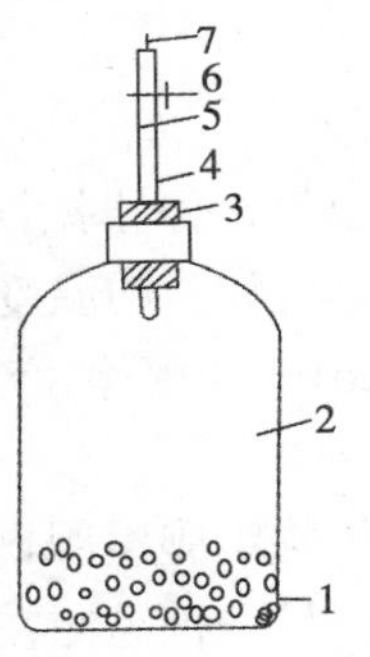

1—固体废物；2—250 mL 塑料瓶；3—橡皮塞；4—玻璃管；
5—乳胶管；6—止水夹；7—气体抽气口

图 5-4　固体废物反应器

② 振荡器（采用调速往返式水平振荡器）。

③ 100 mL 注射器，并配带 6 号针头。

（2）实验步骤

称取固体废物 50 g（干重），置于 250 mL 的反应容器内，加入 25 mL 水（用 1 mol/L 的 HCl 调节 pH 值为 4），加盖密封后，固定在振荡器上，振荡频率控制在（110±10）次/min，振动 30 min 后停机，静置 10 min。用注射器抽气 50 mL，注入不同的 5 mL 吸收液中。

测定硫化氢、砷化氢、乙炔等气体的含量。第 n 次抽 50 mL 气体的测量校正值：

$$校正值=测得值\times\left(\frac{275}{225}\right)^n \text{mg/L} \quad (5\text{-}3)$$

式中：225 —— 塑料瓶空间体积，mL；

275 —— 塑料瓶空间体积和注射器体积之和，mL。

三、固体废物监测

（一）生活垃圾的特性分析

1．粒度的测定

粒度的测定采用筛分法，按筛目排列，依次连续摇动 15 min，转到下一号筛子，然后称量每一粒度的质量，计算每一粒度微粒所占百分比。如果需要在试样干燥后再称量，则需在 70℃的温度下烘干 24 h，然后再在干燥器中冷却后筛分。

2．淀粉的测定

淀粉的测定可用于鉴定堆肥的腐熟程度。方法：利用垃圾在堆肥过程中形成的淀粉碘化络合物的颜色变化与堆肥降解度的关系来分析。从降解开始至降解结束，堆肥颜色的变化为：深蓝→浅蓝→灰→绿→黄色。分析步骤是：

（1）将 1 g 堆肥置于 100 mL 烧杯中，滴入几滴酒精使其湿润，再加 20 mL 36% 的高氯酸；

（2）用纹网滤纸（90 号）过滤；

（3）加入 20 mL 碘反应试剂到滤液中并搅动；

（4）将几滴滤液滴到白色板上，观察其颜色变化。

3．生物可降解度的测定

垃圾中含有大量天然的和人工合成的有机物质，有的容易生物降解，有的难以生物降解。目前，对生物降解度的测定采用的是一种可以在室温下对垃圾生物降解度作出适当估计的 COD 试验方法。分析步骤是：

（1）称取 0.5 g 已烘干磨碎的试样于 500 mL 锥形瓶中；

（2）准确量取 20 mL 重铬酸钾［$c\left(\frac{1}{6}K_2Cr_2O_7\right)$=2 mol/L］溶液，加入样品瓶中，充分混合；

（3）用另一支量筒量取 20 mL 硫酸加到样品瓶中；

（4）在室温下将这一混合物放置 12 h 并不断摇动；

（5）加入大约 15 mL 蒸馏水；

（6）再依次加入 10 mL 磷酸，0.2 g 氟化钠和 30 滴指示剂，每加入一种试剂后必须混合；

（7）用标准硫酸亚铁铵溶液滴定，在滴定过程中颜色的变化是从棕绿→绿蓝→

蓝→绿，在等滴定中点时出现的是纯绿色；

（8）用同样的方法在不放试样的情况下做空白试验；

（9）如果加入指示剂时已出现绿色，则试验必须重做，必须再加入 30 mL 重铬酸钾溶液；

（10）生物降解物质的计算：

$$\mathrm{BDM}=\frac{(V_2-V_1)\cdot V\cdot c(1.28)}{V_2} \tag{5-4}$$

式中：BDM —— 生物降解度；

V_1 —— 滴定试样所消耗的硫酸亚铁铵溶液的体积， mL；

V_2 —— 空白实验消耗的硫酸亚铁铵溶液的体积， mL；

V —— 重铬酸钾的体积， mL；

c —— 重铬酸钾溶液的浓度，mol/L；

1.28 —— 折合系数。

注意：在以上计算中，假定 1 mL $c\left(\frac{1}{6}K_2Cr_2O_7\right)$=1 mol/L 的 $K_2Cr_2O_7$，将 3 mg 碳氧化成 CO_2，那么在生物降解中碳的总含量大约为 47%。

硫酸亚铁铵溶液浓度为 $c\left[\frac{1}{2}(NH_4)_2Fe(SO_4)_2\cdot 6H_2O\right]$ =0.5 mol/L，指示剂为二苯胺指示剂，配制方法：小心将 100 mL 浓硫酸加到 20 mL 蒸馏水中，然后再加入 0.5 g 二苯胺。

（二）浸出液的测定

固体废物受到水的冲淋、浸泡，其中有害成分将会转移到水相而污染地表水、地下水，导致二次污染。

浸出试验采用规定办法浸出水溶液，然后对浸出液进行分析。我国规定的分析项目有：Hg、Cd、Sn、Cr、Pb、Cu、Zn、Ni、锑、铍、氟化物、氰化物、硫化物、硝基苯类化合物。具体分析方法与“水和废水监测”方法类似。

浸出方法有水平振荡法和翻转法。

分析步骤：

（1）称取 100 g 干基试样，置于 2 L 的具盖广口聚乙烯瓶中，加入 1 L 去离子水后，将瓶子垂直固定在水平往复振荡器上，调节振荡频率在（110±10）次/min，振幅 40 mm，在室温下振荡 8 h，静置 16 h。

（2）经 0.45 μm 滤膜过滤得到浸出液，滤液按照各分析项目要求进行保护，于合适条件下储存备用。

注意事项：

（1）每种样品做两个平行浸出试验，每瓶浸出液对欲测项目平行测定两次，取算术平均值报告结果；

（2）对于含水污泥样品，其滤液也必须同时加以分析并报告结果；

（3）试验报告中还应包括被测样品的名称、来源、采集时间、样品粒度级配情况、试验过程的异常情况、浸出液的 pH 值、颜色、乳化和相分层情况；

（4）试验过程的环境温度及波动范围、条件改变及其原因；

（5）测定有机成分宜用硬质玻璃容器。

（三）生活垃圾渗滤液测定

渗滤液是指生活垃圾本身所携带的水分，以及降水等与垃圾的接触而渗出来的溶液。它提取或溶出了垃圾组成中的污染物质甚至有毒有害物质，渗滤液的产生量与堆放时间有关，渗滤液一旦进入环境可能会造成难以挽回的后果。由于渗滤液中的水分主要来源于降水，所以在生活垃圾的三大处理方法中，渗滤液是填埋处理中最主要的污染源。合理的堆肥处理一般不会产生渗滤液，焚烧处理也不产生，只有露天堆肥、裸露堆物以及垃圾中转站可能产生。

1．渗滤液的特性

渗滤液的特性决定于它的组成和浓度。由于在不同国家、不同地区、不同季节的生活垃圾组分变化很大，并且随着填埋时间的不同，渗滤液组分和浓度也会发生变化。因此，它具有以下特点：

（1）成分的不稳定性：主要取决于垃圾组成。

（2）浓度的可变性：主要取决于填埋时间。

（3）组成的特殊性：垃圾中存在的物质在渗滤液中不一定存在；一般废水中含有的污染物在渗滤液中不一定有。例如，在一般生活污水中，有机物主要是蛋白质（40%～60%）、碳水化合物（25%～50%）以及脂肪、油类（10%），而在渗滤液中几乎不含有油类，这是因为生活垃圾具有吸收和保持油类的能力，而且在数量上至少达到了 2.5 g/kg 干废弃物；氰化物是地面水监测中必测项目，但在填埋的生活垃圾中，各种氰化物转化为氢氰酸，并生成复杂的氰化物，以至在渗滤液中很少测到氰化物的存在；在填埋场内，金属铬因有机物的存在被还原为三价铬，从而在正常的 pH 值呈中性时，被沉淀为不溶性的氢氧化物，所以在渗滤液中不易测到金属铬；汞则在填埋场厌氧条件下，生成不溶性的硫化物而被截留。这些特点影响着监测项目。

2．渗滤液监测

渗滤液的分析项目在各种资料上大体相近，根据实际情况，我国提出了渗滤液理化分析和细菌学检验方法，内容包括色度、总固体、总溶解性固体与总悬浮性固体、硫酸盐、凯氏氮、氯化物、总磷、pH 值、BOD、COD、钾、钠、细菌总数、总大肠菌数等。测定方法基本参照水质测定方法，并根据渗滤液特点作了一些变动。

（四）有害物质的毒性试验

环境是一个复杂的体系，污染物种类多样，含量水平各异，各污染因素之间存在着拮抗和加和作用，所以环境质量仅仅用各污染因素的个别影响来评价是不够的。事实上还可以通过生物在该环境中的反应，确定环境的综合质量。

有害物质的毒性试验就是通过用实验动物对污染物的毒性反应，确定污染物的毒性和剂量的关系，找出毒性作用的阈剂量（或阈浓度），为制定该物质在环境中的最高允许浓度提供资料；为防治污染提供科学依据；也是判断环境质量的一种方法。

1．实验动物的选择以及毒性试验分类

（1）实验动物的选择

实验动物的选择应根据不同试验目的来决定。常用的动物有：小鼠、大鼠、兔、豚、鼠、猫、狗和猴等。鱼类有鲢鱼、草鱼和金鱼等。金鱼对某些毒物比较敏感，又由于金鱼室内饲养方便，鱼苗易得，为国内外所普遍采用。需要指出的是，实验动物必须标准化，因为不同品种、年龄、性别、生长条件的动物对毒物的敏感程度是不同的。

（2）毒性试验分类

毒性试验分为：急性毒性试验、亚急性毒性试验、慢性毒性试验和终身试验等。

① 急性毒性试验：一次（或几次）投给实验动物较大剂量的化合物，观察在短期内（一般 24 h 到两周以内）中毒反应。

急性毒性试验由于变化因子少、时间短、经济以及容易试验，所以被广泛应用。

② 亚急性毒性试验：一般用半致死剂量的 1/20～1/5，每天投毒，连续半个月到三个月，主要了解该毒性有否积蓄作用和耐受性。

③ 慢性毒性试验：用较低剂量进行三个月到一年的投毒，观察病理、生理、生化反应以及寻找中毒诊断指标，并为制定最大允许浓度提供科学依据。

（3）污染物的毒性作用剂量

污染物的毒性作用剂量可用下列方式表示（图 5-5）。

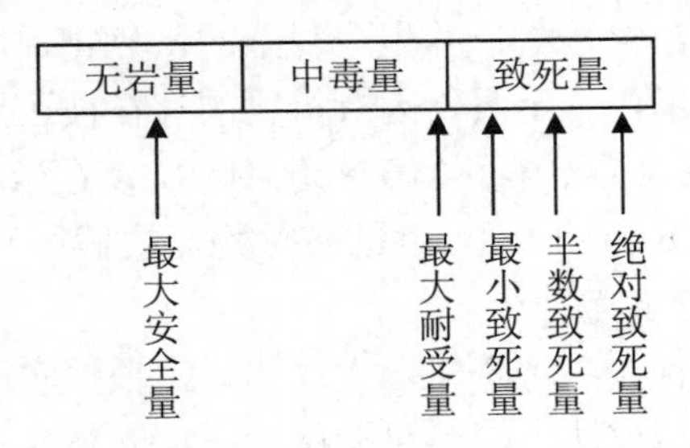

图 5-5 污染物的毒性和剂量关系

由图 5-5 可以看出，污染物的毒性和剂量关系可用下列指标区分：半数致死量（浓度），简称 LD_{50}，如气体用浓度简称 LC_{50}；最小致死量（浓度），简称 MLD（mLC）；绝对致死量（浓度），简称 LD_{100}（LC_{100}）；最大耐受量（浓度），简称 MTD（MTC）。

半数致死量（浓度）是评价毒物毒性的主要指标之一。由于其他毒性指标波动较大，所以评价相对毒性常以半数致死量（浓度）为依据。在鱼类、水生植物、植物毒性试验中采用半数存活浓度（或中间忍受限度、半数忍受限度等，简称 TL_m）。

半数致死量的计算方法很多，这里介绍一种简便方法——曲线法，这是根据一般毒物的死亡曲线多为“S”形而提出来的。取若干组（每组至少 10 只）实验动物进行试验，在试验条件下，有一组全部存活，一组全部死亡，其他各组有不同的死亡率，以横坐标表示投毒剂量，纵坐标为死亡率。根据试验结果在图上作点，连成曲线，在纵坐标死亡率 50%处引出一水平线交于曲线，于交点作一垂线交于横坐标，其所指剂量（浓度）即为半数致死量（浓度）。举例说明：将表 5-6 的死亡率与投毒剂量绘成曲线，得到半致死量为 39 mg/kg，根据表 5-7 急性毒性分级可以判断该物质为高毒。

表 5-6 某化合物小鼠一次灌胃死亡情况

剂量/（mg/kg）	5	15	25	35	45	55	65
动物数	10	10	10	10	10	10	10
存活数	10	9	8	6	3	1	0
死亡数	0	1	2	4	7	9	10
死亡率/%	0	10	20	40	70	90	100

表 5-7 急性毒性分级表

等级	名称	小鼠一次口服的半数致死量/（mg/kg）	小鼠一次吸入 2 h 的半致死浓度/（mg/kg）	家兔一次皮肤涂毒的半数致死量/（mg/kg）
1	剧毒	＜10	＜50	＜10
2	高毒	11～100	51～500	11～50
3	中等毒性	101～1 000	501～5 000	51～500
4	低毒	1 001～10 000	5 001～50 000	501～5 000
5	微毒	＞10 000	＞50 000	＞5 000

按染毒方式不同，毒性试验可分为吸入染毒、皮肤染毒，经口投毒及注入投毒等。

2．吸入毒性试验

对于气体或挥发性液体，通常是经呼吸道侵入肌体而引起中毒。因此，在研究车间和环境空气中有害物质的毒性，以及最高允许浓度需要用吸入染毒性试验。

（1）吸入染毒法的种类

吸入染毒法主要有静态染毒法和动态染毒法两种。此外，还有单个口罩吸入法、喷雾染毒法和现场模拟染毒法等。

① 动态染毒法。将实验动物放在染毒柜里，连续不断地将由受检毒物和新鲜空气配制成一定浓度的混合气体通入染毒柜，并排出等量的污染空气，形成一个稳定的、动态平衡染毒环境。此法常用于慢性毒性试验。

② 静态染毒法。在一个密闭容器（或称染毒柜）内，加入一定量受检物（气体或挥发性液体），使其均匀分布在染毒柜，经呼吸道侵入实验动物体内，由于静态染毒是在密闭容器内进行，实验动物呼吸过程消耗氧，并排出二氧化碳，使染毒柜内氧的含量随染毒时间的延长而降低，故而只适宜做急性毒性试验。在吸入染毒期间，要求氧的含量不低于 19%，二氧化碳的含量不超过 1.7%。所以，10 只小鼠的染毒柜的体积需要 60 L。染毒柜一般分为柜体、发毒装置和气体混匀装置三部分。柜体要有出入口、毒物加入孔、气体采样孔和气体混匀装置的孔口。发毒装置随毒物的物理性质而异，最常用的方法是将挥发性的受检物滴在纱布条上、滤纸上或放在表面皿内，再用电吹风吹，使其挥发并均匀分布。对于气体毒物，可在染毒柜两端接两个橡皮囊，一个是空的，一个是加入毒气的，按计算实验浓度将加入毒气橡皮囊的毒气压入染毒柜，另一个橡皮囊即鼓起，再压回原橡皮囊，如此反复多次，即可混匀。也可直接将毒气按计算压入，借电风扇混匀。

（2）吸入染毒法的注意事项

实验动物应选择健康、成年并同龄的动物，雌雄各半。以小白鼠为例，选用年龄为两个月，体重为 20 g 左右，太大、太小均不适宜。每组 10 只，取若干组用不同浓度进行试验，要求一组在试验条件下全部存活，一组全部死亡，其他各组有不同的死亡率，然后求出半致死浓度（LC_{50}），对未死动物取出后继续观察 7～14 d。了解恢复或发展状况，对死亡动物（必要时对未死动物）做病理形态学检验。

3．口服毒性试验

对非气态毒物，可经消化道染毒方法。

（1）口服染毒法的种类

口服染毒法可分为灌胃法和饲喂法两种。

① 饲喂法。将毒物混入动物饲料或饮用水中，为保证使动物吃完，一般在早上将毒物混在少量动物喜欢吃的饲料中，待吃完后再继续喂饲料和水。饲喂法符合自然生理条件，但剂量较难控制得精确。

② 灌胃法。此法是将毒物配制成一定浓度的液体或糊状物。对于水溶性物质可用水配制，粉状物用淀粉糊调匀。所用注射器的针头是用较粗的 8 号或 9 号针头，将针头磨成光滑的椭圆形，并使之微弯曲。灌胃时用左手捉住小白鼠，尽量使之成

垂直体位。右手持已吸取毒物的注射器及针头导管，使针头导管弯曲面向腹侧，从口腔正中沿咽后壁慢慢插入，切勿偏斜。如遇有阻力应稍后退再徐徐前进。一般插入 2.5～4.0 cm 即可达胃内。

（2）注意事项

灌胃法中将注射器向外抽气时，如无气体抽出说明已在胃中，即可将试验液推入小白鼠胃内，然后将针头拔出。如注射器抽出大量气泡说明已进入肺脏或气管，应拔出重插。如果注入后迅速死亡，很可能是穿入胸腔或肺内。小白鼠一次灌胃注入量为体重的 2%～3%，最好不超过 0.5 mL（以 1 g/ mL 计）。

4．鱼类毒性试验

在自然水域中，鱼类如果能正常生活，说明水体比较清洁；当有毒工业废水排入水体中时，常常引起大批鱼的死亡或消失（回避）。因此，鱼类毒性度验是检测成分复杂的工业废水和废渣浸出液的综合毒性的有效方法，有关试验方法见第七章。

复习与思考题

1. 如何采集固体废物样品？采集后应怎样处理才能保存？为什么固体废物采样量与粒度有关？

2. 固体废物的 pH 值测定要注意哪些方面？

3. 生活垃圾有何特性，其监测指标主要有哪些？

4. 试述生活垃圾的处置方式及其监测的重点？

5. 什么叫急性毒性试验？为什么这是测定化学物质毒性的常用方法？

6. 举例说明毒理学试验对评价固体废物毒性的意义？如何利用其结果估算排放允许值？

第六章 土壤质量监测

【知识目标】

了解土壤的组成和本底值、土壤监测的项目、特点；掌握土壤样品的采集方法、制备方法及土壤污染测定方法。

【能力目标】

通过对本章的学习，学生能熟练掌握样品的采集和制备；能应用监测分析方法对样品进行准确的测定。

第一节　概　述

土壤是指陆地地表具有肥力并能生长植物的疏松表层。它介于大气圈、岩石圈、水圈和生物圈之间，是环境中特有的组成部分。其质量优劣直接影响人类的生产、生活和发展。近年来，由于人们对化肥、农药的不合理施用，污水不适当灌溉，使土壤污染加剧，质量趋于恶化，土壤污染物通过作物的生长累积，间接影响到人类的生活和健康。如日本富山县神通川流域的土壤污染事件就是如此。该地区引用含镉废水灌溉农田，使土壤受到了严重的镉污染，致使生产出的稻米也含有镉，因而使数千人得了骨痛病。

一、土壤组成

地球表层的岩石经过风化作用，逐渐破坏成疏松的、大小不等的矿物颗粒（称为母质）。而土壤是在母质、气候、生物、地形、时间等多种成土因素综合作用下形成和演变而成的。土壤组成很复杂，总体来说是由矿物质、动植物残体腐解产生的有机质、水分和空气等固、液、气三相组成的。在固相物质之间为形状和大小不同的孔隙，孔隙中存在水分和空气。

（一）土壤矿物质

土壤矿物质是组成土壤的基本物质，占土壤固体部分总重量的 90%以上，有土壤骨骼之称。土壤矿物质的组成和性质直接影响土壤的物理性质、化学性质。土壤矿物质是植物营养元素的重要供给源，按其成因可分为原生矿物质和次生矿物质。

1．土壤矿物质的矿物组成

（1）原生矿物质。它是各种岩石经受不同的物理风化，仍遗留在土壤中的一类矿物，其原来的化学组成没有改变。这类矿物质主要有硅酸盐类矿物、氧化物类矿物、硫化物类矿物和磷酸盐类矿物。

（2）次生矿物质。它大多是由原生矿物质经风化后形成的新矿物，其化学组成和晶体结构均有所改变。这类矿物质包括简单盐类（如碳酸盐、硫酸盐、氯化物等）、三氧化物类和次生铝酸盐类。次生铝酸盐类是构成土壤黏粒的主要成分，故又称黏土矿物。

2．土壤矿物质的化学组成

土壤矿物质元素的相对含量与地球表面岩石圈元素的平均含量及其化学组成相似。土壤中氧、硅、铝、铁、钙、钠、镁、钾八大元素占 96%以上，其余诸元素含量甚微称微量元素。

3．土壤机械组成

土壤是由不同粒径的土壤颗粒组成，其粒径从几微米到几厘米，差别很大。不同粒径的矿物质颗粒的成分和物理化学性质有很大差异，如对污染物的吸附、解吸和迁移、转化能力，有效含水量及保水保温能力等。为了研究方便，常按粒径大小将土粒分为若干类，称为粒级；同级土粒的成分和性质基本一致。土壤机械组成的分类是以土壤中各粒级含量的相对百分比作为标准。国际制采用三级分类法，即根据沙粒（0.02～2 mm）、粉沙粒（0.002～0.02 mm）和黏粒（＜0.002 mm）在土壤中的相对含量，将土壤分成砂土、壤土、黏壤土、黏土四大类和十二级。表 6-1 列出了国际制土壤质地分类法。

表 6-1　国际制土壤质地分类

质地分类		各级土粒质量分数/%		
类别	质地名称	黏粒（＜0.002 mm）	粉砂粒（0.002～0.02 mm）	砂粒（0.02～2 mm）
砂土类	砂土及壤质砂土	0～15	0～15	85～100
壤土类	砂质壤土	0～15	0～15	55～85
	壤土	0～15	30～45	40～55
	粉砂质壤土	0～15	45～100	0～55
黏壤土类	砂质黏壤土	15～25	0～30	55～85
	黏壤土	15～25	20～45	30～55
	粉砂质黏壤土	15～25	45～85	0～40
黏土类	砂质黏土	25～45	0～20	55～75
	壤质黏土	25～45	0～45	10～55
	粉砂质黏土	25～45	45～75	0～30
	黏土	45～65	0～55	0～55
	重黏土	65～100	0～35	0～35

而我国将土壤质地分为三组 11 种，表 6-2 为我国土粒分级标准。

表 6-2　我国土粒分级标准

颗粒名称		粒径/mm	颗粒名称		粒径/mm
石块		＞10	粉粒	粗粉粒	0.01～0.05
石砾	粗砾	3～10		细粉粒	0.005～0.01
	细砾	1～3	黏粒	粗黏粒	0.001～0.005
砂粒	粗砂粒	0.25～1		细黏粒	＜0.001
	细砂粒	0.05～0.25			

（二）土壤有机质

土壤有机质是土壤中含碳有机化合物的总称，土壤有机质绝大部分集中于土壤表层（0～15 cm 或 0～20 cm），我国土壤有机质含量在 1%～5%。土壤有机质主要由进入土壤的植物的根茬、茎秆、落叶、土壤中的动物残骸，以及施入土壤的有机肥料经分解转化逐渐形成，通常可分为非腐殖物质和腐殖物质两类。非腐殖物质包括糖类化合物（如淀粉、纤维素等）、含氮有机化合物及有机磷和有机硫化合物，一般占土壤有机质总量的 10%～15%。腐殖物质是植物残体中稳定性较大的木质素及其类似物，在微生物作用下，部分被氧化形成的一类特殊的高分子聚合物，具有芳环结构，苯环周围连有多种官能团，如羧基、羟基、甲氧基及氨基等，使之具有表面吸附、离子交换、络合、缓冲、氧化还原作用及生理活性等性能。土壤有机质一般占土壤固相物质总质量的 5%左右，对于土壤的物理、化学和生物学性状有较大的影响。

（三）土壤水和空气

1. 土壤水

土壤水是土壤中各种形态水分的总称，为土壤的重要组成部分。它对土壤中物质的转化过程和土壤的形成过程起着决定性作用。土壤水非纯水，而实际是含有复杂溶质的稀溶液，因此，通常将土壤水及其所含溶质称为土壤溶液。土壤溶液既是植物和土壤生物的营养来源，又是土壤中各种物理、化学反应和微生物作用的介质，为影响土壤性质及污染物迁移、转化的重要因素。

土壤溶液中的水来源于大气降水、降雪、地表径流和农田灌溉，若地下水位接近地表面，也是土壤水的来源之一。土壤溶液中的溶质包括可溶无机盐、可溶有机物、无机胶体及可溶性气体等。

2. 土壤空气

土壤空气是存在于土壤中的气体的总称，是土壤的重要组成之一。土壤空气存在于未被水分占据的土壤孔隙中，来源于大气、生物化学反应和化学反应产生的气体（如甲烷、硫化氢、氢气、氮氧化物、二氧化碳等）。土壤空气组成与土壤本身特性相关，也与季节、土壤水分、土壤深度等条件相关，如在排水良好的土壤中，土壤空气主要来源于大气，其组分与大气基本相同，以氮、氧和二氧化碳为主；而在排水不良的土壤中氧含量下降，二氧化碳含量增加，土壤空气含氧量比大气少，而二氧化碳含量高于大气。

（四）土壤生物

土壤中生活着微生物（细菌、真菌、放线菌、藻类等）及动物（原生动物、蚯蚓、线虫类等），它们不但是土壤有机质的重要来源，更重要的是对进入土壤的有机污染物的降解及无机污染物（如重金属）的形态转化起着主导作用，是土壤净化功能的主要贡献者。

二、土壤污染物的来源

由于人为的原因和自然的原因，各类污染物可以通过多种渠道进入土壤环境。土壤环境能依靠自身的组成和性能，对进入土壤环境的污染物进行一定程度的净化，但是当进入土壤环境的污染物的数量和速度超过了土壤的耐污能力和净化速度时，就破坏了土壤环境的自然动态平衡，使污染物的积累逐渐占据优势，引起土壤的组成、结构、性状改变，使之功能失调，质量下降，导致土壤环境污染。土壤污染不仅使其肥力下降，还可能构成二次污染源，污染水体、大气、生物，进而通过食物链危害人体健康。

土壤污染源主要来源于以下几个方面。

1．天然污染源

土壤环境的天然污染源主要来自矿物风化后自然扩散，火山爆发后降落的火山灰等。

2．人为污染源

人为污染源是土壤污染的主要来源，包括以下几个方面。

（1）施肥引起的污染　指由于施肥不当而造成的土壤污染。例如，长期施用硫酸铵肥料，铵离子被土壤胶体吸附，慢慢地被作物吸收，而硫酸根逐渐积累在土壤里，时间久了，酸性不断增强，土壤就会板结，从而不利于作物生长；又如，对土壤施用垃圾、粪便和生活污水时，如果不进行适当的消毒灭菌处理，有可能造成土壤的生物学污染，使土壤成为传播某些流行病的疫源。

（2）污水灌溉引起的污染　污水灌溉农田，始于 1859 年，近年来发展很快。在我国，随着工业化进程加快，污水灌溉农田也在逐步扩大。污水灌溉农田，在农业上可以起到增水、增肥、增产、省工、省电和降低成本的好处；同时，还可以减少污水对地表水的污染。

但是，利用污水灌溉农田，如果处理不当，会使农田、土壤和地下水受到污染。如污水灌溉能使土壤中农药中镉明显积累，通过稻米直接危害人体健康；如果污水中油分过大、洗涤剂过多，会使它们覆盖在稻田表面，隔断氧的供应，促进土壤的还原作用产生硫化氢，使土壤理化性质发生变化，从而危害作物生长。

（3）农药污染　施用农药时，一部分直接落入土壤地面；另一部分通过作物落叶、降水而进入土壤。如果农药在土壤中的积累的速度超过了土壤的自净能力，就会引起土壤污染。农药一般施与土壤表层，且因其溶解度较小，加上土壤的吸附作用，使农药很难向土层下部移动，故农药绝大多数都积累在表层 20 cm 以内。

（4）其他污染来源　堆积在土壤上的工业固体废物、生活垃圾等，会给土壤带来大量的有机和无机污染物。另外，大气沉降物也可能给土壤带来污染。

三、土壤污染的特点和危害

土壤污染的特点和危害有以下两点。

（1）隐蔽性和潜伏性　土壤污染是污染物在土壤中长期积累的过程。其后果要通过长期摄食由污染土壤生长的植物产品的人体和动物的健康状况才能反映出来。因此，土壤污染具有隐蔽性和潜伏性，不像大气和水体污染那样易于被人们所察觉。

（2）不可逆性和潜伏性　污染物进入土壤环境后，便与复杂的土壤组成物质发生一系列迁移转化作用。其中很多污染作用为不可逆过程，污染物最终形成难溶化合物沉积在土壤中。因而，土壤一旦受到污染，极难恢复。如我国沈阳抚顺污水灌溉区土壤污染后，采用了施加改良剂、深翻、清水灌溉、种植特种植物等各种措施，经过十多年的努力，付出了大量劳动和代价，但收效甚微。

第二节　土壤样品的采集和预处理

一、土壤样品采集

（一）污染土壤样品采集

1. 土壤采样特点

土壤是固、液、气三相的混合物，主体是固体，污染物质进入土壤后不易得到混合，所以样品往往有很大的局限性。在一般的土壤监测中，采样误差对结果的影响往往大于分析误差，结果的分析值相差 10%～20%是不奇怪的，有时还会相差数倍。所以，在进行土壤样品采集时，要格外注意样品的合理代表性，最好能在采样前通过一定的调查研究，选择一定量的采样单元，合理布设采样点。

2．采样点布设

由于土壤本身在空间分布上具有一定的不均匀性，所以多点采样并均匀混合成为具有代表性的土壤样品。

布设原则：

（1）不同土壤类型都要布点。

（2）在一定区域面积内，要有一个采样点。污染较重的地区布点要密些。通常要根据土壤污染发生的原因来考虑布点的多少。对大气污染物引起的土壤污染，采样点布设应以污染源为中心，并根据当地风向、风速及污染强度等因素来确定；由城市污水或被污染的河水灌溉农田引起的土壤污染，采样点应根据水流的路径和距离来考虑；如果是由于化肥、农药引起的土壤污染，它的特点是分布比较均匀广泛。

（3）要在非污染区的同类土壤中布设一个或几个对照采样点。总之，采样点的布设既应尽量照顾到土壤的全面情况，又要视污染情况和监测目的而定。

布点方法：根据土壤自然条件、类型及污染情况的不同，常用方法有：

① 对角线布点法。适用于面积小、地势平坦的污水灌溉或受废水污染的地形端正的田块。由田块的进水口向对角引一直线，将对角线划分为若干等分（一般 35 等分），在每等分的中点处采样。如图 6-1（a）所示。若土壤差异性较大，可增加等分点。

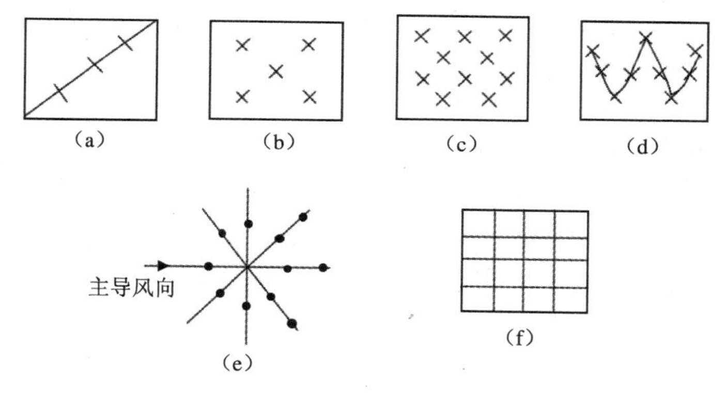

图 6-1　土壤采样点布设方法

② 梅花形布点法。适用于面积较小、地势平坦、土壤物质和污染程度较均匀的田块。中心点设在两对角线相交处，一般设 5～10 个采样点，如图 6-1（b）所示。

③ 棋盘式布点法。适用于中等面积、地势平坦、地形完整开阔但土壤较不均匀的田块。一般采样点在 10 个以上，如图 6-1（c）所示。也适用于受固体废物污染的土壤，因为固体废物分布不均匀，应设 20 个以上的采样点。

④ 蛇形布点法。适用于面积较大、地形不平坦、土壤不均匀的田块。布设采样点数目较多，如图 6-1（d）所示。

⑤ 放射状布点法。该方法适用于大气污染型土壤。以大气污染源为中心，向

周围画射线，在射线上布设采样分点。在主导风向的下风向适当增加分点之间的距离和分点数量，如图 6-1（e）所示。

⑥ 网格布点法。适用于地形平缓的地块。将地块划分成若干均匀网状方格，采样分点设在两条直线的交点处或方格的中心，如图 6-1（f）所示。农用化学物质污染型土壤、土壤背景值调查常用这种方法。

为全面客观评价土壤污染情况，在布点的同时要做到与土壤生长作物监测同步进行布点、采样、监测，有利于对比和分析。

3．采样深度

采样深度视监测目的而定。如果只是一般了解土壤污染状况，只需取 0～15 cm 或 0～20 cm 表层（或耕层）土壤。如果是为了解土壤污染对植物或农作物的影响，采样深度通常在耕层地表以下 15～30 cm 处，对于根深的作物，也可取 50 cm 深度处的土壤样品。

若要了解污染物质在土壤中的垂直分布，则应沿土壤剖面层次分层取样。土壤剖面是指地面向下的垂直土体的切面，在垂直切面上可观察到与地面大致平行的若干层具有不同颜色、性状的土层。

典型的自然土壤剖面分为 A 层（表层、腐殖质淋溶层）、B 层（亚层、淀积层）、C 层（风化母岩层、母质层）和底岩层（图 6-2）。采集土壤剖面样品时，需在特定采样地点挖掘一个 1 m×1.5 m 左右的长方形土坑，深度在 2 m 以内，一般要求达到母质或潜水处即可（图 6-3）。盐碱地地下水位较高，应取样至地下水位层；山地土层薄，可取样至母岩风化层。根据土壤剖面颜色、结构、质地、松紧度、温度、植物根系分布等划分土层，并进行仔细观察，将剖面形态、特征自上而下逐一记录。随后在各层最典型的中部自下而上逐层用小土铲切取一片片土壤样，每个采样点的取样深度和取样量应一致。将同层次土壤混合均匀，各取 1 kg 土样，分别装入样品袋。土壤剖面点位不得选在土类和母质交错分布的边缘地带或土壤剖面受破坏的地方；剖面的观察面要向阳。

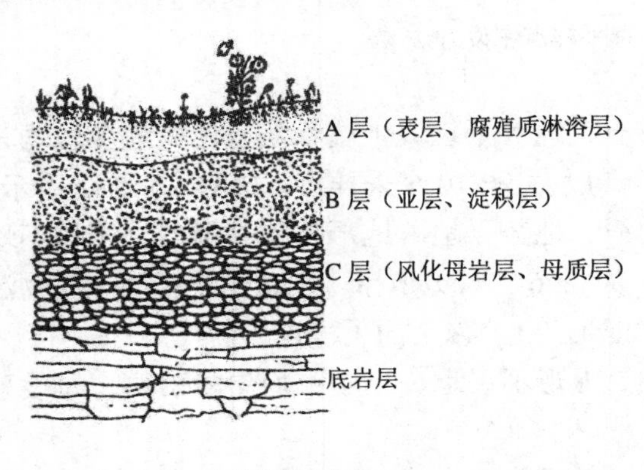

图 6-2　土壤剖面土层

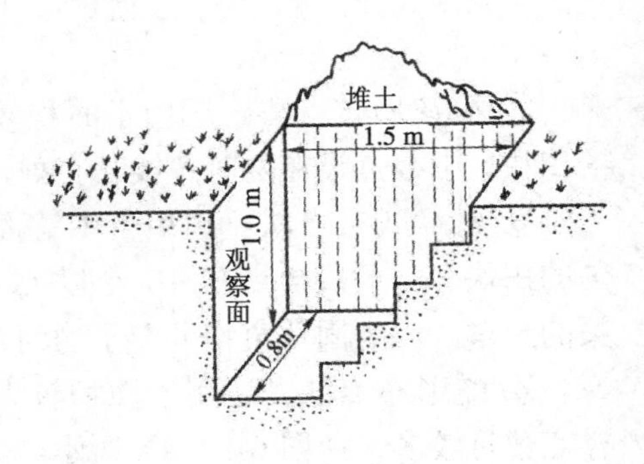

图 6-3　土壤剖面挖掘

其采样次序是由下而上逐层采集，然后集中混合均匀。用于重金属项目分析的土样，应将和金属采样器接触部分弃去。

采样方法：① 采样筒取样；② 土钻取样；③ 挖坑取样。

4．采样时间和频率

为了解土壤污染状况，可随时采集样品进行测定。如需同时掌握在土壤上生长的作物受污染状况，可依季节变化或作物收获期采集。《农田土壤环境监测技术规范》规定，一般土壤在农作物收获期采样测定，必测项目一年测定一次，其他项目3～5 a 测定一次。

5．采样量

由于测定所需的土样是多点混合而成的，取样量往往较大，而实际供分析的土样不需太多，一般只需 1～2 kg。因此对所得混合样可反复按四分法弃取，最后留下所需的土量，装入塑料袋或布袋内，贴上标签备用。

6．采样注意事项

（1）采样点不能设在田边、沟边、路边或肥堆边。

（2）将现场采样点的具体情况，如土壤剖面形态特征等做详细记录。

（3）现场填写两张标签（图 6-4），写上地点、土壤深度、日期、采样人姓名等，一张放入样品袋内，一张扎在样品口袋上。并于采样结束时在现场逐项逐个检查。

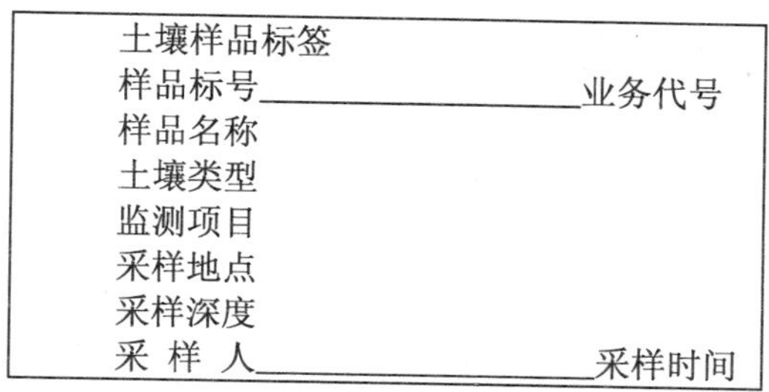

土壤样品标签
样品标号________________业务代号
样品名称
土壤类型
监测项目
采样地点
采样深度
采 样 人________________采样时间

图 6-4 土壤样品标签

（二）土壤背景值样品采集

采集这类土壤样品时，采样点的选择应能反映开发建设项目所在区域土壤及环境条件的实际情况，能代表区域土壤总的特征并远离污染源，同一类型土壤应有 3～5 个采样点，以便检验本底值的可靠性。土壤背景值采样要特别注意成土母质的作用，因为不同土壤母质常使土壤的组成和含量发生很大的差异。与污染土壤不同之处是同一样点并不强调采集多点混合样，不能混淆层次，而是选取植物发育典型、代表性强的土壤采样，挖掘剖面时，要在剖面各层次典型中心部位自下而上采样。采样深度为 1 m 以内的表土（0～20 cm）和心土（20～40 cm），对于植物发育完好的典型土壤，尤其应按层分别采样，以研究各元素在土壤中的分布。

二、土壤样品的预处理

现场采集的土壤样品经核对无误后，进行分类装箱，运往实验室加工处理。在运输中严防样品的损失、混淆和玷污，并派专人押运，按时送至实验室。

（一）土壤样品的制备

样品制备又称样品加工，其处理程序是：风干、磨细、过筛、混合、分装，制成满足分析要求的土壤样品。加工处理的目的是：除去非土部分，使测定结果能代表土壤本身的组成；有利于样品较长时期保存，防止发霉、变质；通过研磨、混匀，使分析时称取的样品具有较高的代表性。加工处理工作应在向阳（勿使阳光直射土样）、通风、整洁、无扬尘、无挥发性化学物质的房间内进行。

1．土壤风干

在风干室将潮湿土样倒在白色搪瓷盘内或塑料膜上，摊成约 2 cm 厚的薄层，用玻璃棒间断地压碎、翻动，使其均匀风干。在风干过程中，拣出碎石、砂砾及植物残体等杂质。

2．磨碎与过筛

如果进行土壤颗粒分析及物理性质测定等物理分析，取风干样品 100～200 g 于有机玻璃板上用木棒、木滚再次压碎，经反复处理使其全部通过 2 mm 孔径（10 目）的筛子，混匀后储于广口玻璃瓶内。

如果进行化学分析，土壤颗粒细度影响测定结果的准确性，即使对于一个混合均匀的土样，由于土粒大小不同，其化学成分及其含量也有差异，应根据分析项目的要求处理成适宜大小的颗粒。一般处理方法是：将风干样在有机玻璃板或木板上用锤、滚、棒压碎，并除去碎石、砂砾及植物残体后，用四分法（图 6-5）分取所需土样量，使其全部通过 0.84 mm（20 目）尼龙筛。过筛后的土样全部置于聚乙烯薄膜上，充分混匀，用四分法分成两份，一份交样品库存放，可用于土壤 pH 值、土壤代换量等项目测定用；另一份继续用四分法缩分成两份，一份备用，一份研磨至全部通过 0.25 mm（60 目）或 0.149 mm（100 目）孔径尼龙筛，充分混合均匀后备用。通过 0.25 mm（60 目）孔径筛的土壤样品，用于农药、土壤有机质、土壤全氮量等项目的测定；通过 0.149 mm（100 目）孔径筛的土壤样品用于元素分析。样品装入样品瓶或样品袋后，及时填写标签，一式两份，瓶内或袋内 1 份，外贴 1 份。

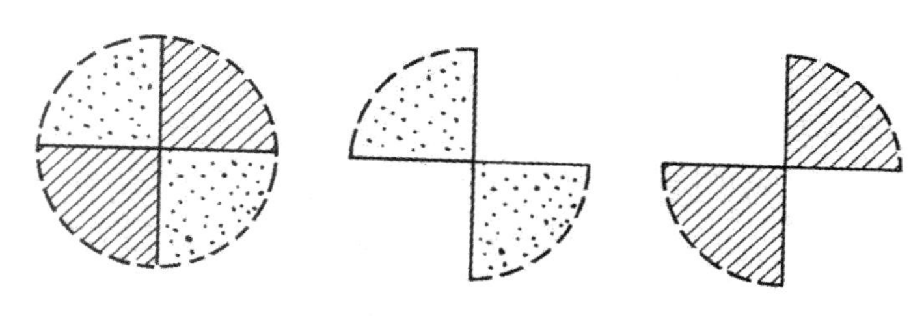

图 6-5 土壤样品四分法

测定挥发性或不稳定组分如挥发酚、氨态氮、硝态氮、氰化物等，需用新鲜土样。

3．土样的保存

对需要保存的土壤样品，要依据欲分析组分性质选择保存方法。风干土样存放于干燥、通风、无阳光直射、无污染的样品库内，保存期通常为半年至 1 年。如分析测定工作全部结束，检查无误后，无须保留时可弃去。在保存期内，应定期检查样品储存情况，防止霉变、鼠害和土壤标签脱落等。用于测定挥发性和不稳定组分用新鲜土壤样品，将其放在玻璃瓶中，置于低于 4℃的冰箱内存放，保存半个月。

（二）土壤样品的预处理

土壤样品组分复杂，污染组分含量低，并且处于固体状态。在测定之前，往往需要处理成液体状态和将欲测组分转变为适合测定方法要求的形态、浓度，以及消除共存组分的干扰。土壤样品的预处理方法主要有分解法和提取法；前者用于元素的测定，后者用于有机污染物和不稳定组分的测定。

1．土壤样品的分解方法

土壤样品分解方法有：酸分解法、碱熔分解法、高压釜分解法、微波炉分解法等。分解法的作用是破坏土壤的矿物晶格和有机质，使待测元素进入试样溶液中。

（1）酸分解法　酸分解法也称消解法，是测定土壤中重金属常选用的方法。这种方法在“水和废水监测”一章中已作介绍。分解土壤样品常用的混合酸消解体系有：盐酸—硝酸—氢氟酸—高氯酸、硝酸—氢氟酸—高氯酸、硝酸—硫酸—高氯酸、硝酸—硫酸—磷酸等。为了加速土壤中欲测组分的溶解，还可以加入其他氧化剂或还原剂，如高锰酸钾、五氧化二钒、亚硝酸钠等。

用盐酸—硝酸—氢氟酸—高氯酸分解土壤样品的操作要点是：取适量风干土样于聚四氟乙烯坩埚中，用水润湿，加适量浓盐酸，于电热板上低温加热，蒸发至约剩 5 mL 时加入适量浓硝酸，继续加热至近黏稠状，再加入适量氢氟酸并继续加热；为了达到良好的除硅效果，应不断摇动坩埚；最后，加入少量高氯酸并加热至白烟冒尽。对于含有机质较多的土样，在加入高氯酸之后加盖消解。分解好的样品应呈白色或淡黄色（含铁较高的土壤），倾斜坩埚时呈不流动的黏稠状。用水冲洗坩埚内壁及盖，温热溶解残渣，冷却后定容至要求体积（视欲测组分含量确定）。这种消解体系能彻底破坏土壤晶格，但在消解过程中，要控制好温度和时间。如果温度过高，消解试样时间短及将试样蒸干涸，会导致测定结果偏低。

（2）碱熔分解法　碱熔分解法是将土壤样品与碱混合，在高温下熔融，使样品分解的方法。所用器皿有铝坩埚、磁坩埚、镍坩埚和铂金坩埚等。常用的熔剂有碳酸钠、氢氧化钠、过氧化钠、偏硼酸锂等。其操作要点是：称取适量土样于坩埚中，加入适量熔剂（用碳酸钠熔融时应先在坩埚底垫上少量碳酸钠或氢氧化钠），充分混匀，移入马福炉中高温熔融，熔融温度和时间视所用熔剂而定，如用碳酸钠于900～920℃熔融半小时，用过氧化钠于650～700℃熔融20～30 min等。熔融好的土样冷却至60～80℃后，移入烧杯中，于电热板上加水和1+1盐酸加热浸提和中和、酸化熔融物，待大量盐类溶解后，滤去不熔物，滤液定容，供分析测定。

碱熔法具有分解样品完全，操作简便、快速，且不产生大量酸蒸汽的特点，但由于使用试剂量大，引入了大量可溶性盐，也易引进污染物质。另外，有些重金属如镉、铬等在高温下易挥发损失。

（3）高压釜密闭分解法　该方法是将用水润湿，加入混合酸并摇匀的土样放入能密封的聚四氟乙烯坩埚内，置于耐压的不锈钢套筒中，放在烘箱内加热（一般不超过180℃）分解的方法，具有用酸量少、易挥发元素损失少、可同时进行批量试样分解等特点。其缺点是：看不到分解反应过程，只能在冷却开封后才能判断试样分解是否完全；分解试样量一般不能超过1.0 g，使测定含量极低的元素时称样量受到限制；分解含有机质较多的土壤时，特别是在使用高氯酸的场合下，有发生爆炸的危险，可先在80～90℃将有机物充分分解。

（4）微波炉加热分解法　该方法是将土壤样品和混合酸放入聚四氟乙烯容器中，置于微波炉内加热使试样分解的方法。由于微波炉加热不是利用热传导方式使土壤从外部受热分解，而是以土样与酸的混合液作为发热体，从内部加热使土样分解，热量几乎不向外部传导损失，所以热效率非常高，并且利用微波炉能激烈搅拌和充分混匀土样，使其加速分解。如果用密闭法分解一般土壤样品，经几分钟便可达到良好的分解效果。

2．土壤样品提取方法

测定土壤中的有机污染物、受热后不稳定的组分，以及进行组分形态分析时，需要采用提取方法。提取溶剂常用有机溶剂、水和酸，有关知识在“水和废水监测”和“环境污染生物监测”两章中已有介绍，可参阅、比较。

（1）有机污染物的提取　测定土壤中的有机污染物，一般用新鲜土样。称取适量土样放入锥形瓶中，放在振荡器上，用振荡提取法提取。对于农药、苯并[a]芘等含量低的污染物，为了提高提取效率，常用索氏提取器提取法。常用的提取剂有环己烷、石油醚、丙酮、二氯甲烷、三氯甲烷等。

（2）无机污染物的提取　土壤中易溶无机物组分，有效态组分，可用酸或水浸取。例如，用 0.1 mol/L 盐酸振荡提取镉、铜、锌，用蒸馏水提取构成 pH 值的组分，用无硼水提取有效态硼等。

3．净化和浓缩

土壤样品中的欲测组分被提取后，往往还存在干扰组分或达不到分析方法测定要求的浓度，需要进一步净化或浓缩。常用净化方法有层析法、蒸馏法等；浓缩方法有 K—D 浓缩器法、蒸发法等。

土壤样品中的氰化物、硫化物常用蒸馏—碱溶液吸收法分离。

第三节　土壤质量的监测

一、土壤监测目的

土壤是植物生长的基地，是动物和人类赖以生存的物质基础，因此，土壤的优劣直接影响人类的生存和发展。由于近年来人们不合理的开发和利用，致使许多污染物通过各种渠道进入土壤。当污染物进入土壤的数量和速度超过土壤的自净能力时，将导致土壤质量下降甚至恶化，影响土壤的生产能力。因此，必须对土壤污染状况实施监测，唯有如此，才能对提高土壤的环境质量和生产能力，保障食品安全，具有积极的推动意义。

1．土壤质量现状监测

监测土壤质量标准是判断土壤是否被污染及污染状况，并预测发展变化趋势的关键。《土壤环境质量标准》（GB 15618—1995）中将土壤环境质量分为三类，分别规定了 10 种污染物和 pH 值的最高允许浓度或范围。Ⅰ类土壤，指国家规定的自然保护区、集中式生活饮用水水源地、茶园、牧场和其他保护地区的土壤，其质量基本上保持自然背景水平；Ⅱ类土壤，指一般农田、蔬菜地、茶园、果园、牧场等土壤，其质量基本上对植物和环境不造成危害和污染；Ⅲ类土壤，指林地土壤及污染物容量较大的高背景值土壤和矿产附近等地的农田土壤（蔬菜地除外），其质量基本上对植物和环境不造成危害和污染。Ⅰ、Ⅱ、Ⅲ类土壤分别执行一、二、三级标准。

2．土壤污染事故监测

由于废气、废水、废渣、污泥对土壤造成了污染，或者使土壤结构与性质发生了明显的变化，或者对作物造成了伤害，需要调查分析主要污染物，确定污染的来源、范围和程度，为行政主管部门采取对策提供科学依据。

3．污染物土地处理的动态监测

在进行污水、污泥土地利用、固体废弃物的土地处理过程中，把许多无机污染物和有机污染物质带入土壤，其中有的污染物质残留在土壤中，并不断地积累，它们的含量是否达到了危害的临界值，需要进行定点长期动态监测，以既能充分利用土地的净化能力，又防止土壤污染，保护土壤生态环境。

4．土壤背景值调查

通过分析测定土壤中某些元素的含量，确定这些元素的背景值水平和变化，了解元素的丰缺和供应状况，为保护土壤生态环境、合理施用微量元素以及研究和防治地方病提供依据。

二、土壤监测方法

土壤样品的测定方法与水质、大气的测定方法类似。常用的方法有以下几种。

（1）重量法　适用于测定土壤水分。

（2）容量法　适用于浸出物中含量较高的成分测定，如 Ca^{2+}、Mg^{2+}、Cl^-、SO_4^{2-}等。

（3）分光光度法、原子吸收分光光度法、原子荧光分光光度法、等离子体发射光谱法适用于金属如铜、铅、锌、镉、汞等组分的测定。

（4）气相色谱法　适用于有机氯、有机磷、有机汞等农药的测定。

三、土壤监测

土壤监测结果规定用 mg/kg（烘干土）表示。

（一）土壤水分含量的测定

土壤水分是土壤生物及作物生长必需的物质，不是污染组分，但无论用新鲜土样还是风干土样测定污染组分时，都需要测定土壤含水量，以便计算按烘干土为基准的测定结果。

土壤含水量的测定要点：对于风干样，用感量 0.001 g 的天平称取适量通过 1 mm 孔径筛的土样，置于已恒重的铝盒中；对于新鲜土样，用感量 0.01 g 的天平称取适量土样，放于已恒重的铝盒中；将称量好的风干土样和新鲜土样放入烘箱内，于（105±2）℃下烘干 4～5 h 至恒重，按式 6-1、式 6-2 计算水分质量占烘干土质量的百分数：

$$\text{水分含量（分析基）}\% = \frac{m_1 - m_2}{m_1 - m_0} \times 100\% \tag{6-1}$$

$$\text{水分含量（烘干基）}\% = \frac{m_1 - m_2}{m_2 - m_0} \times 100\% \tag{6-2}$$

式中：m_0 —— 烘至恒重的空铝盒质量，g；

m_1—— 铝盒及土样烘干前的质量，g；

m_2—— 铝盒及土样烘至恒重时的质量，g。

（二）有机磷农药的测定

有机磷农药由于具有在环境中降解快、残留低等优点，现仍被广泛使用。但有机磷农药毒性较强。土壤中如果有有机磷残留，有机磷会通过生物富集和食物链进入人体，危害人体健康。

有机磷的测定方法普遍采用气相色谱法，该方法最低检测浓度为 0.000 086～0.002 9 mg/kg。

1．方法原理

用丙酮提取土壤样品中的有机磷，经液-液净化和凝结净化步骤去除干扰物，用气相色谱氮磷监测器（NPD）或火焰光度监测器（FPD）检测，根据色谱峰的保留时间定性，外标法定量。

2．仪器

（1）振荡器。

（2）旋转蒸发器。

（3）真空泵。

（4）水浴锅。

（5）微量进样器。

（6）气相色谱仪：带有氮磷监测器或火焰光度监测器，备有填充柱或毛细管柱。

3．色谱条件

气化室温度：230℃；柱温：200℃；载气：（N_2）；流速：36～40 mL/min。

4．测定要点

（1）样品预处理　准确称取已知含水量的土样 20.0 g，置于 300 mL 具塞锥形瓶中，加水，使加水的量与 20.0 g 样品水分含量之和为 20 mL，摇匀后静置 10 min，加入 100 mL 丙酮与水的混合液，浸泡 6～8 h 后振荡 1 h，将提取液倒入铺有两层滤纸及一层助滤剂的布式漏斗减压抽滤，分离后用无水硫酸钠净化，弃去水相，丙酮提取液定容后供测定。

（2）定性和定量分析　准确称取一定量的农药样品和丙酮配制速灭磷、甲拌磷、二嗪磷、水胺硫磷、甲基对硫磷、稻丰散、杀螟硫磷、异稻瘟净、溴硫磷、杀扑磷标准溶液；用微量注射器分别吸取 3～6 μL 标准溶液和样品试液注入气相色谱仪测定，记录标准溶液和样品试液的色谱图（图 6-6）。根据各组分的保留时间和峰高（或峰面积）分别进行定性和定量分析。用外标法计算土壤样品中农药含量的计算公式：

$$X=\frac{c_{is}\times V_{is}\times H_i(S_i)\times V}{V_i\times H_{is}(S_{is})\times m} \qquad (6\text{-}3)$$

式中：X —— 样品中农药残留量，mg/kg， mL/L；

c_{is} —— 标准溶液中 i 组分农药浓度，μg/ mL；

V_{is} —— 标准溶液进样体积，μL；

V —— 样品溶液最终定容体积， mL；

V_i —— 样本溶液进样体积，μL；

$H_i(S_i)$ —— 样本溶液中 i 组分农药的峰高或峰面积，mm 或 mm^2；

$H_{is}(S_{is})$ —— 标准溶液中 i 组分农药的峰高或峰面积，mm 或 mm^2；

m —— 称样质量，g（这里只用提取液的 2/3，应乘以 2/3）。

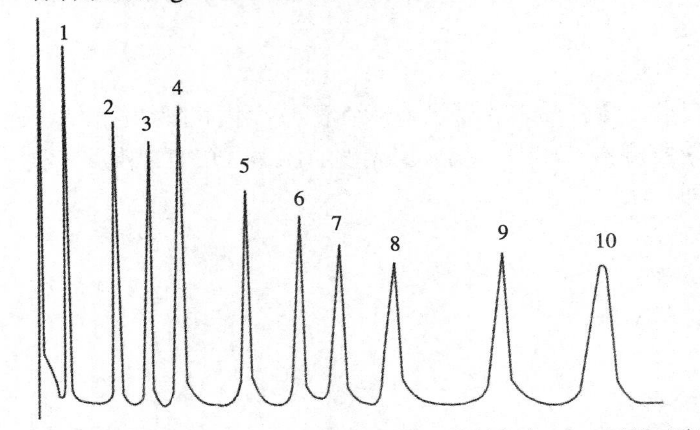

1—速灭磷；2—甲拌磷；3—二嗪磷；4—异稻瘟净；5—甲基对硫磷；6—杀螟硫磷；7—水胺硫磷；8—溴硫磷；9—稻丰散；10—杀扑磷

图 6-6　10 种有机磷气相色谱

（三）土壤中铜、锌、镉的测定

1．标准溶液的制备

制备各种重金属标准溶液推荐使用光谱纯试剂；用于溶解土样的各种酸皆选用高纯或光谱纯级；稀释用水为蒸馏去离子水。使用浓度低于 0.1 mol/ mL 的标准溶液时，应于临用前配制或稀释。标准溶液在保存期间，若有混浊或沉淀生成时必须重新配制。某些主要元素标准溶液的配制方法见表 6-3。

表 6-3　主要元素标准溶液配制方法

元素	化合物	质量/g	制备方法/（1 000 mg/L）
As	As_2O_3	1.302 3	溶于少量 20%氢氧化钠溶液中，加 2 mL H_2SO_4，用水定容至 1 L
Cd	Cd	1.000 0	溶于 50 mL（1+1）HNO_3 溶液中，用水定容至 1 L
	CdO	1.142 3	

元素	化合物	质量/g	制备方法/（1 000 mg/L）
Cr	Cr $K_2Cr_2O_7$	1.000 0 2.829 0	在温热条件下，溶于 50 mL（1+1）HCl 溶液中，冷却，用水定容至 1 L 用水溶解，加 20 mL HNO_3，用水定容至 1 L
Cu	Cu CuO	1.000 0 1.251 8	在温热条件下，溶于 50 mL（1+1）HNO_3 溶液中，冷却，用水定容至 1 L
Pb	Pb $Pb(NO_3)_2$	1.000 0 1.599 0	溶于 50 mL（1+1）HNO_3 溶液中，用水定容至 1 L 用水溶解，加 10 mL HNO_3，用水定容至 1 L
Mn	Mn	1.000 0	溶于 50 mL（1+1）HNO_3 溶液中，用水定容至 1 L
Hg	$HgCl_2$ $Hg(NO_3)_2$	1.353 5 1.663 1	用 0.05%$K_2Cr_2O_7$ 5%HNO_3 固定液溶解，并用该固定液稀释至 1 L
Zn	Zn $Zn(NO_3)_2\cdot 6H_2O$	1.000 0 4.550 6	溶于 40 mL（1+1）HCl 溶液中，用水定容至 1 L 水溶解后，用水定容至 1 L

2．土样预处理

称取 0.5～1 g 土样于聚四氟乙烯坩埚中，用少许水润湿，加入 HCl 在电热板上加热消化（＜450℃，防止 Cd 挥发），加入 HNO_3 继续加热，再加入 HF 加热分解 SiO_2 及胶态硅酸盐，最后加入 $HClO_4$ 加热（＜200℃）至近干，冷却，用稀 HNO_3 浸取残渣、定容。同时做全程序空白实验。

3．锌、铜、镉标准系列混合溶液的配制

各元素标准工作溶液是通过逐次稀释其标准贮备液而得。标准系列混合液各元素的浓度范围应在表 6-4 中所列出的浓度范围内。

表 6-4　Cu、Zn、Cd 工作参数

	Cu	Zn	Cd
适宜浓度范围/（μg/ mL）	0.2～10	0.05～2	0.05～2
灵敏度/（μg/ mL）	0.1	0.02	0.025
检出限/（μg/ mL）	0.01	0.005	0.002
波长/nm	324.7	213.9	228.8
空气—乙炔火焰条件	氧化型	氧化型	氧化型

注意：配制标准系列溶液时，所用酸和试剂的量应与待测液中所含酸和试剂的数量相等，以减少背景吸收所产生的影响。

4．采用 AAS 法测定铜、锌、镉

测定工作参数见表 6-4。

5．结果计算

$$\text{铜或锌、镉（mg/kg）} = \frac{M}{W} \qquad (6\text{-}4)$$

式中：M—— 自标准曲线中查得铜（锌、镉）质量，μg；

W—— 称量土样干质量，g。

复习与思考题

1. 简述土壤的组成，它们是怎样形成的？

2. 何谓土壤背景值？土壤背景值的调查研究对环境保护和环境科学有何意义？

3. 我国《土壤环境质量标准》将土壤分为哪几类？各类土壤的功能和保护目标是什么？

4. 土壤污染监测有哪几种布点方法？各适用于什么情况？

5. 根据监测目的，土壤环境质量监测分为哪几种类型？各种类型监测内容有何不同？

6. 根据土壤污染监测目的，怎样确定采样深度？为什么需要多点采集混合土样？

7. 怎样加工制备风干土壤样品？不同监测项目对土壤样品的粒度要求有何不同？

8. 对土壤样品进行预处理的目的是什么？怎样根据监测项目的性质选择预处理方法？

9. 用盐酸—硝酸—氢氟酸—高氯酸处理土壤样品有何优点？应注意什么问题？

10. 怎样用玻璃电极法测定土壤样品的pH值？测定中应注意哪些问题？

11. 简述用石墨炉原子吸收分光光度法测定土样中铅、镉的原理；可用哪几种定量方法？

12. 比较火焰原子吸收分光光度法与氢化物—原子荧光光谱法测定金属化合物的原理和仪器主要部件有何不同和相同之处？

13. 怎样用气相色谱法对土壤样品中有机磷进行定性和定量分析？

14. 用火焰原子吸收分光光度法测土壤中镍。称取风干过筛土样 0.500 0 g（含水 7.2%），经消解后定容至 50.0 mL，用标准曲线法测得此溶液镍含量为 30.0 μg，求被测土壤中镍的含量。

15. 有一地势平坦的田块，由于用污水灌溉，土壤被铅、汞和苯并[*a*]芘污染，试设计一个监测方案，包括布设监测点、采集土样、土样制备和预处理，以及选择分析测定方法。

第七章 生物污染监测

【知识目标】

了解污染物在生物体内分布特点；明确生物样品采集和制备方法；掌握生物样品预处理方法。

【能力目标】

通过本章学习，能熟练掌握样品的采集与制备方法；具有处理生物样品的能力；具备对测试数据结果进行评价的能力。

在自然界中，生物和其生存环境之间存在着相互影响、相互制约、相互依存的密切关系，保持着相对的生态平衡。当环境受自然因素或人为因素的影响发生改变时，生物就会随之发生各种变化，生态平衡也会受到破坏。随着现代工农业的飞速发展，“三废”大量排放，农药和化肥使用量迅速增加，使大气、水体、土壤受到污染，而生物在从这些环境要素中摄取营养物质和水分的同时，也摄入了污染物质，并在体内蓄积，因此受到不同程度的污染和危害。进行生物污染监测的目的是通过对生物体内有害物质的监测，及时掌握和判断生物被污染的情况和程度，以采取措施保护和改善生物的生存环境。这对促进和维持生态平衡，保护人体健康具有十分重要的意义。生物污染的监测方法与水体、土壤污染的监测方法大同小异，本章重点介绍有差异的内容。

第一节 概 述

污染物质可通过不同的途径进入生物体内，并在体内进行传输、积累和转化，污染物在生物体内各部位的分布是不均匀的，且不同的生物其分布情况亦可能是不相同的。了解这些情况，对正确采集样品，选择适宜的监测方法和获得可靠的结果是十分重要的。

一、生物污染形式

生物受污染的形式主要有表面吸附、生物吸收和生物浓缩三种。

（一）表面吸附

表面吸附又称表面附着，是指污染物附着在生物体表面的现象。例如，施用农药或大气中的粉尘降落时，部分农药或粉尘以物理的方式黏附在植物表面上，其附着量与作物的表面积大小、表面性质及污染物的性质、状态有关。表面积大、表面粗糙、有绒毛的作物附着量比表面积小、表面光滑的作物大；作物对黏度大的污染物、乳剂比对黏度小的污染物、粉剂附着量大。

附着在作物表面上的污染物，可因蒸发、风吹或随雨水流失而脱离作物表面。脂溶性或内吸传导性农药，可渗入作物表面的蜡质层或组织内部，被吸收、输导分布到植株汁液中。这些农药在外界条件和体内酶的作用下逐渐降解、消失，但稳定性农药的这种分解、消失速度缓慢，直到作物收获时往往还有一定的残留量。试验结果表明，作物体上残留农药量的减少通常与施药后的间隔时间呈指数函数关系。

（二）生物吸收

大气、水体和土壤中的污染物，可经生物体各器官的主动吸收和被动吸收进入生物体。

主动吸收即代谢吸收，是指细胞利用生物特有的代谢作用所产生的能量而进行的吸收作用。细胞利用这种吸收能把浓度差逆向的外界物质引入细胞内。如水生植物和水生动物将水体中的污染物质吸收，并成百倍、千倍甚至数万倍地浓缩，就是靠这种代谢吸收。

被动吸收即物理吸收，这是一种依靠外液与原生质的浓度差，通过溶质的扩散作用而实现的吸收过程，不需要供应能量。此时，溶质的分子或离子借分子扩散运动由浓度高的外液通过生物膜流向浓度低的原生质，直至浓度达到均一为止。

1．植物吸收

大气中的气体污染物或粉尘污染物，可以通过植物叶面的气孔吸收，经细胞间隙抵达导管，而后运转至其他部位。例如，气态氟化物，主要通过植物叶面上的气孔进入叶肉组织，首先溶解在细胞壁的水分中，一部分被叶肉细胞吸收，大部分则沿纤维管束组织运输，在叶尖和叶缘中积累，使叶尖和叶缘组织坏死。

植物通过根系从土壤或水体中吸收污染物，其吸收量与污染物的含量、土壤类型及作物品种等因素有关。污染物含量高，作物吸收的就多；作物在沙质土壤中的吸收率比在其他土质中的吸收率要高；作物对丙体六六六（林丹）的吸收率比其他农药高；块根类作物比茎叶类作物吸收率高；水生作物的吸收率比陆生作物高。

2．动物吸收

环境中的污染物质，可以通过呼吸道、消化道和皮肤吸收等途径进入动物肌体。

空气中的气态毒物或悬浮颗粒物质，经呼吸道进入人体。从鼻、咽、腔至肺泡整个呼吸道部分，由于结构不同，对污染物的吸收情况也不同，越入深部，面积越大，停留时间越长，吸入量越大。肺部具有丰富的毛细血管网，吸入毒物速度极快，仅次于静脉注射。毒物能否随空气进入肺泡，与其颗粒大小及水溶性有关。直径不超过 3 μm 的颗粒物质能到达肺泡，而直径大于 10 μm 的颗粒物质大部分被黏附在呼吸道、气管和支气管黏膜上。水溶性较大的污染物，如氯气、二氧化硫等，被上呼吸道黏膜所溶解而刺激上呼吸道，极少进入肺泡。水溶性较小的气态物质，如二氧化氮等，则绝大部分能到达肺泡。

水和土壤中的污染物质主要通过饮用水和食物摄入，经消化道被吸收。由呼吸道吸入并沉积在呼吸道表面上的有害物质，也可以咽到消化道，再被吸收进入肌体。整个呼吸道都有吸收作用，但以小肠较为重要。

皮肤是保护肌体的有效屏障，但具有脂溶性的物质，如四乙基铅、有机汞化合物、有机锡化合物等，可以通过皮肤吸收后进入动物肌体。

（三）生物浓缩

生物浓缩又称生物富集，是指生物体通过对环境中某些元素或难以分解的化合物的积累，使这些物质在生物体内的浓度超过环境中浓度的现象。

生物体吸收环境中物质的情况有三种：一种是藻类植物、原生动物和多种微生物等，它们主要靠体表直接吸收；另一种是高等植物，它们主要靠根系吸收；第三种是大多数动物，它们主要靠吞食进行吸收。

在上述三种情况中，前两种属于直接从环境中摄取，后一种则需要通过食物链进行摄取。环境中的各种物质进入生物体后，立即参加到新陈代谢的各项活动中。其中，一部分生命必需的物质参加到生物体的组成中，多余的以及非生命必需的物质则很快地分解掉并且排出体外，只有少数不容易分解的物质（如 DDT）长期残留在生物体内。

生物浓缩的研究，在阐明物质在生态系统内的迁移和转化规律、评价和预测污染物进入生物体后可能造成的危害，以及利用生物体对环境进行监测和净化等方面，具有重要的意义。

二、污染物在生物体内的分布和蓄积

污染物质通过各种途径进入生物体后，传输分布到肌体的不同部位，并在体内进行蓄积。

（一）污染物在植物体内的分布

污染物被植物吸收后，在植物体内各部位的分布规律与吸收污染物的途径、作物品种、污染物的性质等因素有关。

从土壤和水体中吸收污染物的植物，一般分布规律和残留含量的顺序是：根>茎>叶>穗>壳>种子。表 7-1 列出某研究单位应用放射性同位素 ^{115}Cd 对水稻进行试验结果。由表可见，若将整个植株分为地上和根系两大部分，则根系部分的含镉量占整个植株含镉量的 84.8%，而地上部分（包括茎、叶、穗、米）含镉量的总和只占 15.2%。表 7-2 列出某农业大学应用放射性 ^{14}C 标记的六六六对水稻进行试验，测得的各部位农药残留量，反映了同样的分布规律，并且在抽穗后施药，稻壳中的残留量明显增加，这主要是由于施药时稻壳直接受到六六六污染。

表 7-1　成熟期水稻各部位中的含镉量

植株部位		放射性计数/［脉冲/（min·g 干样）］	含镉量/		
			μg/g 干样	%	Σ%
地上部分	叶、叶鞘	148	0.67	3.5	15.2
	茎秆	375	1.70	9.0	
	穗轴	44	0.20	1.1	15.2
	穗壳	37	0.16	0.8	
	糙米	35	0.15	0.8	
根系部分		3 540	16.12	84.8	84.8

表 7-2　水稻各部位 ^{14}C-六六六残留量及残留比

施药时期	^{14}C-六六六残留量/ppm（10^{-6}）					^{14}C-六六六残留比		
	稻草	稻壳	糙米	白米	米糠	稻草/稻壳	稻壳/糙米	米糠/白米
孕穗期	2.4	0.40	0.12	0.071	0.66	6.0	3.3	9.3
抽穗期	2.6	0.81	0.17	0.083	0.91	3.2	4.7	10.9
孕、抽穗期施二次	3.8	1.35	0.25	0.123	1.44	2.8	5.4	11.6

试验表明，作物的种类不同，对污染物质的吸收残留量分布也有不符合上述规律的。例如，在被镉污染的土壤上种植的萝卜和胡萝卜，其块根部分的含镉量低于顶叶部分。

残留分布情况也与污染物质的性质有关。表 7-3 列举不同农药在水果中残留量分布试验结果。可见，渗透性小的 *p,p′*-DDT、敌菌丹、狄氏剂等，95%以上残留在果皮部分，向果肉内渗透量很少。而西维因、倍硫磷向果肉内的渗透量分别达 78%和 30%。

表 7-3　水果中残留农药的分布

农药	果　实	残留量/%	
		果皮	果肉
p,p′-DDT	苹果	97	3
西维因	苹果	22	78
敌菌丹	苹果	97	3
倍硫磷	桃子	70	30
异狄氏剂	柿子	96	4
杀螟松	葡萄	98	2
乐果	橘子	85	15

植物从大气中吸收污染物后，在植物体内的残留量常以叶部分布最多。表 7-4 列出使用放射性 ^{18}F 对蔬菜进行试验的结果。

表 7-4　氟污染区蔬菜不同部位的含氟量　　单位：ppm（10^{-6}）

品种	叶片	根	茎	果实
番茄	149	32.0	19.5	2.5
茄子	107	31.0	9.0	3.8
黄瓜	110	50.0	—	3.6
菜豆	164	—	33.0	17.0
菠菜	57.0	18.7	7.3	—
青萝卜	34.0	3.8	—	—
胡萝卜	63.0	2.4	—	—

（二）污染物在动物体内的分布

动物吸收污染物质后，主要通过血液和淋巴系统传输到全身各组织发生危害。按照污染物性质和进入动物组织的类型不同，大体有以下五种分布规律。

（1）能溶解于体液的物质，如钠、钾、锂、氟、氯、溴等离子，在体内分布比较均匀。

（2）镧、锑、钍等三价和四价阳离子，水解后生成胶体，主要蓄积于肝或其他网状内皮系统。

（3）与骨骼亲和性较强的物质，如铅、钙、钡、锶、镭、铍等二价阳离子在骨骼中含量较高。

（4）对某一种器官具有特殊亲和性的物质，则在该种器官中蓄积较多。如碘对甲状腺，汞、铀对肾脏有特殊亲和性。

（5）脂溶性物质，如有机氯化合物（六六六、DDT 等），易蓄积于动物体内的脂肪中。

上述五种分布类型之间彼此交叉，比较复杂。往往一种污染物对某一种器官有特殊亲和作用，但同时也分布于其他器官。例如，铅离子除分布在骨骼中外，也分布于肝、肾中；砷除分布于肾、肝、骨骼中外，也分布于皮肤、毛发、指甲中。同一种元素，由于价态和存在形态不同，在体内蓄积的部位也有差异。水溶性汞离子很少进入脑组织，但烷基汞不易分解，呈脂溶性，可通过脑屏障进入脑组织。表 7-5 列举一些金属与类金属在动物及人体内的主要分布部位。

试验结果说明，有机氯农药如 DDT、六六六，在禽畜体内的分布均以脂肪组织中含量最高；鸡蛋中积累的六六六，蛋黄中的含量远比蛋白中高。表 7-6 为某研究单位对同一猪体内各器官中脂肪及农药含量测定结果，数据表明影响各器官对六六六、DDT 富集能力的主导因素是各器官中脂肪含量的高低。

表 7-5　一些金属、类金属在动物及人体内的主要分布部位

元素	主要分布部位	元素	主要分布部位
镉	肾、肝、主动脉	铬	肝、肺、皮肤
铅	骨、主动脉、肝、肾、头发	钴	肝、肾
汞	肾、脂肪、毛发	锌	肌肉、肝、肾
铍、钡	骨、肺	锡	心、肠、肺
锑	骨、肺、毛发	铝、钛	肺
砷	肝、脾、肾、头发	钒	体脂
铜	肝、骨、肌肉	铯	随钾分布
钼	肝	铷	肌肉、肝

表 7-6　猪体内各器官中脂肪及农药的含量

器官或组织	脂肪含量/%	六六六/ppm（10^{-6}）	DDT/ppm（10^{-6}）	器官或组织	脂肪含量/%	六六六/ppm（10^{-6}）	DDT/ppm（10^{-6}）
板油	94.0	5.740	6.020	肝	3.4	0.108	0.244
肥膘	91.8	6.643	7.490	肌肉	3.3	0.186	0.113
舌头	7.5	0.550	0.430	肾	2.5	0.056	0.031
皮	4.9	0.268	0.279	心	2.3	0.023	0.034
心（混合）	4.0	0.116	0.159	肠	2.0	0.037	0.032
胃	3.8	0.123	0.120				

三、污染物在动物体内的转化与排泄

有机污染物质进入动物体后，除很少一部分水溶性强、分子量小的毒物可以原形排出外，绝大部分都要经过某种酶的代谢（或转化），从而改变其毒性，增强其水溶性而易于排泄。肝脏、肾脏、胃、肠等器官对各种毒物都有生物转化功能，其中以肝脏最为重要。对污染物的代谢过程可分为两步：第一步进行氧化、还原和水解。这一代谢过程主要与混合功能氧化酶系有关，它具有对多种外源性物质（包括化学致癌物质、药物、杀虫剂等）和内源物质（激素、脂肪酸等）的催化作用，使这些物质羟基化、去甲基化、脱氨基化、氧化等；第二步发生结合反应，一般通过一步或两步反应，就可能使原属活性物质转化为惰性物质或解除其毒性，但也有转化为比原物质活性更强而增加其毒性的情况。例如，1605（农药）在体内被氧化成 1600，其毒性增大。

无机污染物质，包括金属和非金属污染物，进入动物体后，一部分参加生化代谢过程，转化为化学形态和结构不同的化合物，如金属的甲基化和脱甲基化反应，发生络合反应等；也有一部分直接蓄积于细胞各部分。

各种污染物质经转化后，有的将排出体外。其排泄途径主要通过肾脏、消化道和呼吸道，也有少量随汗液、乳汁、唾液等分泌液排出，还有的在皮肤的新陈代谢

过程中到达毛发而离开肌体。有毒物质在排泄过程中，可在排出的器官造成继发性损害，成为中毒表现的一部分。

第二节　生物样品的采集、制备和预处理

进行生物污染监测和对其他环境样品监测大同小异，首先也要根据监测目的和监测对象的特点，在调查研究的基础上，制订监测方案，确定布点和采样方法、采样时间和频率，采集具有代表性的样品，选择适宜的样品制备、处理和分析测定方法。生物样品种类繁多，下面介绍动植物样品的采集、制备和预处理方法。

一、植物样品的采集和制备

（一）植物样品的采集

1．样品的代表性、典型性和适时性

采集的植物样品要具有代表性、典型性和适时性。

代表性系指采集代表一定范围污染情况的植株为样品。这就要求对污染源的分布、污染类型、植物的特征、地形地貌、灌溉出入口等因素进行综合考虑，选择合适的地段作为采样区，再在采样区内划分若干小区，采用适宜的方法布点，确定代表性的植株。不要采集田埂、地边及距田埂地边 2 m 以内的植株。

典型性系指所采集的植株部位要能充分反映通过监测所要了解的情况。根据要求分别采集植株的不同部位，如根、茎、叶、果实，不能将各部位样品随意混合。

适时性系指在植物不同生长发育阶段，施药、施肥前后，适时采样监测，以掌握不同时期的污染状况和对植物生长的影响。

2．布点方法

在划分好的采样小区内，常采用梅花形布点法或交叉间隔布点法确定代表性的植株，如图 7-1（○为采样点）所示。

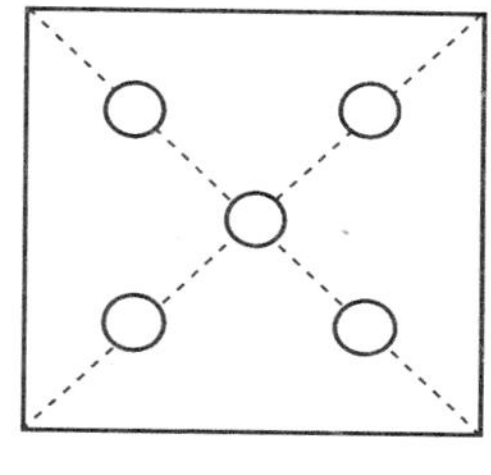

梅花形布点法

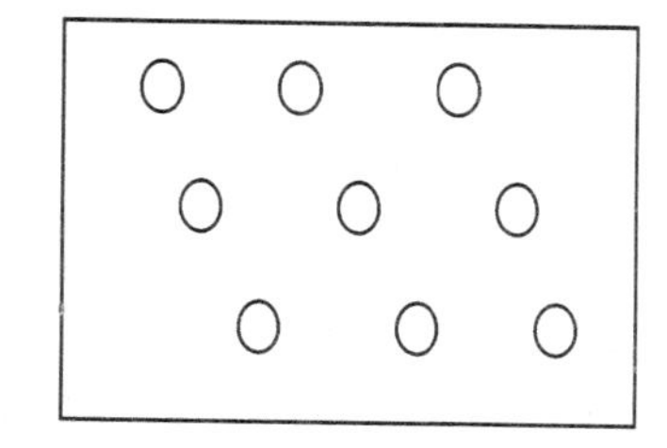

交叉间隔布点法

图 7-1　采样布点

3. 采样方法

采集样品的工具有小铲、枝剪、剪刀、布袋或聚乙烯袋、标签、细绳、登记表（表 7-7）、记录簿等。

在每个采样小区内的采样点上，采集 5～10 处的植株混合组成一个代表样品。根据要求，按照植株的根、茎、叶、果、种子等不同部位分别采集，或整株采集后带回实验室再按部位分开处理。

应根据分析项目数量、样品制备处理要求、重复测定次数等需要，采集足够数量的样品。一般样品经制备后，至少有 20～50 g 干重样品。新鲜样品可按含 80%～90%的水分计算所需样品量。

表 7-7　植物样品采集登记

采样日期	样品编号	样品名称	采样地点	采样部位	土壤类别	物候期	污灌情况			分析项目	分析部位	采样人
							次数	成分	浓度			

若采集根系部位样品，应尽量保持根部的完整。对一般旱作物，在抖掉附在根上的泥土时，注意不要损失根毛；如采集水稻根系，在抖掉附着泥土后，应立即用清水洗净。根系样品带回实验室后，及时用清水洗（不能浸泡），再用纱布拭干。如果采集果树样品，要注意树龄、株型、生长势、载果数量和果实着生的部位及方向。如要进行新鲜样品分析，则在采集后用清洁、潮湿的纱布包住或装入塑料袋，以免水分蒸发而萎缩。对水生植物，如浮萍、藻类等，应采集全株。从污染严重的河、塘中捞取的样品，需用清水洗净，挑去其他水草、小螺等杂物。

采好的样品装入布袋或聚乙烯塑料袋，贴好标签，注明编号、采样地点、植物种类、分析项目，并填写采样登记表。

样品带回实验室后，如测定新鲜样品，应立即处理和分析。当天不能分析完的样品，暂时放于冰箱中保存，其保存时间的长短，视污染物的性质及其在生物体内的转化特点和分析测定要求而定。如果测定干样品，则将鲜样放在干燥通风处晾干或于鼓风干燥箱中烘干。

（二）植物样品的制备

从现场带回来的植物样品称为原始样品。要根据分析项目的要求，按植物特性用不同方法进行选取。例如，果实、块根、块茎、瓜类样品，洗净后切成四块或八块，据需要量各取每块的 1/8 或 1/16 混合成平均样。粮食、种子等经充分混匀后，平摊于清洁的玻璃板或木板上，用多点取样或四分法多次选取，得到缩分后的平均样。最后，对各个平均样品加工处理，制成分析样品。

1．鲜样的制备

测定植物内容易挥发、转化或降解的污染物质，如酚、氰、亚硝酸盐等，测定营养成分如维生素、氨基酸、糖、植物碱等，以及多汁的瓜、果、蔬菜样品，应使用新鲜样品。鲜样的制备方法如下：

（1）将样品用清水、去离子水洗净，晾干或拭干。

（2）将晾干的鲜样切碎、混匀，称取 100 g 于电动高速组织捣碎机的捣碎杯中，加适量蒸馏水或去离子水，开动捣碎机捣碎 1～2 min，制成匀浆。对含水量大的样品，如熟透的西红柿等，捣碎时可以不加水；对含水量少的样品，可以多加水。

（3）对于含纤维多或较硬的样品，如禾本科植物的根、茎秆、叶子等，可用不锈钢刀或剪刀切（剪）成小片或小块，混匀后在研钵中加石英砂研磨。

2．干样的制备

分析植物中稳定的污染物，如某些金属元素和非金属元素、有机农药等，一般用风干样品，这种样品的制备方法如下：

（1）将洗净的植物鲜样尽快放在干燥通风处风干（茎秆样品可以劈开）。如果遇到阴雨天或潮湿气候，可放在 40～60℃鼓风干燥箱中烘干，以免发霉腐烂，并减少化学和生物变化。

（2）将风干或烘干的样品去除灰尘、杂物，用剪刀剪碎（或先剪碎再烘干），再用磨碎机磨碎。谷类作物的种子样品如稻谷等，应先脱壳再粉碎。

（3）将粉碎好的样品过筛。一般要求通过 1 mm 筛孔即可，有的分析项目要求通过 0.25 mm 的筛孔。制备好的样品贮存于磨口玻璃广口瓶或聚乙烯广口瓶中备用。

（4）对于测定某些金属含量的样品，应注意避免受金属器械和筛子等污染。因此，最好用玛瑙研钵磨碎，尼龙筛过筛，聚乙烯瓶保存。

（三）分析结果的表示

植物样品中污染物质的分析结果常以干重为基础表示（mg/kg·干重），以便比较各样品某一成分含量的高低。因此，还需要测定样品的含水量，对分析结果进行换算。含水量常用重量法测定，即称取一定量新鲜样品或风干样品，于 100～105℃烘干至恒重，由其失重计算含水量。对含水量高的蔬菜、水果等，以鲜重表示计算结果为好。

二、动物样品的采集和制备

动物的尿液、血液、唾液、胃液、乳液、粪便、毛发、指甲、骨骼和脏器等均可作为检验环境污染物的样品。

1．尿液

绝大多数毒物及其代谢产物主要由肾脏经膀胱、尿道随尿液排出。尿液收集方便，因此，尿检在医学临床检验中应用较广泛。尿液中的排泄物一般早晨浓度较高，可一次收集，也可以收集 8 h 或 24 h 的尿样，测定结果为收集时间内尿液中污染物的平均含量。采集尿液的器具要先用稀硝酸浸泡洗净，再依次用自来水、蒸馏水清洗，烘干备用。

2．血液

检验血液中的金属毒物及非金属毒物，如微量铅、汞、氟化物、酚等，对判断动物受危害情况具有重要意义。一般用注射器抽取 10 mL 血样于洗净的玻璃试管中，盖好、冷藏备用。有时需加入抗凝剂，如二溴酸盐等。

3．毛发和指甲

蓄积在毛发和指甲中的污染物质残留时间较长，即使已脱离与污染物接触或停止摄入污染食物，血液和尿液中污染物含量已下降，而在毛发和指甲中仍容易检出。头发中的汞、砷等含量较高，样品容易采集和保存，故在医学和环境分析中应用较广泛。人发样品一般采集 2～5 g，男性采集枕部发，女性原则上采集短发。采样后，用中性洗涤剂洗涤，去离子水冲洗，最后用乙醚或丙酮洗净，室温下充分晾干后保存备用。

4．组织和脏器

采用动物的组织和脏器作为检验样品，对调查研究环境污染物在肌体内的分布、蓄积、毒性和环境毒理学等方面的研究都有一定的意义。但是，组织和脏器的部位复杂，且柔软、易破裂混合，因此取样操作要细心。

以肝为检验样品时，应剥取被膜，取右叶的前上方表面下几厘米纤维组织丰富的部位作样品。检验肾时，剥去被膜，分别取皮质和髓质部分作样品，避免在皮质与髓质结合处采样。其他如心、肺等部位组织，根据需要，都可作为检验样品。

检验较大的个体动物受污染情况时，可在躯干的各部位切取肌肉片制成混合样。

采集组织和脏器样品后，应放在组织捣碎机中捣碎、混匀，制成浆状鲜样备用。

5．水产食品

水产品如鱼、虾、贝类等是人们常吃的食物，也是水污染物进入人体的途径之一。

样品从监测区域内水产品产地或最初集中地采集。一般采集产量高、分布范围广的水产品，所采品种尽可能齐全，以便较客观地反映水产食品的被污染水平。

从对人体的直接影响考虑，一般只取水产品的可食部分进行检测。对于鱼类，先按种类和大小分类，取其代表性的尾数（如大鱼 3～5 条，小鱼 10～30 条），洗净后沥去水分，去除鱼鳞、鳍、内脏、皮、骨等，分别取每条鱼的厚肉制成混合样，切碎、混匀，或用组织捣碎机捣碎成糊状，立即进行分析或贮存于样品瓶中，置于冰箱内备用。对于虾类，将原样品用水洗净，剥去虾头、甲壳、肠腺，分别取虾肉捣碎制成混合样；对于毛虾，先拣出原样中的杂草、砂石、小鱼等异物，晾至表面水分刚尽，取整虾捣碎制成混合样。贝类或甲壳类，先用水冲洗去除泥沙，沥干，再剥去外壳，取可食部分制成混合样，并捣碎、混匀，制成浆状鲜样备用。对于海藻类如海带，选取数条洗净，沿中央筋剪开，各取其半，剪碎、混匀制成混合样，按四分法缩分至 100～200 g 备用。

三、生物样品的预处理

由于生物样品中含有大量有机物（母质），且所含有害物质一般都在痕量和超痕量级范围，因此测定前必须对样品进行分解，对欲测组分进行富集和分离，或对干扰组分进行掩蔽等。这些工作属于预处理。

（一）消解和灰化

测定生物样品中的微量金属和非金属元素时，通常都要将其大量有机物基体分解，使欲测组分转变成简单的无机化合物或单质（如汞），然后进行测定。分解有机物的方法有湿法消解和干法灰化。这两种方法的基本内容在第二章已介绍，此处仅结合生物样品的分解略述之。

1．湿法消解

湿法消解生物样品常用的消解试剂体系有：硝酸—高氯酸、硝酸—硫酸、硫酸—过氧化氢、硫酸—高锰酸钾、硝酸—硫酸—五氧化二钒等。

对于含大量有机物的生物样品，特别是脂肪和纤维素含量高的样品，如肉、脂肪、面粉、稻米、秸秆等，加热消解时易产生大量泡沫，容易造成被测组分的损失。若先加硝酸，在常温下放置 24 h 后再消解，可大大减少泡沫的产生。在某些情况下，可以加入防起泡剂（表 7-8）。

表 7-8　蒸发及湿法消解样品用的防起泡剂

样品种类	处理方法	防起泡剂
尿	蒸发	正丁醇、硅油
生物样品	硝酸—硫酸分解	辛醇
生物样品	硫酸—过氧化氢分解	月桂酸
生物体液	盐酸—高锰酸钾分解	硅油
血	凯氏法分解后加碱蒸馏	胆甾醇
肉	凯氏法分解后加碱蒸馏	矿物油

采用硝酸—硫酸消解法，能分解各种有机物，但对吡啶及其衍生物（如烟碱）、毒杀芬等分解不完全。样品中的卤素在消解过程中可完全损失，汞、砷、硒等有一定程度的损失。

硝酸—高氯酸消解生物样品是破坏有机物比较有效的方法，但要严格按照操作程序，防止发生爆炸。

硝酸—过氧化氢消解法应用也比较普遍，有人用该方法消解生物样品测定氮、磷、钾、硼、砷、氟等元素。

高锰酸钾是一种强氧化剂，在中性、碱性和酸性条件下都可以分解有机物。测定生物样品中汞时，用 1∶1 硫酸和硝酸混合液加高锰酸钾，于 60℃保温分解鱼、肉样品；用 5%高锰酸钾的硝酸溶液于 85℃回流消解食品和尿液；用硫酸加过量高锰酸钾分解尿样等，都可获得满意的效果。

测定动物组织、饲料中的汞，使用加五氧化二钒的硝酸和硫酸混合液催化氧化，温度可达 190℃，能破坏甲基汞，使汞全部转化为无机汞。

生物样品中氮的测定，沿用凯氏消解法，即在样品中加浓硫酸消解，使有机氮转化为铵盐。为提高消解温度，加速消解过程，可在消解液中加入硫酸铜、硒粉或硫酸汞等催化剂。加硫酸钾对提高消解温度也可起到较好的效果。以$—NH_2$及$=NH$ 形态存在的有机氮化合物，用硫酸、硝酸加催化剂消解的效果是好的，但杂环、N—N 键及硝态氮和亚硝态氮不能定量转化为铵盐，可加入还原剂如葡萄糖、苯甲酸、水杨酸、硫代硫酸钠等，使消解过程中发生一系列复杂氧化还原反应，则能将硝态氮还原为氨。

用过硫酸盐（强氧化剂）和银盐（催化剂）分解尿液等样品中的有机物可获得较好的效果。

近年来，应用增压溶样法分解有机物样品和难分解的无机物样品有所发展。该方法将生物样品放入外包不锈钢壳的聚四氟乙烯坩埚内，加入混合酸或氢氟酸，在 140～160℃保温 2～6 h，即可将有机物分解，获得清亮的样品溶液。随着聚四氟乙烯加工技术的提高，外面不用钢壳保护，已开始推广应用。

2．灰化法

灰化法分解生物样品不使用或少使用化学试剂，并可处理较大称量的样品，故有利于提高测定微量元素的准确度。但是，因为灰化温度一般为 450～550℃，不宜处理测定易挥发组分的样品。此外，灰化所用时间也较长。

根据样品种类和待测组分的性质不同，选用不同材料的坩埚和灰化温度。常用的有石英、铂、银、镍、铁、瓷、聚四氟乙烯等材质的坩埚。部分生物和食品样品的灰化温度列于表 7-9。

通常灰化生物样品不加其他试剂，但为促进分解，抑制某些元素挥发损失，常加适量辅助灰化剂，如加入硝酸和硝酸盐，可加速样品的氧化，疏松灰分，利于空气流通；加入硫酸和硫酸盐，可减少氯化物的挥发损失；加入碱金属或碱土金属的氧化物、氢氧化物或碳酸盐、醋酸盐，可防止氟、氯、砷等的挥发损失；加入镁盐，可防止某些待测组分和坩埚材料发生化学反应，抑制磷酸盐形成玻璃状熔融物包裹末灰化的样品颗粒等。但是，用碳酸盐作辅助灰化剂时，会造成汞和铊的全部损失，硒、砷和碘有相当程度的损失，氟化物、氯化物、溴化物有少量损失。表 7-10 列举出测定某些生物样品中氟，用干灰法分解样品加入的辅助灰化剂和控制条件。

表 7-9 部分生物和食品样品的灰化温度

样品	重量/g	灰化温度/℃	样品	重量/g	灰化温度/℃
谷物	—	600	蜂蜜	5～10	600
面粉及制品	3～5	550	核桃	5～10	525
淀粉	—	800	牛奶	5	≤500
水果汁	25	525	干酪	1	550
茶叶	5～10	525	骨胶	5	525
可可制品	2～5	600	肉	3～7	550

表 7-10 干灰法处理测氟生物样品的辅助灰化剂

样品	重量/g	辅助灰化剂	条件
蔬菜、块茎、面粉	10～20	—	12 h，550℃，镍坩埚
植物	5～10	10 mL NaOH 溶液（670 g/L）	2 h，550℃，镍坩埚
植物	1	5 mL Na_2CO_3 溶液（5%）	650～700℃，镍坩埚
植物	1	0.1 g$Ca(OH)_2$+0.2NH_4NO_3	2 h，600℃
植物	5～25	用 5%醋酸镁溶液润湿	约 500℃
植物	5～10	加 $Ca(OH)_2$ 溶液使呈碱性	≥1 h，450～500℃，镍坩埚
鱼、蛋白质	0.5～1	20 mL $Ca(OH)_2$ 悬浮液（1 mol/L）	16 h，550℃，铂坩埚
食物	150	1.5 g MgO	570℃，镍坩埚

样品灰化完全后，经稀硝酸或盐酸溶解供分析测定。如酸溶液不能将其完全溶解时，则需要将残渣加稀盐酸煮沸、过滤，然后再将残渣用碱融法灰化；也可以将残渣用氢氟酸处理，蒸干后用稀酸溶解供测定。

随着低温灰化技术的发展，使测定生物样品中易挥发元素，如砷、汞、硒、氟等取得很好的效果。高频电场激发氧灰化技术是用高频电场激发氧气产生激发态氧原子处理样品，一般在 150℃以下就可使样品完全灰化。氧瓶燃烧法也是一种简易低温灰化方法。该方法将样品包在无灰滤纸中，滤纸包钩挂在绕结于磨口瓶塞的铂丝上，瓶内放入适当吸收液（如测氟用 0.1 mol/LNaOH 溶液；测汞用硫酸—高锰酸钾溶液等），并预先充入氧气。将滤纸点燃后，迅速插入瓶内，盖严瓶塞，使样品燃烧灰化。待燃烧尽，摇动瓶内溶液，使燃烧产物溶解于吸收液，吸收液供测定。

氧弹法可用于灰化测定汞、硫、砷、氟、硒、硼、氚和碳-14 等组分的生物样品。将样品研成粉末并压成片，放入样品杯，装在有铂内衬的氧弹内（50～300 mL，内有吸收液），旋紧盖，充入纯氧气，用电火花引发样品燃烧，燃烧产物被吸收液吸收后供测定。表 7-11 列举了部分生物样品灰化实例。

表 7-11　氧弹法灰化生物样品实例

样品	重量/g	待测元素	燃烧辅助剂	O_2/atm	吸收剂
胱氨酸	0.1～1	S	25 mg NH_4NO_3+萘烷	30	10 mL H_2O
亚麻子油	2	P	—	30～40	30～40 mL H_2O
食物	0.5～1	As	—	20～30	—
植物	0.1～0.2	Se	—	30	10～15 mL H_2O
稻谷、油类	1	Hg	—	25	40 mL　1mol/L HNO_3
食物	3～4	Pb	—	30	10 mL　H_2O

（二）提取、分离和浓缩

测定生物样品中的农药、石油烃、酚等有机污染物时，需要用溶剂将欲测组分从样品中提取出来，提取效率的高低直接影响测定结果的准确度。如果存在杂质干扰和待测组分浓度低于分析方法的最低检测浓度问题，还要进行净化和浓缩。

随着近代分析技术的发展，对环境样品中的污染物已从单独分析发展到多种污染物连续分析。因此，在进行污染物的提取、净化和浓缩时，应考虑到多种污染物连续分析的需要。

1．提取方法

提取生物样品中有机污染物的方法应根据样品的特点，待测组分的性质、存在形态和数量，以及分析方法等因素选择。常用的提取方法有：振荡浸取法、组织捣碎提取法、脂肪提取器提取法和直接球磨提取法。

（1）振荡浸取法

蔬菜、水果、粮食等样品都可使用这种方法。将切碎的生物样品置于容器中，加入适当的溶剂，放在振荡器上振荡浸取一定时间，滤出溶剂后，用新溶剂洗涤样品滤残或再浸取一次，合并浸取液，供分析或进行分离、富集用。

（2）组织捣碎提取

取定量切碎的生物样品，放入组织捣碎杯中，加入适当的提取剂，快速捣碎 3～5 min，过滤，滤渣重复提取一次，合并滤液备用。该方法提取效果较好，应用较多，特别是从动植物组织中提取有机污染物质比较方便。

（3）脂肪提取器提取

索格斯列特（Soxhlet）式脂肪提取器，简称索氏提取器或脂肪提取器，常用于提取生物、土壤样品中的农药、石油类、苯并[*a*]芘等有机污染物质。其提取方法是：将制备好的生物样品放入滤纸筒中或用滤纸包紧，置于提取筒内；在蒸馏烧瓶中加入适当的溶剂，连接好回流装置，并在水浴上加热，则溶剂蒸汽经侧管进入冷凝器，凝集的溶剂滴入提取筒，对样品进行浸泡提取。当提取筒内溶剂液面超过虹吸管的顶部时，就自动流回蒸馏瓶内，如此重复进行。因为样品总是与纯溶剂接触，所以提取效率高，且溶剂用量小，提取液中被提取物的浓度大，有利于下一步分析测定。但该方法费时，常用作研究其他提取方法的对照比较方法。

（4）直接球磨提取法

该方法用己烷作提取剂，直接将样品在球磨机中粉碎和提取，可用于提取小麦、大麦、燕麦等粮食中的有机氯及有机磷农药。由于不用极性溶剂提取，可以避免以后费时的洗涤和液—液萃取操作，是一种快速提取方法。提取用的仪器是一个 50 mL 的不锈钢管，钢管内放两个小钢球，放入 1～5 g 样品，加 2～8 g 无水硫酸钠，20 mL 己烷，将钢管盖紧，放在 350 r/min 的摇转机上，粉碎提取 30 min 即可，回收率和重现性都比较好。

选择提取剂应考虑样品中欲测有机污染物的性质和存在形式，因为生物样品中有机污染物一般含量都很低，故要求用高纯度的溶剂。例如，测定农药残留量，一般要求所用溶剂中杂质含量在 10^{-9} g 以下。普通溶剂应进行纯化处理。

此外，提取剂还应根据“相似相溶”原理选择。如对于极性小的有机氯农药、多氯联苯等，用极性小的己烷、石油醚等提取；而对于极性较强的有机磷农药和强极性的含氧除草剂等，原则上要选用强极性溶剂提取，如二氯甲烷、三氯甲烷、丙酮等。

一般认为提取剂的沸点在 45～80℃为宜。沸点太低，容易挥发；沸点太高，不易浓缩富集，而且在浓缩时会使易挥发或热稳定性差的污染物损失。

其他，如溶剂的毒性、价格以及对监测器是否有干扰等也是应考虑的因素。

为提高提取效果，可选用单一溶剂，也可用混合溶剂。常用的提取剂有：正己烷、石油醚、乙腈、丙酮、苯、二氯甲烷、三氯甲烷、二甲基甲酰胺等。常用的混合溶剂体系有：正己烷（或石油醚）—丙酮、乙腈—水、正己烷（或石油醚）—乙醚、正己烷（或石油醚）—异丙醇、正己烷（或石油醚）—二氯甲烷、甲醇—三氯甲烷、正己烷（或石油醚）—乙腈、正己烷（或石油醚）—甲醇、三氯甲烷—乙酸乙酯等。

对于含多种复杂组分样品的系统分析，还可用多种溶剂分别进行多次提取。

2．分离

用提取剂从生物样品中提取欲测组分的同时，不可避免地会将其他相关组分提取出来。例如，用石油醚等提取有机氯农药时，也将脂肪、蜡质、色素等一起提取出来。因此，在测定之前，还必须将上述杂质分离出去。常用的分离方法有：液—液萃取法、层析法、磺化法、低温冷冻法、吹蒸法、液上空间法等。

（1）液—液萃取法

液—液萃取法是依据有机物组分在不同溶剂中分配系数的差异来实现分离的（见第二章）。例如，农药与脂肪、蜡质、色素等一起被提取后，加入一种极性溶剂

（如乙腈）振摇，由于农药的极性比脂肪、蜡质、色素要大一些，故可被乙腈萃取。经几次萃取，农药几乎完全可以与脂肪等杂质分离，达到净化的目的。农药残留量分析中的液—液萃取多属用极性溶剂从非极性溶剂中提取，为表示这种萃取方法的效果，引入了 p 值的概念。所谓 p 值是指在体积相等的两种互不相溶的溶剂中分配达平衡时某种农药存在于非极性溶剂中的份数。相应地该农药存在于极性溶剂中的份数用 q 值表示。显然，$p+q=1$。根据分配系数的概念，该情况下分配系数 K 可表示为如下形式：

$$K=\frac{p}{q} \tag{7-1}$$

若 p 值等于 0.70，表明等体积分配达到平衡时，有 70%的农药存在于非极性溶剂中，其余 30%存在于极性溶剂中。可见，p 值越小，存在于极性溶剂中的农药越多，越有利于用极性溶剂从非极性溶剂中萃取农药。表 7-12 列出几种常用农药在两种溶剂体系中的 p 值。用极性溶剂等体积多次萃取非极性溶剂中的农药，其萃取份数可用式 7-2，式 7-3 计算：

$$E_{非}=P^n \tag{7-2}$$

$$E_{极}=1-P^n \tag{7-3}$$

式中：$E_{非}$—— 非极性溶剂中农药的份数；

$E_{极}$—— 极性溶剂中农药的份数；

n—— 萃取次数。

如果用非极性溶剂多次等体积提取极性溶剂中的农药，其萃取份数计算式 7-4，式 7-5 如下：

$$E_{极}=(1-p)^n \tag{7-4}$$

$$E_{非}=1-(1-p)^n \tag{7-5}$$

在实际工作中，有时用极性溶剂多次不等体积萃取非极性溶剂中的农药，此时按式 7-6 计算萃取率：

$$E_{非}=\left(\frac{ap}{ap-p+1}\right)^n \tag{7-6}$$

式中：a—— 溶剂体积比值，即 $a=\frac{\text{非极性溶剂体积}}{\text{极性溶剂体积}}$。

（2）层析法

层析法分为柱层析法、薄层析法、纸层析法等。其中，柱层析法在处理生物样品中用的较多。这种方法的原理是将生物样品的提取液通过装有吸附剂的层析柱，则提取物被吸附在吸附剂上，但由于不同物质与吸附剂之间的吸附力大小不同，当用适当的溶剂淋洗时，则按照一定的顺序被淋洗出来，吸附力小的组分先流出，吸附力大的组分后流出，使它们彼此得以分离。

吸附剂分为无机吸附剂和有机吸附剂。常用的无机吸附剂有硅酸镁、氧化铝、活性炭、硅藻土等；有机吸附剂有纤维素、高分子微球、网状树脂等。

用经活化的硅酸镁制备的层析柱是分离农药常用的净化柱。表 7-13 列出以乙醚—石油醚混合液为淋洗溶剂的硅酸镁层析柱分离各种农药的情况。说明淋洗液的极性依次增大，淋洗下来的农药极性也依次增大。

（3）磺化法和皂化法

磺化法是利用提取液中的脂肪、蜡质等干扰物质能与浓硫酸发生磺化反应，生成极性很强的磺酸基化合物，随硫酸层分离，而达到与提取液中农药分离的目的。然后，经洗去残留的硫酸、脱水，得到纯化的提取液。该方法常用于有机氯农药的净化，对于易被酸分解或与之起反应的有机磷、氨基甲酸酯类农药，则不适用。

表 7-12　几种常用农药的 p 值（25.5℃±0.5℃）

农药	溶剂体系	
	正己烷—乙醇	异辛烷—二甲基甲酰胺
r-六六六	0.12	0.052
地亚农	0.28	0.018
七氯	0.55	0.21
甲基对硫磷	0.022	0.012
马拉硫磷	0.042	0.015
艾氏剂	0.73	0.38
对硫磷	0.044	0.029
灭菌丹	0.066	0.015
狄氏剂	0.33	0.12
p,p′-DDT	0.56	0.16
o,p′-DDT	0.47	0.11
p,p′-DDE	0.38	0.084
西维因	0.02	0.02
增效醚	0.20	0.11

皂化法是利用油脂等能与强碱发生皂化反应，生成脂肪酸盐而将其分离的方法。例如，用石油醚提取粮食中的石油烃，同时也将油脂提取出来，如在提取液中加入氢氧化钾—乙醇溶液，油脂与之反应生成脂肪酸钾盐进入水相，而石油烃仍留在石油醚中。

表 7-13　硅酸镁—乙醚—石油醚层析体系分离农药

吸附剂	淋洗溶液	能力离出来的农药
硅酸镁	6%乙醚—石油醚	艾氏剂、六六六各种异构体、*p,p′*-DDT、*o,p′*-DDT、*p,p′*-DDD、*p,p′*-DDE、七氯、多氯联苯等
	15%乙醚—石油醚	狄氏剂、异狄氏剂、地亚农、杀螟硫磷、对硫磷、苯硫磷等
	50%乙醚—石油醚	强碱农药，如马拉硫磷等

（4）低温冷冻法

该方法是基于不同物质在同一溶剂中的溶解度，随温度不同而变化的原理进行彼此分离的。例如，将用丙酮提取生物样品中农药的提取液置于−70℃的冰—丙酮冷阱中，则由于脂肪和蜡质的溶解度大大降低而沉淀析出，农药仍留在丙酮中。经过滤除去沉淀，获得经净化的提取液。这种方法的最大优点是有机化合物在净化过程中不发生变化，并且有良好的分离效果。

（5）吹蒸法和液上空间法

吹蒸法又称气提法，即用气体将溶解在溶液中的挥发性物质分离出来，适用于一些易挥发农药和挥发油的分离。该方法的操作过程是用乙酸乙酯提取生物样品中的农药，取相当于 2 g 样品的提取液 1 mL，分四次注入 Storherr 管，该管内填充玻璃棉、沙子等，一般加热到 180～250℃，并以 600 mL/min 流速吹入氮气。每次进样后吹 3 min，最后再用 250 μL 乙酸乙酯吹洗一次。经这样处理后，提取液中的脂肪、蜡质、色素等高沸点杂质仍留在 Storherr 管中，农药则被氮气流携带，经聚四氟乙烯冷螺旋管收集于玻璃管中，达到分离的目的。方法快速、简便，净化一个样品约需 20 min。

液上空间法是根据气液平衡分配的原理与气相色谱相结合，用于生物样品中挥发性组分的分离和测定技术。将样品提取液移入密闭容器中，稍提高容器的温度，经平衡一定时间后，抽取提取液上空的气体注入色谱仪分析。如果改用吹气和疏水性吸附剂富集，再经洗脱后进行色谱分析，则检测限还可降低，但必须选择合适的吸附剂、吸附和解吸条件及气提速度。

3．浓缩

生物样品的提取液经过分离净化后，其中的污染物浓度往往仍达不到分析方法的要求，这就需要进行浓缩。常用的浓缩方法有：蒸馏或减压蒸馏法、K—D 浓缩器浓缩法、蒸发法等。其中，K—D 浓缩器法是浓缩有机污染物的常用方法。

K—D 浓缩器是一种高效浓缩仪器。早期的仪器在常压下浓缩，近些年加上了毛细管，可进行减压浓缩，提高了浓缩速度。生物样品中的农药、苯并[*a*]芘等极毒、致癌性有机污染物含量都很低，其提取液经净化分离后，都可以用这种方法浓缩。为防止待测物损失或分解，加热 K—D 浓缩器的水浴温度一般控制在 50℃以下，最高不超过 80℃。特别要注意不能把提取液蒸干。若需进一步浓缩，需用微温蒸发。如用改进后的微型 Snyder 柱再浓缩，可将提取液浓缩至 0.1～0.2 mL。

第三节 生物污染监测方法

生物样品经过预处理后，即可进行污染物的测定。因为生物体中的污染物质含量一般在痕量或超痕量级，故需要用高灵敏度的分析仪器和监测分析方法。

一、常用的监测分析方法

1．光谱分析法

用于测定生物样品中污染物质的光谱分析法有可见—紫外分光光度法、红外分光光度法、荧光分光光度法、原子吸收分光光度法、发射光谱分析法、X 射线荧光分析法等。这些方法中的大部分在前面有关章节中已作介绍，在此仅介绍其在生物污染监测中的应用。

可见—紫外分光光度法已用于测定多种农药（如有机氯、有机磷和有机硫农药），含汞、砷、铜和酚类杀虫剂，芳香烃、共轭双键等不饱和烃，以及某些重金属（如铬、镉、铅等）和非金属（如氟、氰等）化合物等。

红外分光光度法是鉴别有机污染物结构的有力工具，并可对其进行定量测定。

原子吸收分光光度法适用于镉、汞、铅、铜、锌、镍、铬等有害金属元素的定量测定，具有快速、灵敏的优点。

发射光谱法适用于对多种金属元素进行定性和定量分析，特别是等离子体发射光谱法（ICP—AES），可对样品中多种微量元素进行同时分析测定。

X 射线荧光光谱分析也是环境分析中近代分析技术之一，适用于生物样品中多元素的分析，特别是对硫、磷等轻元素很容易测定，而其他光谱法则比较困难。

2．色谱分析法

色谱分析法是对有机污染物进行分离检测的重要手段，包括薄层析法、气相色谱法、高压液相色谱法等。

薄层析法是应用层析板对有机污染物进行分离、显色和检测的简便方法，可对多种农药进行定性和半定量分析。如果与薄层扫描仪联用或洗脱后进一步分析，则可进行定量测定。

气相色谱法由于配有多种监测器，提高了选择性和灵敏度，广泛用于粮食等生物样品中烃类、酚类、苯和硝基苯、胺类、多氯联苯及有机氯、有机磷农药等有机污染物的测定。如果气相色谱仪中的填充柱换成分离能力更强的毛细管柱，就可以进行毛细管色谱分析。该方法特别适用于环境样品中多种有机污染物的测定，如食品、蔬菜中多种有机磷农药的测定。

高压液相色谱法是环境样品中复杂有机物分析不可缺少的手段，特别适用于分子量大于 300、热稳定性差和离子型化合物的分析。应用于粮食、蔬菜等中的多环芳烃、酚类、异腈酸酯类和取代酯类、苯氧乙酸类等农药的测定可收到良好效果，具有灵敏度和分离效能高、选择性好等优点。

3．电化学分析法

示波极谱法、阳极溶出伏安法等近代极谱技术可用于测定生物样品中的农药残留量和某些重金属元素。离子选择电极法可用于测定某些金属和非金属污染物。

4．放射分析法

放射分析法在环境污染研究和污染物分析中具有独特的作用。例如，欲了解污染物在生物体内的代谢途径和降解过程，不能应用上述分析方法，只能用放射性同位素进行示踪模拟试验。用中子活化法测定含汞、锌、铜、砷、铅、溴等农药残留量及某些有害金属污染物，具有灵敏、特效、不破坏试样等优点。

5．联合检测技术

目前应用较多的联用技术有气相色谱—质谱（GC—MS）、气相色谱—傅立叶变换红外光谱（GC—FTIR）、液相色谱—质谱（LC—MS）等。这种分析技术能将组分复杂的样品同时得到分离和鉴定，并可进行定量测定。其方法灵敏、快速、可靠，是对环境样品中有机污染物进行系统分析的理想手段。

二、测定实例

（一）粮食作物中几种有害金属及类金属元素测定

粮食作物中铜、锌、镉、铅、铬、汞、砷的测定方法列于表 7-14。

表 7-14　粮食中几种有害金属元素的测定方法

元素	预处理方法	分析方法	测定方法原理	仪器
铜	① HNO_3—$HClO_4$ 湿法消解	① 原子吸收分光光度法	试液中铜在空气—乙炔火焰或石墨炉中原子化，用铜空心阴极灯于 324.75 nm 测吸光度，标准曲线法定量	原子吸收分子光光度计
	② 490℃干灰化，残渣用 HNO_3—$HClO_4$ 处理	② 阳极溶出伏安法	试液中铜在镀汞膜固体电极上富集，记录溶出曲线，以峰高定量	笔录式极谱仪或示波极谱仪
	③同②	③ 双乙醛草酰二腙分光光度法	Cu^{2+}与双乙醛草酰二腙生成紫色络合物，于 540 nm 测吸光度，标准曲线法定量	分光光度计
锌	① HNO_3—$HClO_4$ 湿法消解	① 原子吸收分光光度法	试液中铜在空气—乙炔火焰或石墨炉中原子化，用铜空心阴极灯于 213.86 nm 测吸光度，标准曲线法定量	原子吸收分子光光度计
	② 490℃干灰化，残渣用 HNO_3—$HClO_4$ 处理	② 阳极溶出伏安法	与铜相同	与铜相同
	③同②	③ 双硫腙分光光度法	在 pH 为 4.0～5.5 介质中，Zn^{2+}与双硫腙生成红色络合物，用 CCl_4 萃取，测吸光度（535 nm），标准曲线法定量	分光光度计

元素	预处理方法	分析方法	测定方法原理	仪器
镉	① HNO_3—$HClO_4$ 湿法消解	① 原子吸收分光光度法	试液中 Cd^{2+}pH 为 4.2～4.5 与 APDC 生成络合物，用 MIBK 萃取，在空气—乙炔火焰或石墨炉中原子化，用镉空心阴极灯于 228.80 nm 测吸光度	原子吸收分子光光度计
	② 490℃干灰化，残渣用 HNO_3—$HClO_4$ 处理	② 阳极溶出伏安法	与铜相同	与铜相同
	③同②	③ 双硫腙分光光度法	在碱性介质中，Cd^{2+}与双硫腙生成紫红色络合物，用 CCl_4 或 $CHCl_3$ 萃取，于 518 nm 测吸光度，标准曲线法定量	分光光度计
铅	① HNO_3—$HClO_4$ 湿法消解	① 原子吸收分光光度法	试液中 Pb^{2+}用 APDC—MIBK 络合萃取，火焰或石墨炉法原子化，铅空心阴极灯于 283.3 nm 测吸光度	原子吸收分子光光度计
	② 490℃干灰化，残渣用 HNO_3—$HClO_4$ 处理	② 阳极溶出伏安法	与铜相同	与铜相同
	③同②	③ 双硫腙分光光度法	在 pH 为 8.6～9.2 介质中，Pb^{2+}与双硫腙生成红色络合物，用苯萃取，于 520 nm 测吸光度，标准曲线法定量	分光光度计
汞	HNO_3 — H_2SO_4 — V_2O_5 消解	冷原子吸收法	在 1 mol/LH_2SO_4 介质中，Hg^{2+}用 $SnCl_2$ 还原为基态汞原子，以惰性载气将汞蒸汽带入吸收池，于 253.7 nm 测吸光度	冷原子吸收测汞仪

（二）植物中氟化物的测定

测定植物中的氟化物可用氟试剂分光光度法或离子选择电极法（原理见第二章）。样品预处理方法有干灰法和浸提法。

干灰法用碳酸钠作为氟的固定剂，在 500～600℃灰化，残渣洗出后，加入浓 H_2SO_4，用水蒸气蒸馏法蒸馏（温度控制在 137℃±2℃），收集馏出液，加入氟试剂显色，于 620 nm 处测定吸光度，对照标准溶液定量，也可以用离子选择电极法测定。

浸提法是将制备好的样品用 0.05 mol/L 硝酸浸取，再用 0.1 mol/L 氢氧化钠溶液继续浸取，使样品中的氟转入浸取液中。以柠檬酸溶液作离子强度调节缓冲剂，用氟离子选择电极在 pH 为 5～6 直接测定。这种方法不能测定难溶氟化物和有机氟化物。

（三）鱼组织中有机汞和无机汞的测定

（1）巯基棉富集—冷原子吸收测定法　该方法可以分别测定样品中的有机汞和无机汞，其测定要点如下：称取适量制备好的鱼组织样品，加 1 mol/L 盐酸浸提出有机汞和无机汞化合物。将提取液的 pH 值调至 3，用巯基棉富集两种形态的汞，然后用 2 mol/L 盐酸洗脱有机汞化合物，再用氯化钠饱和的 6 mol/L 盐酸洗脱无机汞，分别收集并用冷原子吸收法测定。

（2）气相色谱法测定甲基汞　鱼组织中的有机汞化合物和无机汞化合物用 1 mol/L 盐酸提取后，用巯基棉富集和盐酸溶液洗脱，并用苯萃取，洗脱液中的甲基汞，用无水硫酸钠除去有机相中的残留水分，最后，用气相色谱法（ECD）测定甲基汞的含量。

（四）粮食中石油烃的测定

测定粮食中石油烃的方法有重量法；非色散红外线吸收—紫外分光光度法等。当其含量大于 100×10^{-6} 时，一般采用重量法，小于 100×10^{-6} 时用非色散红外线吸收—紫外分光光度法。非色散红外吸收—紫外分光光度法测定要点如下述。

（1）称取适量粮食样品，在索氏提取器中用氢氧化钾—乙醇皂化和石油醚提取，则样品中所含油脂类干扰物质生成甘油和脂肪酸钾（皂化），即

$$\begin{array}{l} CH_2-O-\overset{O}{\overset{\|}{C}}-12 \\ | \\ CH-O-\overset{O}{\overset{\|}{C}}-R' \\ | \\ CH_2-O-\overset{O}{\overset{\|}{C}}-R'' \end{array} +3KOH \longrightarrow \begin{array}{l} CH_2OH \\ | \\ CHOH \\ | \\ CH_2OH \end{array} + R-\overset{O}{\overset{\|}{C}}-OK + R'-\overset{O}{\overset{\|}{C}}-OK + R''-\overset{O}{\overset{\|}{C}}-OK$$

皂化产物易溶于水，进入水相，而石油烃不能被皂化，仍留在石油醚（有机相）中。

（2）将石油醚提取液通过已用纯石油醚洗过的无水硫酸钠和活性氧化铝（吸附剂）分离柱，用适量石油醚洗脱吸附在分离柱上的烷烃和环烷烃，收集于烧杯中，经浓缩、烘干，备作红外吸收法测定。用适量苯—环已烷继续洗脱分离柱上的芳香烃，收集于烧杯中，经浓缩、烘干，备作紫外分光光度法测定。

（3）将烷烃、环烷烃浓缩产物用四氯化碳溶解，在非色散红外线吸收分析仪上以四氯化碳为参比液，测其对 3.4 μm 特征光的吸收，对烷烃进行定量测定。用已烷溶解芳香烃浓缩产物，以已烷为参比液，在紫外分光光度计上于 256 nm 处测其吸光度，对芳香烃进行定量测定。

（五）有机氯农药的测定

测定生物样品中有机氯农药，一般经过提取、纯化、浓缩和测定四步。

提取，可用石油醚在索氏脂肪提取器中进行，也可以用振荡法浸取，此时样品中的农药、脂肪类等均提取到有机相中。纯化是用加浓硫酸的方法除去有机相中的脂肪类、有机磷农药及不饱和烃等干扰物质，因为这些杂质与浓硫酸的反应产物溶

于水相。所得石油醚提取液经洗涤、无水亚硫酸钠脱水后，如果有机氯农药的浓度不能满足分析方法要求，还要进行浓缩，即蒸发有机溶剂。得到适于测定的试样后，用色谱法（ECD）测定，可测得有机氯农药各种异构体（α-六六六、β-六六六、γ-六六六、δ-六六六、*p,p*'–DDE、*o,p*'–DDT、*p,p*'–DDD、*p,p*'–DDT）的总含量。

（六）作物中苯并[*a*]芘的测定

米、小麦、玉米等作物中苯并[*a*]芘通常采用荧光分光光度法测定。其测定要点是称取适量经制备的样品，放入脂肪提取器中，加入石油醚（或正己烷）与氢氧化钾—乙醇溶液进行皂化和提取，其中，油脂等杂质被皂化而进入水相，苯并[*a*]芘等非皂化物仍留在有机相中，用二甲基亚砜液相分配提取或用氧化铝填充柱层析纯化（以纯苯洗脱）。将提取液或洗脱液移入 K—D 浓缩器中，加热浓缩至 0.05 mL，点于乙酰化纸上进行层析分离，所得苯并[*a*]芘斑点用丙酮洗脱，于荧光分光光度计上在激发波长 367 nm，荧光发射波长 402 nm、405 nm、408 nm 处分别测定洗脱液的荧光强度，计算苯并[*a*]芘的相对荧光强度，对照标准苯并[*a*]芘样品的相对荧光强度计算出作物中苯并[*a*]芘的含量。

第四节　水和大气污染生物监测

生物监测法是通过生物（动物、植物及微生物）在环境中的分布、生长、发育状况及生理生化指针和生态系统的变化来研究环境污染情况，测定污染物毒性的一类监测方法。

对比理化监测方法，这种方法具有特定的优点。例如，可以确切反映污染因子对人和生物的危害及环境污染的综合影响；有些生物对特定污染物很敏感，在危害人体之前可起到“早期诊断”作用；对污染物具有富集作用等。

当然，这种方法也有其固有的局限性。例如，对污染因子的敏感性随生活在污染环境中时间的增长而降低，专一性差，用来进行定量测定困难，费时等。

一、水质污染生物监测

水环境中存在着大量的水生生物群落，各类水生生物之间及水生生物与其赖以生存的环境之间存在着互相依存又互相制约的密切关系。当水体受到污染而使水环境条件改变时，各种不同的水生生物由于对环境的要求和适应能力不同而产生不同的反应，因此可用水生生物来了解和判断水体污染的类型、程度。

用水生生物来监测研究水体污染状况的方法较多，如生物群落法、生产力测定法、残毒测定法、急性毒性试验、细菌学检验等。

（一）生物群落法

1．指示生物

生物群落中生活着各种水生生物，如浮游生物、着生生物、底栖动物、鱼类和细菌等。由于它们的群落结构、种类和数量的变化能反映水质状况，故称之为指示生物。

2．监测方法

（1）污水生物系统法

该方法将受有机物污染的河流按其污染程度和自净过程划分为几个互相连续的污染带，每一带生存着各自独特的生物（指示生物），据此评价水质状况。

如根据河流的污染程度，通常将其分为四个污染带，即多污带、α-中污带、β-中污带和寡污带。各污染带水体内存在着特有的生物种群。

（2）生物指数法

该法是指运用数学公式反映生物种群或群落结构的变化，以评价环境质量的数值。

贝克生物指数（BI）= $2nA + nB$　BI=0 时，属严重污染区域，BI=1～6 时，为中等有机物污染区域，BI=10～40 时，为清洁水区。

（二）细菌学检验法

水的细菌学检验，特别是肠道细菌的检验，在卫生学上具有重要意义。实际工作中，常以检验细菌总数，特别是检验作为粪便污染的指示细菌，来间接判断水的卫生学质量。

1．水样的采集

严格按无菌操作要求进行，防止在运输过程中被污染，并应迅速进行检验。

2．细菌总数的测定

细菌总数是指 1 mL 水样在营养琼脂培养基中，于 37 ℃经 24 h 培养后，所生长的细菌菌落的总数。它是判断饮用水、水源水、地表水等污染程度的标志。

其操作过程如下：①灭菌；②制备营养琼脂培养基；③培养（两份平行样，一份空白）；④菌落计数。

3．总大肠菌群的测定

总大肠菌群是指那些能在 35 ℃、48 h 之内使乳糖发酵产酸、产气、需氧及兼性厌氧的、革兰氏阴性的无芽孢杆菌，以每升水样中所含有的大肠菌群的数目来表示。

总大肠菌群的检验方法富有发酵法和滤膜法。发酵法可用于各种水样（包括底泥），但操作烦琐，费时间。滤膜法操作简便、快速，但不适用于浑浊水样。

4．其他细菌的测定

二、大气污染生物监测

目前大气污染生物监测较广泛的使用植物监测法。

（一）大气污染指示生物及选择

1．指示生物

其群落结构、种类和数量的变化能反映大气污染状况的生物称为指示生物。

2．指示生物的选择

选择那些对特定大气污染物很敏感、专一性强、有富集作用、能“早预报”，能确切反映该污染因子对人和生物的危害及环境污染的综合影响的生物作为指示生物。

（1）二氧化硫（SO_2）污染指示植物

主要有紫花苜蓿、棉株、元麦、大麦、小麦、大豆、芝麻、荞麦、辣椒、菠菜、胡萝卜、烟草、百日菊、麦秆菊、玫瑰、苹果树、雪松、马尾松、白杨、白桦、杜仲、腊梅等。

（2）氟化物污染指示植物

主要有唐菖蒲、金荞麦、葡萄、玉簪、杏梅、榆树叶、郁金香 、山桃树、金丝桃树、慈竹等。

（3）二氧化氮（NO_2）污染指示植物

主要有烟草、西红柿、秋海棠、向日葵、菠菜等。

（4）O_3 的指示植物：烟草、矮牵牛花、马唐、花生、马铃薯、洋葱、萝卜、丁香、牡丹等。

（5）Cl_2 的指示植物：白菜、菠菜、韭菜、葱、菜豆、向日葵、木棉、落叶松等。

（6）氨的指示植物：紫藤、小叶女贞、杨树、悬铃木、杜仲、枫树、刺槐、棉株、芥菜等。

（7）PAN 的指示植物：繁缕、早熟禾、矮牵牛花等。

（二）植物在污染环境中的受害症状

大气污染物通过叶面上进行气体交换的气孔或孔隙进入植物体内，侵袭细胞组织，并发生一系列生化反应，从而使植物组织遭受破坏，呈现受害症状。

1．SO_2 污染的危害症状

SO_2 污染的危害症状：一般其叶脉间叶肉最先出现淡棕红色斑点，经过一系列的颜色变化，最后出现漂白斑点，危害严重时叶片边缘及叶肉全部枯黄，仅留叶脉仍为绿色（图 7-2）。

硫酸雾危害症状则为叶片边缘光滑。受害较轻时，叶面上呈现分散的浅黄色透光斑点；受害严重时则成孔洞，这是由于硫酸雾以细雾状水滴附着于叶片上所致（图7-3）。

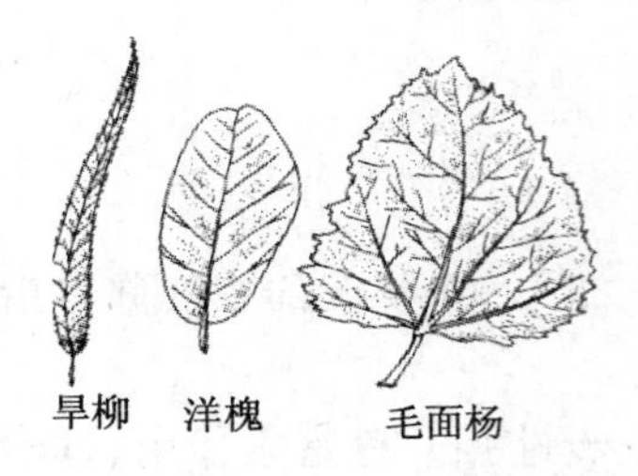

图 7-2　SO_2危害症状

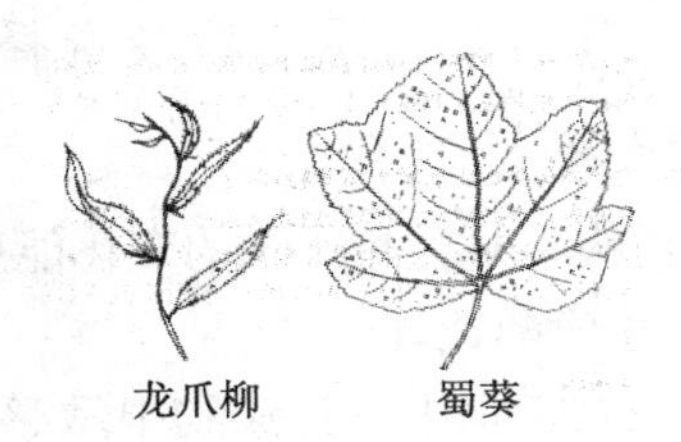

图 7-3　硫酸雾危害症状

2．NO_x污染的危害症状

NO_x对植物构成危害的浓度要大于 SO_2 等污染物。它往往与 O_3 或 SO_2 混合在一起显示危害症状，首先在叶片上出现密集的深绿色水浸蚀斑痕，随后这种斑痕逐渐变成淡黄色或青铜色。损伤部位主要出现在较大的叶脉之间，但也会沿叶缘发展。

3．氟化物污染的危害症状

先在植物的特点部位呈现伤斑，例如，单子叶植物和针叶树的叶尖，双子叶植物和阔叶植物的叶缘等。开始这些部位发生萎黄，然后颜色转深形成棕色斑块，在发生萎黄组织与正常组织之间有一条明显分界线，随着受害程度的加重，黄斑向叶片中部及靠近叶柄部分，发展最后，使叶片大部分枯黄，仅叶主脉下部及叶柄附近仍保持绿色。

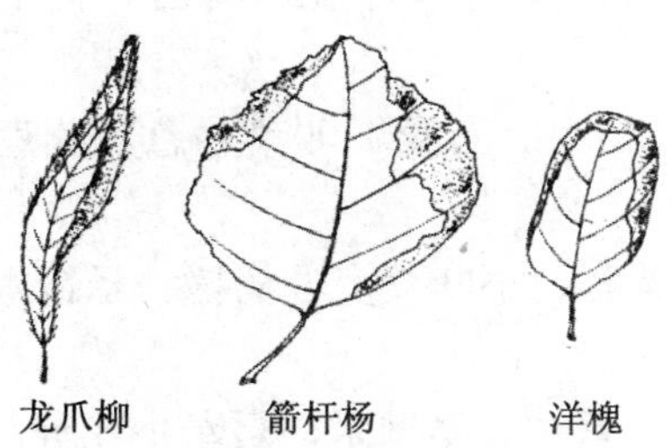

图 7-4　氟化物的危害症状

4．臭氧污染的受害症状

臭氧对植物的危害主要体现在老龄叶片上，如出现细小点状烟斑，则是急性伤害的标志。植物长时间暴露于低浓度臭氧中，许多叶片上会出现大片浅褐色或古铜色斑，常导致叶片退绿和脱落。

5．大气污染对植物造成危害的特点

大气污染对植物造成的危害症状虽然随污染物的种类、浓度以及受害植物的品种、曝露时间不同而有差异，但具有某些共同特点，如叶绿素被破坏，叶细胞组织脱水，进而发生叶面失去光泽，出现不同颜色（灰白色、黄色或褐色）的斑点，叶片脱落，甚至全株枯死等异常现象。

（三）监测方法

1．盆栽植物监测方法

先将指示植物在没有污染的环境中盆栽培植，待生长到适宜大小时，移至监测点，观测它们受害症状和程度。

2．现场调查法

（1）植物群落调查法。调查现场植物群落中各种植物受害症状和程度，估测大气污染情况。

（2）调查地衣和苔藓法。通过调查树干上的地衣和苔藓的种类与数量，便可估计大气污染程度。在工业城市，通常距市中心越近，地衣的种类越少，重污染区内一般仅有少数壳状地衣分布，随着污染程度的减轻，便出现枝状地衣；在轻污染地区，叶状地衣数量最多。

（3）调查树木的年轮。剖析树木的年轮，可以了解所在地区大气污染的历史。一般，污染严重或气候条件恶劣年份树木的年轮较窄，木质比重小。

3．其他监测法

如生产力测定法、指示植物中污染物质含量测定法等。

复习与思考题

1. 生物是怎样被污染的？进行生物污染监测有何重要意义？

2. 简要说明污染物质进入动、植物体后，主要有哪些分布和蓄积规律？了解这些规律对监测工作有何重要意义？

3. 怎样采集植物样品和根据监测项目的特点进行制备？

4. 一般从动物的哪些部位采样？为什么从这些部位采样？

5. 欲分别测定生物样品中的无机污染物质和有机污染物质，各自选用哪些预处理方法（概括方法要点）？

6. 用脂肪提取器提取生物样品中有机污染组分与其他提取方法相比，有何优、缺点？

7. 查 25℃时西维因在异丙烷—二甲基甲酰胺中的 p 值，计算用等体积的二甲基甲酰胺萃取多少次可以达到99.9%的萃取率？

8. 怎样用原子吸收分光光度法测定粮食中的铅和镉？

9. 怎样用气相色谱法测定生物样品中的有机氯农药？

10. 怎样用氟离子选择电极法测定植物样品中的总含氟量？

第八章 物理性污染监测

【知识目标】

本章要求熟悉噪声、电磁辐射污染及放射性污染的主要来源；理解各种监测方法的原理；掌握噪声、振动、电磁辐射及放射性污染监测技术要点；了解电磁辐射污染、放射性污染危害及保护措施，监测结果的评价分析方法。

【能力目标】

通过对本章的学习，学生能正确使用和操作噪声、振动、电磁辐射及放射性监测仪器；能应用相应监测仪器对现场噪声、振动、电磁辐射、放射性污染进行监测；能处理监测数据并进行简单评价。

第一节 噪声监测

随着现代工业、建筑业和交通运输业的迅速发展，各种机械设备、交通运输工具在急剧增加，噪声污染日益严重，它影响和干扰人们的正常工作和生活，危害人体健康。加强对噪声污染源和环境噪声的监测，对于噪声污染的控制和治理显得尤为重要。

我国环境监测规范规定的噪声监测的目标和对象见表 8-1。

表 8-1 噪声监测的目标和对象

目标	常规监测	超标监测	专题监测
对象	① 城市各功能区噪声定期监测	① 噪声源辐射情况监测	① 执行噪声控制法规和噪声控制标准的仲裁性监测
	② 道路交通噪声监测	② 区域环境噪声普查（夜间）	
	③ 区域环境噪声普查（白天）	③ 其他	② 建立区域性噪声分布模型的研究性监测
	④ 噪声高空监测		
			③ 其他

一、概 述

（一）噪声的定义

噪声是指干扰人们正常生活的声音，它既与声音的客观物理性质有关，又与人们的主观感觉和心理因素有关系。从物理学上来讲，无规律、不协调的声音，即频率和声强都不同的杂乱无章组合的声音，从心理学角度来讲，凡是使人烦恼、讨厌，让人感到刺激，不需要的声音都可称为噪声。

在《中华人民共和国环境噪声污染防治法》中，环境噪声是指在工业生产、建筑施工、交通运输和社会生活中所产生的影响周围生活环境的声音。

（二）噪声的来源和分类

噪声的种类很多，因其产生的条件不同而异。地球上的噪声主要来源于自然界的噪声和人为活动产生的噪声。自然界的噪声是由于火山爆发、地震、潮汐、下雨和刮风等自然现象所产生的。自然界形成的这些噪声是不以人们的意志为转移的。因此，人们是无法消除的。环境监测主要是指对人为活动所产生的噪声进行监测。噪声的分类见表 8-2。

表 8-2 噪声的分类

分类依据	噪声分类	噪声来源
按产生的来源	工业噪声	鼓风机、汽轮机、冲床、织布机等
	交通噪声	飞机、火车、机动车辆等
	建筑施工噪声	打桩机、混凝土搅拌机、挖土机、电锯等
	社会生活噪声	高音喇叭、喧嚣声、电视机、收录机等
按产生的机理	空气动力性噪声	通风机、鼓风机、空气压、汽笛等
	机械性噪声	锻锤、机床、球磨机等
	电磁性噪声	电机、变压器等
按随时间的变化	稳态噪声	风机、织布机等
	非稳态噪声	锣鼓敲击声

（三）噪声的特征

噪声污染是一种物理性污染（或称能量污染），它与化学污染不同，其具有下列几个特征。

1．即时性

噪声污染是一种能量污染，是由于空气中的物理变化而产生的。作为能量污染，其能量是由声源提供的，当声源停止辐射能量（停止振动），噪声污染将立即消失，不存在任何残存物质，不会在环境中造成污染的积累并形成持久的危害。

2．局部性

噪声污染是具有局部性和多发性的。噪声源辐射出来的噪声随着传播距离的增加或受到障碍物的吸收，噪声能量被很快地减弱掉，因而噪声污染主要局限在声源附近不大的区域内。此外，噪声污染又是多发的，城市中噪声源分布既多又散，使得吸声的测量和治理工作具有一定的难度。

3．感受性

噪声是一种感觉公害，噪声污染的危害是非致命的、间接的、缓慢的，它对人的危害取决于受害者心理因素和生理因素。

（四）噪声的产生与传播

1．噪声的产生

噪声和声音有共同的特征，声音的产生是由于物体的振动。能够发声的物体是声源。振动物体可以是固体、液体、气体，它们的振动都同样能发出声音，如锣鼓声、大海波涛声、锅炉排气声等。

2．噪声的传播

物体振动发出的声音要通过中间介质才能传播出去，送到人耳，使人感到有声音的存在。那么噪声是怎样通过介质把振动的能量传播出去的呢？现以敲锣为例，当人们用锣锤敲击锣面时，使靠近锣面附近的空气分子交替压缩和扩张，形成时疏时密的状态，空气分子时疏时密带动邻近空气的质点由近及远地依次推动起来，这一密—疏的空气层就形成了传播的声波，故声波也称疏密波。当声波作用于人耳鼓膜使之振动，刺激内耳的听觉神经，就产生了噪声的感觉。噪声在空气中的产生和传播如图 8-1 所示。

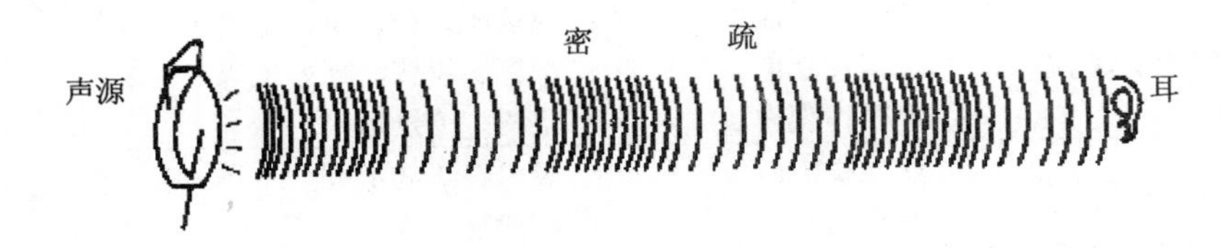

图 8-1　噪声的产生与传播

声源在每秒内振动的次数称为频率，以 f 表示，单位 Hz。由于人的听觉一般只能感觉 20～20 000 Hz 的声频，所以噪声监测是这个范围内的声波。

声波两个相邻密部或两个相邻疏部之间的距离叫做波长，或者说，声源振动一次，声波传播的距离叫波长，以λ表示，单位 m。

声波每秒在介质中传播的距离称为声速，以 c 表示，单位 m/s。声速与传递声波的介质和介质温度有关。常温下，声速约为 345 m/s。在空气中，声速与温度 t 的关系可简写为：

$$c=331.4+0.607\,t \tag{8-1}$$

频率、波长和声速之间的关系为：

$$\lambda=\frac{c}{f} \tag{8-2}$$

（五）噪声的物理量度

1．声压、声强、声功率

（1）声压　指由于声波引起空气质点的振动，使大气压力产生压强的波动，即声场中单位面积上由声波引起的压力增量为声压，以 p 表示，单位 Pa。通常都用声压来衡量声音的强弱。

（2）声强　指单位时间内，声波通过垂直于其传播方向的单位面积的平均声能量，以 I 表示，单位 W/m^2。

（3）声功率　指声源在单位时间内所发射的声能量，以 W 表示，单位瓦（W）。在噪声监测声功率指声源总功率。

2．声压级、声强级和声功率级

从听阈声压 2×10^{-5} Pa 到痛阈声压 2×10 Pa，声压的绝对值数量级相差 100 万倍。因此，用声压的绝对值表示声音的强弱是很不方便的，同时人耳对声信号强弱刺激的反应不是线性的，而是成对数成比例的。所以，人们采用了声压或能量的对数比表示声音的大小，即用分贝来表达声学量值。

分贝是指两个相同的物理量（如 A_1 和 A_0）之比取以 10 为底的对数并乘以 10（或 20），分贝是没有量纲的，符号为 dB，表达式为：

$$N=10\lg\frac{A_1}{A_0} \tag{8-3}$$

式中：A_0 —— 基准量；

A_1 —— 被量度量。

被量度量和基准量之比取对数，这个数值称为被量度量的级，它代表被量度量比基准量高出多少“级”。用“级”来衡量声压、声强和声功率，称为声压级、声强级和声功率级。

（1）声压级

$$L_p=10\lg\frac{p^2}{p_0^2}=20\lg\frac{p}{p_0} \tag{8-4}$$

式中：L_p —— 声压级，dB；

p —— 声压，Pa；

p_0 —— 基准声压，为 2×10^{-5}Pa。

（2）声强级

$$L_I = 10\lg\frac{I}{I_0} \tag{8-5}$$

式中：L_I —— 声强级，dB；

I —— 声强，W/m^2；

I_0 —— 基准声强，为 10^{-12} W/m^2。

（3）声功率级

$$L_W = 10\lg\frac{W}{W_0} \tag{8-6}$$

式中：L_W —— 声功率级，dB；

W —— 声功率，Pa；

W_0 —— 基准声功率，为 10^{-12} W。

图 8-2 表示出了声压级与声压、声强级与声强、声功率级与声功率的换算关系。

3．噪声的叠加和相减

在噪声测量、评价及控制工程中，经常要对噪声级进行加、减及平均值的计算。由于噪声级以对数为基础，是一个相对量，不可直接相加或相减。

（1）噪声的叠加　设有 n 个不同的声源，其声压分别为 p_1，p_2，…，p_n，相对应的声压级分别为 L_{p1}，L_{p2}，…，L_{pn}，总声压级 L_{pT} 为：

$$L_{pT} = 10\lg\left[\sum_{i=1}^{n}10^{0.1L_{Pi}}\right] \tag{8-7}$$

当有 n 个声压级相同的声源存在时，即 $L_{p1}=L_{p2}\cdots=L_{pn}$，其总声压级 L_{pT} 为：

$$L_{pT} = L_{p1} + 10\lg n \tag{8-8}$$

当各个声源的声压级不等时，利用式（8-7）计算总声压级比较麻烦，利用图表法可以使计算简化，具体步骤如下：

① 两个声源的声压级 $L_{p1} > L_{p2}$，求出两个声压级的差值，即 $L_{p1}-L_{p2}$；

② 由所得的差值从表 8-3 或图 8-3 中查出相应的增值ΔL_p；

③ 把增值ΔL_p与两个声压级中较大的 L_{p1} 相加，$L_p = L_{p1} + \Delta L_p$；

④ 按照上述步骤，将各个声源的声压级两两进行叠加，即可求出总声压级。

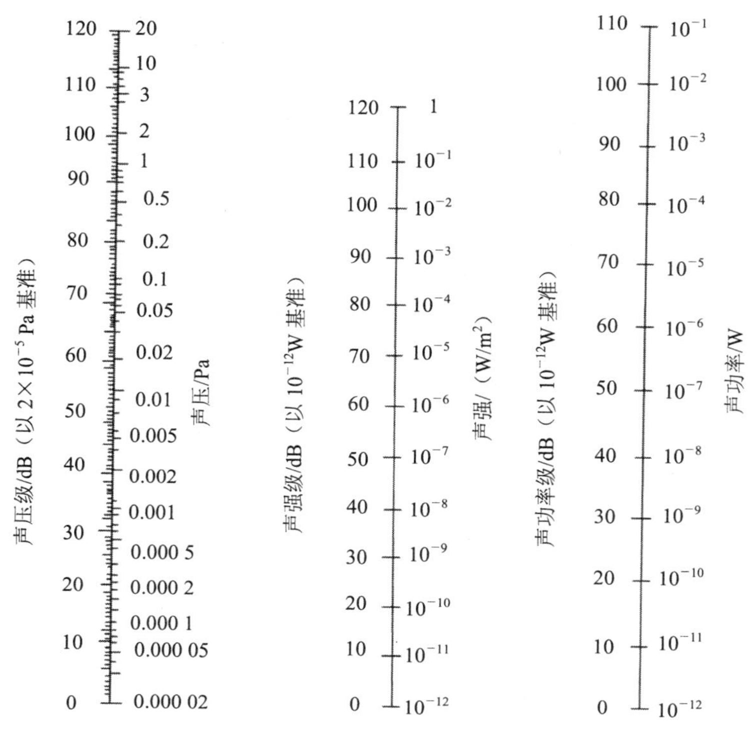

图 8-2 声压、声强、声功率和对应级的换算关系

表 8-3 两个不同声压级叠加分贝增值

$L_{p1}-L_{p2}$/dB	0	1	2	3	4	5	6	7	8	9	10	11	12	13	14	15
ΔL_p/dB	3.0	2.5	2.1	1.8	1.5	1.2	1.0	0.8	0.6	0.5	0.4	0.3	0.3	0.2	0.2	0.1

由表 8-3 可以看出，两个声源在某一点处的总声压级最多比较大的那一个声压级大 3 dB；当两个声压级相差很大时（一般 $L_{p1}-L_{p2}>15$ dB），增加的ΔL_p可以忽略不计。使用图表法计算几个声源在某点处的总声压级时，应按声压级大小顺序相加。

【例题】 某车间有两台机器，在某一位置测得这两台机器的声压级分别为 90 dB 和 85 dB，试求两台机器在这一位置的总声压级。

解：$L_{p1}-L_{p2}=90-85=5$（dB），由表 8-3 查出$\Delta L_p=1.2$ dB，

则 $L_p=90+1.2=91.2$（dB）

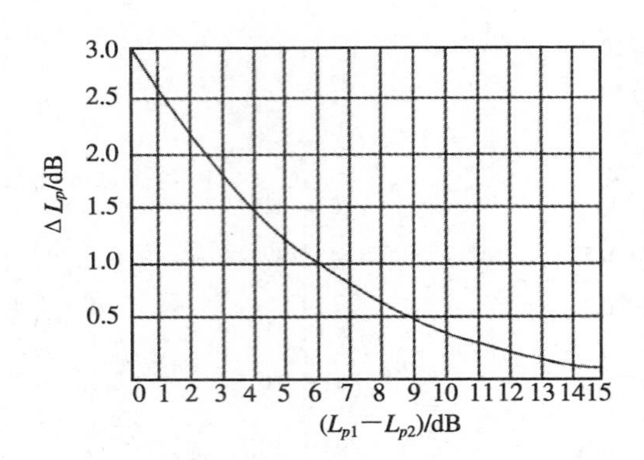

图 8-3　两噪声源叠加曲线

（2）噪声的相减　在噪声测量时往往会受到外界噪声的干扰。例如，要测量某加工车间内的一台机床产生的真实噪声声压级，在它开动时。辐射的声压级是不能单独测量的，但是，机床未开动前的本底或环境噪声是可以测量的，机床开动后，机床噪声与本底噪声的总声压级也是可以测量的。那么，计算机床本身的声压级就必须采用声压级的减法，即从总声压级中扣除机床停止运行时的本底或环境噪声声压级，得到机床产生的真实噪声声压级。

$$L_{p1} = L_p - \Delta L_p \tag{8-9}$$

式中，L_p ——总声压级，dB；

L_{p1} ——机器本身声压级，dB；

ΔL_p ——增加值，$L_{p1}-L_{p2}$ 的函数，dB；

L_{p2} ——本底或环境噪声的声压级，dB。

ΔL_p 与 $L_{p1}-L_{p2}$ 的关系见图 8-4。

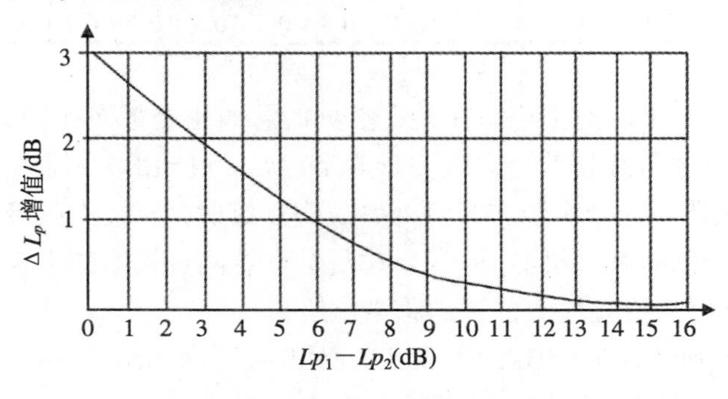

图 8-4　声压级分贝差增值曲线

【例题】　某车间有一台空压机，当空压机开动时，测得噪声声压级为 90 dB，当空压机停止转动时，测得噪声声压级为 83 dB，求该空压机的噪声声压级。

解：空压机开动与不开动时的噪声声压级差值 L_p-L_{p2}=90−83=7（dB），
由图 8-4 查得ΔL_p=1.0 dB
则空压机的噪声声压级为=90−1.0=89（dB）

二、噪声评价

在噪声的物理量度中，声压和声压级是评价噪声强度的常用量，声压级越高，噪声越强；声压级越低，噪声越弱。但人耳对噪声的感觉，不仅与噪声的声压级有关，而且还与噪声的频率、持续时间等因素有关。人耳对高频率噪声较敏感，对低频噪声较迟钝。声压级相同而频率不同的声音，听起来很可能是不一样的。如大型离心压缩机的噪声和活塞压缩机的噪声，声压级均为 90 dB，可是前者是高频，后者是低频，听起来，前者比后者响得多。再如声压级高于 120 dB，频率为 30 kHz 的超声波，尽管声压级很高，但人耳却听不见。

为了反映噪声的这些复杂因素对人的主观影响程度，就需要有一个对噪声的评价指标。下面为一些已经被广泛认可和使用比较频繁的一些噪声评价量。

（一）噪声评价量

1．响度与响度级

（1）响度。在噪声的物理量度中，声压和声压级是评价噪声强弱的常用物理量度。但是人耳对噪声强弱的主观感觉，不仅与声压级的大小有关，而且还与噪声频率的高低、持续时间的长短等因素有关。人耳对高频率噪声较敏感，对低频率噪声较迟钝。例如两个具有同样声压级但频率不同的噪声源，高频声音给人的感觉就比低频的声音更响。为了用一个量来反映人耳对噪声反应的这一特点，引入了响度概念来表示人耳对噪声轻响程度的判断。响度用 N 表示，单位是宋（sone），规定声压级为 40 dB，频率为 1 000 Hz 的纯音为 1 sone。如果另一个噪声听起来比 1 sone 的声音大 n 倍，则该噪声的响度为 n sone。

（2）响度级。为了定量地确定声音的轻或响的程度，通常采用响度级这一参量。响度级是建立在两个声音主观比较的基础上，选择 1 000 Hz 的纯音做基准声音，若某一频率的声音听起来与 1 000 Hz 的纯音听起来一样响，这时 1 000 Hz 纯音的声压级就定义为该待定声音的响度级。响度级用 L_N 表示，单位是方（phon）。例如，61 dB 的 4 000 Hz 声音，听起来与 70 dB 的 1 000 Hz 的声音同样响，则该声音的响度级为 70 方。由于响度级在确定时，考虑了人耳特性，并将声音的强度与频率用一个概念统一起来，既反映了声音客观物理量上的强弱，又反映了声音主观感觉上的强弱。

（3）等响曲线。利用与基准声音相比较的方法，可测量出人耳在整个可听范围内纯音的响度级。如果把响度级相同的点都连接起来，便得到一组曲线簇，即等响曲线（图 8-5）。在每一条曲线上，尽管各个噪声的声压级和频率各不相同，但是听起来同样响，即具有相同的声压级。

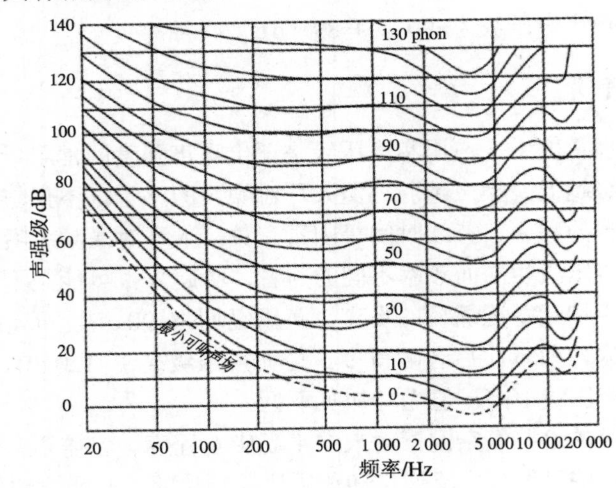

图 8-5　等响曲线

（4）响度和响度级关系　响度和响度级都是对噪声的主观评价，实验证明，当响度在 20～120 phon 的范围内时，响度级每增加 10 phon，响度增加 1 倍。例如，响度级为 30 phon 时，响度为 0.5 sone；响度级为 40 phon 时，响度为 1 sone。两者之间的关系为

$$L = 2^{\left(\frac{L_N - 40}{10}\right)} \tag{8-10}$$

$$L_N = 40 + 33.3\lg N \tag{8-11}$$

2．计权声级

由于用响度级来反应人耳的主观感觉太复杂，而且人耳对低频声不敏感，对高频声较敏感，为了能使噪声测量仪器模拟人耳听觉对声音频率响应的特性，在仪器中设计了一种特殊滤波器，对某些频率进行衰减，这种特殊滤波器称为计权网络。通过计权网络测得的声压级，已不再是客观物理量测得的声压级，而是计权声级，简称声级。通常有 A、B、C 三种计权网络（有的还有 D 计权网络）。它们测出的值通常称为 A 声级、B 声级、C 声级和 D 声级。

计权网络的频率响应特性见图 8-6。其中 A 计权网络对应于倒置的 40 phon 的等响曲线，对低频有较大衰减，模拟人耳对低强度噪声的频率特性；B 计权网络对应于倒置的 70 phon 的等响曲线，模拟中等强度噪声的频率特性；C 计权网络对应于倒置的 100 phon 的等响曲线，对各种频率的声音基本上不衰减，模拟高强度噪声的频率特性。D 计权网络专用于飞机噪声的测量。

A 声级的测量结果与人耳对噪声的主观感受近似一致，即对高频声敏感，对低频声不敏感，因此 A 声级是目前评价噪声的主要指标，已被广泛应用。今后如果不作说明均指的是 A 声级。A 声级通常用符号 L_A 表示，单位是 dB（A）。

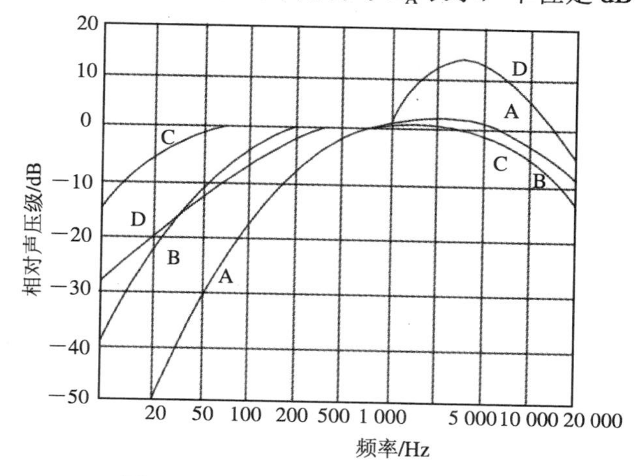

图 8-6 A、B、C、D 计权特性曲线

3．等效连续声级

A 声级主要用于连续稳态噪声的测量和评价。对于非稳态噪声，它们呈现起伏或不连续变化，用 A 声级来测量和评价就不合适了。比如一个人在 90 dB（A）的噪声环境中工作 8 h，而另一个人在 90 dB（A）的噪声环境下工作 2 h，他们所受的噪声影响显然是不一样的。但是，如果一个人在 90 dB（A）噪声环境下连续工作 8 h，而另一个人在 85 dB（A）噪声环境下工作 2 h，在 90 dB（A）下工作 3 h，在 95 dB（A）下工作 2 h，在 100 dB（A）下工作 1 h，这就不易比较两者中谁受噪声影响大。于是人们提出用噪声能量平均值的方法来评价噪声对人的影响，这就是等效连续声级，它反映人实际接受的噪声能量的大小，对应于 A 声级来说就是等效连续 A 声级。等效连续 A 声级的定义是：在声场中某个位置、某一时间内，对间歇暴露的几个不同 A 声级，以能量平均的方法，用一个 A 声级来表示该时间内噪声的大小，这个声级就为等效连续 A 声级，用 L_{eq} 表示，单位是 dB（A）。其表达式为：

$$L_{eq}=10\lg[\frac{1}{T}\int_0^T 10^{0.1L_A(t)}\mathrm{d}t] \tag{8-12}$$

式中：L_{eq} —— 等效连续 A 声级，dB（A）；

T —— 规定的测量时间；

L_A —— 某时刻的瞬时 A 声级，dB（A）。

如果噪声的 A 声级测量值是非连续的离散值，则式（8-12）转变为：

$$L_{eq}=10\lg[\frac{1}{T}\sum_{i=1}^{n}10^{0.1L_{Ai}}t_i] \quad (8\text{-}13)$$

式中：L_{eq} —— 等效连续 A 声级，dB（A）；

T —— 总的测量时间；

L_{Ai} —— 第 i 个 A 声级，dB（A）；

t_i —— 采样间隔时间。

【例题】 某空压机房噪声 A 声级为 90 dB，操作间的噪声 A 声级 65 dB，工人每班要进入机房内巡视 2 h，其余 6 h 在操作间停留。试问工人在一班 8 h 内接触到的等效连续 A 声级是多少?

解：由式（8-13）：

$$L_{eq}=10\lg\frac{2\times10^{0.1\times90}+6\times10^{0.1\times65}}{2+6}=85(\text{dB})$$

4．累计百分数声级

等效连续 A 声级解决了用一个数值表示非稳态噪声大小的问题。但对噪声能量进行平均后难以看出噪声的起伏变化情况，这种起伏的程度可以用噪声出现的时间概率或累计概率来表示，目前采用的评价量为累计百分数声级，用 L_n 表示。表示在测量时间内高于 L_n 声级所占的时间为 n%。例如，L_{10}=90 dB（A）表示在整个测量时间内，噪声级高于 90 dB（A）的时间占 10%，其余 90%的时间内均低于 90 dB（A）。对于同一测量时段内的噪声级，按从大到小的顺序进行排列，就可以清楚地看出噪声涨落的变化程度，累计百分数声级一般用 L_{10}、L_{50}、L_{90} 表示。

通常认为，L_{90} 相当于噪声的本底值（背景值），L_{50} 相当于噪声的平均值，L_{10} 相当于噪声的平均峰值。

累计百分数声级计算方法是将测得的一组数据（例如 100 个），从大到小排列，第 10 个数据即为 L_{10}，第 50 个数据即为 L_{50}，第 90 个数据即为 L_{90}。

累计百分数声级一般只用于有较好正态分布的噪声评价，如果测量的数据符合正态分布，则等效连续 A 声级和统计声级有如下关系：

$$L_{eq}\approx L_{50}+\frac{(L_{10}-L_{90})^2}{60} \quad (8\text{-}14)$$

5．噪声污染级

实践证明，涨落的噪声所引起人的烦恼程度比等能量的稳态噪声更大，并与噪声的变化率和平均强度有关。实验表明，在等效连续噪声级的基础上加上一项代表噪声涨落变化的幅度量，则更能反映实际噪声污染程度。一般可用来评价非稳态噪声，比如评价航空或道路的交通噪声。噪声污染级用符号 L_{NP} 表示，其表达式为：

$$L_{NP}=L_{eq}+K\sigma \quad (8\text{-}15)$$

$$\sigma=\sqrt{\frac{1}{n-1}\cdot\sum_{i=1}^{n}(L_i-\bar{L})^2} \tag{8-16}$$

式中：σ—— 规定时间内噪声瞬时声级的标准偏差，dB；

$\bar{L}$ —— 算术平均声级，dB；

L_i —— 第 i 次声级，dB；

n —— 取样总数；

K —— 常量，一般取 2.56。

在正态分布下：

$$L_{NP}=L_{eq}+（L_{10}-L_{90}） \tag{8-17}$$

$$L_{NP}=L_{50}+（L_{10}-L_{90}）+1/60（L_{10}-L_{90}）^2 \tag{8-18}$$

6．昼夜等效声级

因为夜间噪声具有更大的烦扰程度，为了考虑噪声在夜间对人们烦恼的增加，规定在夜间测得的所有声级均加 10 dB（A）作为修正值，再计算昼夜噪声能量的加权平均，由此构成昼夜等效声级这一评价参量。用符号 L_{dn} 表示。昼夜等效声级主要预计人们昼夜长期暴露在噪声环境下所受的影响，计算式为：

$$L_{dn}=10\lg[\frac{5}{8}10^{0.1L_d}+\frac{3}{8}10^{0.1(L_n+10)}] \tag{8-19}$$

式中：L_d —— 昼间（6:00～22:00）的等效声级，dB（A）；

L_n —— 夜间（22:00～7:00）的等效声级，dB（A）。

（二）噪声评价标准

环境噪声不但影响到人的身心健康，而且干扰人们的工作、学习和休息，使正常的工作生活环境受到破坏。上面介绍了噪声的评价量，可以从各方面描述噪声对人的影响程度。但理想的宁静工作生活环境与现实环境往往有很大差距，因此必须对环境噪声加以控制，从保护人的身心健康和工作生活环境角度出发，制定出噪声标准。

1．城市区域环境噪声标准

在《城市区域环境噪声标准》（GB 3096—1993）中规定了城市五类区域的环境噪声的最高限值，见表 8-4。

五类标准适用区域为：

0 类标准适用于疗养区、高级别墅区、高级宾馆区等特别需要安静的区域。位于城郊和乡村的这一类区域分别按严于 0 类标准 5 dB 执行。

1 类标准适用于以居住、文教机关为主的区域。乡村居住环境可参照执行该类标准。

表 8-4 城市区域环境噪声标准

类别	昼间 L_{eq}/dB	夜间 L_{eq}/dB
0	50	40
1	55	45
2	60	50
3	65	55
4	70	55

资料来源：GB 3096—1993。

2 类标准适用于居住、商业、工业混杂区。

3 类标准适用于工业区。

4 类标准适用于城市中的道路交通干线道路两侧区域，穿越城区的内河航道两侧区域。穿越城区的铁路主、次干线两侧区域的背景噪声（指不通过列车时的噪声水平）限值也执行该类标准。

夜间突发的噪声，其最大值不准超过标准值 15 dB。

2．工业企业厂界噪声标准

为控制工厂及有可能造成噪声污染的企事业单位对外界环境噪声的排放，在《工业企业厂界噪声标准》（GB 12348—90）中规定了四类区域的厂界噪声的标准值，见表 8-5。

表 8-5 工业企业厂界噪声标准值

类别	昼间 L_{eq}/dB	夜间 L_{eq}/dB
Ⅰ	55	45
Ⅱ	60	50
Ⅲ	65	55
Ⅳ	70	55

资料来源：GB 12348—90。

各类标准适用范围的划定如下。

Ⅰ类：适用于以居住、文教机关为主的区域。

Ⅱ类：适用于居住、商业、工业混杂区及商业中心区。

Ⅲ类：适用于工业区。

Ⅳ类：适用于交通干线道路两侧区域。

3．建筑施工场界噪声限值

建筑施工往往带来较大的噪声，对城市建筑施工期间施工场地产生的噪声，《建筑施工场界噪声限值》（GB 12523—90）中规定了不同施工阶段作业噪声限值，即指与敏感区域相应的建筑施工场地边界线处的噪声限值，见表 8-6。

表 8-6　不同施工阶段作业噪声限值

施工阶段	主要噪声源	噪声限值	
		昼间 L_{eq}/dB	夜间 L_{eq}/dB
土石方	推土机、挖掘机、装载机	75	55
打桩	各种打桩机	85	禁止施工
结构	混凝土搅拌机、振动棒、电锯等	70	55
装修	吊车、升降机等	65	55

来源：GB 12523—90。

建筑施工时，若有时出现几个施工阶段同时进行的情况，以高噪声阶段的限值为准。

4．铁路及机场周围环境噪声标准

《铁路边界噪声限值及测量方法》（GB 12525—90）规定了在距城市铁路外侧轨道中心线 30 m 处（即铁路边界）的等效声级不得超过 70 dB。

《机场周围飞机噪声环境标准》（GB 9660—88）适用于机场周围受飞机通过所产生噪声影响的区域，其区域分为两类，相对应的标准值见表 8-7。标准采用一昼夜的计权等效连续感觉噪声级作为评价量，用 L_{WECPN} 表示，单位 dB。

表 8-7　机场周围飞机噪声标准值

适用区域	标准值 L_{WECPN}/dB
一类区域（特殊居住区；居住文教区）	≤70
二类区域（除一类以外的生活区）	≤75

来源：GB 9660—88。

三、噪声监测

噪声测量是对噪声强弱的量度，是分析噪声组成、判明主要噪声污染源的重要手段，也是评价噪声影响、控制噪声污染的基础。测量的内容有噪声的强度，首先是声场中的声压，其次是测量噪声的特征，即声压的各种频率组成成分。

（一）噪声监测仪器

噪声监测仪器一般是通过测定声场中的声压或声压中的频率分布来测量噪声值的。常用的测量仪器有声级计、频谱分析仪、自动记录仪、磁带录音机、实时分析仪等。

1．声级计

声级计是最基本、最常用的噪声测量仪器，可测量环境噪声、机器噪声、车辆噪声等。如果把电容传声器换成加速度计，就可以用来测量振动。

（1）声级计的构造与工作原理　声级计主要由传声器、放大器、衰减器、计权网络、检波器、指示电表及电源等部分组成。声级计工作原理见图 8-7。

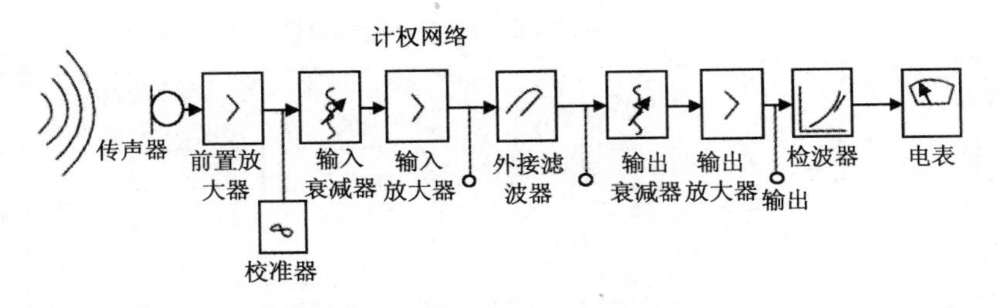

图 8-7　声级计工作原理

声级计的工作原理：声压由传声器膜片接收后，将声压信号转换成电信号，经前置放大器做阻抗变换后送到输入衰减器。这是由于表头指示范围仅有 20 dB，而声音变化范围可高达 140 dB，故必须使用衰减器来衰减信号，再由输入放大器进行定量放大。经放大后的信号由计权网络对信号进行频率计权，计权网络是模拟人耳对不同频率有不同灵敏度的听觉响应，在计权网络处可外接滤波器进行频谱分析。经计权后信号经输出衰减器减到额定值，再经输出放大器将信号放大到一定的功率输出，输出信号经均方根检波电路送出有效值电压，推动电表显示所测量的声压级噪声。

（2）声级计的分类　声级计可以按用途分类和按测量仪器的精度分类，分别见表 8-8、表 8-9。

表 8-8　声级计用途分类

类　型	一般声级计	车辆声级计	脉冲声级计	积分声级计	噪声剂量计
用　途	测量瞬时或稳态噪声	测量车辆噪声	测量脉冲噪声	测量不稳态噪声的等效声级	测量噪声暴露量

表 8-9　声级计精度分类

类　型	0 型	Ⅰ型	Ⅱ型	Ⅲ型
测量误差/dB	±0.4	±0.7	±1	±2
用　途	实验室用的标准声级计	实验室精密测量使用	现场测量通用仪器	噪声监测和普及型声级计

2．频谱分析仪

为了解噪声的频率特性，有时需对噪声进行频谱分析。频率分析仪一般由滤波器和声级计组成。在精密声级计上配用倍频程滤波器或 1/3 倍频程滤波器，即可对噪声进行频谱分析。滤波器将复杂的噪声成分分成若干个宽度的频带，测量时只允许某个特定的频带声音通过，此时表头指示的读数是该频带的声压级，而不是总的声压级。滤波器的通带宽度决定频谱分析仪的类型。常用频谱分析仪有倍频带频谱分析仪、窄带分析仪和恒带分析仪。

3．自动记录仪

记录仪是将测量的噪声声频信号随时间变化记录下来，从而对环境噪声做出准确的评价，记录仪可将交变声频电信号做对数转换，经整流后将噪声的峰值、有效均方根值和平均值表示出来。

4．磁带录音机

磁带录音机又称为磁带记录仪，是一种经常采用的现场测量信号记录贮存仪器。可将现场噪声信号记录在磁带上，带回实验室用适当的仪器对噪声信号进行分析。其基本工作原理与家用录音机相同，但在频率范围、动态范围，以及信噪比等性能方面要求更高。

5．实时分析仪

实时分析仪是一种数字式谱线显示仪，可以反映相对声级与噪声频率的关系。它可以即时地将声音的谱线分析出来，利于分析瞬时变化的声音，特别是测量瞬时变化的声音很方便。一般用于较高要求的研究测量。

（二）噪声监测

1．城市区域环境噪声监测

（1）测点选择。将普查测量的某一个区域（或整个城市），分成等距离的网格。如 250 m×250 m，网格数目一般应多于 100 个，测量点应在每个网格中心（可在地图上做网格得到）。若中心点的位置不宜测量（如建筑物、水塘、禁区等），可移到临近便于测量的位置。

（2）测量方法。测量应在无雨、无雪的天气条件下进行（要求在有雨、雪的特殊条件下测量，应在报告中给出说明），风速达到 5 m/s 以上时，停止测量。

声级计可以手持也可以固定在三脚架上，传声器离地面高 1.2 m，手持声级计时，应该使人体与传声器相距 0.5 m 以上。

测量时间分为：昼间和夜间两部分。昼夜还可以分为：白天、早和晚三部分。具体时间，可依地区和季节不同按当地习惯划定。一般采用短时间的取样方法来测量。白天选在工作时间范围内（如 08:00～12:00 和 14:00～18:00）；夜间选在睡眠时间范围内（如 23:00～05:00）。

分别在昼间和夜间进行测量，在规定的测量时间内，每次每个测点测量 10 min 的等效声级。同时记录噪声主要来源（如社会生活、交通、施工、工厂噪声等）。

（3）测量数据与评价值。数据平均法，将全部网格中心测点测得的昼间（或夜间）10 min 等效声级值作算术平均值，表示被测量区域（或整个城市）的昼间（或夜间）的评价值。

$$\bar{L}=\frac{1}{n}\sum_{i=1}^{n}L_{\mathrm{eq}i} \tag{8-20}$$

式中：$\bar{L}$ —— 表示$\bar{L}_d$（或$\bar{L}_n$），dB；

L_{eqi} —— 第 i 个网格中心点测得的昼间（或夜间）的等效声级，dB；

n —— 网格总数。

图示法：城市区域环境噪声可以用测得的等效连续声级绘制噪声污染空间分布图进行评价。每网格中心测点测得的等效声级，按 5 dB 一挡分级（如 51～55，56～60，61～65，…），用不同的颜色或阴影线表示每一挡等效声级，绘制在覆盖某一区域的网格上。图中的颜色和阴影线规定见表 8-10。

表 8-10　各噪声等级颜色和阴影线表示规定

噪声带/dB	颜色	阴影线
35 以下	浅绿色	小点，低密度
36～40	绿 色	中点，中密度
41～45	深绿色	大点，大密度
46～50	黄 色	垂直线，低密度
51～55	褐 色	垂直线，中密度
56～60	橙 色	垂直线，高密度
61～65	朱红色	交叉线，低密度
66～70	洋红色	交叉线，中密度
71～75	紫红色	交叉线，高密度
76～80	蓝 色	宽条垂直线
81～85	深蓝色	全黑

来源：GB/T 3222—94。

另外，在城市建成区，可以优化选取一个或多个能代表某一区域或整个城市建成区环境噪声平均水平的测点，进行长期噪声定点监测。可进行 24 h 的连续监测，测量每小时的 L_{eq}，以及昼间的 L_d 和夜间的 L_n。

将每一小时测得的连续等效 A 声级按时间排列，绘制定点测量的 24 h 的声级变化图形，用于表示某一区域或城市环境噪声的时间分布规律。

2．城市道路交通噪声监测

（1）测点选择。测点应选在两路口之间，道路边人行道上，离车行道的路沿 20 cm 处，此处离路口应大于 50 m，这样该测点的噪声可以代表两路口间的该段道路交通噪声。

（2）测量方法。测量时的气象条件和测量时间段要求与城市区域环境噪声监测一样。

在规定的测量时间段内，各测点每次取样测量 20 min 的等效 A 声级，以及累积百分声级 L_5、L_{50}、L_{95}，同时记录车流量（辆/h）。

（3）测量数据与评价值。各路段道路交通噪声评价值可用该路段测点测得的等效 A 声级 L_{eq} 及累积百分声级 L_5，dB 表示。若要对全市交通噪声进行评价可采用下列方法：

① 数据平均法。将各段道路交通噪声级 L_{eq}、L_5，按路段长度加权算术平均的方法，来计算全市的道路交通噪声平均值即评价值，计算式如下：

$$L=\frac{1}{l}\sum_{i=1}^{n}l_iL_i \tag{8-21}$$

式中：L——全市道路交通噪声平均值，dB；

l——全市道路总长，km；

l_i——第 i 段道路长，km；

L_i——第 i 段道路测得的等效 A 声级 L_{eq} 或累积百分声级 L_5，dB。

② 图示法。根据各测点的测量结果 L_{eq} 或 L_5 按 5 dB 分挡（划分方法同城市区域环境噪声），可绘制道路交通噪声污染空间分布图。并可绘制 24 h 噪声时间分布曲线，同时绘出车流量（辆/h）随时间变化的曲线。

3．工业企业噪声监测

（1）测点选择。车间内噪声的测量，测点的选择要根据车间大小和声级波动情况选择。若车间内各处 A 声级差别小于 3 dB，则只需在车间内选择 1～3 个测点；若车间内各处声级波动大于 3 dB，则应按声级大小，将车间分成若干区域，任意两个区域的 A 声级差别大于或等于 3 dB，而每个区域内声级的波动必须小于 3 dB，每个区域取 1～3 个测点。这些区域必须包括所有工人为观察或管理生产过程而经常工作、活动的地点和范围。

工业企业厂界噪声测量，测点应选在法定厂界外 1 m，高度 1.2 m 以上的噪声敏感处，如厂界有围墙，测点应高于围墙，若厂界与居民住宅相连，厂界噪声无法测量时，测点应选在居室中央，室内限值应比相应标准值低 10 dB。围绕厂界布点，布点数目及间距视实际情况而定。

（2）测量方法。测量应在工业企业正常生产时间内进行，分昼间和夜间两部分。噪声测量时，要注意避免或减少气流、电磁场、温度和湿度等因素对测量结果的影响。

车间内噪声测量时，将传声器放置在操作人员常在位置，高度约在人耳处（人离开）。对于稳定噪声，测量 A 声级；不稳定噪声，测量等效连续 A 声级或测量不同 A 声级下的暴露时间，计算等效连续 A 声级。测量时使用慢挡，取平均读数。

工业企业厂界噪声测量时，所采用的测量仪器、测量条件等要求与城市区域环境噪声测量时基本相同。当噪声源为稳态噪声时，测量 1 min 等效声级；周期性噪声测量一个周期的等效声级；非周期性非稳态噪声，测量整个正常工作时间的等效连续 A 声级。测点的选择如图 8-8 所示。

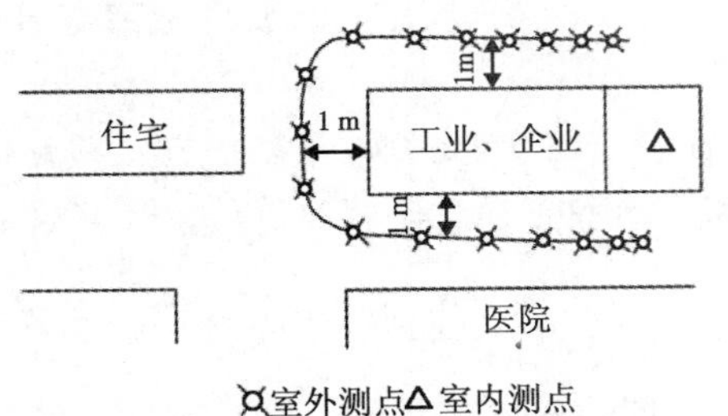

图 8-8 测点选择示意

4. 机动车辆噪声测量

机动车辆行驶条件下，噪声测量分为加速行驶测量和匀速行驶测量，并以最大值为测量结果。

（1）测点选择。测量场地应平坦、空旷、干燥，在测试中心 50 m 半径内不应有大的反射物，如建筑物、围墙等。测试场地应有 100 m 以上平直的沥青路或混凝土路面，路面坡度不大于 0.5%，不应有任何吸声材料（如积雪、松土等）。测点选在 20 m 跑道中心 O 点两侧，距中心线 7.5 m，传声器距地面高度 1.2 m。图 8-9 为测点示意图。

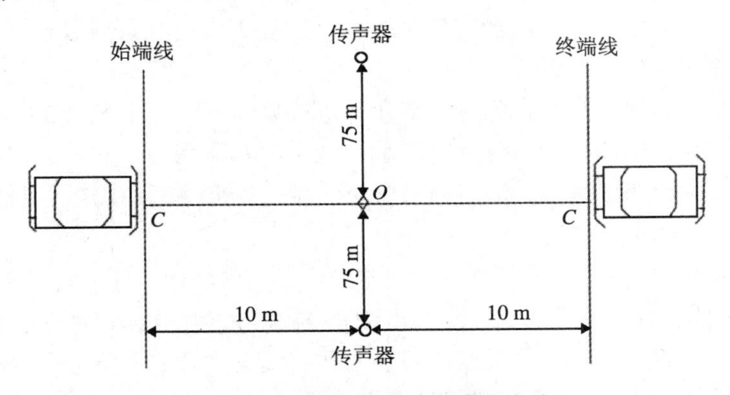

图 8-9 测量区及传声器布置点位

（2）测量方法。背景噪声（含风噪声）应至少比所测车辆噪声低 10 dB。为避免风噪声的干扰，可在传声器上戴防风罩。声级计旁除测量者外，不应有其他人员。

被测车辆不载重，测量时发动机应处于正常使用温度，若车辆带有其他辅助设备亦为噪声源时，测量时应与正常使用情况一样开启或关闭。车辆用直接挡位，油门保持稳定，以 50 km/h 的车速匀速前进。测量加速行驶噪声时，其挡位为：四挡以上的车辆用三挡；四挡及以下的用二挡。发动机转速为发动机额定转速的 3/4。

从车辆前端到达始端线，立即将油门踏板踏到底直线加速行驶。车辆后端到达终端线立即停止加速。要求被测车辆在后半区域发动机达到最高转速。

测量时使用声级计的 A 计权，快挡。读取车辆驶过时声级计记录的最大读数，车辆往返各测量一次，车辆同侧两次测定结果相差不应超过 2 dB，在另一侧进行同样测定。

（3）测量数据与评价值　车外噪声一般用最大值来表示。取受试车辆同侧两次测量声级的平均值中最大值作为被测车辆加速行驶或匀速行驶时的最大噪声级。

5．机场周围飞机噪声测量

GB/T 9661—1988 的规定适用于测量机场周围由于飞机起飞、降落或低空飞越时所产生的噪声。

（1）测量条件。测量应在无雨、无雪天气下进行，地面上 10 m 高处的风速不大于 5 m/s，相对湿度为 30%～90%。

测量传声器应安装在开阔平坦的地方，高于地面 1.2 m，离其他反射壁面 1 m 以上。但需注意避开高压电线和大型变压器。所有测量都应使传声器膜片基本位于飞机标称飞行航线和测点所确定的平面内，即是掠入射。在机场的近处应当使用声压型传声器，其频率响应的平直部分要达到 10 kHz。

要求测量的飞机噪声级最大值至少超过环境背景噪声级 20 dB，测量结果才被认为可靠。

（2）测量方法

① 精密测量。需要作为时间函数频谱分析的测量。传声器通过声级计将飞机噪声信号送到测量录音机记录在磁带上。然后，在实验室按原速回放录音信号，并对信号进行频谱分析。

② 简易测量。只需经频率计权的测量。声级计接声级记录器，或用声级计和测量录音机读 A 声级或 D 声级的最大值，记录飞行时间、状态、机型等测量条件。

分析计算记录信号，算出持续时间 T_d，用最大声级 L_{Amax} 或 L_{Dmax} 及持续时间 T_d 计算有效感觉噪声级 L_{EPN}：

$$L_{EPN}=L_{Amax}+(T_d/20)+13=L_{Dmax}+10\lg(T_d/20)+7 \quad (8\text{-}22)$$

四、振动及测量

所谓环境振动是指特定环境条件引起的所有振动，通常是由远近许多振动源产生的振动组合。

随着现代工业、交通运输和建筑施工事业的发展，振动工具和产生强烈振动的大功率机械动力设备不断增多，带来的振动危害也日益突出，控制城市环境振动是当前环境保护迫切需要解决的重要问题之一。机械振动不仅能产生噪声，而且强烈的振动本身又能引起机械部件疲劳和损坏，使建筑物结构强度降低甚至变形，在一般振源附近也常会因振动影响造成精密仪器和仪表的失灵。特别是长期在强烈振动环境中作业的工人，会引起职业性危害，产生振动病。在非生产环境中（如居民区、学校、医院等），由于各种机械设备和地面运输工具带来的环境振动，会引起振动公害，直接影响人们的休息、睡眠和工作。

（一）振动源的种类

1. 工业振源

工业振源主要有旋转机械、往复机械、传动轴系、管道振动和电磁振动等，见表 8-11。

表 8-11　工业的种类振源

工业振源	产生振动的设备
旋转机械	通风机、发电机、泵、柴油机、各类风动工具
往复机械	空气压缩机、冲床、锻锤、各类风动工具
传动轴系	汽车及机车的传动轴、纺织机的天地轴等
管道振动	工业生产中使用的各种管道传输介质时产生机械振动
电磁振动	

2. 交通振动源

交通振动源主要有铁路振源和公路振源。火车在运行时总是伴随着强烈的振动，火车上的工作人员和旅客承受着强烈振动的危害。振动通过钢轨和路基传入地层，并沿地表向铁路两侧传播出去，从而影响周围的人和物。公路振动源，主要是大型载重车、机车与车辆等运输工具，在公路上行驶时伴随着强烈的振动同时向公路两侧传播。

3. 建筑施工振动源

建筑施工常见的振动源有施工工地上的打桩机、打夯机、混凝土搅拌机，以及运送建筑材料的各种大型车辆等。其中以打桩机振动强度最大，由于强度大不仅干扰周围居民生活，而且对周围建筑物造成损害。

（二）振动的量度

量度振动的物理量主要有频率、强度、振动方向和暴露时间。

1. 频率

人能感觉到的振动频率为 1～1 000 Hz，而 1～100 Hz 为敏感区，特别是对小于 16 Hz 的低频振动更为敏感。环境振动考虑的频率为 1～80 Hz，振动频谱应取 1～80 Hz 的 1/3 倍频程带宽的振动加速度。

2. 强度

振动强度的物理量有位移、速度和加速度等。振动对人的影响实际上是振动能量转换的结果，加速度的有效值能较好地反映这种状况，因此在环境振动中，振动强度一般以有效值加速度表示，常以 m/s^2 为单位。

振动工程中加速度用 a 表示，单位 m/s^2。加速度也常用加速度级 L_a 表示，其定义类似于声压级，如某一加速度的有效值为 a（m/s^2），其加速度级为 $L_{AL}=20\lg(a/a_0)$（dB），其中参考加速度 $a_0=10^{-6}\ m/s^2$，一般人刚刚感觉到的垂直振动为 $10^{-3}\ m/s^2$，即 60 dB，不可忍耐的加速度是 $5\times10^{-1}\ m/s^2$ 即 114 dB。以 dB 为单位的振动加速度级代替振动加速度，给振动测量、运算和表达带来很大方便。

3．振动方向

人对不同方向的振动感觉不一样，在研究振动时一般可以将其分解为一个垂直方向 z 和两个水平方向 x、y。如果以人体骨架为坐标，z 轴通过脊柱，x 轴垂直于脊柱贯穿人体前后，y 轴则垂直于脊柱贯穿人体左右。人对 z 向振动最敏感。

4．暴露时间

人暴露在振动环境里的时间长短不一，对振动的反应程度也不同。不同类型的振动时间特性不同。

在实际过程中，为了方便，往往希望有一个单值来表示对人产生效应的振动环境，如同噪声评价中的 A 声级那样。在频谱分析困难或不方便时更需要如此，为此，可在极振器和指示器之间加一个电子计权网络，对所测得的 1～80 Hz 频率的全部振动信号加以计权，这就得到经过振动感觉修正后的加速度级，也就是振动级。

（三）振动的测量

1．振动测量仪器

振动测量系统与声学测量系统的主要区别是将振动传感器（如加速度计）及其前置放大器来代替电容传声器和传声器前置放大器，再将声音计权网络换成振动计权网络，就成为振动基本测量系统，如图 8-10 所示。常用的振动测量仪器有压电式加速度计和公害测振仪。

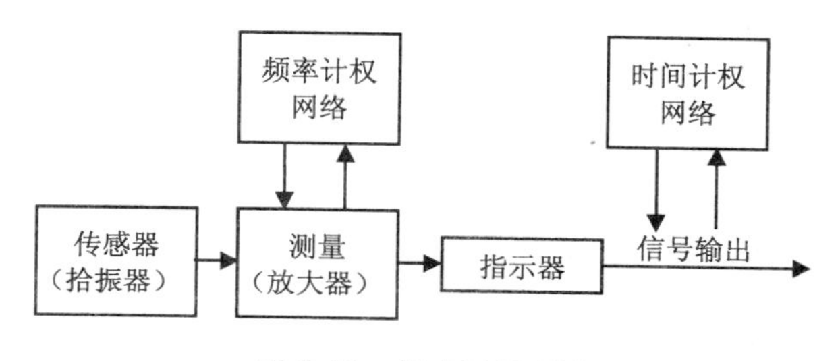

图 8-10　振动测量系统

2．振动的测量——城市区域环境振动测量

（1）测量布点。环境振动测量点布设见表 8-12。

表 8-12　环境振动测量位置布设

测量对象	测点布设
室内振动	在室内居中位置选择一个测点
室外振动	在受干扰的城郊居住区、机关、学校、医院等环境，在室外距建筑物外墙 1 m 处选择振动敏感点，对于建筑稠密区的测点、距外墙距离可缩短到 0.5 m
工厂厂界振动	在工厂法定边界线上布置测点，若工厂有围墙，则在围墙外 1 m 处布点
铁路振动	距铁路中心线 7.5 m 处选择测点，若要掌握铁路振动传播规律和影响则在 15 m、30 m 处加布测点
交通干线振动	应在公路便道上距公路边缘 0.5 m 处（距路口距离应大于 50 m）选择测点，若要掌握公路振动传播及影响，则在距边缘 2.5 m、5 m、10 m 处加布测点
建筑施工振动	在规定的工地边界选择测点

（2）测量量及读值方法。测量量值为铅垂向 Z 振级。读数及评价方法列于表 8-13。

表 8-13　各种振动类型读值方法

振动类型	读值方法
稳态振动	每个测点测量一次，取 5 s 内的平均示数为评价量
冲击振动	取每次冲击过程中的最大示数为评价量。对于重复出现的冲击振动，以 10 次读数的算术平均值作为评价量
无规振动	每个测点等间隔地读取瞬时示数，采样间隔不大于 5 s，连续测量时间不少于 1 000 s，以测量 VL_{z10} 值为评价量
铁路振动	读取每次列车通过过程中的最大示数，每个测点连续测量 20 次列车，以 20 次读数的算术平均值为评价量

对工厂和基建施工振动，原则上时间间隔为 5 s，测得 100 个测量值进行评定。若不能实现时，至少要测得 50 个测量值（至少 1 s 间隔）来进行评价。

对道路交通振动，以 5 s 为间隔连续测量，测得 100 个值。但在该测量点的交通量不超过 200 辆/h 情况下，当汽车未通过该测点在 *W*s 以上时，除了在汽车通过该测量点时前后 5 s 以内所测得的测量值外，其他测值不予采用。

因环境振动中垂直振动大于水平振动 10 dB 左右，所以评价值一般只取垂直振动级，在特殊情况下考虑水平振动级。

（3）测量条件

① 测量时振源应处于正常工作状态。

② 测量时间：白天是上午 8:00～11:00；下午是 14:00～17:00。

③ 测点应避开松软地面，传感器必须牢靠地放置在坚实的地面上。

④ 测量应避免足以影响环境振动测量值的其他环境因素，如温度剧变、强电磁场、强风、地震或其他非振动污染源引起的干扰。

（4）测量数据记录和处理。环境振动测量按待测振源的类别，选择对应表格逐项记录，并要画出“测点分布示意图”，在图上标出测点与主要振动源的相对方位和距离，测点周围的环境条件，如公路交通干线的铁路的走向、附近的工厂及车间的分布等。测量交通振动，必要时应记录车流量。

（四）环境振动标准

《城市区域环境振动标准》（GB 10070—88）是我国为控制城市环境振动污染而制定的，该标准规定了城市区域环境振动的标准值及适用区域。见表 8-14。

表 8-14　城市各类区域铅垂向 Z 振级标准值

适用地带范围	昼间/dB	夜间/dB
特殊住宅区	65	65
居民、文教区	70	67
混合区、商业中心区	75	72
工业集中区	75	72
交通干线道路两侧	75	72
铁路干线两侧	80	80

来源：GB 10070—88。

对每天只发生几次的冲击振动，其最大昼间不允许超过标准值 10 dB，夜间不超过 3 dB。

第二节　放射性污染监测

放射性污染监测是环境监测的重要组成部分，随着核技术的广泛应用和发展，环境中的放射性水平可能高于天然本底值，甚至超过规定标准，构成放射性污染，危害人类和生物，因此对环境中的放射性物质进行监测、控制和治理是环境保护工作的一项重要任务。

一、放射性污染的来源

环境中的放射性分为天然源和人工源。

（一）天然放射性来源

宇宙射线、地壳、大气和水中天然存在的放射性核素统称天然源。

1. 宇宙射线及其引生的核素

宇宙射线是一种从宇宙空间辐射到地球表面的射线，它由初级宇宙射线和次级宇宙射线组成。初级宇宙射线是指从外层空间射到地球大气的高能辐射，主要由质子、α—粒子、原子序数为 4～26 的原子核及高能电子所组成。初级宇宙射线的能量很高，穿透力很强。初级宇宙射线与地球大气层中的原子核相互作用，产生的次级粒子和电磁辐射称为次级宇宙射线。次级宇宙射线的主要成分（在海平面上）为介子、核子和电子。次级宇宙射线能量比初级宇宙射线低。大气层对宇宙射线有强烈的吸收作用，到达地面的几乎全是次级宇宙射线。宇宙射线对生物体的辐照是不可避免的，其剂量率随地球纬度和地面高度等因素变化。

由宇宙射线产生的放射性核素主要是初级宇宙射线与大气层中某些原子核反应的产物，如 ^{3}H、^{7}Be、^{14}C、^{22}Na、^{33}P、^{35}S、^{36}Cl 等。

2．天然放射性核素

多数天然放射性核素在地球起源时就存在于地壳之中，经过天长日久的地质年代，母体和子体已达到放射性平衡，从而建成了放射性核素系列。天然存在的放射性系列有三个，即铀系，其母体是 ^{238}U（$T_{1/2}$=4.49×10^{9} 年）；锕系，其母体是 ^{235}U（$T_{1/2}$=7.1×10^{8} 年）；钍系，其母体是 ^{232}Th（$T_{1/2}$=1.39×10^{10} 年）。它们大部分放射α—粒子，有的随α、β衰变同时放出γ射线。每一系列中都含有放射性气体 Rn 核素，且衰变最终都形成稳定的铅核素。

在自然环境中天然放射性核素种类多，分布广。土壤、岩石和水体中天然放射性核素含量分别见表 8-15 和表 8-16。

表 8-15　土壤、岩石中天然放射性核素的含量

核　素	土壤/（Bq/g）	岩石/（Bq/g）
^{40}K	2.96×10^{-2}～8.88×10^{-2}	8.14×10^{-2}～8.14×10^{-1}
^{226}Ra	3.7×10^{-3}～7.03×10^{-2}	1.48×10^{-2}～4.81×10^{-2}
^{232}Th	7.4×10^{-4}～5.55×10^{-2}	3.7×10^{-3}～4.81×10^{-2}
^{238}U	1.11×10^{-3}～2.22×10^{-2}	1.48×10^{-2}～4.81×10^{-2}

资料来源：俞誉福．环境污染与人体健康．上海：复旦大学出版社，1985.

表 8-16　各类淡水中 ^{222}Rn 及其子体产物含量

核素	矿泉及深水井/（Bq/L）	地下水/（Bq/L）	地面水/（Bq/L）	雨水/（Bq/L）
^{226}Ra	3.7×10^{-2}～3.7×10^{-1}	＜3.7×10^{-2}	＜3.7×10^{-2}	—
^{222}Rn	3.7×10^{2}～3.7×10^{3}	3.7～37	3.7×10^{-1}	37～3.7×10^{3}
^{210}Pb	＜3.7×10^{-3}	＜3.7×10^{-3}	＜1.85×10^{-2}	1.85×10^{-2}～1.11×10^{-1}
^{210}Po	≈7.4×10^{-4}	≈3.7×10^{-4}	—	≈1.85×10^{-2}

资料来源：胡名操．环境保护实用数据手册．北京：机械工业出版社，1990.

大气中天然放射性核素主要有地表释放入大气中的氡及其子体核素。它是镭的衰变产物，能从含镭的岩石、土壤、水体和建筑材料中逸散到大气中，其衰变产物是金属元素，极易附着于气溶胶颗粒上。通常陆地和海洋上的近地面大气中氡的含量分别在 $1.11\times10^{-3}\sim9.6\times10^{-3}$ Bq/L 和 $1.9\times10^{-5}\sim2.2\times10^{-3}$ Bq/L。

（二）人工放射性来源

引起环境放射性污染的主要来源是生产和应用放射性物质的单位所排出的放射性废物，以及核武器爆炸、核事故等产生的放射性物质。环境中人工放射性来源核素的主要来源见表 8-17。

表 8-17　人工放射性污染源及污染物

人工放射性污染源	污染物
核燃料的生产加工过程中产生：铀、钍矿的开采冶炼、核燃料加工厂	氡、钍射气及其子代产物，含铀、钍、镭的废水
核反应堆运行过程产生：生产性反应堆；核电站；其他核动力装置（如核潜艇）	^{3}H、^{R5}Kr、^{133}Xe、^{135}Xe、^{131}I、^{85}Br 气体，含感生放射性和核裂变产生的废水、废物
医学、科研、工农业各部门开放使用放射性核素：放射治疗、辐射育种、保鲜、射线探伤	含有所使用的放射性核素如 ^{60}Co、^{131}I、^{32}P、^{198}Au、^{65}Zn 等
核动力外空航具意外事故；地下核爆炸冒顶；大气层核武器爆炸	含有核燃料、感生放射性及核裂变产物的放射性气溶胶、放射性沉降物
某些建筑材料、生活消费品等	花岗岩、钢渣砖等建材中含有超量的 ^{222}Rn、^{235}U、^{226}Ra

二、放射性的度量单位

度量射线照射的量、受照射的物质所吸收的射线能量，以及表征生物体受射线照射的效应，采用的单位有以下几种。

（一）放射性活度（强度）

放射性活度（强度）是指放射性物质在单位时间内发生核衰变的数目，用于表征放射性核素的数量值，可表示为：

$$A=-\frac{\mathrm{d}N}{\mathrm{d}t}=\gamma\lambda N \tag{8-23}$$

式中：A——放射性活度，单位为 Bq（贝可）。1 Bq 表示放射性核素在 1 s 内发生 1 次衰变，即 1 Bq=1 s^{-1}；

N——某时刻的核素数；

t——时间，s；

λ——衰变常数，表示放射性核素在单位时间内的衰变比例。

（二）照射量

照射量只适用于γ辐射或 X 辐射，是指在一个体积单元的空气中（质量为 dm），由光子所释放的所有电子（正的和负的电子）在空气中全部被阻止时，形成的离子总电荷的绝对值。即

$$X=\frac{\mathrm{d}Q}{\mathrm{d}m} \tag{8-24}$$

式中：dQ——γ射线或 X 射线在空气中完全被阻止时，引起质量为 dm 的某一体积单元的空气电离所产生的带电粒子（正的或负的）的总电量值，C；

X——照射量，C/kg，与它并用的专用单位是“伦琴（R）”，1 R＝2.58×10^{-4} C/kg。

伦琴单位的定义是 1R γ射线或 X 射线照射 1 cm^3 标准状况下（0℃和 101.325 kPa）的空气，能引起空气电离而产生 1 静电单位正电荷和 1 静电单位负电荷的带电粒子。

（三）吸收剂量

吸收剂量是指电离辐射与物质发生相互作用时，单位质量物质吸收电离辐射能量的数量，其定义用下式表示：

$$D=\frac{\mathrm{d}\overline{E}_D}{\mathrm{d}m} \tag{8-25}$$

式中：D——吸收剂量；

$\mathrm{d}\overline{E}_D$——电离辐射给予质量为 dm 的物质的平均能量。

吸收剂量的 SI 单位为 J/kg，单位的专门名称为戈瑞，简称戈，用符号 Gy 表示。1 Gy=1 J/kg，与戈瑞并用的专用单位是拉德（rad），有 1 rad＝10^{-2}Gy。

吸收剂量单位适用于内照射和外照射。现已广泛应用于放射生物学、辐射化学、辐射防护等学科，在诸如射线治疗疾病、防御射线有害作用等方面有重要的医学意义。

（四）剂量当量

电离辐射所产生的生物效应与辐射的类型、能量等有关。尽管吸收剂量相同，但若射线的类型和照射条件不同时，对生物组织的危害程度是不同的。因此在辐射防护工作中引入了剂量当量这一概念，以表征所吸收辐射能量对人体可能产生的危害情况。剂量当量（H）定义为：在生物机体组织内所考虑的一个体积单元为吸收剂量、品质因数和所有修正因素的乘积，即

$$H=DQN \tag{8-26}$$

式中：D——吸收剂量，Gy；

Q——品质因数，其值决定于导致电离粒子的初始动能、种类及照射类型

等（表 8-18）；

N——所有其他修正因素的乘积。

剂量当量（H）的 SI 单位为 J/kg；单位的专门名称为希沃特（Sv），简称希。1 Sv=1 J/kg 与希沃特并用的专用单位是雷姆（rem），有 1 rem＝10^{-2} Sv。

表 8-18　品质因数与照射类型、射线种类的关系

照射类型	射线种类	品质因数
外照射	X、γ、e	1
	热中子及能量小于 0.005 MeV 的中能中子	3
	中能中子（0.02 MeV）	5
	中能中子（0.1 MeV）	8
	快中子（0.5～10 MeV）	10
	重反冲核	20
内照射	β^-、β^+、γ、e、X	1
	α	10
	裂变碎片、α发射中的反冲核	20

应用剂量当量描述了人体所受各种电离辐射的危害程度，可以表达不同种类的射线在不同能量及不同照射条件下所引起的生物效应的差异。在计算剂量当量时，也就必须预先指定这些条件。对β粒子或γ射线来说，以雷姆为单位的剂量当量和以 rad 为单位的剂量当量在数值上是相等的。

三、放射性污染的危害

（一）造成危害的放射性物质

主要放射性物质有 ^{222}Rn、^{90}Sr、^{137}Cs、^{14}C、^{131}I、^{60}Co 等。造成放射性危害的主要有以下几种射线。

1．α射线

α射线是由速度约为 2×10^7 m/s 的氦核（^{4}He）组成的粒子流。它产生于核素的α衰变。例如 ^{226}Ra 衰变为 ^{222}Rn 的同时释放出α粒子。

$$^{226}\text{Ra} \rightarrow {}^{222}\text{Rn}+{}^{4}\text{He}$$

α粒子的质量大、速度小，在空气中极易被其他物质吸收，外照射对人的伤害不大，与人接触时，只能穿过皮肤的角质层，但其电离能力强，进入人体后因内照射造成较大的伤害。

2．β射线

β射线是速度为 2×10^5～2.7×10^8 m/s 带负电的电子流，它产生于β衰变。

β衰变是不稳定的原子核自发放出β粒子（即快速电子）的过程。β衰变可分为

β^-衰变、β^+衰变两种类型。β^-衰变是原子核中的中子转变为质子并放出一个电子和中微子的过程，使原子序数增大，一般中子发射β^-粒子，但有时也伴随发射γ射线。β^-粒子其实就是带一个单位负电荷的电子。β^+衰变是原子核中的质子转为中子并发射正电子和中微子的过程，使原子序数减小。

β射线的电子速度比α射线高 10 倍以上，其穿透能力较强，在空气中能穿透几米到几十米才被吸收；与物质作用时可使其他原子电离，也能灼伤皮肤。

3．γ射线

γ射线是波长很短的电磁波，或者说是能量极高的光子。它产生于核从不稳定的激发态转变到能级较低的稳定态的过程。它的穿透能力极强，对人的危害最大。

（二）放射性污染的危害

当放射性物质进入环境之后，首先通过直接辐射即外辐射对人体产生危害。其主要通过呼吸道、消化道黏膜侵入人体，并在体内蓄积，对人体产生内辐射，损害人体的组织器官。放射性物质辐射人体的途径如图 8-11 所示。

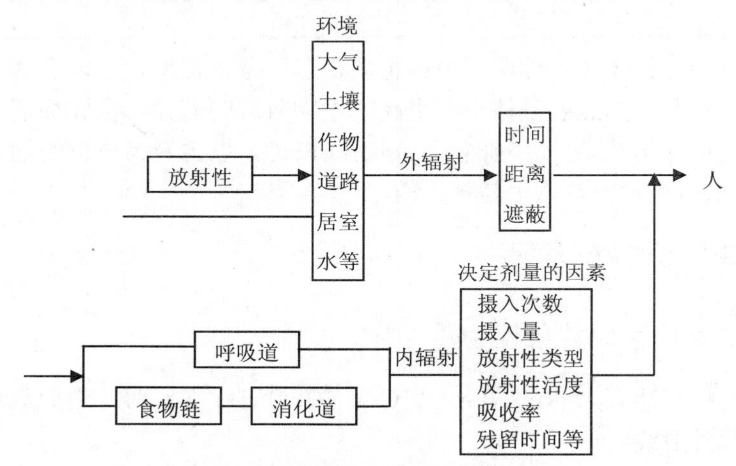

图 8-11　放射性物质辐射人体的途径

当人体受到一定剂量的照射后，就会出现机体效应。一般把受照射后几分钟到几周内出现的效应称为急性效应，表现为头痛、头晕、食欲不振、睡眠障碍等神经系统和消化系统的症状，继而出现白细胞和血小板减少甚至导致死亡。潜伏期较长的效应为慢性效应，人体在受超允许水平的较高剂量的长期慢性照射下，能够引发各种疾病，如癌症、白血病，皮肤、肺、卵巢、造血器官出现恶性肿瘤，免疫能力降低，遗传障碍等。在妊娠期间受到辐射极易使胚胎死亡或形成畸胎。全身大剂量外照射会严重伤害人体的各组织、器官和系统，轻者出现发病症状，重者造成死亡。表 8-19 列出人体遭受不同辐射量及其后果。

表 8-19　人体遭受不同辐射量及其后果

辐射量/Bq	后　果
450 000～800 000	30 天内将进入垂死状态
200 000～450 000	掉头发，血液发生严重病变，一些人在 2～6 周内死亡
60 000～100 000	出现各种辐射疾病
10 000	患癌症的可能性为 1/130
700	大脑扫描的核辐射量
60	人体内的辐射量
10	乘飞机时遭受的辐射量
8	建筑材料每年产生的辐射量
1	腿部或手臂进行 X 光检查时的辐射量

四、放射性监测对象及内容

1．放射性监测对象

放射性监测按监测对象可分为：

（1）现场监测，即对放射性物质生产或应用单位内部工作区域所做的监测。

（2）个人剂量监测，即对放射性专业工作人员或公众做内照射和外照射的剂量监测。

（3）环境监测，即对放射性生产和应用单位外部环境，包括空气、水体、土壤、生物、固体废弃物等所做的监测。

2．环境监测中主要测定的放射性核素

（1）α放射性核素，即 ^{239}Pu、^{226}Ra、^{224}Ra、^{222}Rn、^{210}Po、^{222}Th、^{234}U 和 ^{235}U。

（2）β放射性核素，即 ^{3}H、^{90}Sr、^{89}Sr、^{134}Cs、^{131}I 和 ^{60}Co。

这些核素在环境中出现的可能性较大，其危害也较大。

3．放射性监测内容

（1）放射源强度、半衰期、射线种类及能量。

（2）环境和人体中放射性物质含量、放射性强度、空间照射量或电离辐射剂量。

五、放射性监测仪器

放射性监测器种类很多，实际工作中，需根据监测目的、试样形态、射线类型、强度及能量等因素进行选择。对放射性物质的活度或剂量进行测定时需要专用的放射性监测仪器。

放射性监测的基本原理是利用射线与物质间的相互作用所产生的各种效应（包括电离、发光、热效应、化学效应和能产生次级粒子的核反应等）进行观测和测量。几种常用的监测仪器有电离型监测器、闪烁监测器和半导体探测器等。

1．电离型监测器

电离型监测器是利用射线通过气体介质时，使气体产生电离，通过收集射线在气体中产生的电离电荷进行测量的原理制成的监测器。常用的监测器有电流电离室、正比计数管和盖革计数管（G—M 管）三种。电流电离室测量由于电离作用产生的电离电流，适用于测量强放射性；正比计数管和盖革计数管测量由每一入射粒子引起电离作用产生的脉冲式电压变化，对入射粒子逐个计数，适用于测量弱放射性。

（1）电流电离室。工作原理如图 8-12 所示，电离室是一个充满空气或其他气体的密闭系统，其中有 *A*、*B* 两块平行金属电极。当射线进入电离室时，气体电离产生正离子和电子，在外加电压 V_{AB} 作用下，正、负离子分别向两极移动，电阻 *R* 上即有电流通过。电流与外加电压的关系如图 8-13 所示。可以看出随电压不断增大，电流不断上升，当电离产生的离子全部被收集后，电流达到饱和，进一步增大电压，电流不再增大，达到饱和电流时的电压称为饱和电压。饱和电压范围称为电流电离室工作区，如图中 *BC* 段。

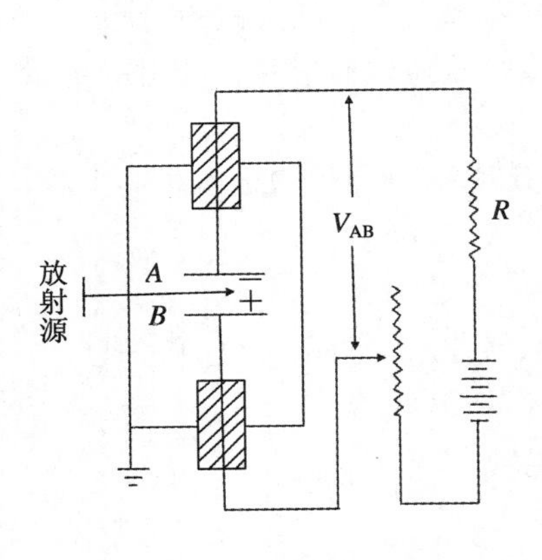

图 8-12　电流电离室

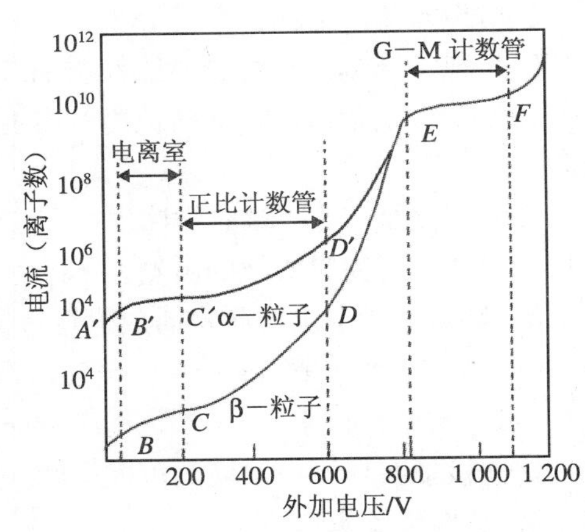

图 8-13　外加电压与电离电流的关系曲线

电离电流是一种很弱的电流，约 10^{-12}A 或更小，需高倍数放大后才能测量。

电流电离室监测器用来研究由带电粒子所引起的总电离效应，也就是测量辐射强度及其随时间的变化。这种监测器对任何电离都有响应，所以不能用于甄别射线种类。

（2）正比计数管。图 8-13 中 *CD* 段为正比区，在该区中随着电压增大，电离电流突破饱和值。这是由于在 *CD* 段对应的工作电压下，初始电离产生的电子在电场作用下，向阳极加速运动，并在运动中与气体分子碰撞，又使气体分子电离（次级电离），产生大量的次级电子对，次级电子又能继续产生次级电子对，形成“电子雪崩”，使到达电极的电子数大大增加，电流放大 10^4 倍左右。在正比区工作的监测器称为正比计数管。它实际上是一个圆柱形的电离室如图 8-14 所示，以圆柱形的金属外壳作阴极，在中央安放的金属细丝作阳极，当工作电压超过正比区的阈电压时，气体电离放大现象开始出现，在阳极就感应出脉冲电压，脉冲高度与入射粒子的能量成正比。这种监测器主要用于α粒子和β粒子的计数。

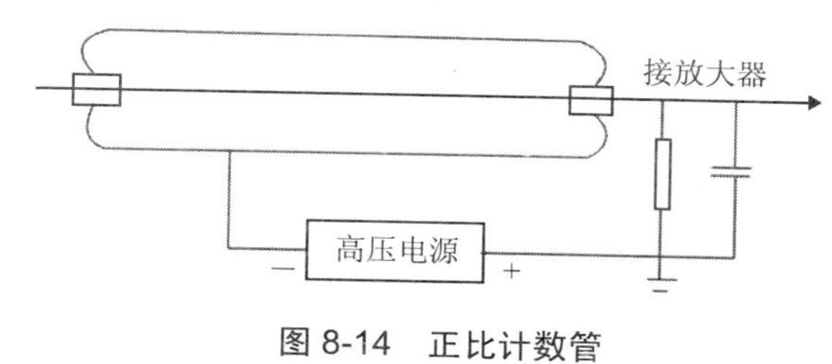

图 8-14　正比计数管

（3）盖革（G—M）计数管。图 8-13 中的 *EF* 段为 G—M 工作区，在区中随着工作电压的增大，由于分子激发产生光子作用逐渐显著，使得收集的电荷与初始电离完全无关。即不管什么粒子，只要能够产生电离，经气体放大后，最终电离电流都是相同的。所以 G—M 计数管不能用于区别不同的射线，而普遍用于检测β射线和γ射线的强度。

图 8-15 为常见的 G—M 计数管，在一密闭的充气容器中间固定一条细丝作为阳极，管内壁涂一层导电物质或另放进一金属圆筒作阴极。窗可以根据探测射线种类不同用厚端窗（玻璃）或薄端窗（云母或聚酯薄膜）。管内充约 1/5 大气压的惰性气体和少量有机气体（如乙醇、二乙醚、溴等）。当射线进入计数管内，引起惰性气体电离，形成的电流使原来加有一定的电压产生瞬间电压降，向电子线路输出，即形成脉冲信号。在一定的电压范围内，放射性越强，单位时间内输出的脉冲信号就越多，从而达到测量的目的。

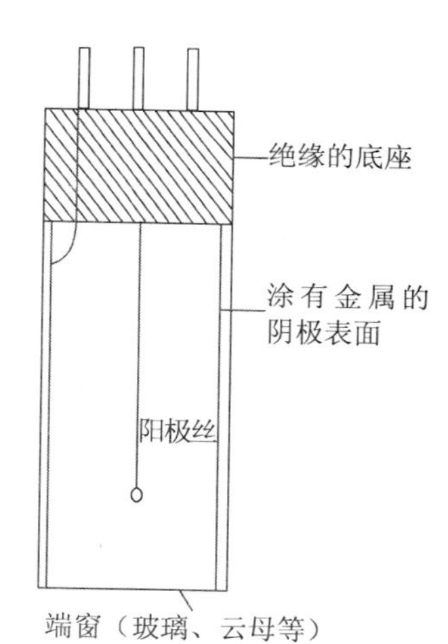

图 8-15　G—M 计数管

2．闪烁监测器

图 8-16 是闪烁监测器的工作原理示意图。它是利用射线与物质作用发生闪光的仪器。它内部装有闪烁剂，当射线照在闪烁剂上时，发射出荧光光子，并且利用光导和反光材料等将大部分光子收集在光电倍增的光阴极上，光子在灵敏阴极上打出光电子，经倍增放大后，在阳极上产生电压脉冲，此脉冲再经电子线路放大和处理后记录下来。由于脉冲信号的大小与放射性的能量成正比，利用此关系进行定量。该监测器是记录荧光闪烁现象的，可用于测量粒子α、β，不带电粒子γ、中子射线

等，同时也可用于测量射线强度及能谱等。

常用的闪烁剂有碘化钠（用于测定γ射线）、硫化锌（用于测定α射线）和有机闪烁剂（如蒽被用于测定β射线）。

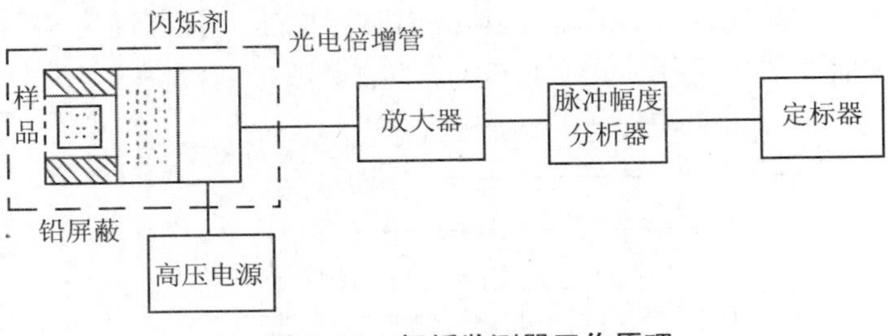

图 8-16 闪烁监测器工作原理

3．半导体探测器

半导体探测器是近年来发展极迅速的一种核辐射探测器。它的工作原理是半导体在辐射作用下，辐射与半导体晶体相互作用时产生电子—空穴对。在电场作用下，由收集极收集，从而产生电脉冲讯号，再经电子线路放大后记录。由于产生电子—空穴对的能量较低，所以该种监测器具有能量分辨率高且线性范围宽等优点。因此在放射性探测中已被广泛的应用，制成各种类型的探测谱仪。如用硅制成的监测器可用于α粒子计数、α能谱和β能谱测定；用锗制成的半导体监测器[Ge（Li）γ谱仪]可用于γ能谱测量。

六、放射性监测方法

环境放射性监测有定期监测和连续监测。定期监测的一般步骤是采样、样品预处理、样品测定；连续监测是在现场安装放射性自动监测仪器，实现采样、预处理和测定自动化。

（一）放射性样品的采集和预处理

1．放射性样品的采集

（1）放射性沉降物的采集。放射性沉降物包括放射性干沉降物和放射性湿沉降物，主要来源于大气层核爆炸所产生的放射性尘埃，小部分来源于人工放射性微粒。

① 放射性干沉降物的采集。对于放射性干沉降物样品可用水盘法、黏纸法、擦拭法、高罐法采集。水盘法是用不锈钢或聚乙烯塑料制圆形水盘采集沉降物，盘内装有适量稀酸，沉降物过少的地区再酌情加数毫克硝酸锶或氯化锶载体。将水盘置于采样点暴露 24 h，应始终保持盘底有水。采集的样品经浓缩、灰化等处理后，作总β放射性测量。黏纸法系用涂一层黏性油（松香加蓖麻油等）的滤纸贴在圆形盘底部（涂油面向外），放在采样点暴露 24 h，然后再将滤纸灰化，进行总β放射性

测量。擦拭法是用蘸有三氯甲烷等有机溶剂的滤纸装在一个类似橡皮塞的托物上，来回擦拭落有沉降物的刚性固体表面（如道路、门窗、地板等），以采集沉降物。高罐法系用一不锈钢或聚乙烯圆柱形罐暴露于空气中采集沉降物。

② 放射性湿沉降物的采集。湿沉降物系指随雨（雪）降落的沉降物。其采集方法除上述方法外，常用一种能同时对雨水中核素进行浓集的采样器（图 8-17）。这种采样器由一个承接漏斗和一根离子交换柱组成。交换柱上下层分别装有阳离子交换树脂和阴离子交换树脂，欲收集核素被离子交换树脂吸附浓集后，再进行洗脱，收集洗脱液进一步作放射性核素分离。也可以将树脂从柱中取出，经烘干、灰化后制成干样品作总β放射性测量。

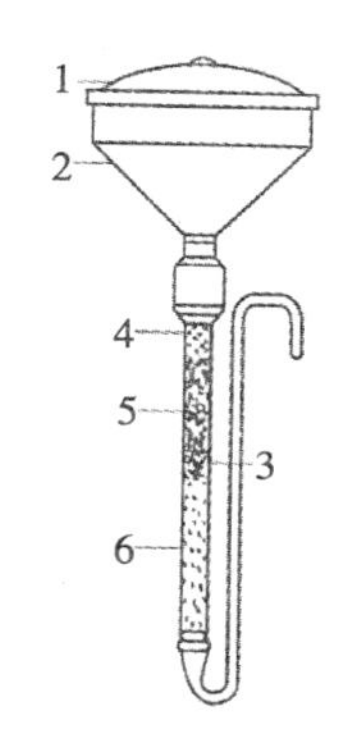

1—漏斗盖；2—承接漏斗；3—离子交换柱；4—滤纸浆；
5—阳离子交换树脂；6—阴离子交换树脂

图 8-17　离子交换树脂湿沉降物采样器

（2）放射性气体的采集。在环境监测中采集放射性气体样品，常采用固体吸附法、液体吸附法和冷凝法。

① 固体吸附法。该法应用固体颗粒作收集器。固体吸附剂的选择应首先考虑其与待测组分的选择性和特效性，以使其他组分的干扰降至最少，利于分离和测量。常用吸附剂有活性炭、硅胶和分子筛等。活性炭是 ^{131}I 的有效吸附剂，因此混有活性炭细粒的滤纸可作为 ^{131}I 收集器；硅胶是 ^{3}H 水蒸气的有效吸附剂，可采用沙袋硅胶包自然吸附或采用硅胶柱抽气吸附。对气态 ^{3}H 的采集必须先用催化氧化法将气态 ^{3}H 氧化生成氚化水蒸气后，再用上述方法采样。

② 液体吸收法。该法是利用气体在液相中的特殊反应或气体在液相中的溶解而进行的。具体方法可参见大气采样部分。为除去气溶胶，可在采样管前安装气溶胶过滤器。

③ 冷凝法。该法采用冷凝器收集挥发性的放射性物质。一般冷凝器采用的冷却剂有干冰和液态氮。装有冷阱的冷凝器适于收集有机挥发性化合物和惰性气体。

（3）放射性气溶胶的采集。放射性气溶胶包括核爆炸产生的裂变产物，各种来源于人工放射性物质，以及氡、钍射气的衰变子体等天然放射性物质。这种样品的采集常用滤料阻留采样法，其原理与大气中颗粒物的采集相同。

（4）其他类型样品的采集。对于水体、土壤、生物样品的采集、制备和保存方法与非放射性样品所用的方法没有大的差异。

2．样品的预处理

样品预处理的目的是将样品中的待测核素进行富集浓缩并转变成适于测量的形态，并去除干扰元素。常用的预处理方法有衰变法、共沉淀法、灰化法、电化学法、离子交换法、溶剂萃取法等。

（1）衰变法　采样后，将样品放置一段时间，让其中一些寿命短的非待测核素衰变除去，然后再进行放射性测量。例如测定气溶胶中的总α和总β放射性时常用此法除去氡、钍子体。

（2）共沉淀法　在样品中加入毫克数量级与待测量核素性质相近的非放射性元素载体，使两者发生共沉淀，载体将放射性核素载带下来，而达到富集分离待测核素的目的。如用 ^{59}Co 作载体共沉淀 ^{60}Co；用新沉淀的水合二氧化锰沉淀水样中的钚等。

（3）灰化法　在 500℃高温炉中将样品灰化、冷却称量，再转入测量盘中检测放射性。

（4）电化学法　通过电解将放射性核素（如 Ag、Bi、Pb）等沉积在阴极上，或以氧化物（如 Pb^{2+}，Co^{2+}的氧化物）形式沉积在阳极上，达到分离富集的目的。如果放射性核素沉积在惰性金属片电极上，可直接进行放射性测量；如果沉积在惰性金属丝电极上，应将沉积物溶出，再制备成样品源。

（5）其他预处理方法　如蒸馏法、有机溶剂溶解法、溶剂萃取法、离子交换法等，其原理和操作与非放射性待测物处理基本相同。

环境样品经上述方法处理后，有的已成为可供放射性测量的样品源，但有的还需经蒸发、过滤、悬浮等方法处理后制备成适于测量要求状态的样品源。

（二）放射性监测

1．水中放射性监测

（1）水中总α放射性活度的测定

水中常见辐射α粒子的核数有 ^{226}Ra、^{222}Rn 及其衰变产物等。目前公认的安全水平为 0.1 Bq/L，当水样中总α放射性浓度大于 0.1 Bq/L 时，就应对放射α粒子的核素进行鉴定和测量，确定主要的放射性核素，判断水质污染情况。

测定方法：取适量水样，过滤除过固体物质，滤液加硫酸酸化，蒸发至干，在不超过 350℃温度下灰化。将灰化后的样品移入测量盘中铺成均匀薄层，用闪烁监测器测量。在测量样品之前，先测量空测量盘的本底值和已知活度的标准样品（标准源）。标准源最好是待测核素，并且强度相差不大，如果无同核素的标准源，也可选用放射同一种粒子而能量相近的其他核素。测量α放射性活度的标准源常用硝酸铀酰。水样中总α比放射性度可用式 8-27 计算

$$Q_\alpha = \frac{n_c - n_b}{n_s \cdot V} \quad (8\text{-}27)$$

式中：Q_α —— 放射性比活度，Bq/L；

n_c —— 用闪烁监测器测量水样得到的计数率，计数/min；

n_b —— 空测量盘的本底计数率，计数/min；

n_s —— 根据标准源的活度计数率计算出的监测器的计数率，计数/（Bq/min）；

V —— 水样的体积，L。

（2）水中总β放射性活度的测定

水样中的β射线常来自 ^{40}K、^{90}Sr、^{129}I 等核素的衰变，目前公认的安全水平为 1 Bq/L。

测定方法基本上与水中总α放射性活度测定相同，但监测器用低本底的 G—M 计数管，且以含 ^{40}K 的化合物作标准源。^{40}K 标准源可用天然钾的化合物（如 KCl 或 K_2CO_3）制备。制备方法为：取研细过筛的分析纯 KCl 试剂于 120～130℃烘干 2 h，置于干燥器中冷却。准确称取与样品源同样质量的 KCl 标准源，在测量盘中铺成中等厚度层，用计数管测定。天然钾化合物中含 ^{40}K 0.0119%，比放射性活度约为 1×10^7 Bq/g。

（3）水中 ^{226}Ra 的测定

镭具有亲骨性。^{226}Ra、^{228}Ra 为极毒的放射性核素。一般环境中镭的含理很低，但高本底地区、核工业区域环境必须定期监测。

测定方法：取 1 L 水样于 2 L 烧杯中，依次定量加入柠檬酸、氨水、硝酸铅和钡载体，加热近沸。加甲基橙指示剂，滴加硫酸至溶液呈红色为止，静置后生成沉淀，放置过夜后，半沉淀定量移入离心管中，离心并弃去上清液。用 EDTA 和 NaOH 的溶液溶解沉淀，在一定条件下往溶液中加冰醋酸至 pH 为 4.5，再次得到硫酸钡沉淀，离心分离，弃去清液。所得沉淀再次以 EDTA 和 NaOH 溶液溶解后，转入气体扩散器，封闭 14 d 后，用氡、钍分析仪测量镭含量。^{226}Ra 含量（Bq/L）按式 8-28 进行计算：

$$C_{Ra} = \frac{K \cdot f \cdot n_c - n_b}{(1\text{-}e^t)V} \quad (8\text{-}28)$$

式中：C_{Ra} —— 水中 ^{226}Ra 含量，Bq/L；

K —— 闪烁室校准系数，Bq/（计数/min）；

n_c —— 闪烁室内注入氡后的总计数率，计数/min；

n_b —— 闪烁室本底计数率（计数/min）；

f—— 换算系数；

t—— 从封闭镭扩散器到测量 ^{222}Rn 计数率之间的时间间隔，d；

V—— 水样体积，L。

2．大气放射性监测

（1）大气中长寿命α放射性测定

空气放射性污染对人体危害最大的是α放射性。α放射性测定一般常用滤膜法。

测定方法：用超细纤维滤膜（如国产 1 号滤布）、抽气动力组成的采样器以 20～100 L/min 的流量采集空气样品，采集 1 000～2 000 L 气样。将滤膜放在测量盘中静置 4 h，然后用α闪烁计数器或α辐射监测器测量。按式 8-29 计算α活度（Bq/L）：

$$\alpha_{活度}=\frac{n_c-n_b}{60kQtF} \tag{8-29}$$

式中：n_c—— 样品α放射性总计数率，计数/min；

n_b—— 本底计数率，计数/min；

k—— 仪器计数效率；

Q—— 采气时气体流量，L/min；

t—— 采气时间，min；

F—— 滤膜过滤效率。

（2）空气中氡的测定

^{222}Rn 是 ^{226}Ra 的衰变产物，为一种放射性情性气体。它与空气作用时，能使之电离，因而可用电离型监测器通过测量电离电流测定其浓度；也可用闪烁监测器记录由氡衰变时所放出的α粒子计算其含量。

① 活性炭浓缩法。用由干燥管、活性炭吸附管及抽气动力组成的采样器以一定流量采集空气样品，空气中的 ^{222}Rn 被活性炭吸附浓缩富集。将吸附氡的活性炭吸附管置于 350℃的解吸炉中进行解吸，并将解吸出来的氡导入电离室静止 2 h，待氡和其子体平衡后，用经过 ^{226}Ra 标准源校准的静电计测量产生的电离电流（格），按式 8-30 计算空气中 ^{222}Rn 的含量：

$$C_{Rn}=\frac{K\cdot(I_c-I_b)}{V}\cdot f \tag{8-30}$$

式中：C_{Rn}—— 空气中 ^{222}Rn 的含量，Bq/L；

I_b—— 电离室本底电离电流，格/min；

I_c—— 引入 ^{222}Rn 后的总电离电流，格/min；

V—— 采气体积，L；

K—— 检测仪器格值，Bq·min/格；

f—— 换算系数，据 ^{222}Rn 导入电离室后静置时间而定。

② 闪烁室法。将空气中的 ^{222}Rn 引入闪烁室后，氡及其子体发射的α粒子使

室壁的 ZnS 产生闪烁荧光。放置 3 h 后，测量核辐射。按式 8-31 计算 ^{222}Rn 浓度。

$$C_{Rn} = \frac{K \cdot f \cdot (n_c - n_b)}{V} \tag{8-31}$$

式中：C_{Rn}—— 空气中 ^{222}Rn 的含量，Bq/L；

n_b—— 闪烁室本底计数率，计数/min；

n_c—— 闪烁室引入 ^{222}Rn 后的总计数率，计数/min；

V—— 采气体积，L；

K—— 闪烁室校准系数，Bq/（计数/min）；

f—— 换算系数。

（3）空气中氚（^3H）的放射性测定

^3H 主要存在形态是 HTO，也有少量以 HT 形态存在，可用硅胶吸附或冷凝的方法，将 HTO 以氚水形态分离出，再用液体闪烁技术测定其放射性活度。也可以将气样经过滤除去气溶胶粒子后，引入电流电离室或正比计数管测定。

测定空气中的 HT 和以蒸汽状态存在的有机氚化合物时，可将它们氧化成 HTO 后，再用上述方法测定。

3．土壤中总α、β放射性比活度测定

在采样点选定的范围内，沿直线每隔一定距离采集一份土壤样品，共采集 4～5 份。采样时用取土器或小刀取 10 cm×10 cm，深 1 cm 的表土。除去土壤中的石块、草类等杂物，在 60～100℃的烘箱中烘干，冷却后研细、过筛备用。称取适量制备好的土样放于测量盘中，铺成均匀的样品层，用相应的监测器测量α、β放射性比活度，并分别用式 8-32、式 8-33 计算：

$$Q_\alpha = \frac{n_c - n_b}{60k \cdot S \cdot F} \times 10^6 \tag{8-32}$$

$$Q_\beta = 1.48 \times 10^4 \times \frac{n_\beta}{n_{kCl}} \tag{8-33}$$

式中：Q_α—— α放射性比活度，Bq/kg 干土；

Q_β—— β放射性比活度，Bq/kg 干土；

n_c—— 样品α放射性总计数率，计数/min；

n_b—— 本底计数率，计数/min；

k—— 监测器计数效率，计数/（Bq/min）；

S—— 样品面积，cm^2；

F—— 自吸收校正因子；

n_β—— 样品β放射性总计数率，计数/min；

n_{KCl}—— KCl 标准源计数率，计数/min；

1.48×10^4——1 g KCl 所含 ^{40}K 的β放射性的活度。

第三节　电磁辐射污染监测

电磁辐射污染属于物理性的污染。由于电子设备在工业生产、科学研究以及医疗卫生等领域的广泛应用，以及各种视听设备、微波加热设备等在生活上的普遍使用，不可避免地使生产环境和生活环境受到电磁辐射污染，受其影响和直接接触的人员日益增多。电磁辐射已经构成威胁直接接触人群和城市居民健康的一种物理性有害因素，被称为环境的第五大污染。因此，加强电磁辐射监测，保障公众健康显得日益重要。

一、电磁辐射污染的来源

电磁辐射是电场和磁场周期性变化产生波动，并通过空间传播的一种能量，也称做电磁波。电磁辐射污染源包括天然污染源和人为污染源两类。

天然的电磁辐射是由于大气中的某些自然现象引起的，其分类见表 8-20。

表 8-20　天然电磁污染源

分　类	来　源
大气与空间污染源	自然界的火花放电、雷电、台风、高寒地区飘雪、火山喷烟等
太阳电磁场源	太阳的黑子活动与黑体放射
宇宙电磁场源	银河系恒星的暴发、宇宙间电子移动等

人为电磁辐射来自人类开发和利用以电为能源的活动，它是电磁辐射的主要来源，其主要种类如下述。

（1）广电设备与电信设备。广播电视发射塔、微波通信站、地面卫生通信站、寻呼通信基站等，这些设备大功率定时或不定时发射。

（2）工业用电磁辐射设备。主要有高频炉（包括高频感应炉、高频淬火炉、高频熔炼炉、高频焊接炉及电子管的排气、烤消、退火、封接、钎焊，半导体的外延、区熔、拉单晶等。）塑料热合机（包括高频热合机、塑料焊接机等）、高频介质加热机、高频烘干机、高频木材烘干机、高频杀菌设备、微波破碎机、放电加工机床、各种类型电火花加工设备等。

（3）医疗用电磁辐射设备。主要有高频理疗机、超短波理疗机、紫外线理疗机、高频透热机、高频烧灼器、微波针灸设备等。

（4）科学研究及其他用途的电磁辐射设备。主要有电子加速器及各种超声波装置、电磁灶等。

（5）电力系统设备。包括发电厂、高压输配电线、变压器以及数以千计的电动机等。

（6）交通系统设备。包括电气化铁路、轻轨及电气化铁道、有（无）轨电车等。

（7）各类家用电器。包括电子闹钟、吹风机、微波炉、电视机、电冰箱、计算机、空调和电热毯等。

从广义上讲，低频、射频、微波、红外线、可见光、紫外线、X 射线、γ射线等都是电磁波。我们现在通常所说的电磁辐射污染主要是指频率在 30 kHz～3 000 MHz 的电磁波范围。另外，工频（50 Hz/60 Hz）也是人们所关心的，电磁辐射粗略划分为工频（50 Hz/60 Hz）、射频（10^3～10^8 Hz）和微波（＞10^9Hz）3 个频段（表 8-21）。

表 8-21　电磁辐射频谱分类

频段	频谱	频率范围	适用范围
低频	工频	50 Hz /60 Hz	送电线、变电站、家用电器
	甚低频	3～30 kHz	表面波，标准时间、频率广播、无线电导航
	低频	30～300 kHz	表面波，标准时间、频率广播、无线电导航
射频	中频	300～3 000 kHz	短距离地面反射波、广播、无线通信
	高频	3～30 MHz	电离层波，短波通信、广播
	甚高频	30～300 MHz	空间波，视距无线通信、广播
	特高频	300～3 000 MHz	空间波，视距无线通信、广播
微波	超高频	3～30 GHz	空间波，雷达、空间通信、视距微波
	极高频	30～300 GHz	空间波，雷达、空间通信、视距微波

二、电磁辐射污染的种类与传播

（一）电磁辐射污染的种类

环境中电磁辐射的存在，可能会产生导致装置、设备或系统性能降低，对有生命或无生命物质产生损害作用的电磁骚扰。对电磁环境造成污染的电磁骚扰源可按其发射的电磁波的强弱不同分为两大类：

1．弱电骚扰源

其主要会使抗扰度较差的电器与电子设备或系统效能下降或损坏，但这类弱电磁骚扰源的频谱往往很宽，频率范围往往跨越几个数量级。

2．强电磁骚扰源

其不仅会使设备或系统效能降级，而且会对生物体（包括人类）造成影响，相对来说，强电磁骚扰源辐射的频谱往往较窄。

在人为电磁辐射污染源中，按其对电磁能量的运用目的不同，可分为三大类。

（1）设备本身的正常工作并不需要利用，也不希望出现电磁能量。这包括绝大多数电器和电子设备，如家用电器（微波炉除外）、信息技术设备，还包括送电线、变压器等。

（2）设备的工作需要产生并利用其电磁能量，为某一特定对象或在某一区域服务，但不希望其向其他地方发射出去。这主要包括工业、科学、医疗射频设备，以及微波炉等。

（3）设备的正常工作需要将电磁波辐射出去。这主要包括广播、电视、通信、雷达等。

由此可见，对于第一类，应抑制其电磁能量的产生；对于第二类，应将其电磁能量控制在一定的范围；而对于第三类，则应处理好环境要求与工作要求之间的兼容问题。

（二）电磁辐射污染的传播

电磁污染大体上可由以下三种途径传播。

（1）空间辐射。电子设备与电器装置在工作中，本身相当于一个多发射天线，不断地向空间辐射电磁能。

（2）导线传播。当射频设备及其他设备同一电源，或者两者间有电气连接关系，由电磁能（信号）通过导线进行传播。此外，信号输出输入电路、控制电路等，在强磁场中拾取信号进行传播。

（3）复合传播。属于同时存在空间传播与导线传播所造成的电磁辐射污染，称为复合传播的污染。

三、电磁辐射污染控制标准

（一）工频电磁场

关于超高压送变电设施的工频电场、磁场强度限值，目前尚无国家标准。为了便于评价，根据我国有关单位的研究成果、送电线路设计规定和参考各国限值，推荐暂以 4 kV/m 作为居民区工频电场评价标准，推荐应用国际辐射保护协会关于对公众全天辐射时的工频限值 0.1 mT 作为磁感应强度的评价标准。

（二）射频和微波电磁辐射

《电磁辐射防护规定》（GB 8702—88）（以下简称《规定》）中磁辐射防护限值的适用频率范围为 100 kHz～30 GHz，其所列的防护限值是可以接受的防护水平的上限，并包括各种可能的电磁辐射污染的总值。该《规定》规定，电磁辐射公众照射基本限值，在 24 h 内，任意连续 6 min 按全身平均的比吸收率（SAR）应小于 0.02 W/kg；电磁辐射公众照射导出限值，在 24 h 内，环境电磁辐射的场量参数在任意连续 6 min 内的平均值应满足规定值（表 8-22）。

表 8-22 职业照射导出限值

频率范围/MHz	电场强度/（V/m）	磁场强度/（A/m）	功率密度/（W/m^2）
0.1～3	40	0.1	40
3～30	$67/\sqrt{f}$	$0.17\sqrt{f}$	$12/f$
30～3 000	12	0.032	0.4
3 000～15 000	$0.22\sqrt{f}$	$0.001\sqrt{f}$	$f/7\,500$
15 000～30 000	27	0.073	2

来源：GB 8702—88。表中 f 为频率，单位 MHz。

国家环境保护行业标准《辐射环境保护管理导则 电磁辐射环境影响评价方法与标准》（HJ/T 10.3—1996）中提出，公众总受照射剂量包括各种电磁辐射对其影响的总和，既包括拟建设施可能或已经造成的影响，还包括已有背景电磁辐射的影响。总受照射剂量限值不应大于国家标准《电磁辐射防护规定》（GB 8702—88）的要求。为使公受到总照射剂量小于 GB 8702—88 限值，对单个项目的影响必须限制在 GB 8702—88 中场强限值 $1/\sqrt{2}$ 或功率密度限值的 1/2。其他项目则取场强限值的 $1/\sqrt{5}$，或功率密度限值的 1/5 作为评价标准。

《环境电磁波卫生标准》（GB 9175—881）中规定的环境电磁波容许辐射强度分级标准如表 8-23 所示。

表 8-23 环境电磁波容许辐射强度分级标准

波长/MHz	单位	一级（安全区）	二级（中间区）
0.1～30	V/m	10	25
30～300	V/m	＜5	＜12
300～300 000	$\mu W/cm^2$	＜10	＜40

来源：GB 9175—881。

一级（安全区）是指在该环境电磁波强度下长期居住、工作、生活的一切人群（包括婴儿、孕妇和老弱病残者），均不会受到任何有影响的区域；新建、改建或扩建电台、电视台和雷达站等发射天线，在其电磁波覆盖的居民区内，必须符合一级（安全区）的要求。

二级（中间区）是指在该环境电磁波强度下长期居住、工作、生活的一切人群（包括婴儿、孕妇和老弱病残者），可能引起潜在性不良反应的区域；在此区域内可建造工厂和机关，但不许建造居民住宅、学校、医院和疗养院等，已经建造的必须采取适当的防护措施。

四、电磁辐射污染的危害

电磁辐射不仅能引起人的身体器官不适，直接危害人的身心健康，而且还能干扰各种仪器设备的正常工作。

1．危害人体健康

电磁辐射对人体产生不良影响程度与电磁辐射强度、接触时间、设备防护措施等因素有关。如可损害人的中枢神经系统；影响人的心血管系统；影响遗传和生殖功能；增加癌症的发病率；对人的视觉系统产生不良影响等。

2．干扰信号

电磁辐射可以对电子设备和家用电器产生不良的影响。大功率的电磁波在室内会互相产生严重的干扰，导致通信系统受损，影响电子设备、仪器仪表的正常工作，造成信息失真、控制失灵，造成严重事故发生。如引起飞机、导弹或人造卫星失控；干扰医院的脑电图、心电图等信号，使之无法工作。

五、电磁辐射污染的监测仪器和方法

（一）电磁辐射污染的监测仪器

电磁辐射污染的测量按测量场所分为作业环境、特定公众暴露环境、一般公众暴露环境测量。按测量参数分为电场强度、磁场强度和电磁场功率通量密度等测量。对于不同的测量应选用不同类型的仪器，以获取最佳的测量结果。监测仪器根据测量目的分为非选频式宽带辐射测量仪和选频式辐射测量仪。

1．非选频式宽带辐射测量仪

非选频式宽带辐射测量仪带有方向性探头，测量时具有各向同性响应。使用探头时，要调整好探头方向以测出最大辐射电平。常见的探头有偶极子和检波二极管复合型探头、热电偶型探头、磁场型探头。

使用非选频式宽带辐射测量仪实施环境监测时，为了确保环境监测的质量，应对这类仪器电性能提出基本要求：各项同性误差≤±1 dB；系统频率响应不均匀度≤±3 dB；灵敏度 0.5 V/m；校准精度±0.5 dB。常用的非选频式辐射测量仪如表 8-24 所示。

表 8-24　常用非选频式宽带辐射测量仪

名称	频　带	量程	各向同性	探头类型
微波漏能仪	0.915～12.4 GHz	0.005～30 mW/cm^2	无	热偶结点阵
微波辐射测量仪	1～10 GHz	0.2～20 mW/cm^2	有	肖特基二极管偶极子
电磁辐射监测仪	0.5～1 000 MHz	1～1 000 V/m	有	偶极子
全向宽带近区场强仪	0.2～1 000 MHz	1～1 000 V/m	有	偶极子
宽带电磁场强计	E：0.1～3 000 MHz H：0.5～30 MHz	E：0.5～1 000 V/m H：1～2 000 A/m	有	偶极子 环天线
辐射危害计	200 kHz～26 GHz	0.001～20 mW/cm^2	有	热偶结点阵

名称	频　带	量程	各向同性	探头类型
宽带全向辐射监测仪	0.3～26 GHz	8 621 B 探头：0.005～20 mV/cm^2 8 623 B 探头：0.05～100 W/cm^2	有	热偶结点阵
宽带全向辐射监测仪	选用探头	选用探头	有	热偶结点阵 环天线
全向宽带场强仪	E：5×10^{-4}～6 GHz H：0.3～3 000 MHz	E：0.1～30 V/m H：0.1～1 000 A^2/m^2	有	偶极子 磁环天线

2．选频式辐射测量仪

该类仪器用于环境中低电平电场强度、电磁兼容、电磁干扰的测量。常见的选频式辐射测量仪有场强仪、微波测试接收机（表 8-25）。除场强仪外，可用接收天线和频谱仪或测试接收机组成测量系统经校准后，用于环境电磁辐射测量。

表 8-25　常用选频式辐射测量仪

名　称	频　带	量　程	注
干扰场强测量仪	10～150 kHz	24～124 dB	交直流两用
干扰场强测量仪	0.15～30 MHz	28～132 dB	交直流两用
干扰场强测量仪	28～500 MHz	9～110 dB	交直流两用
干扰场强测量仪	0.47～1 GHz	27～120 dB	交直流两用
干扰场强测量仪	0.5～30 MHz	10～115 dB	交直流两用
场强仪	2×10^{-8}～18 GHz	1×10^{-8}～1 V	NM—67 只能用交流
EMI 测试接收机	9 kHz～30 MHz 20 MHz～1 GHz 5 Hz～1 GHz 20 Hz～5 GHz 20 Hz～26.5 GHz	＜1 000 V/m	交流供电 显示被测场频谱
电视场强计	1～56 频道	灵敏度：10 μV	交直流两用
电视信号场强计	40～890 MHz	20～120 dBμ	交直流两用
场强计	40～860 MHz	20～120 dBμ	交直流两用

（二）电磁辐射污染监测的方法

1．监测点的布设方法

（1）扇形布点法。对典型辐射体，比如某个电视发射塔周围环境实施监测时，则以辐射体为中心，按间隔 45°的八个方位为测量线，每条线上选取距场分别 30 m、50 m、100 m 等不同距离定点测量，测量范围根据实际情况确定。

（2）网格布点法。对整个城市电磁辐射测量时，根据城市测绘地图，将监测区域划分为 1 km×1 km 或 2 km×2 km 小方格，取方格中心为测量位置。按上述方法在地图上布点后，应对实际测点进行考察。考虑地形地物影响，实际测点应避开高层建筑物、树木、高压线以及金属结构等，尽量选择空旷地方测试。允许对规定测点调整，测点调整最大为方格边长的 1/4，对特殊地区方格允许不进行测量。需要对高层建筑测量时，应在各层阳台或室内选点测量。

2．监测条件的选择

（1）测量高度。取离地面 1.7～2 m。也可根据不同目的，选择测量高度。

（2）气候条件符合行业标准和仪器标准中规定的使用条件。测量记录表应注明环境温度、相对湿度。

（3）测量频率。要选取电场强度测量值大于 50 dBμV/m 的频率作为测量频率。

（4）测量时间。为 5:00～9:00，11:00～14:00，18:00～23:00 城市环境电磁辐射的高峰期。若 24 h 昼夜测量，昼夜测量点不应少于 10 个。测量间隔时间为 1 h，每个测量点连续测 5 次，每次测量观察时间不应小于 15 s，每次读取稳定状态的最大值。若指针摆动过大，应适当延长观察时间。

3．数据处理

（1）计算法。如果测量仪器读出的场强瞬时值的单位为分贝（dBμV/m），则先按公式 8-34 换算成以 V/m 为单位的场强：

$$E_i = 10^{(\frac{x}{20}-6)} \tag{8-34}$$

X 为场强仪读数（dBμV/m），然后依次按下列各公式计算：

$$E = \frac{1}{n}\sum^{n} E_i \tag{8-35}$$

$$E_s = \sqrt{\sum^{n} E} \tag{8-36}$$

$$E_G = \frac{1}{M}\sum^{n} E_s \tag{8-37}$$

式中：E_i—— 在某测量点、某频段中被测频率 i 的测量场强瞬时值，V/m；

n—— E_i 值的读数个数；

E—— 在某测量点、某频段中被测频率 i 的场强平均值，V/m；

E_s—— 在某测量点、某频段中各被测频率的综合场强，V/m；

E_G—— 某测点在 24 h（或一定时间）内测量某频段后的总的平均综合场强，V/m；

M—— 在 24 h（或一定时间）内测量某频段的测量次数。

（2）绘制污染图。绘制频率—场强、时间—场强、时间—频率、测量点—总场强值等各组对应曲线，即可得出典型辐射体环境污染图和居民区环境污染图。

4．环境质量评价

用非选频宽带辐射测量仪时，由于测量点测得的场强（功率密度）值，是所有频率的综合场强值，24 h 内每次测量综合场强值的平均值即总场强值也是所有频率的总场强值。由于环境中辐射体频率主要在超短波频段 30～300 MHz，测量值和超短波频段安全限值的比值不大于 1，基本上对居民无影响，如果评价典型辐射体，则测量结果应和辐射体工作频率对应的安全限值比较。

$$E_G/L \leqslant 1 \tag{8-38}$$

式中：E_G—— 某测量点总场强值，V/m；

L—— 典型辐射体工作频率对应的安全限值或超短波频段安全限值，V/m。

用选频式场强仪时：

$$\sum \frac{E_{Gi}}{L_i} \leqslant 1 \tag{8-39}$$

式中：E_{Gi}—— 测量点某频段总的平均综合场强值，V/m；

L_i—— 对应频段的安全限值，V/m。

六、电磁辐射污染的防护措施

随着科技的进步，城市规模的扩大，电磁辐射环境日益恶化，防治电磁辐射污染已经成为人类面临的一个迫切需要解决的问题。

（一）广播、电视发射台及通信设备等的电磁辐射防护

广播、电视发射台及通信设备在建设前选址应以《电磁辐射防护规定》（GB 8702—88）为标准，进行电磁辐射对环境影响的评估，提出预防性防护措施，最大限度地降低对周围环境的电磁辐射强度。已建成的发射台若对周围环境造成较强场强，可以考虑以下防护措施。

（1）改变发射天线的结构和发射方位，尽量减少对人群密集居住方位的辐射强度。

（2）树木对电磁能量有吸收作用，在天线周围或电磁场区，大面积种植树木，增加电波在媒介中的传播衰减，起到防止人体受辐射之目的。

（3）使用不同的建筑材料，包括钢筋混凝土，甚至金属材料覆盖建筑物，利用这些材料对电磁波吸收的反射特性，来衰减室内的场强。

（4）在中波发射天线周围电磁场场强约为 10 V/m，短波场源周围电磁场场强为 4 V/m 的范围内的房间尽量不用作生活用房。

（二）工业、科研和医疗设备的电磁辐射防护

这类设备的电磁辐射防护措施与其辐射频率有关，下面分别对高频和微波设备电磁辐射的防护进行讨论。

1．高频设备电磁辐射的防护

（1）电磁屏蔽　电磁屏蔽的机理是电磁感应现象。在外界交变电磁场下，通过电磁感应，屏蔽壳体内产生感应电流，而这电流在屏蔽空间又产生了与外界电磁场方向相反的电磁场，从而抵消了外界电磁场，达到了屏蔽效果。一般良导体（如铜和铝等）常用做电磁屏蔽装置。

（2）高频接地　高频防护接地的作用是将屏蔽体（或屏蔽部件）内由于感应生成的射频电流迅速导入大地，使屏蔽体（或屏蔽部件）本身不致再成为射频的二次辐射源，从而保证屏蔽作用的高效率，高频接地极和接地线用铜材最好。

（3）滤波　滤波是抑制电磁干扰最有效的手段之一。即在进入屏蔽室电源网络的所有引入线上装设滤波器，阻截无用信号，保证有用信号的通过。

（4）距离防护　辐射电磁场强度与辐射源到被照体之间的距离成反比。因此，应适当加大辐射源与被照体之间的距离，可减少电磁辐射的影响。

（5）个体防护　在高频辐射环境内作业的人员，应佩戴防护头盔、防护眼镜，穿防护服。这些防护用品一般用金属丝布、金属膜布和金属网制作。

2．微波设备的电磁辐射防护

（1）减少辐射源的辐射或泄漏。可应用等效天线或功率吸收器将电磁能转化为热能散掉，从而减少从微波天线泄漏的直接辐射。也可以用波导衰减器、功率分配器等。

（2）反射微波辐射的屏蔽。使用板状、片状和网状的金属组成的屏蔽来反射散射的微波，较大程度地衰减微波辐射。

（3）吸收微波辐射的屏蔽。使用能吸收微波辐射的材料做成“缓冲器”，以降低微波加热设备传递装置出入口的微波泄漏或覆盖屏蔽设备的反射器以防止反射波对设备正常工作的影响。

3．日常生活中电磁辐射的防护

随着家用电器和移动通信工具等日益普及，日常生活中人们受到电磁辐射污染也日益突出，日常生活中电磁辐射的防护措施也得到了相应的重视。为了减少电磁辐射的污染，可采取以下措施进行防范。

（1）电视机、电冰箱、空调等家用电器的摆放应适当分散，不宜过分集中，可减少开机时的磁场强度。

（2）安放微波炉时，高度应该在人体头部之下，可防止人脑和眼睛受损。使用过程中，应尽量远离。安装起搏器的人应远离微波炉，以免起搏器的运作受到干扰。

（3）使用移动电话时，话筒不要紧贴头部，最好使用专用耳机和受话器接听电话，不要长时间通话。

（4）收看电视时不应离电视过近，应保持适当距离，并注意开窗通风。

（5）孕妇不要接触电脑，如果确是工作需要，应穿上电磁防护服。不应该接触微波和做微波理疗。

（6）使用电热毯时，当床铺预热后，应关闭电源再入睡。

（7）任何电器设备都要避免长期使用，应购买使用电磁辐射少的绿色家电。

（8）长期处于高电磁辐射环境中工作的人需要多吃胡萝卜、西红柿、菠菜等富含维生素的食物，常饮绿茶。另外食用人参类制剂、五味子、蜂王浆、枸杞子等药物，以增强肌体抵抗电磁辐射的能力。

复习与思考题

1. 什么叫噪声？环境噪声可分为哪几种？

2. 简述声功率和声功率级、声强和声强级、声压和声压级的概念。

3. 简述分贝的物理意义，它是计量噪声的物理量吗？为什么？

4. 4个独立声源作用于某一点的声压级分别为72 dB、65 dB、68 dB和71 dB，求同时作用于这一点的总声压级为多少？

5. 在车间内测量某机器的噪声，在机器运行时测得声压级为89 dB，该机器停止运行时的背景噪声为79 dB，求被测机器的噪声级。

6. 简述响度、响度级的概念。响度级、频率和声压级三者之间有何关系？

7. 什么叫等效连续声级L_{eq}？什么叫噪声污染级L_{NP}？累计百分数声级中L_{10}、L_{50}、L_{90}含义分别是什么？

8. 简述声级计的结构原理及操作步骤。

9. 有一车间在8 h工作时间内，有1 h声压级为80 dB（A），2 h为85 dB（A），2 h为90 dB（A），3 h为95 dB（A），问这种环境是否超过8 h 90 dB（A）的劳动护卫标准？如何着手测量车间噪声？

10. 甲地区白天的等效A声级为60 dB，夜间为50 dB；乙地区的白天等效A声级为64 dB，夜间为45 dB，请问哪一地区的环境对人们的影响更大？

11. 环境振动监测时应注意哪些问题？

12. 放射性核衰变有哪几种形式？各有什么特征？

13. 什么是放射性活度、半衰期、照射量和剂量？它们的单位及其物理意义是什么？

14. 造成环境放射性污染的原因有哪些？放射性污染对人体产生哪些危害作用？

15. 某人全身均匀受到照射，其中γ射线照射吸收剂量为1.5×10^{-2}Gy,快中子吸收剂量为2.5×10^{-3}Gy,计算总剂量当量。

16. ^{42}K是一种β放射源，其半衰期为12.36 h，计算2 h、30 h和60 h后残留的百分率。

17. 常用于测量放射性的监测器有哪几种？分别说明其工作原理和适用范围。

18. 测定某一种^{210}Po放射性污染的试样，由盖革计数管测得的计数率为256

次/s，经过 276 天后再测，其计数率为 64 次/s，求 ^{210}Po 的半衰期；再过 276 天后的计数率应为多少？

19. 怎样测定水样和土壤中总α放射性活度、总β放射性活度？

20. 试比较放射性环境样品的采集方法与非放射性环境样品的采集方法有何不同之处。

21. 电磁辐射污染的来源有哪些？

22. 一般环境电磁辐射监测与污染源电磁辐射监测的技术方法有何异同？

23. 如何监测办公电脑的电磁辐射污染的场强度？

第九章 地质环境监测

【知识目标】

了解环境地质问题的主要内容和产生原因；充分认识水是诱发地质环境的主要因素；提高对地质环境问题的认识，防范和监测各类环境地质问题，服务于经济社会发展和人民财产的安全。

【能力目标】

通过本章学习，使学生明确地质环境监测和保护在整个环境保护中的地位和作用，培养学生综合分析能力、持续发展的能力和地质环境监测和评价能力。

地质环境是与人类生存、活动所依托的地球表层岩、土、水共生的地质系统，是与大气圈、水圈、生物圈相互作用最直接的自然环境的一个组分。其上限是岩石圈的表面，这里所有地质环境因子（主要包括岩石、土壤、有机成分、气体、地下水、微生物以及动力作用等）都积极地与大气、地表水体、生物界相互作用；其下限位置取决于人类社会的科学技术发展水平，以及进入岩石圈内部的工业活动影响深度。

地质环境是人类生存和发展的物质基础，它也与其他环境一样，随着人类社会现代文明和科学技术的高度发展，特别是人类大型工程的兴建及其他经济活动的增强而受到影响。地质环境日趋恶化，人为地质灾害日益突出。地质环境问题已成为不可忽视的问题之一，它要求人类社会重新审定自己的发展方向。在运用先进的科学知识和技能开发资源、利用资源和兴建工程时，要用地球系统理论全面考虑问题，要克服过去那种只考虑眼前利益，而忽视长远利益和环境效益的消极方面，要有能持续发展的战略眼光。

第一节　环境地质问题

一、环境地质问题的概念

环境地质问题是指人类活动或自然地质作用于地质环境所引起的地质环境质量变化，以及这种变化反过来对人类生产、生活和健康的影响。任何一种环境都具有它的双重性，地质环境也不例外。既有有利于人类生存和发展的一面，也有不利于人类生存和发展的一面。它可分为正面影响和负面影响两种。所谓正面影响，是指作用结果改善了地质环境，使之更适应人类生存和发展的需要，这是主要方面，如肥沃的土地、良好的地基、丰富的矿产、美丽的山水等，也即地质环境优化；负面影响，则是对地质环境产生危害，严重时可破坏自然界在地质历史时期中形成的自然平衡，也即地质环境劣化，是狭义的环境地质问题，它是我们研究的主体，包括以下几个方面：

（1）由地球本身变化引起的、对人类生存环境造成威胁的有害的地质作用，如火山、地震、滑坡、泥石流等，同时人类技术经济活动也往往诱发此类问题产生。

（2）人类技术经济活动引起的地质环境的恶化。如地下水位下降、地面沉降、地面塌陷、土地沙化、海水入侵等。

（3）地质环境与生态变化，如微量元素迁移、富集与地球化学环境异常，导致大骨节病、克山病、氟病、甲状腺肿病等地方病的发生。

（4）污水、固体垃圾、放射性废物等处理处置造成的水体污染（特别是地下水污染）、土壤污染等。

根据人类活动对地质环境造成的结果，从地质环境调查和保护的目的出发，将环境地质问题分为生态破坏、地质灾害和环境污染三大类型及众多表现形式（表 9-1）。

表 9-1　环境地质问题类型划分

类型划分	主要表现形式
生态破坏	土地与植被压占与破坏、疏干排水破坏地下水均衡系统、地表水水量减少、地下水水量减少、地下水水位下降、地质遗迹破坏、地形地貌改观、人文风景景观破坏、水土流失、土地沙化等
地质灾害	崩塌、滑坡、泥石流、地面塌陷、地裂缝、地面沉降、尾矿库溃坝边坡失稳等
环境污染	地表水污染、地下水污染、土壤污染

由此可见，我们所说的环境地质问题是指由人类活动引起或诱发的大规模、广泛破坏地质环境的地质问题。

二、环境地质问题的主要内容

环境地质问题的概念目前尚无统一认识，也不够十分严密。因此，能否构成环境地质问题也就具有相当的随意性。不过目前一般认为，它主要包括以下几个方面。

（一）地面沉降

由于人类工程经济活动（抽排地下水，疏干含水层、开挖地下工程）改变了地下原来的应力平衡条件，造成地表不稳定，从而出现地面沉降、地裂缝和塌陷等现象。

地面沉降通常是指在人为因素作用下，使地下松软土层压缩而导致地面标高降低的一种复杂的环境地质问题。其机理是复杂的，主要是由于大型建筑物对地基的荷载作用，对气态、液态资源的大量开发，抽、排地下水。而绝大多数区域性大面积沉降，都是由于大量抽排地下水所引起的。世界许多地区，由于工业发展，人口增加，大量抽取地下水都发生了地面沉降。如墨西哥城（总沉降量个别达 9 m 多）、日本东京（最大沉降 4.6 m）、美国加州圣华金流域（最大沉降 9 m），沉降面积达 13 500 km^2。我国上海、天津、宁波、常州、北京、西安、太原、沧州、台北、香港等地都发生过沉降。与此同时地面不均匀沉降，有产生地面变形和地裂缝的可能性。地裂缝在我国主要集中在陕、晋、冀、鲁、苏、皖、豫 7 省区，其他省份也有零星分布。

地面沉降特点是：向下垂直运动为主，只少量水平位移，其沉降速度、沉降量、沉降持续时间和范围，都因地质环境不同、诱发因素不同而不同。

地面沉降的环境灾害主要表现为：海水入侵；港口、码头、堤岸失去原有效能；桥墩下降，桥梁碍航；有时地面沉降伴生的水平位移使建筑物报废，铁路断开等灾害发生。另外由于地面沉降，深井井口上移，机井无法使用。

地面沉降的诱发因素就广义的来说，主要是自然动力地质因素：如地壳近期的下降运动；地震和火山活动；地球气候变暖；冰山融化；地面相对沉降运动。另外还有局部的地面沉降，如湿陷性黄土的湿陷，次压密土的固结作用等。

（二）地面塌陷

某些地区因天然或人为因素的作用，地面表层覆盖物出现下沉、开裂，以致突然向下陷落，形成各种规模和形态的坑、槽，这种现象称地面塌陷。发生在岩溶地区的地面塌陷称岩溶地面塌陷，其他为非岩溶地面塌陷（包括矿区塌陷，黄土湿陷及人防工程塌陷等）。非岩溶地面塌陷主要由人为因素而引起。

非岩溶地面塌陷具有四大特点：① 突发性；② 发展快；③ 规模大；④ 危害严重。地面塌陷的产生及其危害性是很巨大的，由于地面塌陷，原有的工程、设施被破坏；公路、铁路断陷被毁坏，影响交通；河流断流，淹没矿区。如广东凡口矿区，根据 1977 年 2 月的统计，共出现塌洞 1 400 多个，致使地面各种生活和生产设施遭到不同程度的破坏，1 000 多亩（1 亩=667 m^2）农田受损，4 km 长的铁路和 1.5 km 长的公路被毁，而且塌陷后，地表水通过塌洞灌入矿坑，大大增加了矿坑排水量，特别是洪水季节，严重地威胁矿坑的安全。又如湖南水口山铅锌矿的地面塌陷，塌陷面积约 12 km^2。大小塌洞达 800 多个，塌陷后的 1969 年，洪水从塌洞灌入矿坑，灌入水量达 135×10^4 m^3。与此同时，矿坑排水量增加 2～3 倍。洪水过后一年多，排水量比原来仍增加 1 倍左右，严重影响了井下矿坑作业的安全和经济效益。这些矿上地面塌陷，都是由采矿抽、排地下水而产生的。从水口山矿地面塌陷发展状况与疏干排水时间关系显而易见（表 9-2）。

表 9-2　水口山矿疏干排水与地面塌陷

延续时间	塌陷及地面情况
降压放水期	老塌洞复活，大塌洞出现，产生大量地裂缝
疏干放水第 25 天	距放水中心 500 m 产生一个大塌洞
疏干放水第 47 天	塌洞发展到 2 km 外
疏干放水第 60 天	塌洞 24 个
疏干放水第 70 天	地下震响开始
疏干放水第 86 天	震响强度达 5 度，塌洞达 27 个
疏干放水第 104 天	塌洞达 36 个
疏干放水第 162 天	塌洞达 61 个
疏干放水第 181 天	塌洞达 101 个

岩溶地面塌陷在自然因素作用下产生，究其原因主要是气候变化使地下岩溶水水位发生了改变。而人为工程——经济活动产生岩溶地面塌陷主要是人为活动，改变了溶蚀空间和上露岩土体的自然稳定过程，导致短期内快速产生的大量塌陷。

（三）诱发地震

水库蓄水、深井注水与抽水、采矿和石油开发、地下核爆炸等均能诱发地震。目前全球发生的水库诱发地震达 120 多例，其中，印度柯伊纳水库地震（M.6.5），使 200 人丧生，1 500 人受伤。我国已发现 18 座水库发生过诱发地震，其中 1960 年 7 月广东省新丰江水库诱发地震（M.6.1）造成很大经济损失。

水库修建后，抬高了水位，增大了静水压力，对断裂活动产生影响，使断裂加大，断裂活动强烈到一定程度，就会发生地震。特别是横切河、库的深大导水断裂的存在，极易产生诱发地震。

（四）滑坡、泥石流

滑坡是斜坡岩土体或松散堆积物在许多自然的（主要是水、重力）和人为因素作用下，沿着一定软弱面整体向下滑动的现象。影响滑坡形成的因素十分复杂，其中最主要的是地形地貌、岩土性质和结构、地质构造，还有水文气候、采矿活动、地震等因素。

泥石流是山区由于降水而形成的一种挟带大量泥砂、岩层、石块等固体物的特殊洪流。

滑坡、泥石流属突发性地质灾害，多发生在山区、河谷、高速公路和铁路两侧及黄土高原地区。近年来，由于人为的不合理开采和建设也诱发许多滑坡、泥石流的发生。

此外还有一些地质灾害或环境地质问题，如矿山开采、工程开挖诱发的斜坡失稳；水资源的不合理开发利用引起的土壤盐渍化和沙漠化；废矿、碎石堆放引起的地下水污染和环境恶化；水库库岸失稳等。

第二节　地质环境监测

地质环境监测主要包括地下水监测、地质灾害监测两大方面。监测项目主要有地下水位、水温、水质、泉（自流井）流量，以及地面沉降、地面塌陷、地裂缝、滑坡等各项，统测频率为每年枯水期、丰水期各一次，监测工具主要有测绳、电测水位计、三角堰、流速仪等。

地下水水质分析项目主要有 pH、总硬度、溶解性总固体、钾、钠、钙、镁、氨氮、硝酸盐、亚硝酸盐、碳酸盐、重碳酸盐、氯化物、挥发性酚类、氰化物、高锰酸盐指数、氟、铬、汞、铜、铅、锌、铁等。地下水监测和分析测试方法在此不再详述。

地面沉降，地面塌陷、变形，滑坡的产生，水库诱发地震，盐渍化、沙漠化等环境地质问题，产生的机理是地质体内应力结构发生变化，使其失稳。水是诱发这些环境地质问题的重要因素，据统计，滑坡的产生 80%～90%都与水的活动有关，当然地面沉降等更直接的原因是大量超采地下水，地面塌陷除矿采空区的地裂缝、塌陷外，岩溶区也主要是由于抽排地下水，使水位下降，从而产生地面塌陷。由此可见，对以上这些环境地质问题进行监测，必须利用普通的水文地质、工程地质监测手段，监测其产生的机理变化过程，对环境地质问题发出预报，以便减少经济损失或采取措施加以防治。

一、地面沉降监测

地面沉降是由于大量抽、排地下水，引起地下水位下降，进而引起弱透水层失水固结，在上面荷载作用下，地面发生沉降。地面沉降的直接后果是：沿海城市海水倒灌，码头功能失效，地表严重积水，建筑物倾斜、开裂，道路、桥梁、地下管道报废等一系列环境问题。

对地面沉降进行监测主要有如下几方面内容。

（1）设立固定点位，定期进行标高测量，以观察沉降速率。

（2）选区内最深的几个井孔，作为长观井，对水位、水温及地表与井管口标高进行长期观测。

（3）分层对区内地下水水位、水质进行布网观测，并统计区内总开采水量。

（4）分不同深度对地应力进行长期监测。在长期监测的基础上，可通过统计方法，建立采水量与地面沉降量 S 的关系函数。如：

天津市统计分析后得出 $S=0.0067Q+28.13$（Q 为累积开采量），宁波市统计分析后得出 $S=0.5h+25.9$［h 为第一含水层月平均水位（m）］，上海市统计分析后得出 $S=B_o+B_1h+B_2D+B_3D+B_4H$（$B_0$、$B_1$、$B_2$、$B_3$、$B_4$ 为回归系数；h 为水位变幅；D 为水位作用天数；H 为该水位作用期间平均水位）。

除统计方法外，还有用确定性解析模型法和固结微分方程的差分解法来预测沉降。但不管用什么方法，都是在长期监测的基础上，对所收集的资料进行分析和整理。因引起地面沉降的主要原因是过量开采地下水，所以防治地面沉降，保护地质环境监测工作，都围绕地下水开采问题来进行。其治理方法也就不外乎是或控制开采量，或进行地下水回灌，或调整开采层。

二、岩溶塌陷的监测

对岩溶塌陷进行监测，其目的是为了提出预报，以减轻经济损失。

监测工作包括地面、建筑物、水点（井孔、泉点、矿井突水和水库渗漏点）的长期观测及塌陷前兆现象的监测。监测工作一般在抽水和蓄水前期 1～3 a 进行。观测周期视不同阶段而定，抽排水早期每 5～10 d 观测一次，后期为每月观测一次，抽排水以前可 1～3 个月观测一次，长期观测的主要对象是抽排岩溶水或修建库坝蓄水后，邻近地面和建筑物的开裂、位移和沉降变化，以及各水点的水动态和含沙量变化等。塌陷前兆现象，也即塌陷的序幕，是一些直观的现象，由于它们离塌陷产生的时间短促，更应重视监测，以便及早发现。此项监测内容较多，一般应包括：抽排地下水引起的地面积水，泉水干枯；人工蓄水引起的地面冒气或冒水；植物的变态；建筑物作响或倾斜，地面环形开裂，地下土层垮落声；水点水量、水位和含沙量的突然变化；动物惊恐异常现象等。

三、库岸稳态监测

库岸稳态的原位监测，掌握水库岸坡变形特征，以便及时采取预防措施，减轻损失。有效的监测和分析，是预报的基础。在近坝库岸设置完善的监测网点，主要监测项目有：

（1）地质监视。主要搜索和发现整个近坝库岸出现的变形破坏部位、变形破坏方式和规模。

（2）大地测量。定期对监测点的平面位置及高程进行高精度测量。

（3）重点剖面无线电遥测及原位测试，在监测隧洞或廊道内，安装仪器进行监测，使用 Md 系列岩体与基础变形动态测量仪，可使监测达到自动化，并与计算机连用，随时可采取原位监测的各项数据。

通过库岸稳态监测都取得了比较好的效果：如意大利瓦依昂水库滑坡，通过监测，在三年前就已发现蠕变现象，1963 年春，处于等速蠕变阶段，到 9 月 18 日连续大雨后，才出现位移速度猛增，直至发生破坏。

又如长江新滩滑坡，自 1968 年开始进行监测以来，一直处于缓慢蠕滑，1984 年以后，新滩崩滑体变形加剧，出现路面破坏现象，加密监测，对 1985 年 6 月 12 日发生的滑坡进行了成功预报。

龙羊峡水电站库岸稳态监测，也为其成功预报与及时治理提供了可靠的基础资料。

四、诱发地震监测预报

许多人类活动，如修建水利工程、采矿、抽水、核试验、采石卸荷、抽取盐水等，都有诱发地震的可能性，它们是自然地震发展过程中受到人为活动干扰而表现出来的。诱震活动监测，是在较小的范围内，利用微震台网监测来实现的。由于库水向断层积能区渗入或注液直接破坏高能岩体，使其释能而触发地震，这类地震一般量级不太大，所以一般可用监测一个地区的地应力的积累状况，达到地震预报和控制。

为了搞清孕震断裂带及高能地区的应力状态，目前已采用一些可用于应力测量的系统。测量时，将量测孔段用封隔器封闭，然后对其施加水压，基于裂隙沿最小压力方向扩展，据施时的破裂压力 P_0，和裂隙处于张开平衡状态时的闭锁压力 P_b 及岩石抗拉强度丁和裂缝扩展方向，即可计算出岩体中的地应力数值。这种水压致裂测试技术，是目前监测液压对地下蓄能体诱发作用的有效方法。在测量地应力的同时也还可安装地震仪、电压加速器和水听器，用以监测破裂过程及声发射特点等。在进行应力监测的同时，还必须用一般地质、水文、工程地质方法监测孕震断裂带的透水性、温度、应力状态、孔隙水压力状态及断层带其他的地质现象等。

诱发地震监测工作，要在施工阶段的早期组织实施，以便及早开展监测预测工作，也可根据震情的实际变化，适时提出趋势预测意见。

五、盐渍化的监测

土壤盐渍化可归于土壤环境中，但它产生的原因是由地下水位的抬升引起的。所以也可归于地质环境中，视为环境地质问题。

盐渍化是土—水系统中盐分随水向上运移蒸发，不断在土壤表层积累的过程。盐渍化监测内容，实际上是对土壤和地下水位的监视，使地下水位控制在一个最佳深度。监测工作与水文地质监测工作类似。其差异只是环境监测侧重于人为活动对地下水位变化的影响，而水文地质监测对自然条件和人为活动影响产生的地下水动态变化都要进行研究。

六、滑坡、泥石流监测

1．监测内容

（1）绝对位移是首选项目，一般利用测量仪器进行大地测量法监测。

（2）相对位移监测应与绝对位移监测一同展开。当勘查后即建立长期监测站时，应根据建站要求，及时投入其他监测（如电测）项目。

（3）宏观地质调查简便易行，应确定相对固定的调查线路，定期进行。

2．监测方法

（1）在勘查阶段，一般以简易监测和观测为主。如设立跨裂缝或变形带的标志点或连续的有色标志，定期用钢尺、经纬仪或全战仪进行测量。

（2）对于位置重要、危害较大，必须开展治理工程的地质灾害体，除在勘查阶段布置简易观测外，还应相继投入高、精、尖的监测方法和多种相互补充的监测方法，为可行性研究、工程设计和施工提供充分可靠的动态资料。

（3）根据技术和经济的可行性，应及时开展 GPS 监测和数据实时处理研究。

（4）利用勘探技术（如钻孔、平斜洞等）进行岩土体深部位移监测，如钻孔倾斜仪监测。

（5）监测技术选择应考虑其工作环境，如透视条件、地形条件、气候条件、洞内湿度和化学腐蚀等。

（6）电测与机测相结合，以便互相校核，互相补充，提高监测成果的可靠度，尤其要保证监测不中断，取得连续数据。

（7）监测周期—勘查阶段的监测至少有一个年度的连续资料；治理工程监测应起到控制施工强度和保证施工安全的作用；治理工程效果的判定应具备整个工程竣工后 1～3 a 的完整资料。

对地质环境进行监测的内容还有很多方面，如地下水污染、土壤污染参见本书相关章节，其他内容略。

复习与思考题

1. 何谓环境地质问题？
2. 环境地质问题主要包括哪些内容？
3. 地质环境监测中，对各种环境地质问题监测时主要包括哪些内容？

第十章 现代环境监测技术

【知识目标】

了解大气和水体连续自动监测系统、环境遥感监测技术、现代快速检测技术，为今后工作打下基础。

【能力目标】

通过本章学习，使学生初步具备应用现代环境监测技术的能力；具有大气、水体连续自动监测、应急监测、方案设计、数据分析及环境现状评价的初步能力。

现代环境监测技术是从20世纪50年代后期逐步建立和发展起来的。我国从20世纪80年代开始在北京、上海、青岛等15个城市相继建立起地面大气自动监测站，以后又在黄浦江、天津引滦进津河段及吉化、宝钢、武钢等大型企业的供排水系统建立了水质连续自动监测系统。截至“十五”末，中国环境监测总站已在长江、黄河、淮河、松花江、辽河、珠江、海河、太湖、巢湖、滇池十大流域建立了140个水质自动监测站。形成了覆盖我国十大流域的远程自动监测网络。

第一节　自动监测系统

环境中污染物质的浓度和分布是随时间、空间、气象条件及污染源排放情况等因素的变化而不断变化的，定点、定时人工采样测定结果不能完全反映污染物质的动态变化，实时提供污染现状和预测发展趋势。为了及时获得污染物质在环境中的动态变化信息，正确评价污染现状，并为研究污染物扩散和转化规律提供依据，开发、应用连续自动监测技术成为必然。

一、自动监测系统概述

环境自动监测系统的工作体系是由一个中心监测站和若干个固定的监测分站（子站）组成（图10-1）。

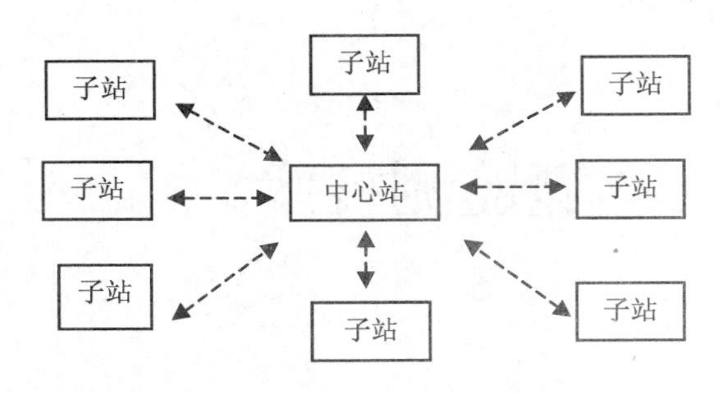

图 10-1　环境自动监控系统工作体系

中心站与子站之间的信息和数据由无线电收发传输系统来完成。子站内装有测定各种污染物的单项指标和综合指标，以及气象参数的检测仪器和电子计算机及其辅助设备，如打印机、显示器等。同时，还设有作为通信联络的无线电台。各个子站的主要任务是：

（1）通过计算机按预约的监测时间、监测项目进行定时定点监测。

（2）按照一定的时间间隔采集和处理监测数据。

（3）将测得的数据按不同的需要进行显示、打印和短期贮存。

（4）通过无线电接收中心站的指令，向中心监测站传送监测数据。

子站的工作特点是连续、自动、常年不断的运行。

中心站是各个子站的网络指挥中心，又是信息数据中心。它配有功能较齐全、存贮容量大的计算机系统和用作无线电通信联络的电台。它的主要任务是按预定的程序通过中心站电台与各子站联系完成下列工作：

（1）向子站发出各种工作指令、管理子站的监测工作，如开机、停机、校对监测仪器等。

（2）收集子站的监测数据，并进行数据统计处理，打印污染指标统计表或绘制污染分布图。

（3）分门别类地将各种监测数据贮存到磁盘上建立数据库，以便随时检索或调用。

（4）向有关部门发出污染警报，以便采取相应的政策。

中心站的工作一般是间歇的，如每隔五天开动一次。

自动监测系统 24 h 连续自动地在线工作。自动监测系统在正常运行时一般不需要人的参与，所有的监测活动包括采样、检测、数据采集处理、数据显示、数据打印、数据贮存等，都是在计算机的自动控制下完成的。

二、大气连续自动监测系统

大气连续自动监测系统的任务是对空气中的污染物进行连续自动的监测，获得连续的瞬时大气污染信息，提供大气污染物的时间—浓度变化曲线，各类平均值与频数分配统计资料，为掌握大气污染特征及变化发展趋势，分析气象因素与大气污染的关系，评价管理环境大气质量提供基础数据。

大气连续自动监测系统由一个中心站、若干个子站和信息传输系统组成。

中心站是整个系统的心脏部分，它是所有测量数据收集、存贮、处理、输出、控制系统和其他科研计算的中心。整个大气连续自动监测系统的可靠性和效能，中心站是关键。为了确保数据收集和进行较多的科研计算和管理，采用两台计算机，一台作主机与系统相连，在线运行；另一台作辅机进行计算管理。当主机发生故障时，辅机可代替运行。中心站的运行方式为：

（1）由中心站定时向各子站轮流发出询问信号，各子站按一定格式依次发送回数据，对数据进行差错校验及纠正。有疑问时可指令子站重发。具有随机查询子站实时数据并收集子站运行状态的功能。

（2）对数据进行存贮、处理、输出。定时收集各子站的监测数据并进行处理，打印各种报表，绘制各种图形；建立数据库，完成各种数据的贮存。

（3）对全系统运行的实时控制。包括：通信控制；对子站监测仪器操作的控制，如校零、校跨度、控制开关、流量等；对污染源超标排放时的警戒控制。

大气连续自动监测系统的子站按其任务不同可分为两种，一种是为评价地区整体的大气污染状况设置的，装备有大气污染连续自动监测仪（包括校准仪器），气象参数测量仪和一台环境微机；另一种是为掌握污染源排放污染物浓度等参数变化情况而设置的，装备有烟气污染组分监测仪和气象参数测量仪。

（一）系统监测布点及监测项目

1. 系统监测布点

在设计环境空气质量自动监测系统时，应根据本地区多年的环境空气污染状况及发展趋势、工业、能源开发和经济建设的发展、人口分布、地形和气象条件等因素，与代表性相结合，以能客观反映环境空气污染对人群和生活环境影响为原则，综合考虑系统监测点位的布点问题。在布点设计中，确定的监测点数量与系统资金投入有直接的关系，因此需要对监测点位进行合理优化。由于有多种优化布点方法，选用何种方法，各地应根据本地的实际情况作出合理的选择。对监测点位的布设应该遵循以下原则：

（1）监测点位的设置应具有较好的代表性，能客观反映一定地区范围的空气污染水平和变化规律。

（2）应考虑各监测点之间设置条件尽可能一致，使各个监测点取得的数据具有可比性。

（3）为了能大致反映城市各行政区环境空气污染水平及规律，在监测点位的布局上尽可能分布均匀。同时在布局上还应考虑，能大致反映城市主要功能区和主要环境空气污染源的污染现状及变化规律。

（4）为分析和评价城市各测点环境空气污染的变化情况，每个城市应设置1个区域性范围的环境空气对照点。对照点应设置在城市主导风向上风向，环境空气污染水平远低于其他测点的地方。

（5）应适当结合城市规划考虑监测点位的布设，使确定的监测点位能兼顾未来发展的需要。

2．监测项目

在环境质量标准中涉及的常规环境空气质量监测项目有十几种，现在这监测项目中只有部分项目可以实现连续自动监测，因此在系统监测项目的选取上，选择仪器设备容易购置，且容易掌握污染超标和具有代表总体变化特征的项目进行监测。各国大气自动监测系统的监测项目基本相同，有二氧化硫、氮氧化物、一氧化碳、总悬浮颗粒物或飘尘、臭氧、硫化氢、总碳氢化合物、甲烷、非甲烷烃及气象参数等。我国《环境监测技术规范》中，将地面大气自动监测系统的监测点分为Ⅰ类测点和Ⅱ类测点。Ⅰ类测点数据按要求进国家环境数据库，Ⅱ类测点数据由各省、市管理。Ⅰ类测点除测定气温、湿度、大气压，风向、风速五项气象参数外，规定的必测的污染因子为：二氧化硫、氮氧化物、一氧化碳、总悬浮颗粒物或飘尘；选测项目为臭氧、总碳氢化合物。Ⅱ类测点的测定项目可根据具体情况确定。

（二）子站内的仪器装备

子站内设有自动采样和预处理系统、自动监测仪器及其校准设备、气象测量仪器、计算机及信息传输系统等。图 10-2 为青岛市地面大气自动监测系统子站装备的仪器设备框图。

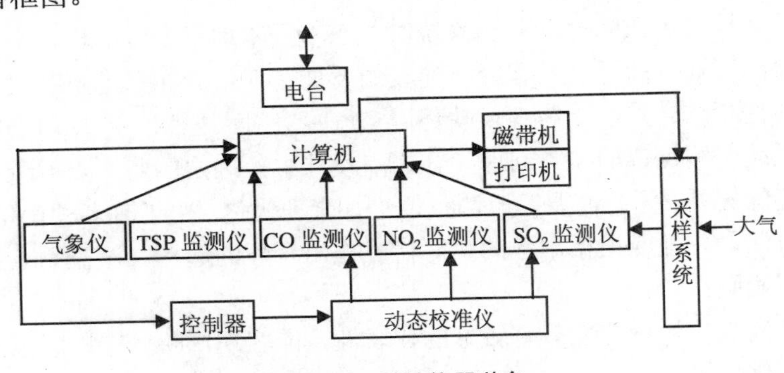

图 10-2　子站仪器装备

采样系统可采用集中采样和单机分别采样两种方式。集中采样是在每一个子站设一总采气管，由引风机将大气样品吸入，各仪器的采样管均从这一采样管中分别采样，但总悬浮颗粒物或可吸入尘应单独采样。单独采样系指各监测仪器分别用采样泵采集大气样品。实际工作中，多将这两种方式结合使用（图 10-3）。

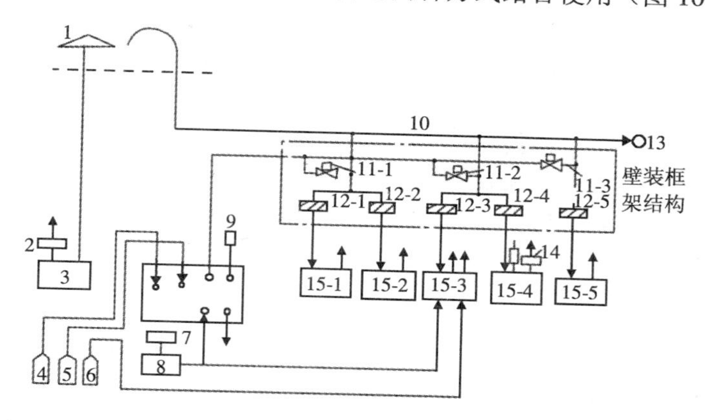

1—采样探头；2、14—泵；3—MPSI 100I（TSP）；4—NO 瓶；5—CO 瓶；6—C_nH_m 瓶；7—空压机；8—零气源；9—安全阀；10—采样玻璃总管；（11-1）—SO_2、O_3 阀；（11-2）—NMHC 阀；（11-3）—CO 阀；（12-1）～（12-5）—过滤器；13—抽风机；（15-1）～（15-5）—动态校正器

图 10-3 采样气路系统

校准系统包括校正污染监测仪器零点、量程的零气源和标准气气源（如标准气发生器、标准气钢瓶）、校准流量计等。在计算机和控制器的控制下，每隔一定时间（如 8 h 或 24 h）依次将零点气和标准气输入各监测仪器进行校准。校准完毕，计算机给出零值和跨度值报告。

（三）大气污染自动监测仪器

大气污染自动监测仪器是获得污染准确信息的关键设备，必须具备连续运转能力强、灵敏准确、可靠等特点。表 10-1 列出了美国、日本和我国采用的主要监测方法和监测仪器。下面介绍几种常用的空气质量连续监测仪器。

1．紫外脉冲荧光法 SO_2 监测仪

该法的监测原理是用脉冲化的紫外光（190～230 nm）激发 SO_2 分子，处于激发态的 SO_2 分子返回基态时放出荧光（240～420 nm），所放出的荧光强度与 SO_2 的浓度呈线性关系，从而测出 SO_2 的浓度。该法响应快、灵敏度高，且对温度、流量的波动不敏感，稳定性好，作为连续监测仪器较为可靠。

荧光法测定二氧化硫的主要干扰物质为水分及芳香烃类有机物，水分的影响一方面是由于二氧化硫可溶于水所造成的损失；另一方面是由于二氧化硫遇水产生荧光猝灭所造成的负误差。可采用半透膜气相渗透除水法或反应室加热法除去水的干扰，某些芳香烃类有机物在 190～230 nm 紫外光的激发下也发射荧光，造成正误差。

可采用装有特殊吸附剂的过滤器预先除去。

表 10-1 美、日、中大气污染自动监测仪器比较

国别	项目	测定方法	监测仪器及性能
美国	SO_2	脉冲紫外荧光法	脉冲紫外荧光 SO_2 分析仪，0～5，0～10 ppm
	CO	相关红外吸收法	相关红外 CO 分析仪，0～50，0～100 ppm
	NO_x	化学发光法	化学发光 NO_x 分析仪，0～10 ppm
	O_3	紫外光度法	紫外光度 O_3 分析仪，0～10 ppm
	总烃	气相色谱法（FID）	气相色谱仪
	飘尘	β射线吸收法	β射线飘尘监测仪
	TSP	大容量滤尘称重法	大容量采样 TSP 测定仪（非自动）
日本	SO_2	脉冲紫外荧光法	紫外荧光 SO_2 分析仪，0～5，0～1 000 ppm
	CO	相关红外吸收法	非色散红外 CO 分析仪，0～100，0～200 ppm
	NO_x	化学发光法	化学发光 NO_x 分析仪，0～2 ppm
	O_3	紫外光度法	紫外光度 O_3 分析仪，0～2 ppm
	总烃	气相色谱法（FID）	气相色谱仪
	飘尘	β射线吸收法	β射线飘尘监测仪，0～1 000 μg/m^2
	TSP	大容量滤尘称重法	大容量采样 TSP 测定仪（非自动）
中国	SO_2	脉冲紫外荧光法	紫外荧光 SO_2 分析仪，0～10 ppm
	CO	相关红外吸收法	非色散红外 CO 分析仪，0～30 ppm
	NO_x	化学发光法	化学发光法 NO_x 分析仪，0～10 ppm
	O_3	紫外光度法	紫外光度 O_3 分析仪，0～10 ppm
	总烃	气相色谱法（FID）	气相色谱仪
	飘尘	β射线吸收法	β射线飘尘监测仪，5～1 000 μg/m^2
	TSP	大容量滤尘称重法	大容量采样 TSP 测定仪（非自动）

紫外荧光法 SO_2 监测仪已被国家环保总局认可，仪器的结构可分为两部分。

（1）分析器部分。如图 10-4 所示，荧光计脉冲紫外光源发射脉冲紫外光经激发光滤光片（光谱中心 220 nm）进入反应室，SO_2 分子在此被激发产生荧光，经发射光滤光片（光谱中心 330 nm）投射到光电倍增管上，经信号处理，仪器直接显示浓度读数 ppm。

（2）气路部分。如图 10-5 所示，大气试样经除尘过滤器后通过采样阀进入仪器，首先进入渗透膜除水器内管，在此水分以气态除去，干燥的样品经除烃器除去烃类到达荧光反应室，反应后的干燥气体经渗透膜除水器外管，由泵排出仪器。

该仪器操作简便。开启电源预热 30 min，待稳定后通入零气，调节零点，然后通入 SO_2 标准气，调节指示标准气浓度值，继之通入零气清洗气路，待仪器指零后即可采样测定。该仪器可连接气体采样管路进行现场连续测定，也可连接样品贮器进行单个样品测定。连续测定样品气流的流速为 1.5 L/min，其最低检测浓度可达 1 ppb。

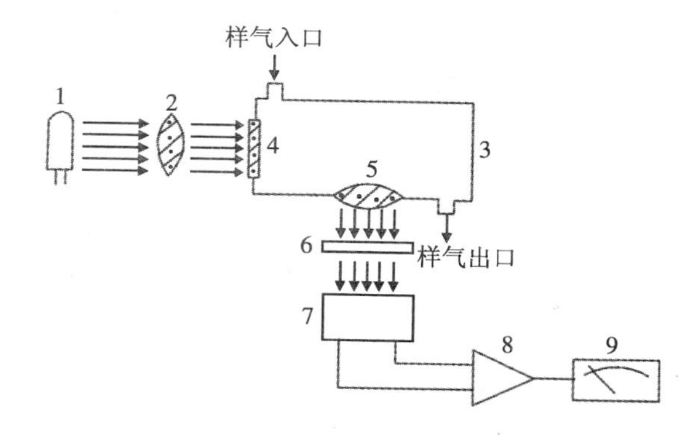

1—紫外脉冲光源；2、5—透镜；3—反应室；4—激发光滤光片；
6—发射光滤光片；7—光电倍增管；8—放大器；9—指示表

图 10-4 SO_2 监测仪荧光计工作原理

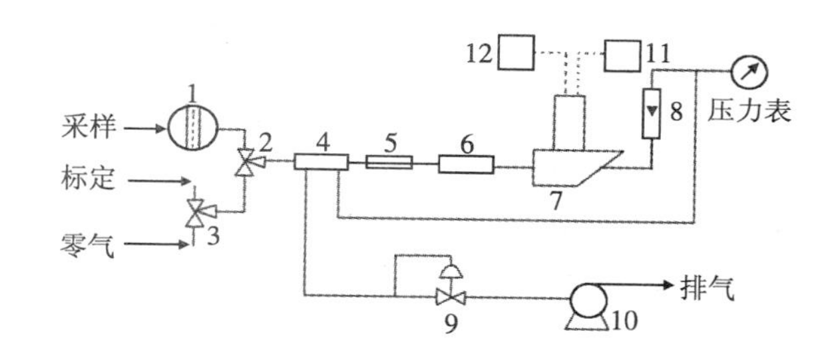

1—除尘过滤器；2—采样电磁阀；3—零气/标定电磁阀；4—渗透膜温器；5—毛细管；6—除烃器；
7—反应室；8—流量计；9—调节阀；10—抽气泵；11—电源；12—信号处理及显示系统

图 10-5 紫外荧光 SO_2 监测仪气路系统

2．化学发光法 NO_x 监测仪

化学发光法 NO_x 监测仪的原理是基于 NO 和 O_3 的化学发光反应产生激发态的 NO_2 分子，当激发态的 NO_2 分子回到基态时放出光量子，其发光强度与 NO_2 的浓度成正比。

氮氧化物 NO_x 通常包括 NO 和 NO_2，而氮氧化物的发光反应是 NO 和 O_3 的反应。因此，测定 NO_x 总浓度时，需预先将 NO_2 转换为 NO。

化学发光法是一种灵敏度非常高的分析方法，对 NO 的测定可达 ppb 级。该法的反应速度很快，可以认为瞬时反应，适于连续测定。化学发光反应在较宽的浓度范围（0～10 000 ppm）内，有良好的线性关系，同时该法选择性较好。因为在室温下可产生的化学发光反应极少，从而避免了干扰。

化学发光法 NO_x 监测仪已被国家环保总局认可，并列为 NO_x 的标准分析方法，仪器的结构原理如图 10-6 所示。

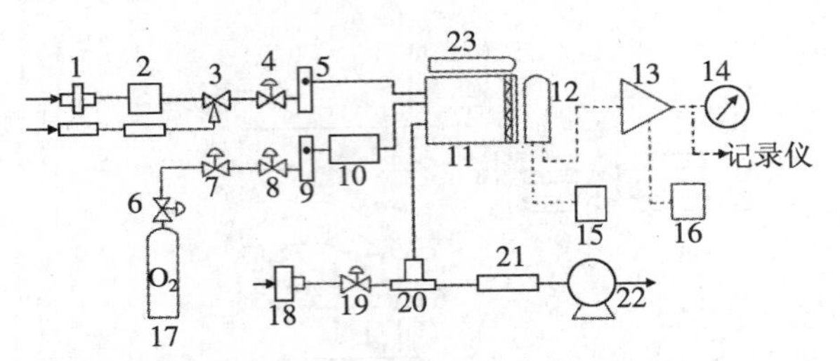

1、18—尘埃过滤器；2—NO_2→NO 转换器；3、7—电磁阀；4、6、19—针形阀；5、9—流量计；8—膜片阀；10—O_3发生器；11—反应室及滤光片；12—光电倍增管；13—放大器；14—指示表；15—高压电源；16—稳压电源；17—氧气处理装置；20—三通管；21—净化器；22—抽气泵；23—半导体致冷器

图 10-6　化学发光 NO_x 监测仪工作原理

由图可见，气路分为两部分，一是 O_3 发生气路，即氧气经电磁阀、膜片阀、流量计进入 O_3 发生器，在紫外光照射或无声放电等作用下，产生数百 ppm 的 O_3 送入反应室；二是气样经尘埃过滤器进入转换器，将 NO_2 转换成 NO，再通过三通电磁阀、流量计到达反应室。气样中的 NO 与 O_3 在反应室中发生化学发光反应，产生的光量子经反应室端面上的滤光片获得特征波长光射到光电倍增管上，将光信号转换成与气样中 NO_2 浓度成正比的电信号，经放大和信号处理后，送入指示表，记录仪表显示和记录测定结果。反应后的气体由泵抽出排放。还可以通过三通电磁阀抽入零气校正仪器的零点。

仪器的操作较为简单，开启电源预热 2 h，待稳定后通入不含待测物组分的零气，调节零点，然后通入 NO 标准气体，调节仪器跨度电位器使读数指示标准气浓度值。仪器校准完后可连接气体采样管路进行现场连续测定，也可连接样品贮器进行单个样品测定。测定结果可由仪器直接显示 NO、NO_2、NO_x 的浓度值。

3．气体过滤器相关光谱法 CO 监测仪

气体过滤器相关光谱法 CO 监测仪的原理是非分散红外法的一种改进，采用了气体过滤器相关技术，基本原理是基于在有其他干扰气体存在下，比较样品气中被测气体红外吸收光谱的精细结构。仪器的结构原理如图 10-7 所示。

仪器中装有一个可转动的气体过滤器转轮，此轮一半充入纯 CO，另一半充入纯 N_2，当红外线通过 CO 一侧时，相当于参比光束，通过 N_2 一侧时，相当于样品光束，转轮后设有一多次反射光程吸收池（池长 40 cm，反射 32 次，光程长 12.8 m）保证有足够的灵敏度，气体过滤器转轮按一定频率旋转，此时对吸收池来说，从时间上分割为交替的样品光束和参比光束，可以获得一交变信号，而对干扰气体说，样品光束和参比光束是相同的可相互抵消。该法的灵敏度好，设备简单，由于采用固态监测器，避免了非色散红外法微量电容监测器易受震动的影响，使仪器运行可靠。

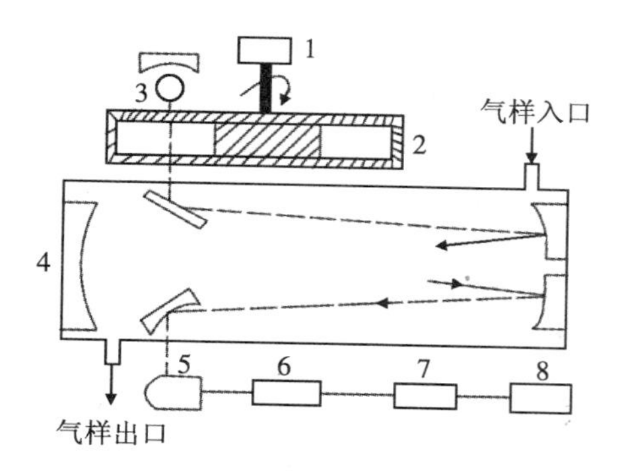

1—马达；2—气体滤波相关轮；3—红外光源；4—多次反射光程吸收气室；
5—红外监测器；6—前置放大器；7—电子信息处理系统；8—显示、记录仪表

图 10-7 相关红外吸收法 CO 监测仪工作原理

4．紫外光度法 O_3 监测仪

其原理基于 O_3 对波长为 254 nm 附近的紫外光有特征吸收，根据吸光度确定气样中 O_3 的浓度。

紫外光度法 O_3 监测仪设备简单，无试剂、气体消耗，灵敏度较高，适于低浓度 O_3 的连续测定，1 ppm 内有良好的线性，响应很快。主要干扰是由于 O_3 很活泼，与很多物质接触易分解，因此对仪器的吸收池、气体管路等的材质要选择惰性材料，特别要避免颗粒物、湿气对仪器光路、气路的沾污。

紫外光度法 O_3 监测仪已于 1980 年被美国 EPA 认可，仪器的结构多采用双光路双气路补偿型，一般结构如图 10-8 所示，双光路双气路紫外光度法 O_3 监测仪结构如图 10-9 所示。双光路双气路紫外光度仪从时间分割上将一个吸收池作为测定池和参考池，另一个吸收池作为参考池和测定池，这种方法可有效地提高了测定精度。

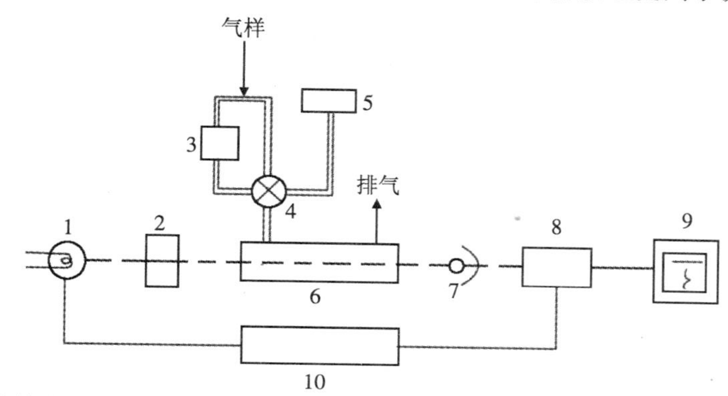

1—紫外光源；2—滤光器；3—除 O_3 器；4—电磁阀；5—标准 O_3 发生器；6—气室；
7—光电倍增管；8—放大器；9—记录仪；10—稳压电源

图 10-8 紫外吸收式 O_3 分析仪工作原理示意（一般）

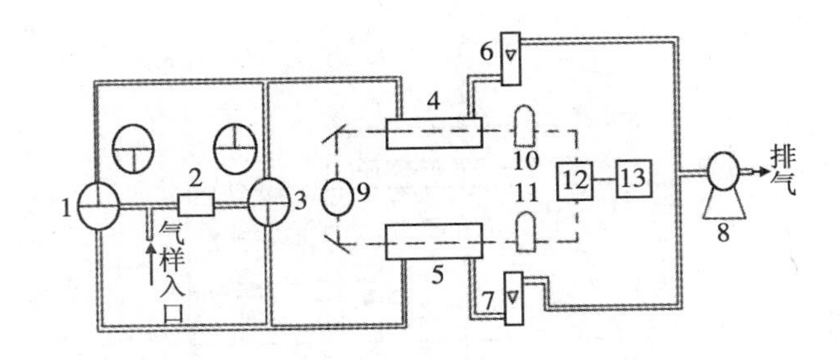

1、3—电磁阀；2—除 O_3 器；4、5—气室；6、7—流量计；8—抽气泵；9—光源；
10、11—光电倍增管；12—放大器；13—数据处理系统

图 10-9　双光路双气路紫外光度法 O_3 监测仪工作原理示意

5．石英晶体飘尘测定仪

其工作原理示意如图 10-10 所示。气样经粒子切割器剔除粒径大于 10 μm 的颗粒物，小于 10 μm 的飘尘进入测量气室，测量气室内有高压放电针、石英谐振器及电极构成的静电采样器，气样中的飘尘因高压电晕放电作用而带上负电荷，继之在带正电的石英谐振器电极表面放电并沉积，除尘后的气样流经参比室内的石英谐振器排出，因参比石英谐振器没有集尘作用，当没有气样进入仪器时，两谐振器固有振荡频率相同（$f_1=f_2$），其差$\Delta f=f_1-f_2=0$，无信号送入电子处理系统，数显屏幕上显示零，当有气样进入仪器时，则测量石英谐振器因集尘而质量增加，使振荡频率（f_1）降低，两振荡器频率之差（Δf）经信号处理系统转换成飘尘浓度并在数显屏幕上显示。

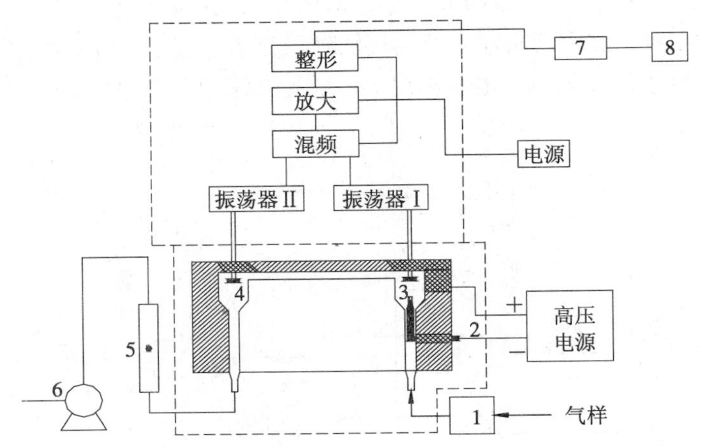

1—大粒子切割器；2—放电针；3—测量石英振荡器；4—参比石英谐振器；
5—流量计；6—抽气泵；7—浓度计算器；8—显示器

图 10-10　石英晶体飘尘测定仪工作原理

（四）大气污染监测车

大气污染监测车是装备有采样系统、污染物自动监测仪器、气象参数观测仪器、数据处理装置及其他辅助设备的汽车。它是一种流动监测站，也是地面空气自动监测系统的补充，可以随时到达发生污染事故的现场或可疑点采样测定，以便及时掌握污染情况，采取有效措施。

监测车内的采样管由车顶伸出，下部装有轴流式风机，以将气样抽进采样管供给各监测仪器。可吸入颗粒物监测仪的气样由另一单独采样管供给。装备的监测仪器有：SO_2、NO_x、O_3、CO、PM_{10} 等自动监测仪和空气质量专用色谱仪（可测定总烃、甲烷等）；测量风向、风速、气压、温度、湿度等参数的小型气象仪。数据处理装置包括专用微机和显示、记录、打印设备，用于进行程序控制、收集数据、信号处理、数据处理和显示、记录、打印测定结果。辅助设备有标准气源、载气源、稳压电源、空调器和配电系统等。

除大气污染监测车外，还有污染源监测车，只是装备的监测仪器有所不同。

三、水污染连续自动监测系统

与大气污染连续自动监测系统类似，水污染连续自动监测系统也由一个监测中心站、若干个固定监测站（子站）和信息，数据传递系统组成。

子站内装有传感器，用于测定各种污染物的单项指标、综合指标，以及气象参数的分析仪器，数据采集通信控制器及通信设备。各子站的工作是常年连续运行的，中心站是各个子站的网络指挥中心，又是信息数据中心。它配有功能齐全、存贮容量大的计算机系统，由通信联络设备及数据显示、分析、传输和接收的管理软件构成。中心站的主要功能是：数据通信、实时数据库、报警、安全管理、数据打印，中心站的工作一般是间歇式的。

自动监测系统在正常运行时一般不需要人的参与，而是在计算机的自动控制下进行工作的。其工作系统由信息采集系统、信息传输系统、信息管理系统和信息服务系统四部分组成。各组成部分在系统中所处位置和相互关系如图 10-11 所示。

信息采集系统完成自动监测系统的信息采集、整理，并通过通信系统和计算机网络把各类信息传送给水质监测中心站，使决策部门及时了解水质状况，发布水质公报，为控制水质和治理水环境提供科学依据。信息采集系统的建设主要包括自动采样器、自动分析仪和多参数水质监测仪、水量测定装置的配备、设计和安装，以及采样场所的基建工程。

信息传输系统充分利用流域现有的通信网和计算机网络系统，建立覆盖流域水资源监测实验室的计算机网络系统，实现水资源信息的网上传输和资料共享，以达到快速、准确地传递水质信息的目的，为充分利用水资源提供服务。

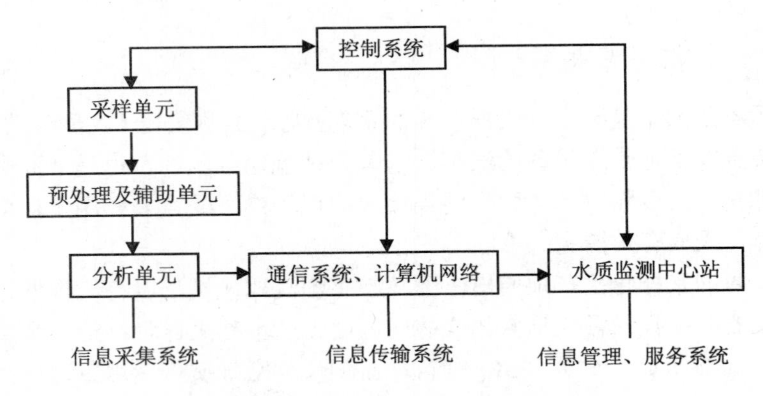

图 10-11　水质自动监测工作系统构成

（一）子站布设及监测项目

对水污染连续自动监测系统各子站的布设，首先也要调查研究，收集水文、气象、地质和地貌、污染源分布及污染现状、水体功能、重点水源保护区等基础资料，经过综合分析，设置代表性的监测断面和监测点，确定各子站的位置。

目前许多国家都建立了以监测水质一般指标和某些特定污染指标为基础的水污染连续自动监测系统。表 10-2 列出监测系统可进行连续或间断自动监测的项目及其测定方法。需与水质指标同步测量的水文、气象参数有水位、流速、潮汐、风向、风速、气温、湿度、日照量、降水量等。

表 10-2　水污染可连续自动监测的项目及方法

	项　目	监测方法
一般指标	水温	铂电阻法或热敏电阻法
	pH 值	电位法（pH 玻璃电极法）
	电导率	电导法
	浊度	光散射法
	溶解氧	隔膜电极法（电位法或极谱法）
综合指标	高锰酸盐指数	电位滴定法
	总需氧量（TOD）	电位法
	总有机碳（TOC）	非色散红外吸收法或紫外吸收法
	生化需氧量（BOD）	微生物膜电极法（用于污水）
单项污染指标	氟离子	离子选择电极法
	氯离子	离子选择电极法
	氰离子	离子选择电极法
	氨氮	离子选择电极法
	六价铬	比色法
	苯酚	比色法或紫外吸收法

（二）水污染连续自动监测仪器

1. 水样的采集系统

采样方法分为瞬时采样、周期采样和连续采样三种。采样设备为潜水泵，潜水泵通常安装在采样位置一定深度的水面下，经输水管道将水样输送到分站监测室内的配水槽中。由于河流、湖泊等天然水中携带有泥砂等细小颗粒物，初滤后的水样经过配水槽，泥砂沉积在槽底，澄清水则以溢流方式分配到各检测仪器的检测池中，多余的水经排水管道排放出去。

潜水泵的安装方式大体可分为两种，一种为固定式；另一种为浮动式。固定式安装方便，但是采水深度会随水位的涨落而改变，因此在水位变化大的水域中使用时，不能保持恒定的采水深度。浮动式是将水泵安装在浮舟上，因浮舟始终漂浮在水面上，无论水位如何变化，采水深度始终保持不变。

从水泵到监测室的输水管道越短越好，以免水质特别是测定溶解氧的水质在输送过程中发生变化。输水管道的长度一般为 5～25 m。管道要避光安装，以防藻类的生长和聚集；管道还应保温，防止冬天冻冰，堵塞输水管路。保温方式有三种：深埋、用保温材料缠绕和加电热保温层。

2. 水质连续自动监测水质一般指标系统

如图 10-12 所示。

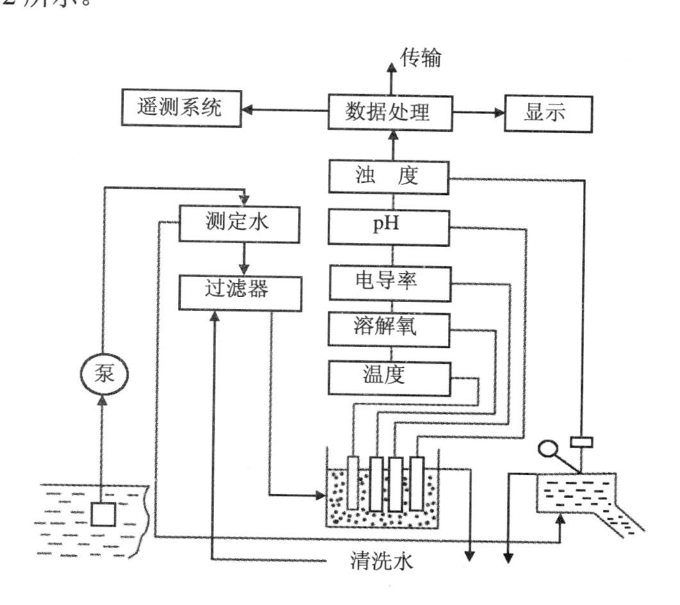

图 10-12　连续自动监测水质一般指标系统

（1）水温监测仪（图 10-13）

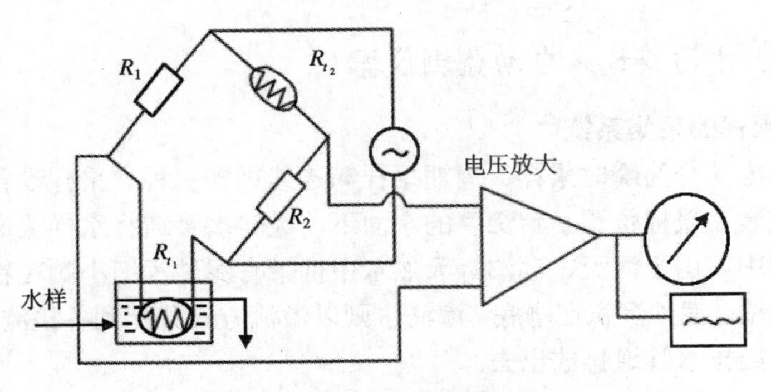

图 10-13　水温自动测量原理

（2）电导率监测仪

在连续自动监测中，常用电流测量法电导率仪测定，其工作原理如图 10-14 所示。

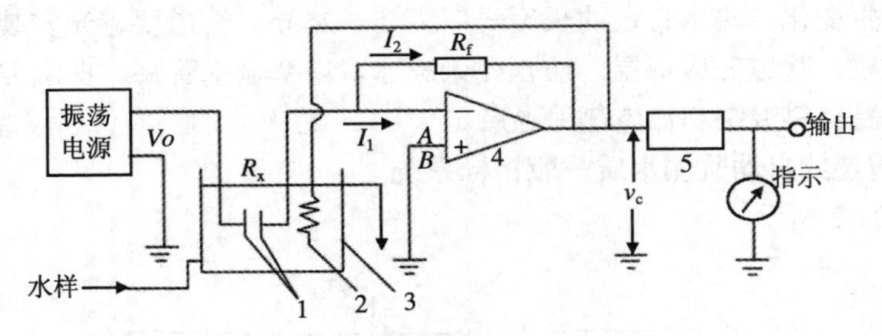

1—电导电极；2—温度补偿电阻；3—发送池；4—运算放大器；5—整流器

图 10-14　电流法电导率工作原理

（3）pH 监测仪

pH 连续自动测定原理如图 10-15 所示。

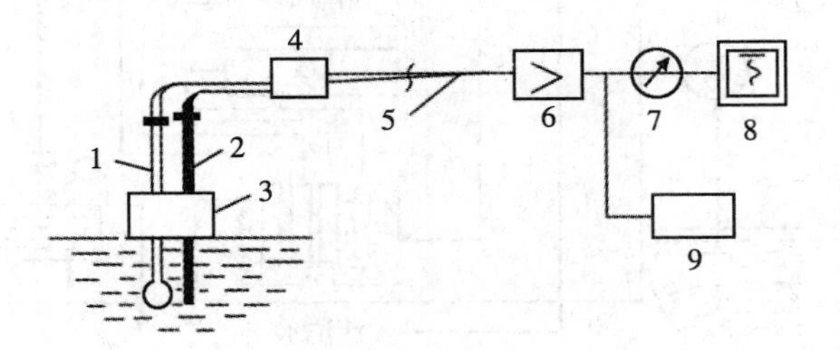

1—复合式 pH 电极；2—温度自动补偿电极；3—电极夹；4—电线连接箱；5—电缆；6—阻抗转换及放大器；7—指示表；8—记录仪；9—小型计算机

图 10-15　pH 连续自动测定原理

（4）溶解氧监测仪

在水污染连续自动监测系统中，广泛采用隔膜电极法测定水中溶解氧。图 10-16 为其测定原理图。

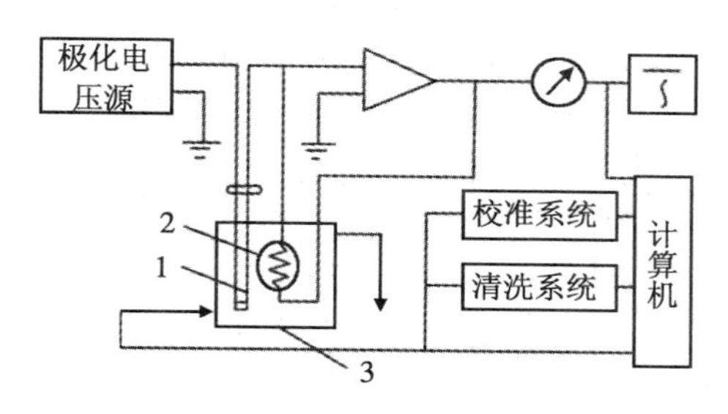

1—隔膜式电极；2—热敏电阻；3—发送池

图 10-16　溶解氧连续自动测定原理

（5）浊度监测仪

表面散射式浊度自动监测仪工作原理如图 10-17 所示。

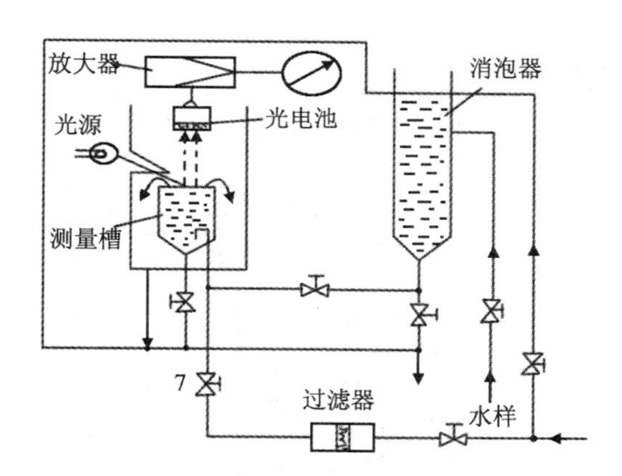

图 10-17　表面散射式浊度自动监测仪工作原理

3．高锰酸盐指数监测仪

电位滴定式高锰酸盐指数自动监测仪工作原理如图 10-18 所示。

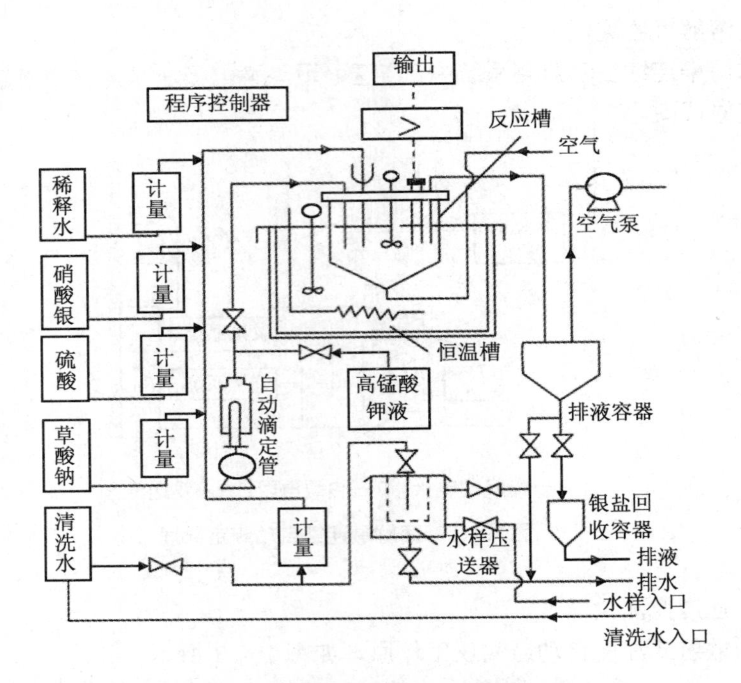

图 10-18　电位滴定式高锰酸盐指数自动监测仪工作原理

4．COD 自动监测仪

COD 自动监测仪测定流程如图 10-19 所示。

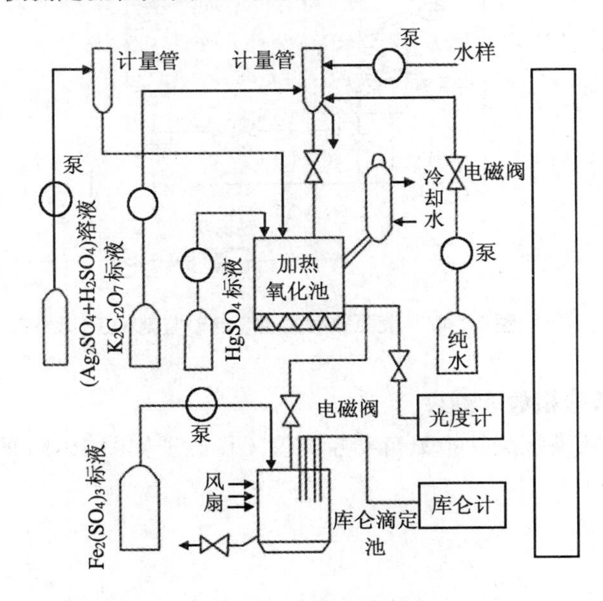

图 10-19　COD 自动监测仪测定流程

5．微生物传感器 BOD 自动监测仪

微生物传感器 BOD 自动监测仪如图 10-20 所示。

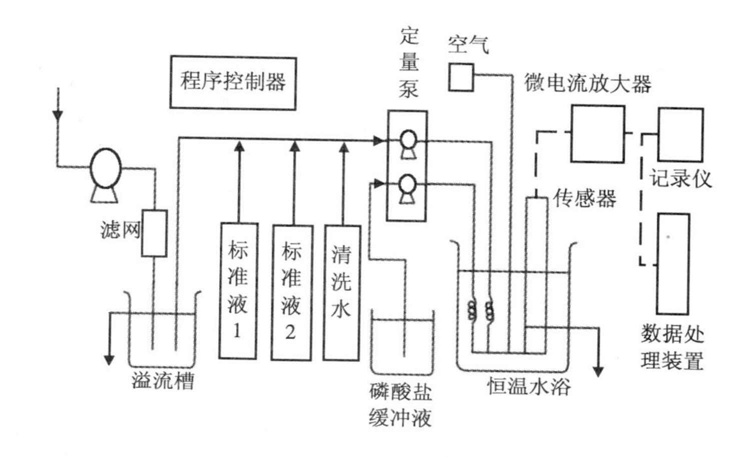

图 10-20　微生物传感器 BOD 自动监测仪

6．单通道 TOC 自动监测仪

单通道 TOC 自动监测仪工作原理如图 10-21 所示。

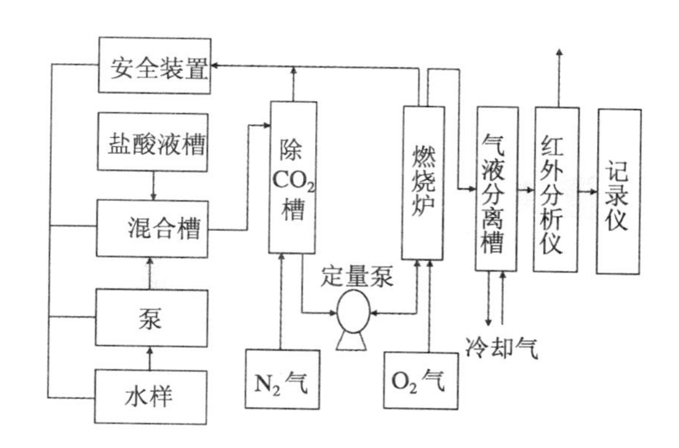

图 10-21　单通道 TOC 自动监测仪工作原理

7．UV（紫外）吸收自动监测仪

UV（紫外）吸收自动监测仪工作原理如图 10-22 所示。

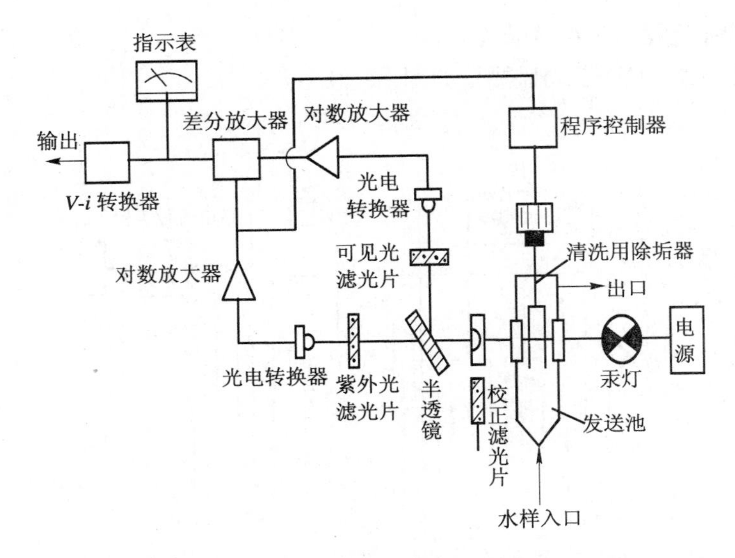

图 10-22　UV（紫外）吸收自动监测仪工作原理

（三）水质污染监测船

由于水污染的不易测定性和不稳定性，建立水污染流动监测十分必要，水质污染监测船就是流动监测站。它的主要任务是追踪寻找污染源，进行污染物扩散，迁移规律的研究；并且可以在大水域范围内进行物理、化学、生物、底质和水文等参数的综合测量，取得多方面的数据。水质污染监测船通常由采样设备、实验室基本设备、分析仪器、计算机等组成。分析仪器包括气象水文仪表、水质物理、参数监测仪、微型原子吸收光谱仪、微型气象色谱仪及各种专项监测仪器。

水质污染监测船的主要监测项目有 pH 值、水温、溶解氧、电导率、氧化还原电位、浊度、BOD、COD、TOC、硬度及金属、非金属、有机物等。

我国设计制造的长清号水质污染监测船早已用于长江等水系的水质监测。船上装备有 pH 计、电导率仪、溶解氧测定仪、氧化还原电位测定仪、浊度测定仪、水中油测定仪、总有机碳测定仪、总需氧量测定仪，氟、氯、氰、铵等离子活度计及分光光度计、原子吸收分光光度计、气相色谱仪、化学分析法仪器，水文、气象观测仪器及相关辅助设备和设施等，能够较全面地分析监测水体有关物理参数及污染物组分，综合进行底质，水生生物等项目的考察和测量。

第二节 遥感监测技术

遥感也称遥感技术，诞生于 20 世纪 60 年代，此后不久的 20 世纪 70 年代初期中国的遥感事业也开始起步。1986 年 12 月中国科学院遥感卫星地面监测站建成并正式运行，从此中国拥有了世界先进水平的地球资源环境航天遥感数据生产运行系统。遥感是集航空、航天、微波通信、计算机信息技术、数字信号和图像处理、感光化学、软件工程等高新技术为一体的尖端科学技术，它在获取大面积同步和动态环境信息方面“快”而“全”，是其他监测手段无法比拟和能够完成的，因此得到了日益广泛的应用。

遥感的定义可以表述为：利用一定的运载工具，使用一定的专用仪器记录、传送并识辨远距离的物质特征。

遥感监测是一种不直接接触目标物或现象而能收集信息，对其进行识别、分析、判断的更高自动化程度的监测手段。它最重要的作用是不需要采样而直接可以进行区域性的跟踪测量，快速进行污染源的定点定位，污染范围的核定、大气生态效应、污染物在水体、大气中的分布、扩散等变化，从而获得全面的综合信息。

一、遥感监测方法

对环境污染进行遥感监测的主要方法有摄影、红外扫描、相关光谱和激光雷达探测。

（一）摄影遥测技术

摄影机是一种遥测装置，将其安装在飞机、卫星上对目标物进行拍照摄影，可以对土地利用、植被、水体、大气污染状况等进行监测。其原理基于上述目标物或现象对电磁波的反射特性的差异，用感光胶片感光记录就会得到不同颜色或色调的照片。图 10-23 是电磁波受表层土壤（灰棕色）、植物（绿色）和水层反射的情况。

由图可见，由于水对光的反射能力是最弱的。当地表水挟带大量黏土颗粒进入河道后，由于天然水与颗粒物反射电磁波能力的差异，在摄影底片上未污染区与污染区之间呈现很强的黑白反差。正常的绿色植物在彩色红外照片上呈鲜红色，而受污染的植物内部结构、叶绿素和水分含量将发生不同程度的变化，在红彩照片上呈现浅红、紫色或灰绿色等不同情况。含有不同污染物质的水体，其密度、透明度、颜色、热辐射等有差异，即使是同一污染物质，由于浓度不同，导致水体反射波谱的变化反映在遥感影像上也有差异。缺氧水其色调呈黑色或暗色；水温升高改变了水的密度和黏度，彩片上呈现淡色调异常；海面被石油污染的彩片上色调变化明显等。在大气监测中，根据颗粒物对电磁波的反射、散射特性，采用摄影遥感技术可对其分布、浓度进行监测。

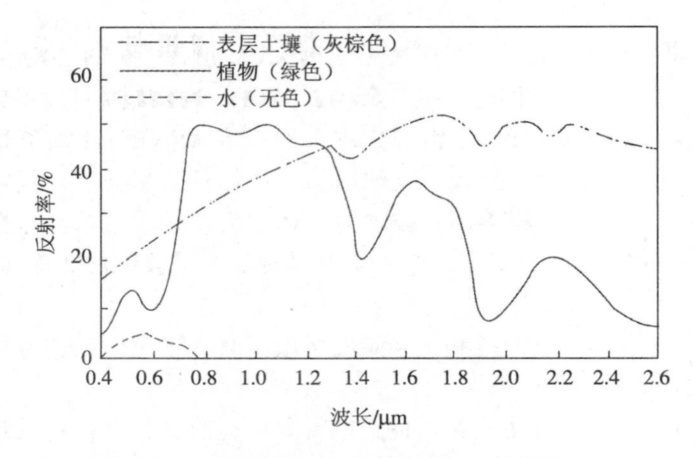

图 10-23　土壤、植物和水体对电磁波的反射能力

（二）红外扫描遥测技术

红外扫描遥测技术系指采用一定的方式将接受到的监测对象的红外辐射能转换成电信号或其他形式的能量，然后加以测量，获知红外辐射能的波长和强度，借以判断污染物种类及其含量。

红外扫描图像主要反映目标的热辐射信息，目标具有不同的温度，其辐射能量随之不同；温度愈高，辐射功率越强，辐射峰值的波长越短。对监测工厂的热排水造成的污染很有效，无论白天或黑夜，在热红外照片上排热水口的位置、排放热水的分布范围和扩散状态都十分明显，水温的差异在照片上也能识别出来。因此利用热红外遥感监测能有效地探测到热污染排放源。除此之外，它还可以监测草原及森林火灾、海洋水面石油污染范围等环境灾害。

（三）相关光谱遥测技术

相关光谱遥测技术的原理是某些污染物气体分子对自然光的连续光谱具有特征吸收，用光电接收装置测定这些分子的吸收光谱，即可测定大气中污染物的含量。为了消除光谱的干扰，提高测定的灵敏度，将相关器技术用于吸收光谱的方法就是相关光谱法。所谓相关器是根据某一特定污染物吸收光谱的某一吸收带（如 SO_2 选择 300 nm 左右），预先复制出的刻有一组狭缝的光谱型板，狭缝的宽度和间距与真实的吸收光谱波峰和波谷所在波长模拟对应，这样可从这组狭缝射出受检物质分子的吸收光谱（图 10-24）。

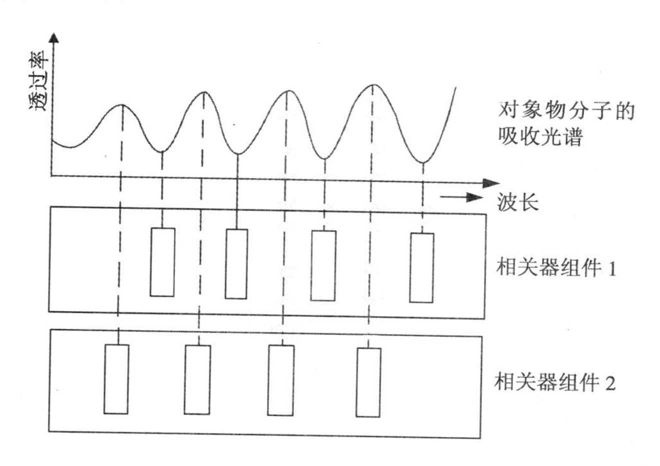

图 10-24　相关光谱法原理

相关光谱遥感监测的过程，是将自然光源由上而下透过受检大气层，使之相继进入望远镜和分光器，随后穿过由一排狭缝组成的与待测气体分子吸收光谱相匹配的相关器，则从相关器透射出的光的光谱图正好相应于受检气体分子的特征吸收光谱，加以测量后，便可推知其含量。图 10-25 是相关光谱分析仪整体系统示意图。相关器装在一个可旋转的盘上，通过旋转将相关器两组件之一轮换地插入光路，分别测定透过光。

将相关光谱分析器装备在汽车或飞机上，可大范围遥测大气污染物及其分布情况。也可以装在烟囱里侧，在其对面安装一个人工光源，用以测定烟道气中的污染物。

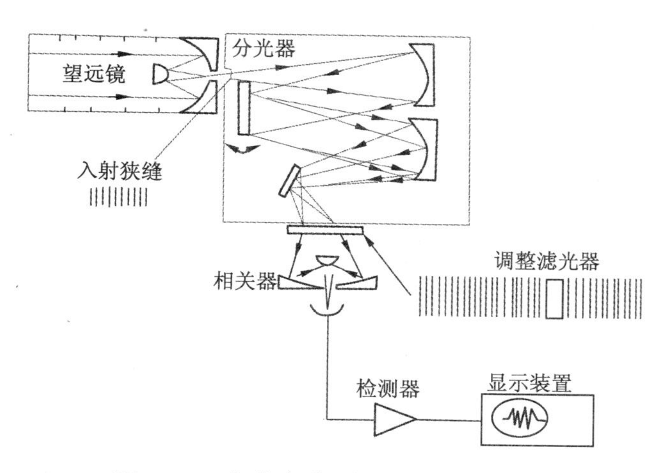

图 10-25　相关光谱分析仪整体系统

（四）激光雷达遥测技术

激光具有单色性好、方向性强和能量集中等优点，由激光原理制作的传感器灵敏度高、分辨率好、分析速度快，所以自20世纪70年代初以来，运用激光对大气污染和水体污染进行遥测的技术和仪器发展很快，并且形成了多种不同原理和监测对象的遥感方法。

（1）米氏散射　激光射入低层大气后，将会与大气中的颗粒物作用，因颗粒物粒径大于或等于激光波长，故光波在这些质点上发生米氏散射。据此原理，将激光雷达装置的望远镜瞄准由烟囱口冒出的烟气，对发射后经米氏散射折返并聚焦到光电倍增管窗口的激光作强度检测，就可对烟气中的烟尘量作出实时性遥测。

（2）拉曼散射　当射向大气的激光束与气态分子相遇时，则可能发生另外两种分子散射作用而产生折返信号，一种是散射光频率与入射光频率相同的雷利散射，这种散射占绝大部分，但目前尚无监测意义；另一种是约占1%以下的散射光频率与入射光频率相差很小的拉曼散射。应用拉曼散射原理制作的激光雷达可用于遥测大气中 SO_2、NO、CO、CO_2、H_2S 和 CH_4 等污染组分。由于不同组分都有各自的特定拉曼散射光谱，借此可进行定性分析；拉曼散射光的强度又与相应组分的浓度成正比，借此又可作定量分析。因为拉曼散射信号较弱，所以这种装置只适用于近距离（数百米范围内）或高浓度污染物的监测。

图10-26是拉曼激光雷达系统示意图。发射系统将波长为λ_0（相应频率为f_0）的激光脉冲发射出去，当遇到各种污染组分时，则分别产生与这些气体组分相对应的拉曼频移散射信号（f_1，f_2，…，f_n）。这些信号连同无频移的雷利和米氏散射信号（f_0）一起返回发射点，经接收望远镜收集后，通过分光装置分出各种频率的返回光波，并用相应的光电监测器检测，再经电子及数据处理系统得到各种污染气体组分的定性和定量监测结果。

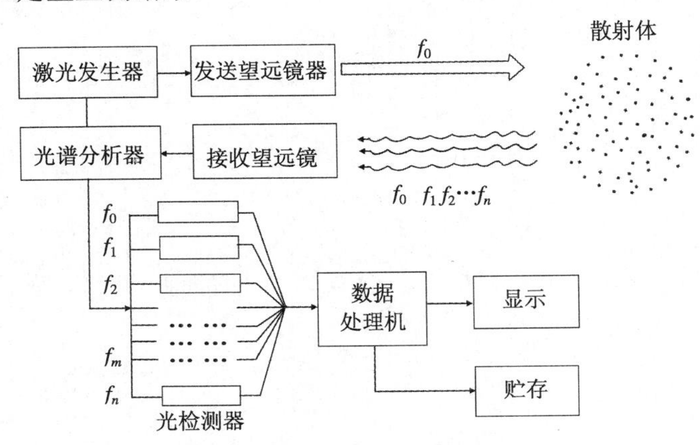

图10-26　拉曼激光雷达系统

（3）激光荧光技术　激光荧光技术是利用某些污染物分子受到激光照射时被激发而产生共振荧光，测量荧光的波长和强度，可作为定性和定量分析的依据。

如一种红外激光—荧光遥测仪可监测大气中的NO、NO_2、CO、CO_2、SO_2、O_3等污染组分。还有一种紫外荧光—激光遥测仪可监测大气中的HO·自由基浓度，也可以监测水体中有机物污染和赤潮暴发情况等。

（4）差分激光技术　差分吸收激光雷达监测仪，以其高灵敏度及可进行距离分辨测量等优点已成功地用于遥测大气中 NO_2、SO_2、O_3 等分子态污染物的浓度。这种仪器使用了两个波长不同而又相近的激光光源，它们交替或同时沿着同一大气途径传输，被测污染物分子对其中一束光产生强烈吸收，而对波长相近的另一束光基本没有吸收。同时，气体分子和气溶胶颗粒物对这两束光具有基本相同的散射能力（因光受颗粒物散射的截面大小主要由光的波长决定），因此两束激光的被散射返回波的强度差仅由被测分子对它们具有不同吸收能力决定，根据这两束反射光的强度差就能确定被测污染物在大气中的浓度；分析这两束光强随时间变化而导致的检测信号变化，就可以进行分子浓度随距离变化的分辨测定。

二、遥感实例

（一）水质污染遥感技术

对水体污染进行大范围实时监测是遥感技术应用的一个重要方面，它主要应用热红外扫描遥感技术，应用热红外扫描仪等进行航空遥感监测水质污染状况是由于未污染的水与被污染的水两者的比辐射率不同，因而即使它们在相同的温度下辐射温度也不相同，从其辐射温度的差值显示污染分布情况。应用实例有：海洋赤潮监测、湖泊水质监测、河流无机物污染监测、海洋石油泄漏污染监测等。

1．海洋石油泄漏污染遥感监测

未污染的海水与覆盖在水面上的油膜，由于两者的辐射发射率（即比辐射率）不同，从而显示出海面油污染分布的情况。在夜晚拍摄的热红外图像上，船舶翻起的浪花呈现出较暖的色调显示，像片上呈现出白色条带，而排油的地方则呈现出黑色条带。根据油膜的厚薄在像片上表现为灰阶的不同，可以计算出石油覆盖的面积和数量。

2．湖泊水质遥感监测

对水体的遥感监测是以污染水与清洁水的反射光谱性能研究为基础的。清洁水体反射率比较低，水体对光有较强的吸收性能，而较强的分子散射性仅存在于光谱区较短的谱段上。故在一般遥感影像上，水体表现为暗色色调，在红外谱段上尤其明显。

水中悬浮物微粒会对入射进水里的光发生散射和反射，增大水体的反射率。悬浮物含量增加，水体反射率也变大。

水体里浮游植物大量繁生是水质富营养化的显著标志。由于浮游植物体内含的叶绿素对可见和近红外光具有特殊的“陡坡效应”，使那些浮游植物含量大的水体兼有水体和植物的反射光谱特征。随浮游植物含量的增高，其光谱曲线与绿色植物的反射光谱越近似。水体里污油浓度越高，散射光越强。城市大量排放的工业废水和生活用水中带有许多有机物，它们在分解时耗去大量溶解氧，使水体发黑发臭。当有机物严重污染水体时，水色漆黑，污染程度轻一些的呈现各种灰黑色色调。在遥感像片上，这些水体的反射率很低，呈现为浊黑色条带。

黑白图像记录水体的反射光谱是依靠灰度特征表示的，彩色图像通过丰富的色彩、色调亮度和饱和度记录水体表面各种信息，能突出表现水面细微的变化。因此，应用彩色红外像片监测水质效果最理想。

（二）城市生态环境遥感技术

随着对城市环境和生态保护的深入发展，面对区域广阔的宏观环境，遥感监测技术就是获取大范围、综合性、同步信息方面的先进的最佳手段。它能通过图像上的信息，详细、全面、客观地反映城市地面景物的形态、结构、空间关系和特征，对城市环境和生态监测与研究大有潜力。应用实例有：空气污染状况监测、城市绿化动态监测、土地利用动态变化等。

以空气污染状况监测为例，目前利用遥感手段直接监测空气污染尚有困难，但可根据植物被空气污染伤害后成活的状况作为间接识别标志，进行分析判断，反映空气污染，其结果直观可靠。我们利用彩色红外像片，结合光谱测试、高平台摄影、植物季相节律观测、采样分析等手段研究了空气污染的生物效应。植物受空气污染危害后，生活力明显变弱，常常出现缺株断行，叶小枝短，树冠小，提取老化，叶片出现伤斑或失水干枯等现象，反映在彩色红外像片上，其颜色和形态与健康植物有明显差别。健康植物颜色鲜红、明亮，受害植物颜色晦暗或者失去红色而呈黄色或绿色。根据这种特征再结合形态等特征，可判定植被的污染源，圈出污染范围，划分危害程度。

（三）全球环境变化遥感技术

全球环境变化是目前全人类最为关注的焦点，也是遥感监测技术应用的重点领域。其监测实例有：气象预报、土地沙漠化、土地盐碱化、土壤湿度、地表辐射温度、海洋叶绿素、水体面积变化、臭氧层破坏等。

遥感卫星能以不同轨道平台、不同频率波段、不同时间周期以及定量的方式记录地球系统的变化，使我们对全球条件的了解、全球变化的认识有个质的飞跃。以臭氧研究为例，平流层臭氧是一个自然过滤器，它能吸收来自太阳的有害紫外辐射，因而对地表生命体起着保护作用。NOAA 气象卫星上所装置的平流层探测装置（SSU），除了可探测地表直至 50 km 平流层高度的大气温度垂直分布、大气中水汽含量外，还可以测得大气的臭氧含量。Nimbus—7 卫星上相应的大气探测器（SAMS、SAMII）也提供了臭氧的全球连续记录。根据它们提供的臭氧探测数据可以了解大气中臭氧含量的变化以及监测南极上空臭氧空洞的变化。然而目前尚难建立大气臭氧剖面模型，更进一步的研究还有待于地球探测器 TOMS（总臭氧测图光谱仪）的发射以及其他臭氧探测计划的实施。

（四）利用卫星遥感信息技术开展环境灾害监测

1．赤潮分析

在我国，从渤海湾到南海，近几年来，每年都有多次赤潮发生。1989 年 9 月下旬，美国陆地卫星 TM 图像反映的渤海湾赤潮非常清晰。赤潮区的光谱特性是藻类生物体、泥沙和海水的复合光谱。含悬浮泥沙的海水，在光谱的黄红波段范围，具有很高的反射率，但到红外波段后急剧下降。含赤潮生物海水，TM_3 波段数值比含泥沙海水稍低。在 TM_4 波段下降平缓，到 TM_5 波段才急剧下降，这是因赤潮物所含叶绿素 A 在红光区的吸收作用和到 0.69 μm 后的陡坡效应所形成的。卫星遥感可监测某些赤潮发生的时间、地点和范围，并根据水文气象资料进行赤潮的实时速报。

2．地质环境灾害调查

用遥感技术调查与滑坡、泥石流有关的环境因素（如构造部位、地层岩性、断裂、含水带、植被覆盖、土地利用等），推测滑坡、泥石流发育环境因素及产生条件，进行区域危险性分区及预测，可为防治地质灾害提供依据。

第三节　现场和在线监测

现场和在线仪器监测，一是现场监测；二是在线监测。在线监测一般实用于一个生产过程或一个过程，所以有人又把它叫做过程分析。现场监测有过程监测的含义，更有污染事故发生后的现场监测。

一、现场监测仪器

现场监测有一般现场监测和污染现场监测。一般现场监测为常规监测，我国地域辽阔、地形复杂，国有工矿企业和乡镇企业分布很广，这给环境监测人员的工作带来许多不便，尤其是许多县和乡镇还没有监测能力，需要带仪器深入现场进行监测。污染现场监测主要是发生污染事故后的监测又称应急监测或突发事故监测。突发性环境污染事故的不断发生给环境监测分析人员提出了重要课题，除了实施预防性监测分析外，还必须开发便携式现场监测仪用于调查和解决突发性污染事故。另外，现场监测不可能把大型仪器拿到现场。因此，简易便携式现场监测分析仪器有很大的应用前景。这类仪器的使用不仅可以减少环境试样在传输过程中的沾污，减少固定和保存的繁杂手续，还可以大大减轻监测分析人员的工作量，便于适时掌握环境质量的动态变化趋势。

在便携式现场监测仪中，目前以可测定 DO、pH、水温、浊度、电导和总盐度的仪器最为成熟，我国已应用于污染事故调查和长江同步监测中。便携式 COD 测定仪可测定有机污染物的综合指标，而可测定水和气多种有机成分的便携式光离子化监测器气相色谱仪（GC—PID）将会在应急监测中起到重要的作用。

下面简要介绍部分现场监测仪器。

（一）pH 计

pH S—2 型酸度计是一种全晶体管结构、体积小、易携带的便携式现场速测仪，测定试液的 pH 时，将定位时所用的电极插入待测液中，再将温度调节器置于待测液的温度值上，即可从酸度计显示指针上直接读出溶液 pH 值。

（二）溶解氧测定仪

101SR 型现场溶解氧测定仪是一种全新的便携式水中溶解氧分析仪器，广泛应用于蒸馏水、纯净水、饮用水、生活用水、生产用水、循环水、海水、地表水和废水中溶解氧浓度的现场快速定量测定。

溶解氧测定仪的基本原理是基于被测样品中溶解氧与显色剂反应生成蓝色化合物对可见光有选择性吸收而建立的比色分析法。仪器由硅光光源、透镜、比色瓶、集成光电传感器和微处理器构成，可直接在液晶屏上显示出被测样品中溶解氧的含量。101SR 型现场溶解氧测定仪的优点是采用真空比色管自动取样、精密度好、灵敏度、高体积小、重量轻、操作和携带方便，测定下限为 0.1 mg/L。

（三）污水 BOD/COD 快速测定仪

污水 BOD/COD 快速测定仪的基本原理是在前处理装置中，对重铬酸钾样品进行快速消解，在快速测定仪的紫外光区 330～370 nm，进行扫描积分举面。根据举面减少量与标准曲线计算出 COD 值；用活性污泥对污水进行生物降解，测定生物降解前后 COD 之差，定义为 BOD_5；用回归法求出 BOD_5、BOD_s 之间的方程，计算出 BOD_5。

这种仪器噪声极低、飘移小，比国家规定指标更好，因为数据重现性好，检出限低，由于采用扫描积分举面积定量，因而灵敏度高。它还能测定矿物油、氰化物、砷化物、重金属等多项指标。

（四）便携式水质分析实验室

分光光度计与其他装置、设备和试剂包装在一起，组成一个便携式实验室，以便在任何时间、任何地点都能快速、准确地测试。DREL/2400 便携式水质分析实验室是基于最受欢迎的 DR2400 分光光度计而设计的。DREL/2400 便携式水质分析实验室配置内容为：① DR2400 分光光度计；② 数字滴定仪；③ 试剂与配件容器；④ 两个仪器试剂箱；⑤ 电池和电源变换/充电器；⑥分析手册；⑦预留便携式多参数测定仪和便携式浊度仪位置。

DREL/2400 便携式水质分析实验室包括完全便携式水质分析实验室、基本便携式水质分析实验室和工业分析便携式水质分析实验室。完全水质实验室，可检测酸度、钙、氯化物、硬度、硫酸盐、氟化物、铬、氨氮等 28 项参数。

（五）便携式气相色谱仪

便携式气相色谱仪与一般的气相色谱仪相比，在性能方面已无明显差别；而体积小、轻便、适用于现场监测是其主要特征。这类仪器主要使用 PID。PID 可检测离子电位不大于 12 eV 的任何化合物，如烷烃（除甲烷外）、芳香族、多环芳烃、醛类、酮类、酯类、胺类、有机磷、有机硫化合物，以及一些有机金属化合物，还可检测 O_3、NH_3、H_2S、Cl_2、I_2 和 NO 等无机化合物。用 PID 测定烷烃、芳香族和多环芳烃等 HC 化合物的灵敏度比火焰离子化监测器（FID）高 5～10 倍；测定含 P、S 农药类比 FPD 低 10 倍左右。此外，PID 对无机物的检测限达到或超过其他任何监测器，如对 NH_3 的检测限达 200 pg，比热导池监测器（TCD）低 2～3 个数量级；对无机硫化合物比 FPD 的检测限低 30 倍；对 PH_3 的检测限比 FPD 低 5 倍；此外、ECD 对电负性高的卤化物等响应的高灵敏度和高选择件，必将会使其成为便携式气相色谱仪的常用监测器之一。

二、在线监测仪器

环境监测可使用的在线仪器很多，前面介绍的现场仪器也可用于在线监测，此外还有在线总磷分析仪、在线总碳总有机碳分析仪、微量金属在线分析仪、在线气体分析仪、二氧化硫在线分析仪等。下面简要介绍几种最新的在线分析仪。

（一）JF—2 微量金属在线分析仪

微量金属在线分析仪是基于电化学分析技术，在线检测微量金属离子的浓度。JF—2 型低浓度金属在线分析仪具有测量灵敏度高，在线测量快速准确、杂质干扰小，分析成本低等优点。

微量金属在线分析仪采取紧凑设计，将电子线路和各种机械装置紧密的安装在一起，便于安装、使用和维修。管路采用聚四氟乙烯管和进口硅胶管，提高了耐腐蚀性和耐久性。利用可编程控制器（PLC）进行信号运算处理、显示、数据存贮及打印，便于操作。微量金属在线分析仪可以较好地解决金属矿石加工、金属纯化、废水处理、废渣处理等过程中微量金属元素的分析。适用于地浸、堆浸、离子交换、萃取等工艺流程中微量金属离子浓度的在线分析，适用金属：铀、铜、铅、锌、钼、镍、锰、镉、钨及铂系等。

（二）STIP—TOC 总有机碳在线分析仪

STIP—TOC 总有机碳在线分析仪的流程是样品通过样品旁路径自动清洗粗滤器进入分析仪。在分离区，无机碳经过酸化和冲洗被去除。样品进入高温炉前经过旋转分离过滤器被分离出来，只允许特定直径的颗粒进入反应器。在高温炉中，样品被加热并催化氧化。气体混合物被完全干燥并中和后，在红外监测器中可以测量 CO_2 浓度，并给出 TOC 检测值。

STIP—TOC 是高温 TOC 分析仪，无须超滤或精滤。该仪器可以应用于固体含量较多的城市污水、含溶解盐的工业污水、河水以及工业冷却水。系统装配有易于安装的集盐器，可以快速更换，不必关机。STIP—TOC 可以输出 0～20/4～20 mA 或者 RS—232 信号。内置的图形显示器可显示浓度及其他重要信息。

（三）SY—LGA—2000 激光现场在线气体分析仪

SY—LGA—2000 激光现场在线气体分析仪是新一代气体分析仪器，可现场在线测量分析气体浓度等。测量原理是基于 DLAS 技术即“单线光谱”技术。SY—LGA—2000 激光现场在线气体分析仪主要由发射单元、接收单元和中央分析仪器三部分构成，发射单元发出的激光束穿过被测烟道（或管道），被安装在直径相对方向上的接收单元中的传感器接收，获得的测量信号通过缆线传输到中央分析仪器。中央分析仪器对测量信号进行分析，得到被测气体浓度。

这种分析仪对高温、高粉尘、高腐蚀、高流速等恶劣环境具有良好的适应性，无须采样预处理系统，实现现场在线连续测量，具有测量精度高、响应速度快、安装维护简单等特点。适用于钢铁冶金、石油化工、生化制药、环境保护、航空航天及其他需要进行气体检测分析的场合。

第四节　我国环境监测技术的现状和发展趋势

一、我国环境监测技术的现状

我国环境监测工作经历了几十个年头的发展，监测技术工作已取得了显著成绩。

（一）建立了全国统一的监测方法体系，确定了监测技术能力

我国监测分析方法标准化建立了程序。首先是通过分析方法的研究，筛选出能在全国推广的较成熟和先进的方法。将选出的方法经多实验室验证形成统一的方法，目前我国统一分析方法已有：《水和废水监测分析方法》《空气和废气监测分析方法》《工业固体废弃物有害特性鉴别与监测分析方法》《大气污染生物监测方法》《水生生物监测手册》等。统一方法再经过标准化工作程序审定为国家标准方法，所以我国目前环境监测分析方法基本上有三种类型：国家标准分析方法、全国统一监测分析方法和试行法。

监测站基本监测能力主要以能否开展现行的《空气和废气监测分析方法》《水和废水监测分析方法》《环境监测技术规范（噪声部分）》等各种监测技术规范中列举的监测项目来衡量。通过对 178 个国控网站的调查，已有 173 个站开展大气监测，170 个站开展地面水监测，169 个站开展了噪声监测，30 个站开展了近岸海域水质监测，127 个站开展了生物监测，159 个站开展了废水、废气监测，111 个站开展了地下水监测。部分监测站已开展了土壤、植物中有机农药、重金属残留量监测，另外，还开展了典型海洋、草原、荒漠、陆地和森林生态的监测。

（二）加强了监测仪器设备管理、完善仪器设备配置

为加强我国环境监测仪器设备管理充分发挥仪器设备的作用，我国制定了全国环境监测仪器设备管理规定。对监测仪器的使用、管理、配置、更新等都作了具体规定。

（三）开展监测质量保证、加强技术培训

我国从 20 世纪 70 年代开始逐步建立了中央、省、地市、县区的四级监测机构，制定了各种监测管理制度。由环保部门和其他部门的有关单位开发研制了 100 多种环境标准物质，为实验室质控提供了保证。开展了优化布点，统一监测的方法，进行技术培训，实行分析人员上岗合格证制，创建和评选了国家和省级优质实验室，编辑出版了质量保证手册，从而保证了监测工作质量，达到了监测数据的准确性、

精密性、代表性、可比性、完整性的监测质量保证（QA）目标。基本形成了从监测点位优化、样品的采集与输送，实验室分析到数据处理、报告的综合编写等全过程的监测质量保证体系。

（四）监测科研不断发展，科学监测水平提高

我国制定并颁布实施了环境监测技术规范及有关技术管理规定，使环境监测技术管理走上了规范化轨道，全国监测系统可以开展水、气、渣、土壤、噪声、放射性要素 200 多个项目的环境质量和污染源监测，还可承担较复杂的环境问题调查。各级监测站获奖科研项目 1 800 多项，其中有环境背景值、工业污染源、酸雨和农药污染调查等大型课题，更多的则是实用监测技术。内容涉及优化布点、分析方法、仪器设备、计算机应用、数据分析评价以及标准物质的开发研究等。

（五）完善监测网络，实现监测信息网络化

到 2005 年，国控环境监测网络为：环境空气监测网站 226 个，测点数 793 个；酸雨监测网站 239 个，测点数 472 个；水质监测网站 197 个，监测断面 1 074 个；生态监测网站 15 个。

我国的监测技术虽然取得很大成绩，但同一些先进国家相比差距很大，尤其是对监测技术的投入严重不足。环境监测技术工作是环境监测的重要基础，只有提高环境监测技术才能不断使环境监测工作上新台阶。

二、我国环境监测技术的发展趋势

目前监测技术发展较快，许多新技术在监测过程中已得到应用。如 GC—AAS（气相色谱—原子吸收光谱）连用仪，使两项技术互促互补，扬长避短。再如利用遥感技术对整条河流的污染分布情况进行监测，是以往监测方面很难完成的。目前我国监测技术发展的总趋势有以下几方面。

（1）环境遥感应用技术研究。研究环境遥感监测指标体系及技术参数指标，环境指标的卫星数据采集技术和数据传输技术，环境遥感信息的解译、反演和数据处理技术，环境遥感产品的加工制作技术。

（2）开展重点污染源和污染物排放连续自动监测系统的技术研究。主要有废气、废水排放在线连续、自动监测技术研究及在线监测仪产业化技术；开展数据信息处理、传输与分析技术研究及实用化软件开发应用，监测技术规范及质量保证体系的研究，重点区域、流域、大城市的污染源连续监测网络技术研究。促进环境监测仪器、设备的国产化和产业化。

（3）开展区域环境质量地面自动监测、预报与预警技术研究。研究常规环境质量自动监测网络技术，研制基于激光遥感技术的区域空气质量监测、预报、预警及

决策支持的技术体系，开展重点流域地表水监测预警系统技术研究和重点生态区与海洋环境预警监视系统建立的研究，研究农村面源污染控制地面监测技术。

（4）完善环境监测技术方法。开展环境中有毒、有害污染物监测标准方法的研究，建立环境污染对人体健康影响相关因子监测指标体系和标准方法，建立室内空气污染监测指标体系和评价标准方法，开展以生态监测指标体系和标准方法，以及土壤、地下水监测指标体系和标准方法的研究。

（5）研究环境信息应用和综合决策技术方法，提高我国环境管理的统一规划与综合决策能力。开展环境信息数据库技术研究，研制环境信息传输系统，研究基于地理信息系统的环境信息查询、服务及基于因特网的环境信息技术，建立环境与经济耦合的多目标综合决策模型。

在发展大型、自动、连续监测系统的同时，研究小型便携式、简易快速的监测技术也十分重要。例如，在污染突发事故的现场瞬时造成很大的伤害，但由于空气扩散和水体流动，污染物浓度的变化十分迅速，这时大型仪器无法使用，而便携式和快速测定技术就显得十分重要，在野外也同样如此。

复习与思考题

1. 什么是环境质量连续自动监测系统？它是如何组成的？
2. 与目前的人工采样监测相比，水质连续自动监测有什么优点和不足？
3. 结合国情特点，简述在中国发展环境质量连续自动监测技术的必要性。
4. 什么是“3S”技术，它有什么特点？
5. 遥感监测技术可以细分为哪些不同的种类？分别用于监测什么对象？

参考文献

[1] 刘晓丽，等.环境监测.北京：北京大学出版社，2005.

[2] 何增耀.环境监测.北京：中国农业出版社，1994.

[3] 朱明华.仪器分析，2 版.北京：高等教育出版社，1992.

[4] 谭湘成.仪器分析.北京：化学工业出版社，1991.

[5] 浙江大学分析化学教研组.分析化学习题集.北京：高等教育出版社，1980.

[6] 徐祖信.河流污染治理规划理论与实践.北京：中国环境科学出版社，2002.

[7] 何燧源.环境污染物分析监测.北京：化学工业出版社，2000.

[8] 国家环境保护总局.地表水和污水监测技术规范. 北京：中国环境科学出版社，2002.

[9] 刘绮，潘伟斌.环境监测.广州：华南理工大学出版社，2005.

[10] 奚旦立，孙裕生，刘秀英.环境监测.北京：高等教育出版社，2004.

[11] 梁红.环境监测.武汉：武汉理工大学出版社，2003.

[12] 韩庆云，等.环境监测.武汉：中国地质大学出版社，2005.

[13] 徐载俊，等.煤矿勘探开发中的环境地质及灾害地质问题.徐州：中国矿业大学出版社.1998.

[14] 中华人民共和国标准（GB/T 14552—2003）.水、土中有机磷农药测定的气相色谱法.北京：中国环境科学出版社，2003.

[15] 国家环境保护总局《水和废水监测分析方法》编委会.水和废水监测分析方法（第四版），北京，中国环境科学出版社，2002.

[16] 中国环境监测总站《环境水质监测质量保证手册》编写组.环境水质监测质量保证手册，2 版.北京：化学工业出版社，1999.

[17] 建设部人事教育司.污水化验监测工程.北京，中国建筑工业出版社，2005.

[18] 马大猷．噪声与振动控制工程手册．北京：机械工业出版社，2002.

[19] 洪宗辉，潘仲麟．环境噪声控制工程．北京：高等教育出版社，2002.

[20] 吴邦灿，费龙．现代环境监测技术．北京：中国环境科学出版社，1999.

[21] 陈玲，赵建夫．环境监测．北京：化学工业出版社，2004.

[22] 张俊秀，张青，龚盛昭．环境监测．北京：中国轻工业出版社，2003.

[23] 刘德生．环境监测．北京：化学工业出版社，2001.

[24] 王英健，杨永红．环境监测．北京：化学工业出版社，2004.

[25] 周新祥．噪声控制及应用实例．海洋出版社，1999.

[26] 李耀中．噪声控制技术．北京：化学工业出版社，2004.

[27] 赵良省．噪声与振动控制技术．北京：化学工业出版社，2004.

[28] 中国标准出版社第二编辑室． 中国环境保护标准汇编——噪声测量．北京：中国标准出版社，2000.

[29] 朱重德．电磁污染与防护．上海环境科学，2004，23（2）：81-86.

[30] 赵爱华，刘兆明．电磁辐射对人体的危害及防护措施．中国环境管理，2004（4）：46-47.

[31] 国家环境环保总局．环境监测技术规范．北京：中国环境科学出版社，1990.